U0176144

国家社科基金资助项目（编号98BZX014）

系统科学和系统哲学

闵家胤 著

中国出版集团 | 全国百佳图书

中国民主法制出版社 | 出版单位

图书在版编目（CIP）数据

系统科学和系统哲学 / 闵家胤著. —北京：中国
民主法制出版社，2022.10
　ISBN 978-7-5162-2970-5

　Ⅰ．①系… Ⅱ．①闵… Ⅲ．①系统科学—研究②系统
哲学—研究 Ⅳ．①N94

　中国版本图书馆 CIP 数据核字（2022）第 194193 号

图书出品人： 刘海涛
出 版 统 筹： 石　松
责 任 编 辑： 张佳彬　姜　华

书　　　名 / 系统科学和系统哲学
作　　　者 / 闵家胤　著

出版·发行 / 中国民主法制出版社
地址 / 北京市丰台区右安门外玉林里 7 号（100069）
电话 / （010）63055259（总编室）　63058068　63057714（营销中心）
传真 / （010）63055259
http : // www.npcpub.com
E-mail : mzfz@npcpub.com
经销 / 新华书店
开本 / 16 开　710 毫米×1000 毫米
印张 / 30　　**字数** / 483 千字
版本 / 2023 年 1 月第 1 版　2023 年 1 月第 1 次印刷
印刷 / 北京天宇万达印刷有限公司

书号 / ISBN 978-7-5162-2970-5
定价 / 128.00 元
出版声明 / 版权所有，侵权必究。

作者近影

汝大器當晚成
泉玉不示人以
樸

六十自勵 閔家胤

自　序

　　19 世纪末，恩格斯写道："随着自然科学领域中每一个划时代的发现，唯物主义也必然要改变自己的形式。"这句话，在本书的创作过程中，一直被作者奉为圭臬，在定稿之后撰写自序时，有必要对此作简要说明。

　　国际科学界公认，20 世纪科学革命有五项划时代的发现：相对论、量子力学、大爆炸宇宙学、生物遗传基因学说和系统科学。科学实在提供的认知图像（cognitive map）完全改变了：从 19 世纪绝对论的、原子论的、物质论的、简单的、决定论的、线性静态的宇宙认知图像，进化成 20 世纪的相对论的、量子论的、信息论的、复杂的、概率的、非线性—动态的宇宙认知图像。坚持实事求是思想路线的唯物主义，不得不告别主客二分的二元论，和任何一种偏执的一元论，复归在中国传统文化中占据主导地位的多元论，但不是五行终始的循环的多元论，而是《道德经》中的"道生一，一生二，二生三，三生万物"进化的多元论，即当代科学提供的场→能量→物质→信息→意识进化的多元论，并且理直气壮地宣布：我们地球人生活在一个五元的世界上，讨论任何哲学问题都要从五个本体论范畴出发，做多元透视整合，才可能接近真相，才可能避免片面性、偏执和极端思维。由是，系统哲学应运而生，它是一种建立在 20 世纪科学革命成就基础之上的进化的多元论，用 1 分为 N（1≤N＜∞）解释世界，迎接 21 世纪全球多极化时代的挑战。

　　那么，什么是系统科学呢？20 世纪末，人类科学已然进化成两个维度：研究实体的经典科学维和研究关系的系统科学维。系统科学是以系统，特别是复杂系统为研究对象的新型学科群的统称。其区别于经典科学的特征是整体论而非还原论，是复杂性而非简单性，是非线性而不是线性，是随机论而不是决定论，是采用系统建模、找到数学同构性并由计算机模拟的动态方法而不是在实验室对实物做变革的静态实验方法。20世纪末，系统科学已成长为由系统哲学、系统方式、系统理论、系统科学学科、系统方法、系统技术和系统工程组成的科学体系。系统科学为系统哲学奠定方法论的基础，提供基本概念和模型。鉴于系统科学是新兴学科，尚未充分普及。所以，本书首先概括介绍系统科学十几门学科的基本知识，为随后系统哲学的论述提供基础，以便读者进行阅读。

那么，什么是系统哲学呢？创立一般系统论的美籍奥地利学者L.冯·贝塔朗菲在《一般系统论：基础、发展和应用》（1968）一书修订版序言中，曾明确勾画出系统科学、系统技术和系统哲学三层次的系统科学体系，而系统哲学则包含系统本体论、系统认识论和系统价值论三部分。在贝塔朗菲之后，美籍匈牙利学者E.拉兹洛《系统哲学引论：一种当代思想的新范式》（1972）一书，尝试用透视论来解决身心问题。他提出了人的头脑是具有双透视能力的自然认知系统的概念：在人的头脑中发生的同一过程，从外部透视是物理事件，而从内部透视则是心理事件，并以此消弭在欧美知识界占主流地位的笛卡儿二元论。20世纪80年代初，在引进和研读这两本开创性的著作之后，笔者感到贝塔朗菲设想的系统哲学体系并没有完全实现，我辈尚有文章可做；照冯友兰先生的说法，就是不必满足于"照着讲"，还可以"接着讲"。

国际上的系统运动是从20世纪50年代中期开始的，在这个新兴的科学领域，欧美和苏东各出版了上千本书，而中国在此期间相继发动了"三面红旗运动——总路线、大跃进、人民公社"和"文化大革命"运动，把时间都浪费掉了。迟到的中国系统运动是从改革开放新时期开始的，笔者于1978年考入中国社会科学院研究生院哲学系，又非常幸运地选择了系统科学和系统哲学这个新的研究方向。在最初的20年，笔者把工作重点放在作品的翻译和介绍上面，于自己来说，也是学习钻研和积累思想的过程。在此期间，笔者有幸到国外做访问学者，学习、交流和搜集资料，还被吸收为E.拉兹洛组织的国际广义进化研究小组的成员，同欧美一流的科学家和学者一起做了10多个专题研究工作。经过20多年的翻译、阅读、研究、积累、撰写和参加学术会议进行研讨的过程，笔者于 1999 年完成并出版了第一本系统哲学专著《进化的多元论——系统哲学的新体系》。

该书由中国社会科学院原副院长李慎之先生作序，他称赞"系统哲学明确地预示着人们久已盼望的科学的哲学的出现""是一种最有希望的哲学"。中国社会科学院哲学研究所在 2001 年对该书颁发"优秀科研成果奖"。网上民间评选"近十年（1995—2004）30 部最具影响力中国名著"，本书列第五。该书 2012 年出版《进化的多元论——系统哲学的新体系（增订版）》时，增加了 10 万字的新内容，扩大了社会影响。这以后，笔者又花了 4 年时间将这本书重写，便是眼前这本《系统科学和系统哲学》。同前两版相比，删掉了 20 万字的次要内容，重写了 8 章，新内容增加了 7 章，因此它成了一部体例一致和体系严整的新书，也是终于达到自己比较满意程度的一本书。

经过将近 40 年的钻研，至此笔者可以对系统哲学做一个明确的界说：系统哲学是建立在 20 世纪科学革命成就基础上的科学的哲学，是系统思维的集中体现，是人类科学理性的新范式。系统哲学运用系统科学的原理、概念、模型和方法重新研究传统的哲学问题，对这些问题作出符合现代科学实在的新的解释，得出了一些新的结论，说出了一些前人没有说过的话，是一种稳妥可靠的哲学。辩证法推崇斗争，系统哲学追求和谐；比照一句名言"辩证法是革命的代数学"，提倡"斗争"；可以说"系统哲学是建设的几何学"，追求"和谐"。在本书中，系统哲学已经成长为由进化的多元论、广义进化论、质学原理、透视论、人性系统模型、心灵系统论、价值系统论、社会系统的新模型、社会 - 文化遗传基因（SC - DNA）理论和生态文明理论构成的比较完整的哲学体系。系统哲学与科学结盟，因此它必然随着科学的发展在未来继续向前推进。

那么，系统哲学有什么理论意义呢？近代以来，欧洲哲学用笛卡儿研究认识论的"主客二分"框架来研究本体论是一个根本性的错误，其结果令哲学家陷入"思维与存在""物质和意识""肉体同心灵"的尖锐对立，而且只有唯物论的一元论、唯心论的一元论，以及二元论这三个选项。如此一来，受他们错误做法的影响，中国哲学界忘记了自己固有的第四个选项，忘记了中国哲学和中国文化几千年来秉持的多元论，走向哲学上的偏执进而政治上的极端主义，其社会实践造成的破坏和损失不堪回首。也许真应了黑格尔的一句很深刻的话，"要把抽象的观念生硬地应用于现实，那就是破坏了现实"①。

本书的哲学主张是跳出笛卡儿的二元论框架，不再纠缠"唯物"和"唯心"的无谓纷争，回归中国传统的多元论，具体来说，就是《道德经》中的"道生一，一生二，二生三，三生万物"这种进化的多元论。系统哲学对世界的解释是"1分为N，N大于或等于1而小于无穷大"[1分为N（1≤N＜∞）]。这里的"1"是宇宙，是世界，是认知，是人性，是人心，是社会，是文化，是经济，是生产，是价值，总之是一切复杂系统。"分"是分析，我们对这些复杂系统进行研究分析，会发现它们都有多层次的结构，是相互作用的多元素的结合，是合多为一；并且，涌现出整体的功能和属性，服从1＋1＞2。它们都是进化的产物，而进化是否定之否定，是超越，是扬弃，是包容，于是举凡历经从简单到复杂，由低级到高级的进化过程而生成的复杂系统，都可以分析为N个元素。这里的"N"是自然数，1、2、3、4、5……直到无穷大∞。小括号（1≤N＜∞）标明的是"N"的取值区间。有"N等于1"的情况，譬如统一指挥的军队、集权的政体、一元的科学。但是，更多的是"N大于1"的情况，譬如"N大于1而等于2"，其实例有玻色子和费米子、正电和负电、磁南极和磁北极。"N大于1而等于3"，其实例有"质、量、度""使用价值、交换价值、一般价值""左派、中派、右派"。有"N大于1而等于4"的情况，如物质世界的四种作用力：强作用力、弱作用力、电磁作用力和引力作用力。人类的四个人种：红色人种、黄色人种、白色人种和黑色人种。人类的四种主要血型：O型、A型、B型和AB型。中国古代哲学家认为，世界是由金、木、水、火、土构成，人体有五体、五官和五脏，地球分为五大洲，这些都是"一分为五"的实例。物理学家从理论上预言的夸克家族是"一分为六"：上夸克、下夸克、奇夸克、粲夸克、顶夸克和底夸

①　[德]黑格尔：《哲学史讲演录》第四卷，贺麟、王太庆译，商务印书馆1978年版。

克，到目前为止已接近全部被证实。直至"N 大于或等于 1 而小于无穷大"，其实例有"恒河的沙粒""地球的原子""宇宙的星系"。

本书构建的系统哲学体系重新倡导多元论，全书坚持把多元论贯彻到底。广义进化论论证复杂系统进化的多轨线性，以及在突变点上轨线选择的随机性。透视论采用康德的认知过程感性、知性和理性三阶段划分，并提出"多元透视整合以接近真相"的认识论原理。质学原理从哲学高度提出同"数学"相对的"质学"，并具体给出二十六条"质学原理"，开创高质量发展的先河。系统哲学建立的人性的系统模型具有由浅入深的六个层次，并且做出在最深层次上人利己本性的数学证明；进一步阐明人的利己性是人类社会进化的根本动力，为市场经济的合理性找到哲学基础。还需进一步说明，利己不等于自私——自私是人应当尽义务可是没有尽义务而受到的谴责性的道德评价，因而系统哲学的道德律令是"利己但不自私"。心灵系统则呈现情欲、理性和意志的三元结构，并提出心主情说的猜想。价值系统讨论个体价值和社会价值的多元层级结构。社会系统的新模型揭示社会系统有三种生产：人的生产、文化 – 信息生产和物质生产，并尝试建立社会综合评价标准。社会 – 文化遗传基因（SC – DNA）学说提倡文化宽容和社会多元文化。生态文明理论说明，无论自然系统还是社会系统都具有生产者、消费者、分解者三元结构，而当前人类面临的全球问题是现代科学技术社会系统发育不完全造成的，因而应当主要依靠科技进步使人类成为超级分解者并建成循环经济方能解决。习近平总书记提出的"构建人类命运共同体"是解决全球问题的中国方案，"一带一路"倡议则是中国的实施路径，从而为人类社会指出了正确的方向。

最后，中国的系统运动从 1978 年至 2022 年，已超过 40 年了。其最大的社会效益是确立了系统思维方式在我国知识界的地位，有力地促进了我国知识界思维方式的现代化。最能说明这一点的情况是，目前在理论性的书刊和报纸中频繁使用的一批新词，如多元、系统、系统思维、环境、结构、层次、功能、开放、封闭、信息、信息流、透视、视角、整合、熵、负熵、反馈、正反馈、负反馈、控制、宏观调控、结构改革、优化组合、自组、自稳、协同、非平衡、非线性、随机性、分叉、转轨、超循环、混沌、蝴蝶效应、复杂性、循环经济、高质量发展和文化基因等，都是从系统科学和系统哲学中涌现的。作为中国系统运动从始到终的一位参与者，看到系统思维日渐深入人心和中国人思维方式的进步，自然倍感欣慰。

中国文化有个现象是没有进化出一神教，于是就出现梁漱溟先生在近100年以前就讲过的"以道德代宗教"的文化现象。佛教是在两汉之际由印度传入的外来文化，出于被迫应对，中国的儒家哲学和道家哲学先后蜕变成儒教和道教。这样一来，中国后来将近2000年便鲜有独立的哲学创作，其后果就是中国文化缺乏哲学所特有的怀疑、批判、否定和创新的精神引领，因此不是在原地转悠（内卷）就是停留在模仿和克隆（躺平），难得有独立的创新。笔者相信，中国哲学的前路在于恢复哲学的独立思考，发扬哲学的创新品格。只有这样，才能满足时代的呼唤，才能回应中国共产党提出的创新要求。

党的十八大以来，"创新"是习近平总书记治国理政战略思想的重要理念之一。他把理论创新放在"四个创新"的首位，提出要"不断推进理论创新、制度创新、科技创新、文化创新"，要"用创新引领发展"。他说："创新是一个民族进步的灵魂，是一个国家兴旺发达的不竭动力，也是中华民族最深沉的禀赋。在激烈的国际竞争中，惟创新者进，惟创新者强，惟创新者胜"，并且发出"创新，创新，再创新"的号召。习近平总书记的话为哲学和社会科学的发展指明了方向，也极大地提高了理论工作者在理论上探索和创新的勇气与自觉性。

2021年11月11日发布的《中国共产党第十九届中央委员会第六次全体会议公报》指出，"必须坚持党的基本理论、基本路线、基本方略"。树牢"四个意识"，坚定"四个自信"，做到"两个维护"，坚持系统观念，统筹推进"五位一体"总体布局，协调推进"四个全面"战略布局，立足新发展阶段、贯彻新发展理念、构建新发展格局、推动高质量发展，全面深化改革开放，促进共同富裕，推进科技自立自强，发展全过程人民民主，保证人民当家作主，坚持全面依法治国，坚持社会主义核心价值体系，坚持在发展中保障和改善民生，坚持人与自然和谐共生，统筹发展和安全，加快国防和军队现代化，协同推进人民富裕、国家强盛、中国美丽。显然，党中央已经把"坚持系统观念"纳入"党的基本理论、基本路线、基本方略"当中，这一重要的推进令笔者大受鼓舞。希望这本新书《系统科学和系统哲学》的出版，可以被看作是对"系统观念"的一个诠释。

闵家胤

（2012—2015 年初稿）

（2019 年 9 月 12 日第三次定稿）

（2021 年 11 月 12 日对序言增补）

目 录 CONTENTS

引 论
什么是系统观念

　　2021 年是中国共产党成立一百周年大庆之年，党中央庄严宣告，已经率领全国人民实现了第一个百年奋斗目标全面建成小康社会，接着党中央又团结带领全国人民踏上了实现第二个百年奋斗目标的新征程，朝着实现中华民族伟大复兴的宏伟目标继续前进，并且要在新中国成立一百周年时首先建成富强民主文明和谐的社会主义现代化国家。紧接着，在《中国共产党第十九届中央委员会第六次全体会议公报》中，党中央已经把"坚持系统观念"纳入"党的基本理论、基本路线、基本方略"当中。这是中国共产党在理论战线上的重要推进，必将对哲学、社会科学和党的治国理政决策发生重大影响。

　　我们需要明确，公报中所说"系统观念"就是学界所讲的"系统科学和系统哲学"的基本原理和思维方法。在实现党的第二个伟大目标的征途中，追求稳定与和谐的系统科学和系统哲学的原理和方法，理应发挥建设性的作用。本书讨论的系统观念有非常丰富的内涵，在"引论"部分，先介绍其中四个最重要的观念。

本体论的系统观念：多元论

　　19 世纪末，恩格斯写道："随着自然科学领域中每一个划时代的发现，唯物主义也必然要改变自己的形式。"国际科学界公认，20 世纪科学革命有五项划时代的发现：相对论、量子力学、大爆炸宇宙学、生物遗传基因学说和系统科学。科学实在提供的认知图像（cognitive map）完全改变了：从 19 世纪绝对论的、原子论的、物质论的、简单的、决定论的、线性静态的宇宙认知图像，进化成 20 世纪相对论的、量子论的、信息论的、复杂的、概率的、非线性 – 动态的宇宙认知图像。坚持实事求是思想路线的唯物主义，不得不告别主客二分的二元论，和任何一种偏执的一元论，复归在中国传统文化中占据主导地位的多元论，但不是五行终始的循环的多元论，而是《道德经》"道生一，一生二，二生三，三生万物"进化的多元论，即当代科学提供的场→能量→物质→信息→意识进化的多元论，并且理直气壮地宣布：我们地球人生活在一个五元的世界上，讨论任何哲学问题都要从五个本体论范畴出发，做多元透视整合，才可能接近真相，才可能避免片面性、偏执和极端思维。由是，系统哲学应运而生，它是一种建立在 20 世纪科学革命成就基础之上的进化的多元论，用 1 分为 N（$1 \leqslant N < \infty$）解释世界，迎接 21 世纪全球多极化时代的挑战。此外，还应当从哲学高度指出，任何按照辩证法向前发展的系统，不断扬弃、不断包容自身的发展成果，一般都会进化成多元状态。

近代以来，欧洲哲学界用笛卡儿研究认识论的"主客二分"框架来研究本体论是一个根本性的错误，其结果令哲学家陷入"思维与存在""物质和意识""肉体同心灵"的尖锐对立，而且只有唯物论的一元论、唯心论的一元论，以及二元论这样三个选项。如此一来，受他们错误做法的影响，中国哲学界忘记了自己固有的第四个选项，忘记了中国哲学和中国文化几千年来秉持的多元论，走向哲学上的偏执进而政治上的极端主义，其社会实践造成的破坏和损失不堪回首。为纠此偏颇和避免重犯，我们有必要指出，自古以来中华民族就是一个重视多元稳定与和谐的民族。不像日耳曼 – 德意志民族崇尚"三"——很容易滑向"二"和"一"；中华民族崇尚的是"五"——不容易失之偏颇。可以看出，五方向的天下观：东方、西方、南方、北方、中央；五行哲学观：金、木、水、火、土；上古有"五帝"：黄帝、颛顼、帝喾、尧、舜；儒家伦理有"五常"：君臣、父子、兄弟、夫妇、朋友；颜料用五色：红、黄、蓝、白、黑；声律用五音：宫、商、角、徵、羽；京城建五坛：天坛、地坛、日坛、月坛、社稷坛（五色土）；直到孙中山倡导"五族共和"，毛泽东选定五星红旗。

鉴于此，系统哲学本体论的系统观念是进化的多元论：场、能量、物质、信息、意识是逐一进化出来的五种宇宙元素，我们地球人生活在一个五元的世界上。这既符合20世纪初科学革命的成就，又执行了恩格斯19世纪末的哲学遗嘱，还回归了中国哲学进化的多元论的传统，以及中华文化崇尚"五"的民族习俗。何乐而不为呢？

认识论的系统观念：透视论

"透视"原本是在绘画中表现景物的空间关系和造成物体立体感的方法，强调整个画面，连同画中每一物体的形象、明暗、大小、高矮，都随画家选取的视角不同而改变。在医学上，"透视"是指在20世纪发展起来的医学成像技术。最初仅是利用X射线对不同物质有不同程度的穿透能力这一性质，令X射线管发出的X射线穿透病人的躯体，形成X射线影像，然后由X射线影像转换器转换成可见光影像。医生能从这种影像中看到病人身体内部骨骼和内脏的二维图像，并凭借经验对病变作出判断。20世纪后半期，在高度发达的现代科学和技术的基础上，发展出了计算机断层图像（CT）、超声图像（彩超）和核磁共振图像等更先进的透视技术，在医学技术层次上体现出多角度透视整合以寻求病理真相这条透视论哲学原理。

系统哲学的认识论是透视论（perspectivism）。L. 冯·贝塔朗菲在勾画他心目中的系统哲学的蓝图时写道：

> 知觉不是（不管什么样的形而上学立场上的）"真实事物"的反映，知识不是"实情"或"实在"的简单近似物，它是认识者和被认识者之间的相互作用，这有赖于生物、心理、文化、语言等性质的因素的多样性。物理学本身告诉我们，不存在独立于观察者的终极实体，如微粒或波。这就导致"透视"哲学，在这种哲学看来，尽管在其本身的和相关

的领域中取得了公认的成就，但物理学不是垄断性的知识方式。同还原论以及声称实在"只不过"是（一堆物理粒子、基因、反射、欲望或实际可能是的诸如此类的东西）的理论相反，我们把科学看成是人类带着它生物的、文化的和语言的禀赋和束缚，对它"被投入"的或更确切地说由于进化和历史适应了的宇宙，做了创造性的处理之后的多种透视中的一种。①

贝塔朗菲勾画的这张蓝图是由他的继承者之一 E. 拉兹洛完成的，这就是他主要哲学著作《系统哲学引论：一种当代思想的新范式》中的内容。尽管在为这本书写的序言中贝塔朗菲充分肯定了 E. 拉兹洛的工作，但笔者在这里不无遗憾地指出，拉兹洛所研究的并不是按贝塔朗菲的本意全面阐述一种新的认识论原理，而主要是发展他自己提出的"双透视"原理，用来破除在西方文化中占主导地位的笛卡儿二元论，坚持一元论。E. 拉兹洛这样写道：

> 根据双透视原理，可以把我的自我体验，亦即我心灵所知的世界，同我理解的我的肉体、大脑中的那些过程，以及作用于我肉体和大脑的外部世界之间质的差异，解释为是作为自然认知系统的我的两种透视之间的差别。这两种透视中的一种是用自然系统的理论描摹的，而另一种是用认识系统的理论描摹的。由于这些理论代表一般系统论的特殊情况，所以它们的相关的结论可以整合为双透视定理：具有不可还原性差异的精神事件和物理事件的集合构成一个同一的心理物理系统（按专业术语叫"自然认知系统"）。②

鉴于此，笔者曾尝试对透视论作更全面的阐释。其言曰：首先，把系统哲学的认识论定名为透视论是从绘画和医学的透视取喻，强调人类认识的非直观性、主动性、穿透性、超越性和相对性，但同时又承认可以通过多元透

---

① Ludwig von Bertalanffy, *General System Theory*, Revised Edition, George Braziller, New York, Fourth Printing, April 1973, p. xxii. 这里是笔者的新译文。
② Ervin Laszlo, *Introduction to Systems Philosophy*, Happer & Row, Publishers, New York, etc, 1972, p. 182.

视整合获取真相，维护了真相的可知性。透视论强调任何人类认知主体都是带着他的文化传统和知识结构的主动的透视者，而不是纯客观的像镜子和照相机那样的被动的反映者。也可以说，任何一个认知主体都是站在某个角度的戴着有色眼镜的透视器。透视论的另一层含义是，掌握人类科学知识和认知工具的认知主体，具有透过现象看本质的透视能力。意即能够深入事物的内部结构，并且从表层结构到深层结构，由片面结构整合出整体结构。系统哲学承认，它本身的系统概念以及每一系统科学学科，连同它们实际应用时建立的模型，都只不过是把握了实在对象上的某种关系的一张透视图。不同的认知主体，从不同的参照系或不同的视角出发，对同一认知对象会得出不同的透视图，甚至正相反对的（矛盾的）透视图。透视论认为，针对同一对象的不同透视图（判断、描述、解释、理论等）都有单独存在的价值，它们之间是互补关系。

除了强调认识的主观性、能动性、穿透力和互补性之外，透视论还强调认识的相对性，但与相对主义、不可知论和虚无主义均有不同。不同之处在于透视论承认客体作为自在之物的存在，事实真相的存在；相信人们能够认识它们，方法就是多元透视整合以获取真相。应当如实承认，用多元透视整合的方法获取的真相，在许多情况下不过是具有最大概率的统计结果罢了。

因此，透视论完全拥护并移用科学的两条基本精神：第一，始终对人类建立的任何知识体系保持怀疑、批判、否定、超越和创新的态度；第二，坚持对一切认知成果都要由实践做公开检验。这样做，即便发现不了真理，也检验不出真理，但至少能破除假象和发现错误。用更简洁的话说就是，实践即使不能检验出真理，但仍能检验出错误；即便不能证实，但肯定能证伪。那始终不能被证伪和破除的部分就是真相，它们处在人类知识体系的核心位置，名字叫作科学。

哲学史上许多哲学派别的认识论都热衷于研究真理，而系统哲学的认识论透视论却安于研究真相。一个人一生能发现和掌握几条真理当然是够幸福的，但笔者相信，对绝大多数人来说，在几件重大事情上能明白和知道事实真相就不错了。系统哲学的透视论是综合哲学的宏观认识论，对比之下，分析哲学的认识论似乎可以叫作微观认识论。微观认识论着重于解决概念和命题的真伪问题，而宏观认识论则着重于解决认知活动及其成果的真伪问题，具体来说，就是所获得的图像，所作出的解释、评价，乃至整个理论的真伪问题。

不难看出，系统哲学的透视论同马克思主义哲学认识论的一条基本原理"无数相对真理的总和构成绝对真理"是一脉相承的，同毛泽东《实践论》对人类认识过程的著名论述"去粗取精，去伪存真，由此及彼，由表及里"也是相通的，只不过转换成了系统哲学特有的语言，表述更形象、更准确、更科学罢了，并且增加了"转换视角"和"换位思考"这样容易操作的术语。在现实生活的应用中，越来越多的人已经清楚地认识到，真相永远是在同假象、伪像、虚像、幻象比较的过程中显现出来的。大自然给人的头脑配上五官，就是为了让他能够从视觉、听觉、嗅觉、味觉和触觉这五条性质不同的信道获取信息。耳朵在头的两边各长一只，摆的就是兼听则明的架势。中医师看病讲究望闻问切，也是从多信道获取信息，然后整合。按现代医学，则还要加上验血、验尿、B超、核磁共振、CT扫描、活检等手段，最后整合到一起才下确诊的断语。目前，中国已经进入法治社会，法庭办案，在广泛取证之后，还要由公诉人、原告、被告、双方律师、双方证人、陪审团多方陈述和辩论，然后组成合议庭合议，作出终审判决。这些都是从多信道取得信息以保证获取真相的实例。

价值论的系统观念：稳定与和谐

在系统科学和系统哲学中，"价值"体现为在显示系统状态演化轨迹的相图中系统所追寻的目的点。所谓"目的点"，就是在给定的环境中，系统竭力要到达的一个状态点。只有在这个点上系统才是稳定的，离开了就不稳定。所以，系统总要把自己拖到目的点才算罢休，并且总是不断地抗拒内外环境的干扰（扰动、涨落、围绕平均值的波动）把自己保持在这个点上。这种目的点被称为"吸引子"，因为它像吸盘一样紧紧地吸住系统状态演化的轨线。

　　这里讲"目的点"，其实是一种笼统的概括，展开来说，表示目的点的吸引子有三类：定点吸引子、周期吸引子和混沌吸引子。第一类定点吸引子是一个不动点，系统在这个点上保持静态平衡，这种静态平衡就是我们通常讲的稳定，而稳定的科学定义则是系统抗干扰（扰动、涨落、围绕平均值的波动）的能力。所以，稳定不关乎状态的好坏，稳定只关乎是否能保持原来的状态，哪怕这个状态并不那么理想，甚至很糟糕。由此可见，放之于社会，在不动点上保持静态平衡的系统经常是压抑和停滞的社会，如闻一多先生著名的诗句："这是一沟绝望的死水，清风吹不起半点漪沦。"第二类周期吸引子是相平面中一段闭合的轨迹，被称为极限环。它代表的是其状态按一定周期循环运动的系统，即便受到干扰，系统也会逐渐退回到原先的周期循环状态。譬如一个相对封闭的社会系统内卷化（involution），在漫长的历史时期，周而复始地按重建、兴盛、衰败、危机、再重建的循环圈做周期运动。这种系统的纠偏能力很强，是超稳定的。第三类混沌吸引子，又被称为奇异吸引子，因为这类吸引子具有无穷多层次自相似套叠结构，其几何平面维数为非整数的分数维，因此简称分型分维。这类系统看似混乱，其实内中蕴藏着新的秩序，放之于社会，就是"乱世出英雄"。

　　按系统科学和系统哲学，稳定是复杂系统的最低价值，和谐才是最高价值。要讲清楚什么是"和谐"，有必要先引入一个概念"耦合"。在系统科学中，耦合是指已知两个系统 a 和 b，如果 a 的输出恰好是 b 的输入，而 b 的输出又恰好是 a 的输入，我们就称系统 a 和系统 b 是相互耦合的。由此可知，耦合是两个系统理想的最佳状态。健康的人体就处于这样的状态，在系统科学中叫作稳态。放之于社会：如果一个社会系统与其社会环境和自然环境均处于耦合状态，而内部的十几个甚至几十个子系统也处于相互耦合状态，我们就称这样的社会系统处于理想的最佳状态，这样的社会就是和谐社会，即处于稳态的社会。显然，达到理想的最佳状态的和谐社会绝不是一蹴而就的，首先要有优良的顶层设计；其次还要有高超的管理技巧。这样的社会既是稳定的，又能通过合理的改革即英国哲学家卡尔·波普尔说的"社会零星工程"向前进化。

　　可喜的是，毛泽东早就意识到这一点，并多次讲道："我们的目标，是想造成一个又有集中又有民主，又有纪律又有自由，又有统一意志，又有个人心情舒畅，生动活泼，那样一种政治局面。"这为我们指明了社会发展的正确方向。

进化论的系统观念：多轨线进化论

马克思主义哲学教科书对"唯物辩证法"的标准表述是这样说的："唯物辩证法是关于自然、人类社会和思维的运动和发展的普遍规律的科学。"采用黑格尔式的哲学语言，可以这样说，哲学层次上讲的一般运动包含科学层次上讲的运动、变化和发展三个特殊环节或具体过程，三者既相互联系又相互区别。概言之，运动是基础，变化是中介，发展是结果。或者说，扬弃了的静止是运动，扬弃了的运动是变化，扬弃了的变化是发展。还需要说明的是，系统哲学用研究"进化"代替了辩证法研究"发展"，换句话说，系统哲学研究的进化过程相当于唯物辩证法研究的发展过程，广义进化论相当于广义发展论。

系统哲学对系统进化过程做了更深入更具体的研究，取代思辨哲学用范畴推演抽象地研究发展的方法，转而采用系统科学在电脑上做模型具体研究系统演化的方法。直白地说，就是把描述系统状态变化的数学方程式在电脑上做成相图，然后电脑自动地做迭代运算（不断对变量代入连续数值），相应的相空间当中的运动轨迹就不断演进，从而描述系统的状态变化。结果发现，哪怕是最简单的一元二次的非线性方程，在进行迭代运算时，它也会按照倍周期规律周期性地出现分叉。现实中的物质系统往往要复杂得多，相应地，为它们建立的系统模型也就要复杂得多。在这些模型中，由于系统的失稳而产生的重大突变表现为系统到达突变分叉点，其进化的轨线出现分叉或多叉，而且其数量呈倍数增加。每一个分叉都是由吸引子的类型（固定吸引子、周期吸引子和混沌吸引子）改变造成的，系统就相应地由稳定状态进入振荡状态，由振荡状态进入混沌状态。

因此，系统科学发现，远离平衡的具有非线性相干性的系统的进化轨线不是一条，而是许多条。在每一个临界点上，或者说突变点上，又或者说分叉点上，系统究竟选取哪一条轨线基本上都是随机的，不可能准确预见的。系统进入的新状态既不决定于初始条件，也不决定于环境参量的变化。两个系统即使从相同的初始条件出发，受到来自同一环境的相同干扰，它们也可能沿着不同的轨线进化。正如 I. 普利高津所指出的，动态系统有一种本质性的"发散属性"；或者如 E. 拉兹洛所说，"进化不是命运，而是机遇"。① 这一属性从根本上动摇了建立在单一轨线基础上的经典决定论，确立了系统哲学多轨线进化论；给偶然性留下了发挥作用的余地，还增加了个人在历史紧要关头发挥作用的重要性。

最后，还需要说明，国际上的系统运动是从 20 世纪中期开始的。当时，科学家和工程师面临研究和处理生命机体、人体、大脑、意识、社会、金融、经济、环境、生态这样一些多元素、多变量、多关系和非线性的复杂对象，原先研究简单系统的分析方法、寻找线性因果关系的方法、还原论的方法在这些对象面前都失效了。科学家和工程师不得不改变思维方式和研究方法，发展出新的整体论的方法。这种整体论方法满足于将复杂对象统称为系统，然后研究系统与环境、输入与输出、开放与封闭、结构与功能、稳定与演化、渐变与突变、反馈与目的、内卷化与进化等复杂系统的属性和行为，于是一般系统论、控制论、信息论、协同学、突变论、超循环理论、运筹学、系统分析、系统工程等新学科诞生了。这恰好应了一句欧洲谚语："春日的紫罗兰在各地皆放"；或如一句唐诗所言："忽如一夜春风来，千树万树梨花开。"近乎是在一夜之间，人类科学的整体画面发生了重大改变；与此同时，电脑的发明和普及又为系统科学的广泛应用推波助澜。20 世纪 50 年代至 70 年代，在这个新兴的科学领域，欧美和苏东两边各出版了上千本书。

20 世纪 80 年代随着国门打开，中国进入改革开放新时代，国人惊讶地发现外面的科学图景已经改变了，从一维变成二维：纵轴是研究实体的十几门传统科学学科，横轴是研究关系的十几门系统科学学科。作为 20 世纪科学

———————

① ［美］E. 拉兹洛：《进化——广义综合理论》，闵家胤译，社会科学文献出版社 1988 年版，第 30、43—49 页。

革命的伟大成就，这些系统科学学科推翻了 18—19 世纪自然科学的许多基本观念，改变了科学的认知图像，实现了科学范式的转换，改进和丰富了人类的思维方式。已经进入改革开放时代的中国于是奋起直追。尽管比欧美和俄苏、东欧晚了 20 年，可是，从 20 世纪 80 年代起，中国的系统运动经过 30 多年的努力，已经大大缩短了跟国外的差距。以钱学森为领军人物的中国系统工程学界，起步早，几十年如一日地将系统工程方法用于"两弹一星"的研制工作，取得了辉煌的成就。中国科学院所辖的系统科学研究所成立于 1979 年，30 多年来运用数学和计算机研究复杂系统、系统工程和系统管理学，达到了相当高的水平。在哲学和社会科学界，从 20 世纪 80 年代初开始，由中国自然辩证法研究会牵头，清华大学、西安交通大学、华中理工大学和大连理工大学轮流坐庄，每年召开全国性的"系统科学和哲学"学术会议，在普及宣传、组织队伍和掀起中国系统运动方面作出了历史性的贡献。从 20 世纪 90 年代起，时任国家发改委副主任乌杰以政府官员身份，始终不懈地推动中国系统运动，作出了新的重要贡献。这些贡献包括在全国不同省份和城市召开不同主题的系统科学学术会议 18 次，从 1993 年开始出版《系统科学学报》（前期为《系统辩证学学报》），1994 年创建中国系统科学研究会。北京师范大学、浙江大学、国防科技大学等一批院校已经建立系统科学、信息科学、管理科学的相关院系，在研究生培养、师资建设和教材编写方面积累起经验。国外系统哲学和系统科学著作的翻译介绍工作已经进行了 30 多年，各学科最重要的著作大部分已经有了中译本。

中国的系统运动最大的社会效益是确立了系统思维方式在我国知识界的地位，有力地促进了我国知识界思维方式的现代化。系统科学和系统哲学提出的几十个新概念，早已成为中国学术界和科学界的常用术语。譬如，本文讨论的"多元""透视""视角""转轨"等专业名词，在中国的报刊和电视上早就都是常用词了；可喜的是，随着越来越多的考古发现，学术界已经普遍接受"中华文明多元一体"这个科学结论。接下来，借这次党中央通过的重要文件对"系统观念"的重视和提升的东风，中国系统运动一定会在提高和普及两个方向有新的推进。

第一章
哲学和科学

什么是哲学

哲学是智慧，是对智慧的热爱和追求。哲学英文 Philosophy 源自古希腊文，其构词就是"philo（爱）"和"sophy（智）"。所以，哲学是爱智而不是爱知，是爱智慧而不是爱知识。知识是人类之已有，而智慧是用以将求。知识使人丰富，智慧令人聪明。人类用知识解决已知的问题，用智慧求解未知的问题。

那么，什么是智慧呢？让我们从最原始的智慧讲起吧。

前不久有人做试验，看乌鸦是否真像童话故事里讲的那样会"衔石取水"。他们把乌鸦关在一个笼子里，笼子里有一个固定住了的瓶子，装了小半瓶水；又在笼子里放一堆小石头子。乌鸦渴了，将尖嘴伸进瓶口，可是接触不到水面，喝不到水。它越来越渴，一次又一次这么做，可总也喝不到水。终于，乌鸦用自己的尖嘴衔起一颗小石头子，投进了瓶口；又衔一颗，投进瓶口。水面渐渐上升，乌鸦终于喝到了水。从这个故事，我们可以说"乌鸦确实有衔石取水的智慧"，可是不会说"乌鸦有衔石取水的知识"。

再看一则类似的故事。有人在一个土山坡看到这样的场面。

山坡上有一棵核桃树，旁边有一块大青石。秋天核桃成熟了，风一吹掉了下来。几只猴子从地上捡到了核桃，用牙咬，咬不开；用手掰，掰不开；

放在大青石上敲，敲不开。最后还是一只老猴子有办法，它带领猴子们往山下走，走出七八十米，来到小河边；从河滩上各捡一块鹅卵石，抱着走回来。它们把核桃放在大青石上，双手举起鹅卵石往下砸。核桃被砸开了，核桃仁掉出来，猴子们吃到了核桃仁。从这个故事我们会说"猴子有用鹅卵石砸核桃取食的智慧"，还是不会说"猴子有用鹅卵石砸核桃取食的知识"。通过这个故事我们可以说，"老猴子聪明，它一定有用鹅卵石砸核桃取食的经验"。

由这两个故事我们不难设想，在上古时代，我们的先人肯定也是运用最原始的智慧开始打制旧石器，磨制新石器，用火烧烤野兽的肉，学会保留火种，终于他们发明了钻木取火。这之后，请设想有原始人开始将钻木取火的经验口头传授给下一代，然后，不知道又过了几千年还是几万年，最终有人用画图或写象形字的方法将钻木取火的经验记录下来——知识诞生了！

这些故事很清楚地告诉我们，智慧走在经验前面，经验走在知识前面，智慧一直在前面为知识开路——"实践出真知"讲的就是这个道理。哲学是人类智慧更高级的结晶，它在很长的历史时期内一直是走在知识的前面，当然也是走在实证知识即科学的前面。培根说"知识就是力量"，笔者要补充说，知识经常是保守的力量，唯有智慧才是创新的力量，所以笔者认为"智慧就是创造""哲学要不断创新""不创新的哲学就退化成宗教了"。在社会文化系统中，宗教是信仰，是保守的力量，以不变应万变；哲学是理性，是革新的力量，以创新推动社会。

哲学创新源于人类爱智和求知的本性，源于心灵的好奇和对真知的渴望，而求真是无休止的过程，所以哲学是不停地追问，是连续不断的觉醒，是不间断的建构，是精神持续的流变，是自我否定之否定，是一次又一次笑着同过去告别。

对世界本原的追问，古希腊哲人泰勒斯说是"水"，阿拉克西曼德说是"无定"，阿拉克西米尼说是"气"，赫拉克利特说是"火"和"逻各斯"，毕达哥拉斯说是"数"，巴门尼德说是"存在"，留基伯和德谟克里特说是"原子"和"虚空"，柏拉图说是"理念"，亚里士多德说是"实体"，是"四因"（质料因、形式因、动力因和目的因）和"形式"，中世纪基督教哲学家说是"上帝"，近代欧洲哲学家莱布尼茨说是"单子"，黑格尔说是"绝

对精神"。中国古代哲学家则说世界的本原是"道",是"阴阳二气",是
"五行——金、木、水、火、土",是"理""气""心",是"太极"乃至
"无极"。

就拿原子论来说吧。英文"atom"(原子)源于古希腊文,意为"不可
分的"。这个词是古希腊哲学家留基伯创造的。他认为,物质一分为二一直
分下去,总有一个逻辑终点,那就是原子。后来,德谟克里特把它发展成一
套猜测性的原子论。3000 年后,原子论获得了实证和广泛的应用,化学和原
子物理学,核能发电和原子弹、氢弹,都是它的理论和应用的衍生品。可见
哲学和逻辑的伟大。

拉斐尔著名的油画《雅典学院》,画的是古代希腊著名的哲学家们。走
在中间居左,秃顶的是柏拉图,他右手食指向上,好像在说"世界的本原是
'idea'(理念)";居右,正在同柏拉图争辩的是亚里士多德,他右手食指向
下指地,坚持说"世界的本原是'substance'(实体)"。乍一听柏拉图说
"idea"(理念)是世界的本原不好理解,可是细一想又发现很有道理。感性
世界,万物流变,时限短暂;唯事物当中或背后的"理念"是恒定的、不变
的。如"美的花朵""美的衣裳""美的姑娘",不久都会凋谢、损坏和衰
老,唯有"美"这个理念恒定不变。

亚里士多德受柏拉图的理念影响,提出的"form"(形式因)也是这样。
让我们猜想,当年亚里士多德看见 5 个花瓣、粉红颜色的桃花年年开放,花
期不过几天,然后就凋零飘落,消失得无影无踪。可是,下一年的同一时间,
同样是 5 个花瓣、粉红色的桃花又出现在枝头。这启发他猜测,桃花是"质
料"和"形式"的结合,质料易朽而"形式"稳定。2000 多年后,许多研
究者都在猜测和寻找控制生命的无形的"形式",并且终于在 20 世纪找到
了,它就是在每一个生物细胞里面都有的起控制作用的"DNA – 基因型";
它确实是稳定的,它不变,生物体的性状不变。进一步说,现代英语词汇
中,把"形式"传输进去的过程是"inform"(通知),被传输进去的是
"information"(信息),而人类现在已经进入信息社会,进入无数"form"在
全球电子网络空间瞬间传输的时代。

回顾这些事例,我们不能不承认古代哲学家的智慧真的是非常伟大,真

的是非常超前。

哲学是理性，是用范畴构成的全称命题，或如英国哲学家罗素所说是包含"变项"的"命题函项"。哲学的任务就是生产构成理性的全称命题。服从理性，讲理，就是从哲学的全称命题推出特称或单称命题，然后用以指导自己的思想和决定自己的行动，这是哲学的社会功能。亚里士多德提出的三段论则是理性的逻辑工具。

哲学的进步是通过范畴的演化和命题的推进实现的。如果一个人研究一辈子哲学却连一个范畴、一个命题都没有贡献过，那么他肯定不敢自称是"哲学家"，而只满足于说自己是"哲学工作者"——在最好的情况下他是一个搞哲学的科学工作者。哲学命题或者通过顿悟（直觉，灵感）产生，如赫拉克利特言"人不能两次踏进同一条河流"。或者通过综合产生，如笔者最近得出生活哲学命题"幸福是过自己最愿意过的生活"。还有饮食哲学命题"每样食物都吃，哪一样也不特别多吃；每样都吃营养全面，哪一样也不特别多吃受害也不会太重"。或者通过分析产生，如萨特得出结论说"存在先于本质"，其方法大类分析哲学。

我们不能同意某些人否定形式逻辑认识论价值讲的话，他们说："三段论不能提供任何新的知识，因为结论已经包含在前提当中了。"相反，笔者要说，运用三段论做演绎推理，借助前人的智慧，个体（变项）从全称的哲理命题（命题函项）推导出特称或单称命题，消除了个人认知的不确定性和行动的盲目性。个体同哲学进行了通信，头脑的信息量增加了，他获得了新知。

哲学是反思，是怀疑，是批判，是一种否定的力量。怀疑、反思、批判和否定是哲学的独特品格，不同于宗教的品格，区别于信仰的品格。一个民族，当有人开始对已经积累起来的民族精神进行反思的时候，哲学思维就起步了。这就是黑格尔在《法哲学原理》一书中写的一句哲学谶语的蕴意——"密涅瓦的猫头鹰，总是在黄昏才起飞"。

这句话里，"密涅瓦"是古罗马神话中的智慧女神，停在她肩膀上的"猫头鹰"是进行"反思"的哲学智慧，它只在黄昏降临，百鸟栖息之后才悄然起飞。在古希腊诸多哲学派别中，就有智者一派（sophists），他们虽以传授知识为职业，可是真正崇尚的却是思索、讲演和辩论，怀疑、动摇和否定现有的知识，甚至达到否定神灵的地步。著名智者普罗塔哥拉最后得出了一个伟大的哲学命题，"人是万物的尺度：是存在的事物存在的尺度，也是不存在的事物不存在的尺度"①，将人的主体性提升到最高的地位。

可见，一种新的有价值的哲学的出现，一种代表时代精神的哲学，必然是对传统观念的反叛。这足以说明为什么许多在历史上发挥过重要作用的哲学家，其个人命运大都不济。生前默默无闻，备受迫害，写作的文章不能发表，或者发表了最初也没有多少人重视，甚至穷困潦倒而早逝，然而死后其思想突然大放光芒，极尽殊荣。所以，真正的哲学家是在不幸当中为幸福开路的勇士，是在黑暗中掏出心照亮前程的丹柯。做神学的婢女固然是哲学的悲剧，做政治的太监同样是哲学的堕落。哲学的真正使命是社会的良知，启蒙的先声，真理的号角，思想解放的先锋。

17 世纪，英国哲学家霍布斯说："如果我们具体地想一下，哲学如何促进人类的幸福，如果我们把能享用哲学的民族和不能享用哲学福利的民族的生活方式比较一下，那么我们会更清楚地了解，哲学是多么有用。"又问道："难道前一个民族比后一个民族更有才干吗？难道所有的人不都是具有同样的精神本质和精神能力吗？有些人所有的而另一些人所没有的究竟是什么呢？这只是哲学。"②

古希腊人是早熟的民族，在公元前的农耕游牧时代，他们就超越宗教信仰发展出相当成熟的哲学理性。随着罗马帝国被蛮族摧毁，外来的基督教征服和统治欧洲，在中世纪（公元 5 世纪至 13 世纪），古希腊哲学代表的希腊罗马文化被基督教代表的希伯来犹太文化全面压制住了。然而，从 13 世纪开始的文艺复兴、宗教改革和启蒙运动把欧洲文化翻转过来了，哲学战胜了宗教，理性战胜了信仰，古希腊哲学代表的希腊罗马文化战胜了基督教代表的希伯来犹太文化，并重新占据了主导地位。西欧各国相继实现了人的解放，特别是人的精神的解放。哲学发达，理性高扬，终于开创出欧洲近代和现代

---

① 采用清华大学哲学系王路教授"一是到底派"的译法。
② ［苏］敦尼克等主编：《哲学史》第一卷，生活·读书·新知三联书店 1958 年版，第 408 页。

的科技文化、市场经济和民主社会，提高了社会在精神和物质两方面的福利。从此哲学和科学携手，逻辑同数学结盟，理性与实证并行，共同推动现代科学技术文化的全球化过程。

俄罗斯无疑是十分优秀的民族。俄罗斯为世界贡献了大批一流的诗人、作家、音乐家、画家，甚至还有第一流的科学家和工程师，可就是没有一流的哲学家——一个都没有。俄罗斯人顽强的意志，豪迈的气概，丰富的感情在世界民族之林是十分突出的。可是俄罗斯民族太富诗人气质，太容易感情冲动，缺乏冷峻的哲学逻辑思维，因此未能用哲学批判取代文艺批判，结果现代化的历程就十分曲折，至今仍不能完全克服拜占庭东正教和鞑靼（蒙古人）留下的专制主义传统，不能弥补文艺复兴、宗教改革和启蒙运动三项缺失留下的弊端，不能充分实现人的解放，不能完全摆脱民族自我认同的危机，甚至不能最终确定到底应当往东还是往西。结果俄罗斯的文化与社会进化就仍然落后于西欧，生活水平也差一大截，甚至还可能犯大错误，走回头路。

中华民族无疑也是十分优秀的民族，在相对封闭的自然条件下独立地创造出发达的农业文明。大约与希腊人同时，在欧亚大陆的另一端，中国人开创了可以同古希腊媲美的哲学黄金时代。然而，春秋战国百家争鸣涌现的诸子哲学，先遭秦始皇焚烧，后来又被边缘化失去发展势头；唯儒家哲学被汉帝国统治者挑选出来，独尊为意识形态统治工具。儒学开始转变为宗教，经学取代哲学。大约与基督教征服欧洲同时，印度的佛教征服中国，而中国本土的哲学无力抗争；于是，道家哲学先蜕变为道教，接下来儒家哲学也完全蜕变为儒教。在中国发生的情况是，宗教战胜哲学，信仰压倒理性，并且始终没有再翻转过来。在元明清三朝600年里，儒道释三教鼎立的中国，由于缺失哲学反思、怀疑、批判、否定和创新的能力，结果思想僵化，社会停滞；又因为没有一种强势的国教，当遇外敌时中国往往呈一盘散沙。

不知道是什么原因，可能是因为炎热和干燥不利于大脑发育，在地中海西岸阿拉伯半岛的半月形地带，特别是耶路撒冷，盛产宗教而不出哲学。从公元609年开始，在耶路撒冷城已经存在的犹太教和基督教的夹缝中，穆罕默德强行创立伊斯兰教。所以，伊斯兰教一开始就同宗教战争联系在一起，它的宗教领地全是打出来的。"伊斯兰"是阿拉伯语音译，意为"顺从"，即顺从唯一的真主安拉及其使者穆罕默德。穆罕默德本人在不同时间和地点讲道，内容大致相同，经后继者哈里发汇集，整理成《古兰经》。笔者曾经怀着虔诚的态度把《古兰经》从头到尾细读过一遍，结果失望地发现，伊斯兰教主要教义就是"真主、使者、信教、顺从、排除异端、打圣战、报应、来世、天堂、地狱"。在 30 卷经文中，这套教义被重复了几十次，甚至超过100 次，就自然地变成了"真理"。除此之外，整部《古兰经》缺少历史，缺少哲理，缺少格言，缺少智慧；只培养盲目信仰，盲目顺服；只培养没有主体性和个性的教徒。结果我们看到，1500 年过去了，尽管现在伊斯兰国家多达 57 个，人口总数达到 15.7 亿，可是这些国家几乎无一例外，都难以超越信仰达到理性，难以走向精神自由和个性解放。

怀特海有一句名言："全部西方哲学传统都是对柏拉图的一系列注脚。"后世哲学家们在不同程度上都承认这句话，这不啻承认哲学最基本的问题是有限的，并且在柏拉图的对话集里都提出来讨论过；同时也承认这些问题没有终极解答或唯一正确的答案。这是正确的，因为哲学问题不外世界和人生两个大项，而作为答案的哲学命题又都是高度抽象的形而上学的句子，大多数既不能被证实，也不能被证伪；见仁见智，常答常新。因此，哲学无所谓对错，只有好坏，而好坏的标准全在于何人何时何事选用何种哲学解决何种问题。学习哲学与其是在学习知识，不如说是在训练思维；与其死背某种哲学教程，不如依次钻研哲学史上的名著。这些也许正是哲学的魅力，以及我们学习和研究哲学的方法。同时又暴露妄言"哲学终结""形而上学终结"之人的浅薄。

那么"哲学转向"又是怎么回事呢？任何时代配称为哲学家的人，从来没有在大家都服从的教官面前排起队来，按他的统一口令操练正步走；因此，哲学从未发生过整体的转向。正确的理解，所发生的应当是"哲学研究重点的转向"、"热点的转向"或"显学的转向"，以及"研究方法的转向"。这种转向在古希腊时代就发生过多次：从对"本原"的追问转向对"变化"的追问，然后又先后转向"知识"、转向"政治"和转向"伦理"，最终从经验直观转向逻辑推理。近代欧洲哲学确实发生过笛卡儿和康德代表的"认识论转向"，弗雷格、罗素和维特根斯坦代表的"语言转向"，叔本华和尼采代表的"非理性主义转向"等。如果不被带头的哲学家过分的自我标榜迷惑，不被后继者们的鼓噪弄昏头脑，我们就应当清醒地说，每一次转向之后哲学不应该是更贫乏了，而应该是更丰富了。这也是一个对称性不断破缺的过程。

在当代，更为可喜的是许多哲学分支的发展，如历史哲学、社会哲学、文化哲学、政治哲学、价值哲学、科学哲学、技术哲学、生态哲学、文化哲学等，因为每个学科其实都有它的先验部分，或者说形而上学部分，需要做哲学讨论。看来，在科学的影响下，哲学也有一部分走向分学科研究了。所以，哲学不是逐渐枯萎，而是更加繁荣；不是无用，而是更加有用。

什么是科学

从时间维度看，科学是人类认识史一定阶段出现的一种文化形态。具体来说，科学是从伽利略在比萨斜塔上做自由落体实验开始的。伽利略让体积相同而重量不同的铅球和铁球同时掉下来，结果大家都看到两球是同时落地的，从而推翻了亚里士多德"不同重量物体落地速度不同"的轻率结论。在采用试验证伪之后，伽利略又得出自由落体运动的数学公式 $h = 1/2gt^2$，而这个公式在地球上真正是"放之四海而皆准"的。所以，科学虽然在人类认知活动的子宫中孕育了几千年，可一朝分娩才 4 个世纪，其实际年龄不超过 400 年。

从空间维度看，笔者同意英国历史学家汤因比在《历史研究》中得出的结论：迄今为止共有 21 个文明诞生了而且长到成年，其中有 13 个已经死了而且埋葬了；在剩下来的 8 个文明中的 7 个都已经明显地在衰落中。仅有第 8 个，也就是我们自己的这一个，可是它也许也已经度过了它的全盛时代，这个我们谁也不知道。[①] 在地球上现存的另外 7 个文化圈中，如果有谁对这个论断不服气，笔者请他扪心自问，在科学现有的大约几十个学科，大约 10000 个概念、10000 条定理、10000 个公式以及相应的 10000 项技术发明当

---

① ［英］汤因比：《历史研究》中册，曹未风等译，上海人民出版社 1986 年版，第 40 页。

中，你所在的文化圈人究竟贡献几何？

当然，我们还可以说，科学纵然是近代在欧洲文化圈中进化出来的，可是它在很大程度上是吸收了全人类的古典文化成果才进化出来的，并且现在已经传遍全球和属于全人类了。难道作为科学之根的古希腊－罗马文化没有吸收古埃及代表的非洲上古文化成果吗？难道推动科学降生的欧洲文艺复兴运动不是借力阿拉伯文化，而阿拉伯文化没有吸收古代中国和印度文化成果吗？难道英国科学史家李约瑟撰著的《中国的科学与文明》还不能令你信服中国古代科技成果——中国人自己不重视的"实学"成果，给力欧洲近代科技创新吗？答案都不是"No"，而是"Yes"。

由伽利略开创到牛顿定型，最初在欧洲文化圈诞生的科学的最基本的特征是这样的：对事实及其现象做经验观察和数据测定，在此基础上形成概念，用字母符号标示概念，对概念符号精确定义并构成公理系统，找到这些概念符号之间稳定的关系并表述为定理即自然规律，再用符号把定理自然规律表述成方程式，而方程式的解就得出对现象做深入研究的确实结果，最后再设计出实验来检验方程式计算得出的结果——如果检验结果总是相符的，代表自然规律的科学真理就确定下来了。①

因此，根据最一般的理解，科学要满足以下四条判定标准。

第一是实证性。科学研究的对象必须是经验事实。科学假说的提出必定基于大量的经验观察，而科学的理论一定要能够解释经验观察现象并获得实际验证。始终不能获得经验实证的命题，就一直被挡在科学的大门之外，始终只是假说。

第二是严密性。科学概念均须严格定义，科学命题均须准确表达，科学论证均须合乎逻辑。科学不允许似是而非的模糊概念，不接受模棱两可的判断，不认同武断的结论，也不允许在同一话语系统中出现逻辑矛盾。与此相关，简约是科学的标记，而烦琐则是伪科学的特征。

第三是精确性。科学一般都是从定性研究到定量研究，从概念模型（理论模型）到数学模型。如马克思所说，任何科学，只有当其可以用数学表达

---

① ［德］W. 海森伯：《物理学和哲学》，范岱年译，商务印书馆1981年版，第113页。

时，才算走向成熟。

第四是可证伪性。科学的结论都要经得起重复的公开的检验，这些试验即使不能最终证实结论，但至少可以使该结论始终是可证伪的。凡不可能设计出试验来证伪，不是经得起公开反复检验的结论，均不能进入科学的殿堂。在殿堂外面自吹自擂没用。

在哲学上笔者提倡当代科学的新形而上学"进化的多元论"，可是笔者要说，宇宙是多元的，人类文明是多元的，宗教信仰是多元的，唯有科学是一元的。科学的一元性既是历史事实，又是现实情况。一元的科学，将引领人类社会走向大同。

欧洲文化圈之所以进化出科学以及相关的技术和工业生产，有其独特的社会条件和文化传统，例如，土地和权力分散的封建制度，海外开拓的环球视野，古希腊哲学求真的理性精神，文艺复兴和启蒙运动实现人的解放，怀疑主义传统和宗教改革运动，近代哲学理性超越宗教信仰，实证精神战胜迷信盲从，出现既激烈竞争又相互交流的一个科学共同体，有追逐利润的市场驱动，以及全球扩张的价值引导。这些足以回答著名的"李约瑟难题"——"尽管中国古代对人类科技发展作出了很多重要贡献，但为什么科学和工业革命没有在近代的中国发生？"答案很简单，上述十条社会条件和文化传统中国一条也不具备。

现实的情况是，在近代欧洲和现代全球性的科学共同体之外，没有任何一个文化圈中的任何一个人，作出了符合下述悖论的研究成果：既是科学又不是欧美的那种科学。原因很简单，科学共同体对现在能够给出答案的问题，都已经给出了唯一答案，而这些现在都是颠扑不破的硬道理。答案还是两可的只有"光的波粒二象性"，倘若你有本事给出单象性答案，准获诺贝尔物理学奖。这就是说，科学是硬道理，前进要靠证伪；证伪成功，科学共同体立刻庆贺，给你颁奖，然而你的新成果还是属于科学。全球性的科学共同体已经形成了自己的文化传统和话语体系，任何个人，无视传统，在共同体之外重复研究，另创话语系统，其活动既无必要，又不会得到承认，自己反倒像是一个新时代的堂吉诃德。

话说到这里，我们中国人当中肯定会有人问：我们的中医就另有一套人体模型和话语系统，能不能发展另外一元的医学科学呢？笔者的回答是，这仍然是不可能的。第一，科学是进化的；第二，是潜科学→前科学→科学。笔者认为，中医达到了前科学阶段——控制论的灰箱操作，可是一直停留在这个阶段，而且很可能会永远停留在这个阶段上了。譬如，中医最基本的概念"阴"和"阳"、"虚"和"实"，就不可能准确定义，更不要说定量和获得解剖学上的实证了。中医最独特的是人体"经络系统"，但至今仍找不到人体解剖的实体印证。退一步说，有一天找到了，那肯定获得"诺贝尔生理学或医学奖"，但最终科学共同体还是会说："中国人在人体中发现了一个以前没找到的经络实体系统，丰富了人体解剖学这门科学。"

其实，科学的一元性是人类的幸事，并给世界带来走向整合的希望。当我们环顾目前全球各地的文化纷争，文明冲突，宗教战争，种族歧视，反恐战争，领土争端，钩心斗角，纵横捭阖，在这纷繁复杂的世界表象下面，我们应当清醒地注意到，唯有属于全人类的一元的科学技术—市场经济—民主社会在默默地引领全球化进程，在静静地推动世界整合，虽然不时有暗流和倒退，但总的趋势是在前进。

哲学同科学的关系

古代欧洲，具体说是从古希腊到 16 世纪的两千年，哲学诞生了，而科学还在哲学、宗教、巫术、炼金术的混杂母体中孕育着。在这个漫长的时代，哲学是人类认知活动的主要部分，在同信仰和迷信的抗争中形成了大致由本体论、认识论、历史哲学、社会哲学、伦理学、逻辑学和美学组成的体系。在这样的哲学体系中，追问终极实在的形而上学如日中天，自然哲学最受重视。在那个时代，哲学走在科学的前面，同宗教和神学斗争，为科学的诞生开路和创造条件。由于既没有科学，又没有科学实在，这个时代哲学直接面对经验实在，直觉、顿悟和经验归纳是哲学家做哲学的主要方法。

近代科学诞生之后，随着科学的成长壮大，并日益上升为人类认知体系的主要部分，哲学的传统领地逐步丧失，哲学的地位日渐衰落，哲学同科学的关系呈现出极其纷繁复杂的局面。

首先是笛卡儿用一个拉丁语命题"Cogito ergo sum"（我思故我在），肯定主体和心灵的存在，开启哲学的认识论转向。从此思维和存在的关系、主体同客体的关系、经验论与唯理论的争论、物质论和理念论的斗争，上升为哲学的主要问题。研究本体论的形而上学退居次要地位，自然哲学开始淡出哲学家们的视野。

康德在《纯粹理性批判》及其《导论》中，区分"分析命题"和"综合命题"，肯定"经验综合命题"的真理性，质问"先天综合命题"何以可能，为人类认识作出区分，为人类理性（哲学）划定界限，为经验性的自然科学开辟道路。康德继而断定，如果哲学超越他所划定的理性的界限，追问传统的形而上学问题，就会像他列举的四个"二律背反"那样陷入悖论，从而失去认知意义。这显然是对纯粹理性的形而上学的沉重打击。

进入 20 世纪之后，科学的强势和取得的伟大成就对哲学发生了强有力的冲击，有些哲学家转而想让哲学达到像科学一样语言准确、逻辑严密、结论可靠。于是，继认识论转向之后，在弗雷格、罗素和维特根斯坦的推动下，20 世纪欧洲哲学又发生了"语言转向"，哲学被降低为科学的工具，其任务被局限为语言分析和逻辑分析，"拒斥形而上学"成为最响亮的口号。

20 世纪初叶，逻辑实证主义（经验实证主义）在欧洲大陆兴起。坚持康德分析命题和综合命题的区分，把哲学的任务归结为对语言，特别是科学语言进行逻辑分析。断言只有具备逻辑可证实性和经验可验证性的科学命题才是有意义的命题，将形而上学命题一律作为伪命题清除。其最具代表性的维也纳学派走得更远，试图在物理学基础上"统一科学"。同时代的丹麦物理学家玻尔，干脆在实验室门上挂个牌子："哲学家不要进来！"可见拒斥形而上学达到何种程度。

与此同时，语言哲学在英国兴起。相信语言是思想的直接现实，这派哲学家认为，"研究语言就是研究哲学"；哲学所能做的不是创造思想体系，不是发现规律，而是进行语言分析。人工语言学派认为自然语言模糊，具有歧义，不适合表述哲学命题，于是另创符号语言，用以表述和研究哲学。反之，牛津日常语言学派则信任日常语言，认为问题出在语用上。"语言的意义在于使用""语词即心灵",通过对具体语境中语词使用的细致分析,他们为心灵哲学开启了新的路径。

然而,在初期的拒斥态度和激烈言辞过去之后,在分析哲学内部又涌现出冷静地向传统回归的声音。20世纪中期以后,美国分析实用主义的代表奎因将"分析命题"和"综合命题"的区分斥为不必要的经验主义的两个教条,并把哲学看作科学的延续。牛津日常语言学派的代表人物斯特劳森做出"修正的形而上学"和"描述的形而上学"的区分,前者指思辨的形而上学,是理想的形而上学,应当拒斥;而后者指我们据以思考和谈论世界的概念框架,是现实的形而上学,应当保留。

同时期,欧洲大陆哲学选取了一条完全不同的路径,脱离从柏拉图到黑格尔的理性主义传统,疏远科学,转向非理性主义,转向人以及同人的主体性相关的存在、虚无、生命、意识、心理、意志、意向性、欲望、本能和无意识。非理性主义哲学主要采用内省、直观和本质还原的方法,先后产生出叔本华的生命意志哲学,尼采的权力意志哲学,胡塞尔的现象学,克尔凯郭尔、海德格尔和萨特的存在主义,弗洛伊德的精神分析。值得注意的是,虽然欧洲大陆非理性主义哲学致力于反理性主义、反科学主义、反实证主义,可是它仍然无法完全摆脱科学的影响。例如,胡塞尔的志向就是要把现象学建成"精密科学",而狄尔泰则一生都在构造他的"精神科学"。

马克思和恩格斯批判黑格尔的唯心主义,抛弃黑格尔的体系,拯救出其中的辩证的方法,然后把它颠倒过来并解释说:主观的辩证法不过是客观辩证法在人头脑中的反映。他们及其后继者于是宣布,对立统一、量变过渡到质变和否定之否定三条唯物辩证法规律就是宇宙规律,即自然、社会和思维发展的一般规律。他们用唯物辩证法研究人类社会,创立历史唯物主义,进而分析资本主义社会内部矛盾,预言无产阶级和资产阶级的斗争必然导致无产阶级专政,而这种专政将导致从社会主义过渡到共产主义社会的革命过程。马克思和恩格斯把自己的哲学定名为科学的世界观和科学社会主义,并且说它是建立在19世纪自然科学的三大发现能量守恒和转化定律、细胞学说和达尔文进化论的基础之上的。这种新型哲学在20世纪大放光彩,对世界历史进程产生了重大影响。

简要地回顾了自从科学诞生和发达以来哲学同科学的关系呈现出的极其纷繁复杂的局面，以及在不同时间和地域曾上升为主流的这些哲学选项，我们可以对哲学和科学的关系得出一些什么结论呢？

科学已经取代哲学占据了人类认知体系中的主导地位，可是哲学——包括形而上学，仍然有不可取代的继续存在和发展的价值。一方面，因为科学并非万能，仍然不能回答人类对各种终极关怀的追问；另一方面，哲学不但能够在解答终极关怀方面发挥积极作用，而且在提供全景画面、概念框架、思维方法和逻辑语言分析方面能继续对科学提供支持和帮助。哲学同科学的关系非常复杂，是一个需要长期探讨的问题；已经有许多选项，我们完全有权创新，也应当创新，并提出新的选项。

哲学同科学的新关系

科学是硬道理，科学已经成长为人类知识体系的主体，成为青少年十几二十年接受教育的主要内容。哲学则不断失去传统领地，节节退让——退守语言，退守逻辑，退守解释，退守非理性，退守无意识，退守存在，而现在几乎已经到了无处可退的地步；如果继续退的话，就只能退守感情，退守欲望。说句直白的话，这是哲学踏上自我孤立、自我封闭，直至自我窒息而亡的死亡之路。那么，中国哲学为什么要死心塌地跟着欧美哲学走这条哲学自我窒息和死亡之路呢？为什么我们不另辟蹊径走"柳暗花明又一村"的新路呢？中国有句源于《孙子兵法》上的古语，叫"置之死地而后生"。笔者认为，中国哲学家们可以逆向思维，考虑重建哲学与科学的新型关系，进而不断收复哲学丧失的传统领地。

为此，哲学必得首先端正态度和放下架子，不再妄想永远高踞于科学之上，或永远疏离于科学之外，而是谦虚地走下哲坛向科学请教，借助科学的成果、概念、模型甚至方法来重新研究许多传统的哲学问题，然后得出某些新的结论。这就是俗话所说的"登高必自卑"。其实"metaphysics"（形而上学）在古希腊亚里士多德著作中的本意是"物理学之后"而不是"物理学之上"，现在重新回到"物理学之后"，也没什么不好意思的。总之，重建哲学同科学相互尊重的关系、结盟的关系、互补的关系、互动的关系，肯定是一条新路，肯定会越走越宽，特别是在中国。因为，完全抛弃自己固有的哲学传统，跟在欧美哲学后面搞思辨、搞辩证、搞分析、搞存在，搞了100多年了，中国哲学还是没见有什么大出息。

笔者准备从一个全新的视角，即"实在的层级结构"，探讨哲学和科学的新关系。

人类的认知系统已然形成具有四个层级的"实在的层级结构"（见图1）。"0层级"是"自在的实在"，即康德讲的"自在之物"，或马克思讲的"客观世界"；它同人的主观世界永远有隔，任何人不可能直接认识其真相，一如人永远看不到自己的面孔，所看到的总是某种镜像。第一层级是感性实在，即经验实在；在实际生活中，在实践活动中，人通过感官、经验积累建立起的丰富多彩和触手可及的实在。社会上许多人，特别是文盲和受教育少的人，终生只生活在经验实在中。第二层级是知性实在，即科学实在；它是通过知识积累，特别是近代以来科学诸多学科建构的图解、模型、概念、定理、公式建立起来的实在。接受过完整的现代教育的人，特别是科学家，他的精神经常是生活在这层科学实在中。第三层级是理性实在，即哲学实在，它是由哲学家们用范畴、理念和哲学命题建构的最抽象的实在。少数具有理性头脑的人，特别是真正的哲学家，其精神才生活在这个纯粹理性的王国中。

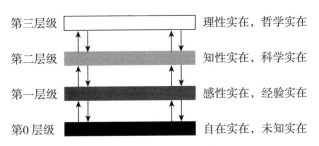

图1　实在的层级结构

如果把"信息"范畴引入哲学，取代传统哲学研究的"意义"范畴，我们就可以说，在自在的0层级和三个为我们所认知的层级之间，信息都是双向流动的。图 1 中向上的箭头表示信息上行，逐级综合，从具象到抽象，殊相到共相，从单称、特称到全称命题，概念的数目逐级减少，内涵逐级缩小而外延逐级扩大，直到少数最抽象的哲学范畴和最一般的哲学命题。向下的箭头则表示相反的过程，逐级分析，从抽象到具象，从共相到殊相，从全称、特称到单称命题，概念的数目逐级增多，内涵逐级扩大而外延逐级缩小，直到众多最具体的专名所指称的个体以及单称经验命题所表述的对象。人类关于实在的认知系统就是这样建构的，关于实在的信息就是这样流动和保存的。

在这个四层级的"实在的层级结构"模型中，每两个层级之间的双向箭头又表示信息互动，互为信源和信宿：由下向上是提供信息，归纳推理；由上向下是提取信息，演绎推理。下一层级提供的命题的真实性，保证上一层级归纳得出的命题的可靠性；上一层级贮存的命题的可靠性，保证下一层级演绎得出的命题的实证性。因此，下一层级均是上一层级的基础，而上一层级均统摄下一层级；每一层级内部发生的信息编码结构的突变——新概念和新命题的涌现，以及相应的对旧概念和旧命题的顶替，都最终会引发相邻层级中信息编码结构的相应改变。

在这个模型中讨论哲学和科学的关系，就容易讲清楚了；当然，首先应当声明，这里讲的"科学"是狭义科学，即关于实在的自然科学。

从远古时代，直到近代科学诞生之前，在人类认知体系中还没有第二层级——知性实在，即科学实在。哲学直接面对第一层级感性实在，哲人多从经验实在综合得出或直觉得出哲学命题，如老子言"塞翁失马，焉知非福"，庄子《庖丁解牛》结言"吾闻庖丁之言，得养生焉"，或如孔子感叹"子在川上曰，逝者如斯夫"。近代之后，尤其是进入 20 世纪之后，自然科学发达，几十门学科共同交织出第二层级——知性实在；哲学——特别是逻辑实证主义哲学和科学哲学，直接面对科学实在，而不再屈尊就下到经验实在中去体悟。试看 20 世纪大有作为的哲学家，一般都接受过良好的数学 - 逻辑训练，有雄厚的自然科学背景；相反，缺少这种训练和背景的人，就根本成不了哲学家，只能在别人发表的现成的哲学中讨生活。

世界是什么，实在是什么，永远取决于我们认为它是什么；人永远囿于自己的认知图像（cognitive map），不可能超越现有的认知图像认识实在，除非认知图像发生革命性的进化。事实上，人类社会生活的进化就是由认知图像的进化引导的。倘若我们拿当代科学的认知图像，同古代神话－巫术的认知图像，同中世纪宗教的认知图像作比较，你一定会心悦诚服地承认，科学的认知图像是非常实在的。科学实在是人类几千年，尤其是最近几百年生产、科学研究和进行科学理论建构形成的实在，其实在性基于每一门学科、每个概念、每条定理、每个公式都具有经得起公开验证的实在性。科学实在是从无数实在殊相中抽象出来的一个实实在在的共相，它比任何虚构的、感性－经验的实在都更实在。当代人类社会生活就建立在科学实在的基础上，因为人类正是从科学实在中提取信息进行技术发明、生产和建设，以维持现代化社会生活的运转。

因此，当代哲学同科学的关系的一个新的选项，是以科学为基础，以科学的认知图像为基础，植根科学实在，发展一种"科学的哲学"，或者说"有科学根据的哲学""有科学性的哲学"。科学的哲学（scientific philosophy）不同于早已有之的科学哲学（philosophy of science）。

早已有之的科学哲学以"科学"为对象，研究科学的本质、科学的合理性、科学的研究活动、科学方法论、科学认识论、科学的逻辑结构、科学发展的规律等。这种科学哲学在 20 世纪已获得长足的发展，出现了逻辑实证主义、科学革命的结构、证伪主义、历史主义、科学实在论等流派。作为一种哲学学科的科学哲学早已在大学及其研究生院讲授，受到师生们的欢迎和重视。

有待创造的"科学的哲学"以"科学实在"或"科学的认知图像"为认知对象研究传统哲学问题，意即不是在经验实在而是在科学实在的基础上重新研究这些问题。换句话说，就是在当代科学成就的基础上用当代科学的概念、规律、模型、方法研究传统的哲学问题，包括描述科学的认知图像，建立当代科学的新形而上学，发展科学的认识论、科学的社会理论、科学的人性理论、科学的心灵哲学、科学的文化理论、科学的价值理论、科学的进化理论、科学的全球问题研究，乃至有科学根据的道德学说，从而建构新的理性实在，即新的哲学实在。这是有科学实在做根基的哲学，相对来说就是最可靠的哲学；它得出的哲学命题不是轻易能推倒的，因为有任何人都推不倒的科学做根基，有几十项诺贝尔科学奖做根基。这个工作不是轻易能够做好的，但是朝这个方向努力去做总是对的。

20世纪，哲学同科学可以说是相互排斥，也积怨甚深。因此，要创建哲学同科学的新关系，并在相互尊重和结盟的基础上构建科学的哲学，那就首先要化解哲学同科学相互的误解、轻视、排斥和拒斥。

让我们再听一听当代几位重要哲学家和科学家的声音，看他们对哲学的功能是怎样评价的。法兰克福学派创始人 M. 霍克海默认为，哲学的使命之一是"对科学根本解决不了，或解决得不能令人满意的问题作出解答"。20世纪最伟大的物理学家爱因斯坦承认，哲学"常常促进科学思想的进一步发展，指示科学如何从许多可能的道路中选择一条"。爱因斯坦还有一句名言："你永远不能用跟造成问题的思维方式同样的思维方式去解决那个问题。"同时代的物理学家薛定谔则说，"在知识道路上前进的大军中，形而上学无疑是先锋队，它在我们不熟悉的敌境内布下一些前哨"，科学的进展"始终是通过哲学观点的澄清和改变来实现的"。

时代在变化，哲学家们不要过分清高，不要过分愤世嫉俗和孤芳自赏，必须承认现在是科技时代，在当代人的认知系统和社会文化系统中，哲学在一定程度上已经被边缘化，科学成了占据头脑的主要部分，成了推动社会的第一生产力。现代人从小到大接受教育，大部分时间是用于学习科学；解决实际问题更多是在援引科学，而服从科学也是服从理性。20世纪，哲学被迫降低身份走分析哲学的道路，被迫另辟蹊径走非理性主义的道路，是有其必然性的。因此，在21世纪哲学肯定会沿着这两个方向继续前进。除此之外，当然需要开辟新的道路。

新的道路就是沿着马克思主义哲学的方向继续前进，在20世纪科学革命成就的基础上，建立哲学同科学的新关系，发展新的科学的哲学。为此，首先要尊重科学，承认20世纪科学革命建构的科学实在同18—19世纪科学最早提供的科学实在大不相同。科学是硬道理，哲学不能违反科学常识，不能同科学"顶牛"。中国古话说"登高必自卑"，哲学家必得努力学习和掌握现代科学的主要成果，然后综合这些成果，借助现代科学方法接替前人继续回答传统哲学问题，这样才有可能创立新的"科学的哲学"，以满足现代人的精神需要。这样一来，"科学的哲学"就能理直气壮地回答康德对哲学的诘难，"先天综合判断"何以可能。答案是：基于科学实在，综合科学成果，就能得出可靠的、具有真理性的"先天综合判断"。如果采用"真理符合论"，就可以说，新的哲学真理不是符合经验实在，而是符合科学实在。再进一步说，由于科学是不断向前发展的，基于科学并且符合科学实在的哲学也必须不断向前发展。

第二章
科学革命及其哲学意义

在 21 世纪之初，媒体有报道，经国际科学界评选确认，20 世纪有五项伟大的科学成就，它们是：相对论、量子力学、大爆炸宇宙学、生物遗传基因和系统科学。笔者同意这个评选结果，并且认为这五项是 20 世纪科学的革命性的成就，因为它们推翻了 18—19 世纪自然科学的许多基本观念，改变了科学的认知图像，构建出全新的科学实在。鉴于此，在 21 世纪，如果要推进对哲学基本问题的研究，或者要创立可靠的、有科学根基的哲学，不能不先讲清楚 20 世纪的科学革命及其哲学意义。

相对论及其哲学意义

20 世纪初的物理学革命是由爱因斯坦的相对论拉开序幕的，相对论是对被称为经典力学的牛顿力学的革命性颠覆和超越。经典力学是由伽利略在 16 世纪开创，由牛顿在 17 世纪综合创立和定型的。然后，在 18—19 世纪中，牛顿力学在物理和工程两大领域都是真理，占据着不可动摇的统治地位。

1687 年，牛顿出版了《自然哲学之数学原理》①，这本书的中译本使我们有幸目睹这部科学元典的全貌。

---

① ［英］牛顿：《自然哲学之数学原理》，王克迪译，北京大学出版社 2006 年版。

牛顿这本书是按古希腊数学家欧几里得的著作《几何原本》的逻辑结构写的，显得非常庄严、宏伟和完整。全书共分三编，每编都由"公理—定理—引理—推论—附注"几个部分构成。在第一编"定义"部分，牛顿给出了"质量守恒定理"和"动量守恒定理"。在"附注"部分，按照一般人都能感知和承认的经验实在，牛顿提出了他的绝对时间、绝对空间和绝对运动。他写道："绝对的、真实的和数学的时间，由其特性决定，自身均匀地流逝，与一切外在事物无关。""绝对空间，其自身特性与一切外在事物无关，处处均匀，永不移动。""绝对运动是物体由一个绝对处所迁移到另一个绝对处所。"应当如实说明，从"元典"上看，牛顿在这每一段话后面都立刻谈到"相对时间""相对空间"和"相对运动"。他正确地指出，这些取决相对于运动物体的其他参照物，这就是"经典力学的相对性原理"。

牛顿给出了著名"牛顿力学三定律"：第一定律可简称为"惯性定律"；第二定律可简称为"加速度定律"；第三定律可简称为"作用和反作用定律"。在书中的第三编"宇宙体系（使用数学的论述）"中讲述了"万有引力定律"。牛顿用力学三定律解释并计算了地球上所有宏观运动形式，然后又用万有引力定律解释和计算月球与潮汐现象，以及当时所知的太阳系七大行星的运动，全都准确无误。

这样一来，牛顿就把地球上所有物体的运动同上界天体行星的运动统一到他发现的这四条力学定律中了，说明树上落下的苹果同围绕地球旋转的月亮，同围绕太阳运行的七颗行星，全都服从他发现的力学定律。特别是到19世纪，为解释天王星轨道的摄动，天文学家运用牛顿力学定律计算，预测在天王星轨道外面应当还有一颗未知行星。天文学家使用望远镜观察，于1846年9月23日在预计的位置果真发现了太阳系中的第八颗行星海王星。这在全球引起轰动，人们欢呼科学理性的伟大胜利。牛顿被誉为人类历史上最伟大的科学家之一。牛顿力学被公认为是"颠扑不破的，放之四海而皆准"的"客观真理"。

然而，谁也没有想到，才只过去250年左右，在20世纪初，牛顿力学看似客观真理的坚如磐石的物理概念和定律，竟然被瑞士伯尔尼专利局名不见经传的年轻技术员爱因斯坦用相对论革命性地颠覆和超越了。

爱因斯坦并不是突发奇想地就提出了相对论。他小时候是一个极普通的孩子，学习成绩也不大好，可是对哲学、数学和物理表现出偏好。爱因斯坦在 13 岁时读懂了康德的《纯粹理性批判》，并深受影响。16 岁时，他掌握了微积分并开始深入思考物理学问题。譬如，他经常想"假如人飞行的速度达到光速，他会看到什么"？他相信可以看到电磁波是静止的。

在爱因斯坦之前，至少有两位哲学家凭借哲学智慧提出了开创性的说法，并且对他很有启发。第一位是奥地利的物理学家兼哲学家马赫——就是列宁在《唯物主义和经验批判主义》一书中"把他批得体无完肤"的那个马赫。在 1883 年出版的《力学史评》一书中，马赫先是怀疑牛顿的绝对时空，后又提出地球上液体旋转的离心力，证明物体运动的惯性，都是受到宇宙中其他物质吸引造成的。第二位是法国人彭加勒，他在 1895 年发表的《谈谈拉摩先生的理论》一文中得出结论说，任何试验都不可能测量到物质的绝对运动，只能测量到物质对物质的相对运动；还说，"光速不变"是一个不可检测的公设。顺便说一下，以上情况再次证实了我们在前面"引论"中提出的观点：历史上，哲学经常是走在科学的前面。

19 世纪后期，究竟发生了什么事情推动了爱因斯坦在 20 世纪初提出相对论并引发了一场物理学革命呢？

首先，物理学界发现"光速不变"：光速大约是 30 万千米/秒，不以光源是静止的还是运动的而改变。这样一来，"光速"变成绝对的了，"光速"既不遵守牛顿力学的速度合成（叠加）公式，也不遵守伽利略变换。其次，为了验证绝对静止的绝对参照系"以太"的存在，以及地球相对于"以太"和光相对于"以太"的运动。美国科学家迈克尔逊和莫雷设计出一种实验装置，并反复改换方向进行实验。结果证明，光相对于地球的各个方向的传输速度是相同的，从而否定了"以太"的存在。既然没有绝对静止的绝对参照系存在，当然就永远测不出绝对运动。一切运动都是相对的，牛顿的绝对运动被否定了。

这样一来，牛顿力学代表的物理学陷入了重大的危机：一是绝对运动被否定了；二是牛顿力学被发现不适合计算光的运动和接近光速运动的物体的运动。在这种背景下，年轻的爱因斯坦开始了更深入的研究，并于 1905 年发表论文《论动体的电动力学》[①]，提出狭义相对论，拓展物理学的视界，化解物理学危机，推动物理学发生了革命性的变化。

在这篇论文里，爱因斯坦首先提出两条公设性的基本原理：一条是相对性原理，另一条是光速不变原理。

爱因斯坦的这两条公设和相对论，需要定义若干物理学概念：参照系是为描述物体运动状态选用的参照物。坐标系是参照系的数学形式。坐标变换是从一个坐标系里的表达式转换成另一个坐标系里的表达式的变换。惯性系是牛顿力学定律适用的参照系。非惯性系是牛顿力学不适用的参照系。协变形式是在各种参照系里都一样的数学形式。

爱因斯坦提出的第一条公设："物理体系的状态据以变化的定律，同描述这些状态变化时所参照的坐标系究竟是用两个在互相匀速移动着的坐标系中的哪一个并无关系。"这就是狭义相对论的相对性原理，其具体的含义是，包括力学定律、电学定律、磁学定律、光学定律、原子物理定律在内的所有物理定律，在一切惯性系中都是同样有效的；也就是说，你可以在任何惯性系中做物理实验而取得同样的结果。这就肯定了物理学定律的绝对性，可是否定了参照系的绝对性，承认有无数相对参照系。

举例来说，请设想你站在相对于地球是静止的平地上，用手将一个皮球上抛，它垂直回落到你手上。你站在速度为 20 米/秒的火车车厢里，将一个皮球上抛，它垂直回落到你手上。你站在速度为 350 米/秒的超音速飞机里，将一个皮球上抛，它垂直回落到你手上。你站在接近光速 30 万千米/秒的飞行的宇宙飞船中将一个皮球上抛，它还是垂直回落到你手上。这些情况说明皮球的运动轨迹是一样的，你计算皮球运动的力、速度、时间、加速度、距离，用牛顿力学三定律都是适用的。你要在三个坐标系之间做变换计算，用伽利略变换的那些数学变换公式都是适用的。

第二条公设："任何光线在静止的坐标系中都是以确定的速度运动着，不管这道光线是由静止的还是运动的物体发射出来的。"这就是狭义相对论的光速不变原理，其具体含义是，在一切惯性系里测得的光速数值是相等的。

---

① 《爱因斯坦文集》第二卷，范岱年、赵中立、许良英编译，商务印书馆 1977 年版，第 87 页。

这就肯定了"光速不变"是绝对的，光速不随坐标系改换而改变。

举例来说，请设想宇宙飞船以 20 万千米/小时的速度飞行，按牛顿力学和伽利略变换，从船头发出的向前的光的合成速度应当是 30 + 20 = 50 万千米/秒，而从船尾发出的向后的光的合成速度应当是 30 - 20 = 10 万千米/秒。然而，实际上光速不变。结果可得出，上述速度合成的数学计算式就成了 30 + 20 = 30 - 20 = 30 万千米/秒，从牛顿力学的视角来看，这不就非常"荒唐"了吗？

我们知道，爱因斯坦提出这两条公设就是尖锐地把物理学遇到的危机摆出来：在肯定光速不变的前提下，如果我们要挽救物理学，同时肯定包括牛顿力学定律在内的物理定律在做匀速直线运动的坐标系中仍然是等效的，那么我们就必得改换思维方式，考虑相关的其他概念都是可变的、都是相对的。譬如，接下来，爱因斯坦就列出一个最常用的物理学公式：速度 = 距离 ÷ 时间，然后指出，在研究光的运动的时候，既然速度永远是不变的，那么时间和空间（距离即空间）就只能是随着运动变化的，否则就不可能有任何运动，也不可能有任何关于运动的物理学定律。

现在，让我们来比较两种不同的力学相对性原理——经典力学的相对性原理和狭义相对论的相对性原理。

经典力学的相对性原理规定力学定律、时间、长度、加速度、质量和同时性是绝对概念，而点的坐标和速度是相对概念，遵守伽利略变换。相反，狭义相对论的相对性原理规定物理定律和光速是绝对概念，而点的坐标、时间、长度、速度、质量和同时性则是相对概念，并且通过洛伦兹变换可以计算出同时性的相对性、长度收缩、时间延缓、速度变换、相对论性多普勒效应等。

经典力学的相对性原理的数学形式是伽利略变换，狭义相对论的相对性原理的数学形式是洛伦兹变换。我们现在来进行讲解和比较，这是理解相对论的关键。

就空间而言，火车沿铁轨运动是一维的，轮船在海平面上运动是二维的，飞机在天空飞翔是三维。让我们把正在飞翔的飞机设为"事件"，倘若一个事件相对于参照系的空间位置是 x，y，z，时间坐标是 t。则同一个事件相对于另一个参照系 K′ 的空间坐标 x′y′z′ 和时间坐标 t′ 应是多少？（见图 1）

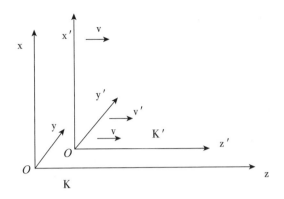

图1　相对作均匀运动的两个惯性系 K 及 K′

为了简单起见，我们假定 K′ 与 K 仅仅沿着 X 轴的方向有相对运动，运动速度为 V。根据光速不变原理和相对性原理，就可以得到（x，y，z，t）与（x′，y′，z′，t′）这两组坐标之间的变换关系，这就是著名的洛伦兹变换。

洛伦兹变换公式是狭义相对论运动学的核心。利用它可以自然地导出前面讨论过的各种相对论效应的定量关系。例如，一把静止时长度为 L_0 的尺子，当它相对于观察者以速度 v 运动时，其长度就成为 $L = L_0 \cdot \sqrt{1-v^2/c^2}$。同样，当一个以速度 V 相对于观测者运动的钟经过了 $\Delta t'$ 时，静止的钟所指示的时间为 $\Delta t = \dfrac{\Delta t}{\sqrt{1-v^2/c^2}}$ 时，下图所示就是根据这些公式绘制出来的。

$$\begin{cases} x' = \dfrac{x-vt}{\sqrt{1-v^2/c^2}} \\ y' = y \\ z' = z \\ t' = \dfrac{t-\dfrac{v}{c^2}x}{\sqrt{1-v^2/c^2}} \end{cases}$$

对于洛伦兹变换，我们再说几句。在洛伦兹变换作为分母的 $\sqrt{1-v^2/c^2}$ 特别值得注意，因为理解相对论的关键就隐藏在这里面。由于光速 c = 300000000 米/秒，因此当地球上的宏观物体即便超音速达到 $v = 350\text{m/s}$，

350/300000000 仍然小得可以忽略不计，从而 $\sqrt{1-v^2/c^2}\cong 1$，而 $\frac{v}{c^2}x\cong 0$，于是上述公式就近似地变成：

$$
\begin{cases}
x' = x - vt\\
y' = y\\
z' = z\\
t' = t
\end{cases}
$$

这组关系通常答作伽利略变换。它是牛顿力学时空观的基础，适合计算地球上宏观物体的运动。利用伽利略变换立即可以推出时间间隔和物体长度的绝对性，而 t′= t 就意味着同时性是绝对的。伽利略变换公式只是洛伦兹变换公式的一个近似。洛伦兹变换公式适用于更为广泛的范围，这也就是说，比起牛顿力学，狭义相对论是对于自然界的更加全面和正确的描述。[①] 此外，比较两组数学公式，你可以更直观地理解我们在"什么是系统"一节里讲的"在数学上是同形的"。

迄今为止，狭义相对论的多项预言都在实验中获得了证实，说明爱因斯坦根据相对论作出的让人难以想象和难以接受的预言，不仅仅是一些理论上的推论，也是经验实在中的事实，构成了新的科学实在。

例如，介子是基本粒子的一种，其通常情况下半衰期时间长短是固定的。然而，在静止条件下测得的介子平均半衰期是 17 毫微秒，在加速器中介子以接近光速的 29 万千米/秒运动，测得的平均半衰期是 69 毫微秒，恰好吻合狭义相对论时间延缓的预言和按照洛伦兹变换计算的结果。

又如，电子的静止质量是 m0，在阴极射线管中电子运动速度接近光速 V = 0.98c，测得的质量（m_v）是静止质量的 5 倍，即 $m_v = 5m0$，恰好符合按狭义相对论质能公式 E = mc² 计算的结果。当然，更有力的证明是原子弹爆炸和核能发电，重元素铀裂变，总质量减少而发射出巨大的能量。

在建立狭义相对论之后，经过多年的努力，爱因斯坦于 1916 年发表了《广义相对论的基础》。他将牛顿第二定律同万有引力定律联系起来，证明惯

---

① 方励之、褚耀泉：《从牛顿定律到爱因斯坦相对论》第二版，科学出版社 1981 年版。

性场同引力场，惯性加速度同引力加速度，惯性质量同引力质量都是等效的。一个存在着引力场的惯性系和另一个加速运动的非惯性系没有本质区别。这就是说，他将"等效原理"从匀速直线运动的惯性系推广到加速运动的非惯性系，从而建立广义相对性原理：物理定律在一切参照系中的形式是相同的并且是协变的，即都具有相同的数学形式。

爱因斯坦的广义相对论可以看作是在引力场研究成果基础上提出了新的引力理论。他把引力解释为"引力场效应"，是大量物质或能量引起的"四维弯曲时空"。他得出了新的引力场方程，作出水星近日点进动、引力红移、光线在引力场中弯曲、存在引力波、存在宇宙黑洞等预言。现在，这些预言大部分已经得到验证。

特别引人注目的是，1919 年，一位英国天文学家对"光线在引力场中弯曲"的验证。1919 年 5 月 29 日的这场日全食，地球上有两个地点是最佳观测点。英国派出了两支观测队，分赴西非几内亚湾的普林西比岛和巴西的索布拉尔两地进行观测。当太阳被月球阴影完全遮挡住的时候，两支观测队都观测到星光在经过太阳附近时，发生了偏角约为 1.7 秒的弯曲，同爱因斯坦之前的计算结果相符。这在全世界引起了轰动，大家都欢呼出现了一位同牛顿一样伟大的物理学家。

从哲学上看，爱因斯坦相对论向我们提出了若干值得深入探讨的问题。

首先，在本体论上，相对论革新了人类的时空观，革新了科学实在提供的认知图像。爱因斯坦写道："空间—时间未必能被看作是一种可以离开物理实在的实际客体而独立存在的东西。物理客体不是在空间之中，而是这些客体有着空间的广延。因此，'空虚空间'这概念就失去了它的意义。"现在，分立的"框子里面装东西"式的"空间＋时间＋物质"模式，已经让位于"时空—场—物质—流形"这样一个四维连续统，这样一种四维整合的科学实在。我们人类在每一时刻经验到的世界，其实是这个四维连续统的一个剖面或切片。①

新物理学竟然同过去 300 年经典物理学截然不同，甚至恰恰相反。由此，

---

① 吴国盛：《科学的历程》第二版，北京大学出版社 2002 年版，第 431、434 页。

过去300年人类基于经验直观和经典物理学建立的物质一元论受到了严重挑战，直至被否定，因为按照相对论，占据广延的"物质"同不占据广延的"能量"是等价的——能量可以转化为物质，物质又可以转化为能量。可是，能量按光速传输，而物质永远不可能达到光速。这是两者完全不同的根本区别。

继麦克斯韦提出电场和磁场等价且相互转化的电磁理论之后，爱因斯坦的狭义相对论证明电磁场方程相对所有惯性系等效，从而赋予电磁场不依赖于任何参照系的第一性物理实在的地位。接着，爱因斯坦又以广义相对论的形式提出了引力场理论：引力场同惯性场是等价的，也是可以相互转化的。在宇宙空间，引力场是第一性的物理实在，甚至原先牛顿物理学依赖的绝对空间和绝对时间也随引力场的改变而改变。这样一来，"场"概念就被赋予了更广泛的普遍意义。哲学不能不追问"场"的本质，以及"场"同"物质"、"场"同"能量"的关系。

其次，在认识论上，相对论向我们提出了这样的问题：有纯客观的真理吗？真理是客观反映还是主观建构？如果说"真理是主客观的统一"的话，那么是有条件的统一还是无条件的统一？是暂时的统一还是永久的统一？真理的发展是打倒—推翻—消灭，还是创新—超越—扬弃？我们应当把物理学中的"相对性原理"引入哲学认识论吗？譬如，"嫉妒"就是人际关系中成败得失的相对运动引起的心理反应：人之所得，即我之所失；人之升迁，即我之贬黜。

最后，在价值论方面，这场物理学革命启示我们，文化－信息生产方式或精神生产方式本身产生的社会价值，本身要求的社会价值，或者本身追求的社会价值，就是"自由""民主""平等"。

"自由"是最佳创新空间。哪里有自由，哪里就有创新；哪里没有自由，哪里就只能空喊创新。世纪之交的德国，时值第二帝国末期，虽然国王威廉二世和宰相俾斯麦还在推行高压政策，可是有高涨的社会主义运动与之抗衡，结果当局强化书报检查制度的法案未能在帝国议会通过，于是为文化创新暂时赢得了一片自由天地。在这段时间里，德国人弗洛伊德、尼采、韦伯和爱因斯坦，分别进行具有颠覆性的文化创新活动。尽管这样，年轻的爱因斯坦还是离开德国移居意大利，后定居瑞士，这样才能让他安心做自己想要做的工作。爱因斯坦一生都在寻找自由，而且也找到了自由。他的后半生选择成为一名美国公民，因为那里相对自由。如果没有这些较为自由的空间供他迂回，他从始至终都生活在专制体制下，会有爱因斯坦和他的理论创新吗？笔者想，肯定不会有。

"民主"是最佳选择机制。民主还有另一层含义，就是毛泽东曾经讲过的"让人讲话"，展开讨论和辩论。在授予爱因斯坦诺贝尔物理学奖的问题上，发生了诺贝尔奖历史上最激烈的一场争论。

一方面，从1909年起就不断有人提名爱因斯坦为获奖的候选人，认为相对论应当被授予诺贝尔物理学奖；另一方面，相对论是如此前卫和与经验实在不符，最初大多数人都不能理解。据说过了很多年爱因斯坦自己还在说，世界上真懂相对论的人不超过十个。更有一批抱有偏见的物理学家，始终不接受相对论，说"这是犹太人的物理学"。还有几位有反犹倾向的德国诺贝尔奖获得者扬言，如果爱因斯坦的相对论被授予诺贝尔物理学奖，他们就把自己获得的奖退回去。

平等指的是在真理面前人人平等。科学不相信权威，科学不崇尚权威。举世公认的最伟大的物理学家牛顿，同26岁在瑞士伯尔尼专利局的爱因斯坦在科学真理面前是平等的。唯科学是尊，唯真理是求。1905年，德国《物理学年鉴》接连刊发了名不见经传的爱因斯坦的5篇论文，后来证明每篇论文都有重要发现，其中的3篇论文更是具有划时代意义。

除此之外，还有一些科学家持慎重态度，他们认为爱因斯坦"没有做过任何实验研究""他的理论不是由实验结果归纳出来的，是纯粹的猜想，是把不同的物理定律综合起来""简直是形而上学的工作"。再加上在量子力学问题上爱因斯坦同玻尔发生了激烈的争论，各执一词，各有各的观点。直到1919年"光线弯曲"的预言获得验证，爱因斯坦在全世界如日中天，好几位原先持反对态度的著名科学家也改变了态度，可诺贝尔奖评委会内部还是没能消除分歧，以至于1921年物理学奖评不出来，只好空缺。如果爱因斯坦不参加评奖，而去评奖他人也说不过去。

1922年，困境中的诺贝尔奖评选委员会接受了普朗克的建议，决定将

1921 年的诺贝尔物理学奖补发给爱因斯坦。1922 年的诺贝尔物理学奖颁发给玻尔。尽管这样，诺贝尔奖评选委员会还是决定绕过相对论这个"争论太多"的障碍，而以光电效应定律的贡献把 1921 年空缺下来的物理学奖授予爱因斯坦。诚然，爱因斯坦的相对论没有被授予诺贝尔物理学奖是该奖项历史上最大的缺憾，可是我们不能不承认，诺贝尔奖评选委员会的做法也是通过民主程序找到的在当时条件下的最佳选择。

量子力学及其哲学意义

量子力学是研究微观粒子的运动规律的物理学分支学科。量子力学的诞生和发展过程是人类科学史上最激动人心的篇章，最充分体现什么是科学，什么是科学共同体、什么是科学进化的最佳社会条件。

量子力学是在原子物理学基础上发展起来的，初期叫量子论。早在 19 世纪 30 年代，英国物理学家法拉第就发现在真空中放电会产生辉光现象，进而物理学家布劳恩发明了阴极射线管。1895 年，德国物理学家伦琴意外发现具有穿透力的神秘的 X 射线。1896 年，法国物理学家贝克勒尔（Antoine Henri Becquerel，1852—1908）发现铀盐的放射性。1898 年，法国波兰裔女科学家居里夫人同她的丈夫法国科学家皮埃尔·居里接连发现钍、钋、镭同铀一样具有放射性，甚至强百万倍。1897 年，英国物理学家汤姆逊证明阴极射线是带负电荷的粒子流，他将这种微粒子命名为"电子"。1900 年，在研究黑体辐射过程中，德国物理学家普朗克发现辐射有非连续整数倍跳跃变化的特点，于是将不可再分的能量的最小单位命名为"能量子"，简称"量子"。接着，爱因斯坦建立光量子论，解释光电效应。

在量子论创立之后，1911 年，在英国曼彻斯特做研究的新西兰物理学家卢瑟福提出的有核原子模型获得实验证实。按照卢瑟福模型，原子质量集中在带正电的原子核上，带负电的电子绕原子核旋转，原子整体呈中性。电子可以发射电磁波，损失能量，最后落入原子核。1912 年，在卢瑟福实验室做研究的丹麦青年物理学家玻尔提出量子化的原子结构模型：电子在一定轨道上稳定旋转，从高能量轨道跃迁到低能量轨道时发出辐射能，相反则吸收辐射能。这一理论获得氢原子光谱分析实验的证实。1923 年，法国物理学家德布罗意将爱因斯坦的光量子理论推广到所有物质粒子，提出物质波概念，并且预言电子是一种波，穿过小孔时会发生衍射现象。1926 年，以德国物理学家海森伯为代表，几位物理学家共同创立另外一种量子运动的新描述。经过相互攻击和激烈争论之后，薛定谔发现波动力学和矩阵力学二者在数学上的等价性，将二者统称为量子力学。量子力学虽然建立起来了，可是对薛定谔方程中波函数描述的波的物理解释却莫衷一是。德国物理学家玻恩作出了统计解释：电子的粒子性是基本的，而波函数的二次方代表电子在特定时空出现的几率。[①]

1927 年，德国物理学家海森伯提出微观领域里的"测不准原理"，即一个微观粒子的某些物理量，如位置和动量，不可能同时被测量准确，因为测量一个粒子位置的光同时改变粒子的动量。我们越是要提高位置测量的准确性，就越是要采用波长更短、频率更高的光，而这种光的动量就更大，其光子对被测量粒子的动量改变就越大。结果必然陷入不可自拔的矛盾：对一个微观粒子的位置测定得越准确，对其动量的测定就越不准确；反之亦然。

17 世纪末，牛顿出版了一本《光学》，提出了光的"微粒说"；同时代的荷兰物理学家惠更斯也出版了一本《光论》，提出了光的"波动说"。自那以后，欧洲几代物理学家围绕光的"微粒说"与"波动说"激烈争论，又分别做了许多不同的实验，解释光的某些属性，印证自己的观点。两派人著书立说，彼此颉颃、互相抵牾，僵持不下，历时 300 余年。正是这场跨世纪的争论逐渐揭开了遮盖在"光的本质"外面那层扑朔迷离的面纱，引出了量子论和量子力学。在量子论诞生初期，爱因斯坦最早提出，光既具有物质的性质，是一种粒子；又具有能量的性质，是一种波。后续的物理实验证明，同一束光，在小孔或双缝实验中形成衍射或干涉图样，显波的属性；而在光电效应试验中，其光子激发金属表面原子发射出光电子，又显粒子属性。终于，物理学家逐渐接近达成共识：光，以及微观粒子，都具有波粒二象性。

---

① 吴国盛：《科学的历程》第二版，北京大学出版社 2002 年版，第 444 页。

　　微观粒子的波粒二象性被思维敏捷和颇具哲学头脑的丹麦物理学家玻尔抓住了，概括为"互补原理"，即量子力学的哥本哈根解释。玻尔从 1927 年起陆续发表：原子客体和测量仪器之间的相互作用，构成量子现象中一个不可分割的部分。我们只能以不同的，甚至是相互排斥的实验条件显示测量对象的不同方面。于是，在这种互斥条件下得到的经验，显示着量子现象的不同方面；这些方面绝不是不相容的，必须认为它们是以一种新颖的方式而"互补"的。其结果是，在不同实验条件下得到的证据，并不能在单独一个图形中加以概括，而必须被认为是互补的；所谓互补，就表示只有这些现象的总体才能将关于客体的可能知识包罗馨尽。① 事实上，这些方面的任何逻辑矛盾都已被量子力学形式体系的数学一致性排除掉了；这一形式体系起着表达统计规律的作用，那些统计规律适用于在任一组给定实验条件下求得的观察结果。②

　　量子力学造成的物理学革命，即量子力学的哥本哈根解释包含的"测不准原理""微观粒子的波粒二象性"和"互补原理"，将"统计规律"引入物理学，动摇了传统物理学的决定论和实在论，招致连爱因斯坦这样思想先进的物理学家都无法接受，从而引起两位科学巨人爱因斯坦和玻尔长达几十年的著名争论。

　　爱因斯坦对量子力学的诘难最清晰地表达在著名的 EPR 论文中。③ 这篇论文是爱因斯坦同另外两位美国物理学家一起写的，EPR 分别是三人名字的第一个字母。该论文发表于 1935 年，中心论点是："在一种完备的理论中，对于每一个实在的元素都该有一个相应的元素"，而在量子力学中，"对于同一实在，却可能给予两种不同的波动函数"，于是，我们可以得出结论"波动函数所提供的关于实在的量子力学描述是不完备的"。同年，在他给英籍科学哲学家 K. R. 波普尔的信中，爱因斯坦确信微观粒子"体系 B 的确有一确定的动量和一确定的位置坐标"，如果我们能排除干扰就能测量准确，而

---

　　① ［丹麦］N. 玻尔：《原子物理学和人类知识》，郁韬译，商务印书馆 1978 年版，第 4、22、44 页。

　　② ［丹麦］N. 玻尔：《原子物理学和人类知识》，郁韬译，商务印书馆 1978 年版，第 30 页。

　　③ 《爱因斯坦文集》第一卷，许良英等编译，商务印书馆 1976 年版，第 328 页。

它"是存在于实在之中"。进而爱因斯坦批评量子力学这种"统计性的描述"是"对自然界的如此马虎，如此肤浅的描述"，断定它只是一种暂时性和过渡性的理论。[①]

爱因斯坦同玻尔，尽管在正式的学术会议上一次又一次地激烈交锋，私下两人一直是好朋友，确实达到中国古人赞赏的"君子之争"的境界。

从 1911 年起，由比利时化工企业家索尔维资助，每 3 年一次，在布鲁塞尔索尔维研究所召开物理学研讨会。爱因斯坦一次又一次地带来新设计的"理想实验"，试图难倒玻尔，证明自己的观点是正确的。可是，每一次玻尔都巧妙地想出答案化解了诘难，推进了哥本哈根诠释。爱因斯坦不得不一次又一次地表示"理想实验"没有难倒玻尔，逐渐倾向于相信哥本哈根诠释在逻辑上是自洽的，然而他还是留下了那句非常著名的问话："你们真的相信全能的上帝只会掷骰子吗？"在内心深处，爱因斯坦对传统的科学实在论的坚信始终没有放弃。1954 年，临终前几个月，他还在同海森伯争论这个问题，并且总是说："是的，我承认，凡是能用量子力学算出结果的实验，是如你所说的那样出现的，然而这样的方案不可能是自然的最终描述。"[②]

在爱因斯坦和玻尔双双离世之后，这场争论仍在继续，不断推进人类对微观粒子世界的认识。现在，微观粒子被理解为以光速旋转的"几率波"，我们能计算和测到的只是它在空间中某位置某时刻可能出现的几率。"波函数"是定量地描写微观粒子状态的函数，其物理意义是波函数模的平方对应于微观粒子在某处出现的概率密度。量子态是微观粒子的运动状态，由主量子数、角量子数、磁量子数和自旋量子数共同表征，揭示粒子的自由度。"波包坍缩"指的是测量光线引起粒子的量子态瞬间改变，显出确定的"本征态"。"叠加态"是微观粒子不确定的状态，粒子可以同时位于几个不同的地点，直到被观测时才在某处出现。"量子纠缠态"是指不论两个粒子间距离多远，一个粒子的变化都会影响另一个粒子，这导致"鬼魅般的超距作用"的猜疑，仿佛两颗粒子拥有超光速的秘密通信一般。"量子态隐形传输"

---

① 《爱因斯坦文集》第一卷，许良英等编译，商务印书馆 1976 年版，第 338 页。
② ［德］W. 海森伯：《物理学和哲学》，范岱年译，商务印书馆 1981 年版，第 182 页。

是可能利用量子纠缠开发出来的未来通信技术，传输的不是经典信息而是量子态携带的量子信息，所传输的量子态如同科幻小说中描绘的"超时空穿越"，不需要任何载体的携带，在一个地方神秘消失的同时又在另一个地方瞬间神秘出现。

为了便于在宏观层次直观地理解量子力学确认的微观粒子的这些奇特属性，我们不妨简单地介绍一下"薛定谔猫佯谬"。这是薛定谔设计的一个理想实验（见图2）。

图2　薛定谔猫佯谬试验

如图2所示，将一只猫关在装有少量镭和氰化物的密闭容器里。镭的衰变存在概率，时间不确定。如果镭发生了衰变，就会触发榔头打碎装有氰化物的玻璃瓶，毒气冒出来就会立刻毒死猫；如果镭不发生衰变，猫就活着。根据量子力学理论，由于放射性的镭处于衰变和没有衰变两种状态的叠加，猫就理应处于死猫和活猫叠加态。这只密闭容器里的猫就是亦死亦活的"薛定谔猫"，具有"死活二象性"。不管过多久，当观测人员打开密封容器看一眼，猫的死活叠加态"波函数"就瞬间发生"波包坍缩"，显出"死猫本征态"，或者"活猫本征态"。如果我们不停地一次又一次重复做这个实验，做几百次、几千次、几万次，我们就能得到"死猫"还是"活猫"的统计规律。在这个实验里，都是观测惹的祸！观测将被观测对象的状态改变了：一个确定态从原先不确定的叠加态中蹦了出来。这就是量子力学告诉我们的：

除非进行观测，否则一切都不是真实的。

这就令人想起贝克莱主教的那句名言："存在就是被感知。"在这里可以按哥本哈根学派解释改成"存在就是被测量"。同时，又让人想起中国古代哲学家王阳明在《传习录》中写道："你未看此花时，此花与汝心同归于寂；你来看此花时，则此花颜色一时明白起来，便知此花不在你的心外。"① 撇开最后一句话，如果王阳明活到今天，掌握了量子力学，他准会说："你未观测此花时，此花并未实在地存在，按波函数而归于寂；你来观测此花时，则此花波函数发生坍缩，它的颜色一时变成明白的实在。可见测量即是理，测量外无理。"

令人欣喜的是，1996 年 5 月，美国科罗拉多州博尔德的国家标准与技术研究所（NIST）的研究人员把单个铍离子做成了"薛定谔的猫"，并拍下了快照，记录下铍离子在第一个空间位置上处于自旋向上的状态，而同时在第二个空间位置又处于自旋向下的状态，而这两个状态位置相距 80 纳米之遥。接着科学家就用 6 个铍离子做实验：一方面提高激光的冷却效率；另一方面又令电磁场陷入尽可能多地吸收离子振动发出的热量。最终显示，他们使 6 个铍离子在 50 微秒内同时顺时针自旋和逆时针自旋，实现了两种相反量子态的等量叠加纠缠，也就是做成了 6 个铍离子的"薛定谔猫"态。

从 2007 年开始，中国科技大学与清华大学联合研究小组，在北京八达岭与河北怀来之间架设了长达 16 千米的自由空间量子信道，并在 2009 年成功实现了世界上最远距离的量子态隐形传输。同年 6 月 1 日出版的英国《自然》杂志分学科刊《自然·光子学》以封面论文形式发表了这一研究成果。这预示着未来量子计算机和量子通信的道路。

在哲学上，继狭义相对论确立电磁场实在性，广义相对论确立引力场实在性之后，量子力学确立了更具普遍性的量子场实在论。量子场是宇宙最基本的物理实在，是第一性的，实物粒子是第二性的。量子场的能量最低状态是真空，具有零点能；量子场的激发态则表现为粒子。微观粒子没有经典物理学描述的物质实体的那种定域－决定论的实在性，相反，只有非定域－非

---

① （明）王守仁：《王阳明全集·上》，吴光等编校，上海古籍出版社 1992 年版，第 107 页。

决定论的实在性。微观粒子是具有叠加态的波函数，秉有波粒二象性，还有非定域的瞬时远程关联，不可能同时测定；特定的测量语境造成波函数坍缩，它才显露出某种本征态。20世纪的量子场实在论证明，宇宙的终极实在，不像德谟克里特讲的那样，而更像毕达哥拉斯和柏拉图讲的那样，它是用数学公式表达的波函数和几率波显示的各种图形。

量子力学揭示微观世界的波粒二象性，又发现每一种微观粒子都有反粒子，因而物质就有反物质。量子力学的一个极端派别——多世界论，甚至相信有多个平行世界，因此，我们就应当相信有反物质世界。这宣示黑格尔哲学和马克思主义哲学具有的真理性：矛盾的普遍性，对立面统一是宇宙的基本属性。不过，基于历史经验，我们千万要区分现实矛盾和逻辑矛盾。任何话语系统都应当是自洽的，不允许逻辑矛盾；倘若相反的命题"A是B"与"A是-B"同时为真，那就会像正粒子与反粒子碰撞湮灭一样，两个命题各自携带的比特信息立刻湮灭为"无"。反之，现实的矛盾，如"波粒二象性"、"正电荷"同"负电荷"、"正粒子"同"反粒子"的矛盾，则与世长存。因此矛盾即世界，没有矛盾就没有世界；现实中存在的许多矛盾无须消灭，也不可能消灭。不存在什么绝对的斗争性和一个吃掉一个的必然性。

认识论上量子力学给我们提供了宝贵的教益：认识是主体和客体相互作用的整体行为和认知系统的整体产物，我们不可能将主体干扰完全排除在外而获得一种纯粹客观和全面的认识，这导致承认主体间性或多主体性，承认认识的互补性，承认透视论优于反映论。除了镜像和照相这类现象界的表面和直观地反映，人类对微观世界和宏观世界本质性的认识，都是个人从他的种族的、文化的、时代的、阶级的、心理的、利益的，甚至个性的视角出发提出的建构。量子力学不过是以一种最简单明了的方式向我们宣示这样一条认识论原理：科学家无论如何不可能排除实验装置的限制和测量光线的干扰而获得微观粒子的客观图像。既然我们知道在自然科学当中尚且如此，那我们就最好不要在哲学和社会科学中继续宣扬什么纯粹的客观真理了。

此外，量子力学还告诉我们，主体不能客观地、全面地认识自己。我们人类总是借助"光"认识各种客观存在的东西，可是无法借助"光"来客观全面地认识光的本性。可以说光不能认识光自己，因为它总是发生自我干扰；

由此可以推论"人不能认识自己",也会发生自我干扰。在古希腊德尔斐神庙阿波罗神殿门前镌刻着一句箴言,被希腊人奉为神谕:"认识你自己!"中国古代哲人老子在《道德经》第三十三章也写道:"知人者智,自知者明。"据此形成一句中国文化中的宝贵格言"人贵有自知之明"。

"认识你自己!"这句话的出处,根据第欧根尼·拉尔修的记载,有人问泰勒斯"何事最难为?"他应道:"认识你自己。"(《名哲言行录》)尼采在《道德的谱系》的前言中,也对"认识你自己"表明了自己的观点,他说:"我们无可避免跟自己保持陌生,我们不明白自己,我们搞不清楚自己,我们的永恒判词是:'离每个人最远的,就是他自己。'——对于我们自己,我们不是'知者'。"

确实,人不知何为"人"。每一个国家,每一个民族,每一种文化,都不能正确认识自己。没有一个人,能对自己进行客观、全面评价,总是被自我偏见蒙蔽,被自我利益干扰对自我的认知。笔者能给予的忠告也只能是:"还是多听听别人怎么说你吧!"

以量子力学的发展作为成功范例参照系,让我们讨论这样一个问题:什么样的社会结构和科研体制有利于科学研究?从以上的介绍我们知道,量子论的诞生和量子力学的发展,得力于现代欧洲分权的社会结构和分散的科研体制。试看,法拉第、布劳恩、伦琴、贝克勒尔、普朗克、爱因斯坦、居里夫人、玻尔、薛定谔、玻恩、海森伯等人,当时是分散在英、法、德、奥、丹麦等国的不同大学及其不同的研究机构里。他们都在探讨相同或类似的问题,可是谁也不可能压制谁或打击谁;而同时又频繁讨论、争论和交流,构成一个组织分散而又联系紧密的科学共同体。互不相让而又友好相处。结果,他们成功地研究出获得十几项诺贝尔物理学奖的成果,共同完成量子论和量子力学的创立。

让我们想象,这十几位物理学家返回到古代罗马帝国集权和政教合一的时代。罗马教廷和天主教教廷共同在罗马城建立一座庞大的"量子研究院",任命爱因斯坦负责研究院日常管理工作,前提是不要违背经典物理学;任命玻尔为院长负责科研工作;再任命居里夫人、薛定谔、玻恩、海森伯为副院长各司其职。在他们组成的研究院院委会下面则分设研究一部、研究二部和研究三部。每部下面再分设第一研究室、第二研究室和第三研究室。所有研究部和研究室领导正副职也都是由上面任命。当量子研究院建成后，虽然外部建筑非常宏伟，但内部管理则是一个庞大的官僚机构，在政教合一、等级控制的管理体制下，研究院总是内耗不断，它能获得一项诺贝尔物理学奖成果吗？能创立出量子力学吗？根本不可能！它肯定能获得科学官僚们互相争权、掣肘、扯皮和推诿。这就是苏联式科学院和社会科学院的真实写照。

这样一举例，你应当能明白科学共同体不应当搞成军队或天主教采用的那种层级控制系统了吧？教育系统何尝不是这样。

大爆炸宇宙学及其哲学意义

古希腊哲学家赫拉克利特早就说过，世界"过去、现在和未来永远是一团永恒的活火，在一定的分寸上燃烧，在一定的分寸上熄灭"。毕达哥拉斯则认为，"整个的天是一个和谐，一个数目"。17世纪，德国哲学家莱布尼茨相信"先定和谐说"，提出这个世界是"一切可能的世界中最好的世界"等观点。同时代的牛顿，从他的"惯性定理"推论得出"无限宇宙模型"。康德的"星云说"将演化引入天文学，认为太阳系是由宇宙中的微粒在万有引力作用下逐渐形成的。

1917年，爱因斯坦按照广义相对论提出引力弯曲造成"有限无界"的球形宇宙。可是他引入一个"宇宙常数"来维持球形宇宙的静态。1922年，苏联物理学家弗里德曼对爱因斯坦模型进行了改进，舍弃"宇宙常数"，按照爱因斯坦引力方程，得出一个膨胀的宇宙模型，并证明这种膨胀会在某一天停止，然后会开始一个收缩过程，直到宇宙中所有的物质都重新集中到一个"奇点"上。物理学上讲的"奇点"，是一个密度和势能无限大、时空曲率无限高、体积无限小的"点"，一切已知物理定律均在奇点上失效。

从20世纪40年代末开始，美籍俄国物理学家伽莫夫等人相继提出"大爆炸宇宙模型"。他们预言，宇宙收缩的"奇点"将发生大爆炸，基本粒子、化学元素和各种天体在随后过程中逐步形成。通过计算，他们有两个预言：

一是大爆炸早期有一个超高温超密度阶段。当温度下降至10亿度的时候，中子、质子同电子合成元素周期表中最轻和最简单的两种原子氢和氦，其比例是3∶1，因此氦元素应占宇宙总质量的1/4，即25%左右。二是那时的宇宙超高温一直在缓慢下降，到目前应当为绝对温度5K左右，因此整个宇宙应当同这个整体温度相应的黑体辐射，即宇宙微波背景辐射。

从1908年起，美国在西部架设了一系列越来越大的天文望远镜，用来观测星空，后来特别是用以观察弗里德曼通过计算预言的现象。美国天文学家爱德文·哈勃（Edwin Hubble）从1919年起在加州威尔逊山天文台投入这方面工作。他先是用巨型望远镜观察仙女座大星云，发现它实际上是由许多恒星构成的，并且计算出它同太阳系的距离是70万光年，因此肯定是在银河系之外。爱德文·哈勃连续10年对众多银河外星系进行观察。与此同时，另外一位美国天文学家斯莱弗在致力于恒星光谱分析，发现它们普遍存在"红移"现象。

所谓"恒星光谱"，是指每个星系发出的光按波长同颜色的对应关系分布的谱线；蓝端波短，红端波长。星系正不断向我们靠近，距离缩短，波长亦压短，其谱线蓝移；反之，它正在不断远离我们而去，距离伸长，波长也拉长，其谱线红移。

运用斯莱弗的"恒星光谱分析"方法，爱德文·哈勃研究了24个星系的光谱，获得了惊人的发现：24个星系的光谱谱线，无一例外，都是红移。这就是说，在银河系以外有许多同我们银河系一样的星系，它们无一例外，都像从霰弹枪射出的霰弹一样，正在彼此飞离；或者说，它们像分布在一个不断膨胀的气球表面上的点，彼此之间的距离都在不断扩大，而且退行速度达到1000千米/秒这个惊人数值。

1929年，爱德文·哈勃宣布了自己的发现，并提出了哈勃定理：各星系退行的速度跟它们同地球的距离成正比。爱德文·哈勃发现的"红移"，正是弗里德曼"膨胀宇宙"的动力学方程的铁证。爱因斯坦也为这一发现欢呼，并且承认引入"宇宙常数"是他一生所犯的最大错误。

1964年，美国贝尔电话实验室的彭齐亚斯（A. Penzias）和威尔逊（R. W. Wilson）在进行射电天文观测时无意发现了一个在电磁微波段的噪声，其强度相当于绝对温度 3.5K 的黑体辐射。这个不明噪声是恒定的：在各个方向上同性，不随时间、季节和气候变化，且无法当作噪声消除。他们把这一奇怪的发现公布出来之后，普林斯顿大学的一批物理学家立刻对它作出了解释——这就是人们一直在寻找的伽莫夫预言的宇宙微波背景辐射，它是宇宙大爆炸起源留下的宇宙温度。科学界又一次欢呼宇宙大爆炸的另外一种"活化石"找到了！彭齐亚斯和威尔逊为此获得了 1978 年的诺贝尔物理学奖。

宇宙大爆炸理论的第三个有力证据是整个宇宙 25% 的氦丰度。在伽莫夫给出预言的时代，通过观测和计算，科学家们已经发现太阳内部气体的比例为氢约占 3/4，氦约占 1/4。根据现有的元素合成理论，这么大比例的氦是无法在恒星内部通过核反应来合成的，于是伽莫夫大胆地提出了氦元素是在宇宙大爆炸几分钟后合成的思想。20 世纪后期，用光谱分析方法和宇宙线方法，科学家对许多不同类型的天体的氦丰度进行了观测和计算，这两种方法所得结果都表明，它们有大致相同的氦丰度，其值在 25% 至 30%。这样，第三种"活化石"大爆炸形成的"原初氦丰度"也找到了，它同样证明了大爆炸宇宙学的科学性。

需要说明的是，在 20 世纪大爆炸宇宙学已发展得比较成熟，并且建立了标准模型，但仍然有一些解释不了的现象，所以，到 20 世纪 80 年代，又发展出作为补充的暴涨模型。它用真空相变、真空的对称性破缺以及从真空中产生了粒子并释放出潜热这样一段过程来描述大爆炸最初瞬间的情况。由于它能解释余下的那些现象而被纳入了标准模型。

大爆炸宇宙学在理论上是相对论和量子力学的结合，通过实验观测又获得"宇宙恒星光谱红移""宇宙 3K 背景微波辐射"和"宇宙 25% 氦丰度"这样三个诺贝尔物理学奖铁证。尽管还有若干比较起来不那么重要的疑点，到 20 世纪后期这个学说已经被科学界普遍接受，成为继相对论、量子力学之后 20 世纪的第三项具有划时代意义的科学发现。

大爆炸宇宙学的确立是对以基督教《圣经》为代表的"神创论"的致命打击，是进化论的伟大胜利。

人类历史上，不管是在神话时代，还是在宗教时代，各个民族的文化都有不同形式的神创论，而其中尤以犹太民族传下来的基督教《圣经》讲述的神创论最为完备，传播最广，影响最大。即便到了 20 世纪和 21 世纪，仍然有难以计数的信众。《圣经》开篇"创世记"具体讲述了上帝在 6 天之内如何区分出光明和黑暗，如何创造日月星辰、山河湖海、飞禽走兽，以及果蔬食粮。最后，在伊甸园中，上帝按照自己的形象用泥土造出男人，又用男人的一根肋骨造出女人。

19 世纪中叶，年轻的达尔文以博物学者的身份登上"贝格尔号"皇家军舰航游世界。特别是在南美洲的巴西和后来经印度洋考察的澳洲大陆，他看到许多低等和高等的新奇生物，收集了大量生物标本和古生物化石，让他大开眼界。他当时心想："上帝不可能在 6 天里创造出这么多稀奇古怪的物种，他也太累了。"于是他萌发了新的思想：生物是自己逐步进化出来的。回到英国后，经过 20 多年潜心研究和写作，达尔文终于写成《物种起源》《动物和植物在家养下的变异》《人类的由来及性选择》等科学巨著，创立生物进化论，对神创论造成致命打击。

同时代和随后又有 A. 孔德、H. 斯宾塞、L. H. 摩尔根、E. B. 泰勒和 L. T. 霍布豪斯等学者将达尔文的生物进化论推进为社会进化论。特别是马克思和恩格斯创立历史唯物论和科学社会主义理论，论证"劳动在从猿到人转变过程中的决定性作用"，找到了阶级斗争作为社会进化的推动力，社会进化的思想可以说是更加深入人心。

大爆炸宇宙学诞生于 20 世纪，以严整的科学形态的"创世记"取代《圣经》开篇神创论的"创世记"，从而填补了宇宙天体进化这一大段空白，构成从时空奇点大爆炸，真空相变，场进化，能量进化，物质进化，信息进化，生命进化，意识进化，社会进化，直到人类社会面临着当代全球问题这样一个完整的进化过程。如此一来，就催生出一门新的哲学学科——广义进化理论。这是科学进化论对神学创世记的全面胜利，也为解决全球问题打开了新的思路。

生物遗传基因学说及其哲学意义

从中世纪到近代的几千年，欧洲哲学家和生物学者一直在追问生命的本质，或者说搜寻生命系统中的决定因素。在这个问题上，一直存在三种具有代表性的观点：一是亚里士多德开启的生物发生学模式叫"渐成论"。亚里士多德被认为是"动物学之父"，他观察过540多种动物，亲手解剖过50多种动物，写下《动物学》一书。认为有机体在开始形成时是一团没有分化的物质，经过不同发育阶段，逐渐长出新的部分，最终发育成完整的个体。二是古罗马哲学家塞涅卡（Seneca，约公元前4—公元65年）持"预成论"观点，他说："精子里面包含着将要形成的人体的每一部分。"三是古希腊最伟大的医生希波克拉底提出"泛生论"观点。他认为，生殖物质来自身体的每一部分，男性精液是由体内所有体液形成的。

"渐成论""预成论""泛生论"，三种观点自由讨论，三派学人各自钻研，从形而上学性质的争论到科学实验，经过2000多年，终于在近代催生出一门专门的科学——遗传学。

当然，科学的遗传学的诞生有赖于技术的进步。17世纪，荷兰显微镜学家、微生物学的开拓者列文虎克（Antony van Leeuwenhoek，1632—1723）发明了显微镜，这项发明的直接结果是导致解剖学从研究器官和组织到研究细胞，从而逐步导致细胞遗传学的诞生。英国物理学家罗伯特·虎克（又译罗伯特·胡克，Robert Hooke，1635—1703）于1665年出版的《显微图谱》一书中，描述并图示了显微镜下软木片切片的蜂窝状组织细胞。德国植物学家施莱登（Matthias Jacob Schleiden，1804—1881）、施旺（Theodor Schwann，1810—1882）等人提出了科学的细胞学说。施旺写道，凡有生命的东西都源于细胞，并且他已经提出细胞有精细的内部结构。1875年，细胞学说又增加了两项：动物和植物的细胞都是由先前细胞分裂形成，细胞核的分裂先于细胞分裂。在细胞学说建立之后，遗传学家研究的注意力从细胞核到细胞质，从细胞质到细胞壁，再从细胞壁回到细胞核，再向前进一步注意到细胞核内一直被忽视的染色体，从中发现了脱氧核糖核酸（DNA），最终发现了生命的决定因素。

在宏观研究上，近代科学遗传学的起点，是奥地利一位修道院院长孟德尔开始的豌豆实验的前期工作，用 34 个豌豆株系做的豌豆杂交试验，并在 1866 年发表了他的论文《植物杂交试验》。孟德尔的创新之处在于不以植株而以单一性状作为遗传研究单位，并采用数学统计方法做定量研究。他发现性状独立，不同性状在子代中可结合而不可混合。性状分为显性性状和隐性性状，在子代中显隐性状比例永远是 3:1，更确切地说是 1:2:1，可以用二元一次方程公式 $(A+B) \cdot (A+B) = AA + 2AB + BB$ 来直观体现。孟德尔的论文被忽视了 30 多年，直到 20 世纪，有三位植物学家德弗里斯、柯灵斯和丘谢玛克各自进行了类似的试验并得出跟孟德尔相同的结论，他们才重新发现了孟德尔的论文并命名了孟德尔遗传规律：性状分离定律和性状自由组合定律。

在遗传的承载体问题上，孟德尔认为在遗传中起作用的是独立因子。重新发现孟德尔遗传定理的荷兰植物学家德弗里斯（Hugo De Vries，1848—1935），他在 1889 年出版了《细胞内泛生论》，其进步作用在于定位"泛生子"不再是在体内各处生成或循环，而是在细胞内存在着。在进化问题上，达尔文深信"自然界没有飞跃"，只有渐变，变异取决于生活环境的直接影响。1901 年，德弗里斯发表突变学说。他认为，生物体的性状是由截然不同的单元组成，单元组合成集团，集团之间同化学分子之间一样没有过渡类型。新单元突然产生，新物种就通过突变突然出现。德弗里斯突变论的提出，跟孟德尔遗传定律的发现具有同样重要的意义。[1]

大约是在同时代，德国生物学家魏斯曼对生物科学的发展也作出了重要贡献，他提出了"种质学说"，以及种质连续论和减数分裂的重要概念。他认为，每一个有机体都由种质和体质两部分构成，前者是潜在的，后者是被表达的。种质传给后代，而体质则像树叶一样凋萎。1885 年，他在发表的论

---

① ［德］亨斯·斯多倍：《遗传学史——从史前期到孟德尔定律的重新发现》，赵寿元译，上海科学技术出版社 1981 年版，第 249 页。

文《作为遗传理论基础的种质连续性》中得出结论：种质的连续性是建立在这样的概念基础上，遗传是由具有一定化学成分，首先，具有一定分子性质的物质，从这一代传到另一代的传递来实现的。其次，在显微镜下观察到了细胞核内染色体的有丝分裂，他又预测：在卵子和精子的成熟过程中，必然有一个特别的减数分裂过程使染色体的数目减少一半，而在受精时，精卵两个细胞核融合又恢复到正常的染色体数目。这就为在 20 世纪发展出分子遗传学指明了方向。

"遗传学"一词是英国人贝特森（W. Bateson，1861—1926）命名的，"基因"一词则是丹麦人约翰逊（W. L. Johannsen，1857—1927）命名的。贝特森还同时创造了"等位基因""纯合子""杂型合子"等术语；贝特森还创造了基因型（genotype）和表现型（phenotype）这两个术语。当时，以威尔逊（E. B. Wilson）在 1896 年出版的《发育和遗传中的细胞》一书为代表，遗传学和细胞学殊途同归。科学家已经知道，"遗传基因"是在细胞当中的染色体上；精子和卵子有的染色体，但卵子染色体是 XX，精子染色体是 XY——多一条性染色体。分配给配子、合子的染色体数目是体细胞内染色体数目的一半，是通过减数分裂实现的，染色体的有丝分裂是纵向分裂。

美国人摩尔根用果蝇做遗传学试验，发现果蝇白眼性状的伴性遗传现象，并把相应的基因定位在一条染色体上，这标志着现代细胞遗传学诞生。通过进一步的试验，摩尔根发现，在雄性生殖细胞的 X 染色体上，黄翅、白眼两对性状的基因是连锁在一起的，而在雌性生殖细胞的 X 染色体上，灰翅、红眼两对性状的基因是连锁在一起的，并且这种连锁是稳定的。可是，在二代交配体中，出现了 1% 的黄翅、红眼或灰翅、白眼的两种中间类型，说明等位基因出现了交换和重组。因此，在 1912 年摩尔根确立了遗传学的第三条定律：遗传基因的连锁和交换定律。

1926 年摩尔根出版《基因论》，他写道：

> 基因论认为个体上的种种性状都起源于生殖质内的成对的要素（基因），这些基因互相联合，组成一定数目的连锁群；认为生殖细胞成熟时，每一对的两个基因依孟德尔第一定律而彼此分离，因而每个生殖细

胞只含一组基因；认为不同连锁群内的基因依孟德尔第二定律而自由组合；认为两个相对连锁群内的基因之间有时也发生有秩序的交换；并且认为交换频率证明了每个连锁群内诸要素的直线排列，也证明了诸要素的相对位置。

我把这些原理冒昧地统称为基因论。这些原理使我们在最严格的数字基础上研究遗传学问题，又容许我们以很大的准确性来预测在任何一定条件下将会发生什么事情。在这几方面，基因论完全满足了一个科学理论的必要条件。①

基因论的进一步发展，需要澄清基因的物质基础和基因的具体功能，这是在生物化学的研究成果基础上实现的。"生物化学"这门学科是在1903年诞生的，随后获得长足发展。到20世纪30—40年代，生物化学家已经弄清楚酶具有催化和控制化学反应的本领，并提出"一个基因一个酶"假说。他们还知道，蛋白质具有由多种氨基酸聚合成的多肽链折叠成的立体结构。与生物化学平行发展，遗传学从细胞遗传学推进到微生物遗传学，或者说细菌遗传学与噬菌体遗传学。遗传学家研究的对象逐步向微观更原始和更简单的生命系统推进。从果蝇推进到以红色面包霉为代表的真菌，从真菌推进到以大肠杆菌为代表的细菌，再从细菌推进到最简单的生命系统——噬菌体。

噬菌体就是吞食细菌的生命体，更科学地说，就是以细菌为宿主的病毒。1892年发现的烟草花叶病毒是植物病毒，1897年发现的引起口蹄疫的病毒是动物病毒，最后在1917年发现了细菌病毒——噬菌体。病毒比细菌更小，可以穿透过滤细菌的过滤器。病毒是最原始、最简单的生命系统。病毒外形各式各样，但都仅仅是一点点蛋白质外壳包着一点点核酸。病毒本身无生命现象，只有吸附到动物、植物或细菌的细胞上才开始出现生命现象。1939年，科学家终于在电子显微镜下面看到了烟草花叶病病毒。从那以后病毒就成为生物化学和遗传学共同的研究对象。

现在，要研究的关键问题是二选一：生物遗传基因到底是由蛋白质承载，

---

① [美]摩尔根：《基因论》，卢惠霖译，北京大学出版社2007年版，第16页。

还是由核酸承载?

"蛋白质"是荷兰人米尔德在 1838 年命名的,蛋白质英文是"protein",来自希腊语词"proteios",意为"第一位"。19 世纪科学界的普遍认识,如当时先进思想家恩格斯表达的,"生命是蛋白质的存在方式",以及蛋白质"与其周围的外部自然界不断的新陈代谢"。① 所以,自 20 世纪初生物遗传的"基因"提出来以后,在长达半个世纪的时间里,科学界普遍认为,"基因"必是由蛋白质表达。

"核酸"是一个年轻的瑞士研究生米歇尔 (J. F. Miescher,1844—1895) 于 1869 年发现的,由于它存在于细胞核里,遂命名为"核质"。核质由四个碱基组成:腺嘌呤 (A)、鸟嘌呤 (G)、胸腺嘧啶 (T) 和胞嘧啶 (C)。1889 年,阿尔特曼将"核质"准确命名为"核酸"。犹太人利文,经过 20 多年的研究,在 1930 年从核酸包含的核糖中区分出脱氧核糖。1938 年,科学界澄清了脱氧核糖核酸 (DNA) 同核糖核酸 (RNA) 的区别——除了所含核糖的成分不同,后者还含尿嘧啶。而且还澄清了所有的动植物细胞内都含有这两类核酸。然而,偏见仍然占据主导地位——核酸太简单,不足以承载"基因"。

从 20 世纪 40 年代到 50 年代初,科学家一直在通过试验探求核酸所起的作用。科学家发现了病毒中的一类——噬菌体"侵略"细菌的过程。噬菌体先在细菌的包膜上打一个洞,然后把自己的某种东西注入细菌细胞内,过几十分钟,细菌死亡,包膜破裂,许多个复制出来的第二代噬菌体钻出来了。1952 年,由赫尔希 (A. Hershey) 和蔡斯 (M. Chase) 领导的噬菌体小组做了一个著名的试验,最终证明:在噬菌体入侵宿主细菌的过程中,蛋白质外壳留在外面了,核酸注入进去了,所以,生物遗传基因的物质载体是核酸,而不是蛋白质。这是证明核酸是生物遗传基因的物质载体的铁证。

剩下的工作就是测定核酸的结构和发现生物遗传基因如何编码。这项工作在大西洋两岸紧张地进行。英国是"结构学派",侧重于用物理化学定律研究生命物质的分子结构;美国是"信息学派",侧重于研究基因携带的遗

---

① [德] 恩格斯:《自然辩证法》,曹葆华等译,人民出版社 1957 年版,第 256 页。

传信息是如何表达的。

结构学派的鼻祖是犹太人阿斯伯里，他早在1938年就用X射线衍射技术拍到一张DNA照片，并指出DNA有"纤维结构"。在英国贝尔纳实验室学习的挪威人福尔伯格在1949年写成的博士论文中提出DNA有两种螺旋构型。英国物理学家威尔金斯组织了一个小组，用X射线衍射技术研究DNA的结构，他们已经认识到DNA的螺旋结构，但拍摄到的图谱不清楚。在这个关键时刻小组里来了一位女物理化学家——富兰克林，她拍到了一张清楚的照片。人们不应当忘记女科学家富兰克林的名字，因为她的这张照片后来起了关键作用，但可惜富兰克林被癌症夺去了生命，令她未能享受到共同获得诺贝尔科学奖的殊荣。

最终揭开生物遗传基因秘密并获得诺贝尔生理学或医学奖的是沃森和克里克，还有威尔金斯。沃森身材矮小，性格外向，思维敏捷，属于美国信息学派，一心想探求遗传信息的结构基础，他已经取得博士学位。克里克身材高大，性格内向，思维沉稳，试图用物理和化学解释生命现象，还在做博士论文。所以，当沃森在剑桥大学卡文迪什实验室同克里克相遇并决定一起做研究时，真是完美搭档——他们各方面都是互补的，并且一见如故。

当时沃森是专程从美国到英国同威尔金斯等人讨论DNA结构问题。当他看到富兰克林拍的那张照片时，他受到了很大的震动，立刻领悟到自己原有的设想是对的：DNA一定是双链的螺旋结构！沃森同克里克经过几个月的构想、实验、讨论、修改、验证和撰写，在英国《自然》杂志上发表了题为《脱氧核糖核酸的结构》的论文。论文的主要内容：生物遗传的核心秘密找到了！生物遗传基因双螺旋模型诞生了。

经过2000多年持续不断的探索，从体液→器官→组织→豌豆→果蝇→真菌→细胞→病毒→蛋白质→核酸（DNA），步步推进，从宏观到微观，从观察到实验，从定性到定量，人类终于在最简单和最原始的生命系统中发现了所有生命系统的核心秘密——生物遗传基因DNA，以及生物遗传的中心法则"表型细胞→DNA→RNA→氨基酸→蛋白质→新表型细胞"。

生命系统的核心秘密——生物遗传基因的结构、功能和遗传过程的发现改变了人类对生命本质的认识。生命的本质既不是18世纪的人认为的机体的新陈代谢，也不是 19 世纪恩格斯时代人们认为的蛋白质的功能，而是我们现在认识到的"遗传信息的自复制"。每一个生物细胞内都有染色体，它是记录生物遗传信息的脱氧核糖核酸（DNA）大分子，由相对于是四个字母的四种碱基排列出六十四种三联密码子组成基因语句，来记录遗传信息。通过分裂和重组，遗传信息被转录到新的细胞染色体上，再翻译成 20 种氨基酸语言构成的各种蛋白质句子，完成"遗传信息的自复制"，这就是内在的本质的生命过程。有了这样的过程，生命就诞生了；这样的过程停止了，生命就结束了。

"信息就是信息，不是物质也不是能量。不承认这一点的唯物论，在今天就不能存在下去。"① 控制论创始人之一的诺伯特·维纳（Norbert Wiener）的这句名言将信息概念提高到哲学本体论范畴的高度，同物质和能量并列。物质和能量可以转化，但是遵守质量守恒定律和能量守恒定律，因此不可能自复制。信息可以转录，可以翻译，没有守恒定律的限制，因此可以无限地自复制。由此决定任何生物体都可以无限繁殖，呈指数增长。

生物遗传基因是生物细胞和表型的决定因素，决定生物表型的性状，遗传基因不变，生物表型的性状不变。这肯定会启发我们考虑，在同样是复杂系统的社会内部，什么是决定因素。进而考虑文化的本质，文化在社会系统中的地位和作用，并且有可能催生一门新的学问：社会文化 – 遗传基因（SC – DNA）学说。总之，生物遗传基因学说给了我们一把破解社会和社会进化谜团的钥匙。

---

① ［美］N. 维纳：《控制论——或关于在动物和机器中控制和通信的科学》第二版，郝季仁译，科学出版社 1985 年版，第 133 页。

第三章
系统科学和系统哲学

什么是系统

在相对论、量子力学诞生之后，在大爆炸宇宙学和生物遗传基因学说兴起的同时，系统科学作为 20 世纪科学革命的第五项伟大成就，在 20 世纪中期迅速兴起。

20 世纪中期，在人类科学技术领域内，科学家和工程师都面临研究和处理具有有机组织复杂性对象的任务。原有的分析方法、寻找线性因果关系的方法、还原论的方法在这些领域内都陷入了失效的困境。科学家和工程师不得不改变思维方式和研究方法。因此，从 20 世纪 40 年代后期到 50 年代中期，系统工程，系统分析，运筹学，控制论，信息论，一般系统论，由在不同领域做研究工作和实际工作的人几乎同时创立。这恰好应了一句欧洲谚语，"春日的紫罗兰在各地皆放"；或如唐诗所言："忽如一夜春风来，千树万树梨花开。"近乎是在一夜之间，人类科学的整体画面发生了重大改变。

从那时到现在，世界范围内的"系统运动"已有半个多世纪的历史。在伴随这场运动诞生的一大批新名词当中，"系统"这个词一直处于核心地位，它已成为科学界、工程技术界乃至哲学界使用最频繁的术语之一。甚至政府官员、大众传媒和普通公众，也早已习惯于使用"系统"这个词。"自然系统""人工系统""生命系统""生态系统""社会系统""复杂系统""公交系统""财贸系统""文教系统"等，我们随时都可以听到，随处都可以看到。但是对"什么是系统"这个问题，目前还没有得出一个一致的明确的答案。

著名学者L. 冯·贝塔朗菲那本开创性的《一般系统论：基础、发展和应用》一书中，就有三个差别相当大的系统定义：（1）"上述各种实体可看作'系统'，也就是处于相互作用中的要素的复合体"；（2）"系统可以定义为处于自身相互关系中与环境的相互关系中的要素集合"；（3）"系统是一般性质的模型，即被观察到的实体的某些相当普遍的特性在概念上的类比"。① 由此可见，贝塔朗菲研究了一辈子系统论，到头来也没拿定"什么是系统"的主意，因此他一会儿把系统定义为"各种实体"，一会儿又定义为"要素的复合体"或"要素的集合"，后来又把系统定义成"性质的模型"和"概念上的类比"。

例如，控制论创始人之一比尔（S. Beer）的系统定义："系统是具有动力学联系的诸元素之内聚统一体。"② 控制论的另一位创始人 W. L. 艾什比的系统定义："系统是变量的任何总和，观察者从实在'机器'固有的变量中选取这一总和。"同贝塔朗菲一起创立一般系统论的 A. 拉波波特的定义是："从数学角度看，系统就是世界的某一部分，赋予变数的某种集合以具体数值之后，它在任何时候都可得到描述。"③ 中国系统运动的领头学者钱学森的系统定义则说："所谓系统，就是由相互制约的各个部分组成的具有一定功能的整体。"④ 苏联系统运动的一位带头学者 A. 乌约莫夫，运用数理逻辑方法和形式化语言，对萨多夫斯基《一般系统论原理》一书中收集的 34 个系统定义进行了整理归并和进一步抽象，得出了"系统"作为一般概念的定义："任一对象，我们在其中发现了某种预先确定的属性的关系，那就是系

---

① ［美］冯·贝塔朗菲：《一般系统论：基础、发展和应用》，林康义、魏宏森等译，清华大学出版社 1987 年版，第 31、239、240 页。

② 许国志主编：《系统科学》，上海科技教育出版社 2000 年版，第 28 页。

③ ［苏］瓦·尼·萨多夫斯基：《一般系统论原理》，贾泽林等译，人民出版社 1984 年版，第 101、102、104 页。

④ ［苏］瓦·尼·萨多夫斯基：《一般系统论原理》，贾泽林等译，人民出版社 1984 年版，第 26 页。

统";"任一对象，我们在其中发现了某种预先确定的关系的属性，那就是系统。"① 这两个定义是等价的，是从不同视角得出的同一定义的不同表达。后面这六个定义把"系统"定义为"统一体"或"整体"，又把"系统"定义为"变量总和""模型的数学抽象"，还把系统定义为"预先确定属性的关系"或"预先确定关系的属性"。如果我们把上面这9个具有代表性的"系统"定义再读一遍，我们就会更深切地感觉，带头学者和专家对"系统"的认识似乎相当混乱，让人无所适从。造成这种情况的原因是什么？我愿意把谜底揭开：原来"系统"概念有三重逐级抽象的含义，倘若把这三重逐级抽象的含义区分开并分别讲清楚，你就会豁然开朗。

1. "系统"概念的本体论含义，把"系统"看作物质实体，并下定义：系统是内部诸要素相互联系并相对于环境涌现出整体功能的某种实体。当我们说"消化系统""电力系统""公交系统"时，我们就是在物质实体意义上使用"系统"概念。在上述定义中，可以给物质实体意义上的"系统"下定义，它们分别是：

（1）L. 冯·贝塔朗菲定义：上述各种实体可看作"系统"，也就是处于相互作用中的要素的复合体。

（2）S. 比尔定义：系统是具有动力学联系的诸元素之内聚统一体。

（3）钱学森定义：所谓系统，是由相互制约的各个部分组成的具有一定功能的整体。

对"系统"的第一个定义，"物质实体"系统定义，可以给出形式化的表达："令 A 记系统 S 中全部元素构成的集合。设 S 中把所有元素关联在一起的那些特有方式可以用数学中的关系概念来表述，以 R 记元素之间的关系，R 记所有这种关系的集合，A 中不存在相对于 R 的孤立元，则系统 S 可以形式化地表示如下：S = 〈A，R〉，亦即，仅就内部规定性看，系统是由元素集和关系集共同决定的。"②

2. "系统"概念的认识论含义，把"系统"看作观念模型，并下定义：

① ［苏］A. И. 乌约莫夫：《系统方式和一般系统论》，闵家胤译，吉林人民出版社1983年版。此处引译对原译有微小改动。

② 许国志主编：《系统科学》，上海科技教育出版社2000年版，第18页。

系统是我们在任意对象上发现了具有某种属性的关系之后为这种关系建立的概念模型。当我们说"封闭系统""开放系统""层级控制系统"时，我们就是在观念模型意义上使用"系统"概念。在上述定义中，以下就是在"观念模型"意义上对"系统"下定义，它们分别是：

（1）L. 冯·贝塔朗菲定义：系统可以定义为处于自身相互关系中以及与环境的相互关系中的要素集合。

（2）L. 冯·贝塔朗菲定义：系统是一般性质的模型，即被观察到的实体的某些相当普遍的特性在概念上的类比。

（3）A. 乌约莫夫定义：任一对象，我们在其中发现了某种预先确定属性的关系，那就是系统；任一对象，我们在其中发现了某种预先确定关系的属性，那就是系统。

对"系统"的第二个定义，"观念模型"系统定义，也可以给出形式化的表达：令 R 记系统 S 中全部关系（$r_1 - r_n$）构成的集合，a 代表关系 R（$r_1 - r_n$）的属性（attributes），则系统 S 可以形式化地表示为 $S = a \langle R(r_1 - r_n) \rangle$，亦即，就系统作为扬弃了基质和元素的关系集看，系统是由关系集及其属性－摹状词决定的。这就是说，我们在"系统"这个主词前面总要加一个属性－摹状词做定语（a），例如，在"电力系统""线性系统"等称谓中，"电力""线性"就是主词"系统"的属性摹状词。

3. "系统"概念的数学方法论含义，把"系统"看作数学同构性，并下定义：系统是我们在对不同对象和不同过程的动力学所做的数学描述中发现的数学同构性，即异质同型性。当我们说"线性系统""非线性系统""连续动态系统""离散动态系统"时，我们就是在数学同构性意义上使用"系统"概念。

（1）H. 弗里曼的系统定义：系统是对动态现象模型的数学抽象。

（2）A. 拉波波特的系统定义：从数学角度看，系统就是世界的某一部分，赋予变量的某种集合以具体数值之后，它在任何时候都可以得到描述。按：A. 拉波波特这个定义从英文翻译成俄文，再从俄文转译为中文，似乎走了样子。所幸，在他晚年写的《一般系统论：基本概念和应用》一书中，他有具体而明确的表述："有阻尼作用的谐振子（按：质点）是用二阶微分方程来模拟的：

$$M\ddot{x} + R\dot{x} + Kx = f(t)$$

电感、阻抗和电容电路是用关于 q（电荷）的二阶微分方程来模拟的：

$$L\ddot{q} + r\dot{q} + C^{-1}q = f(t)$$

两个方程在形式和结构上的同一性是一目了然的”。① 尽管基质或组分完全不同，一为物质；二为能量。正是在这种合乎逻辑的类比过程中，具有数学头脑的一般系统理论家构建了基于数学同构性的“系统”概念。笔者认为，这个“数学同构性”系统似乎应当叫“阻尼振荡系统”。

对“系统”的第三个定义，“数学同构性”系统定义，也可以给出形式化的表达：令 i - mF 记系统 S 表征的同构的数学表达式（isomorphic mathematic formula），而 $F_1 - F_n$ 同构的数学表达式（Formula）的集合，则系统 S 可以形式化地表示为 $S = i - mF \langle F_1 - F_n \rangle$，亦即，它是从同构的数学表达式集合中抽象出来的数学同构性，系统实际上是一种异质同形性（isomorphism）。

比较这三个“系统”定义，我们可以说，第一种“物质实体”系统定义最直观、最唯象、最容易理解，距离自然科学特别是物理学最近。可是，它不是系统科学的系统定义，而是工程技术界使用的系统定义；如果说是，那也是在系统科学发轫阶段的系统定义。譬如，在那个阶段，一般系统论主要创始人L. 冯·贝塔朗菲为了使广大读者理解什么是系统，就特别强调“整体大于各部分之和”，即 1 + 1 > 2。贝塔朗菲的所指就是由多个部分组成的物质实体系统涌现出任何一个部分都不具备的整体功能，强调的是反还原论的整体论观点。

接下来，第二种“观念模型”系统定义比较抽象，不容易理解，超越了物理学，真正达到系统科学高度，特别是 A. 乌约莫夫系统定义中的“预先确定属性的关系”，以及“联系”“关系”“属性”三个概念的关系，因为这些是理解“观念模型”系统定义的关键所在。

① ［加］A. 拉波波特：《一般系统论：基本概念和应用》，钱兆华译，闵家胤校，福建人民出版社 1993 年版，第 32 页。

我们需要清楚，"联系"是客观存在的物质的、能量的或信息的交流过程，而"关系"则是我们主观认识到的"联系"；换句话说，我们认识到两个对象之间客观存在着联系，就判断说"这两个对象有关系"。"联系"是自在的，"关系"是为我的。我们进一步指出，任何"关系"其实都仅仅是"两个对象"在某一种属性之间的关系，通常在"关系"前面加的那个定语所指称的就是那个属性。譬如，两个人之间的关系可以是"血缘关系""朋友关系"或"性关系"，这"血缘""朋友"或"性"就是对两个人的关系"预先确定的属性"。

亚里士多德早就认识到这一点，他写道："如果一个东西被称为与别一个东西相关，而用语又正确，那么，虽然所有不相关的属性都被除开，而只保留那一个借以正确指称两者关系的属性，则所说的互相关联仍然会存在。如果说'奴隶'的相关者是'主人'，那么，虽然所说的主人的所有不相干的属性如'两足的'、'能获得知识的'、'有人性的'等等皆被除掉，而只有'主人'这个属性单独保留下来，则所说的存在于他和奴隶之间的互相关联将仍然不变。"① 更直白地说，亚里士多德的意思是："主—奴关系"的双方，主人和奴隶，各人身上都有几十种属性，而建立"主—奴关系"仅仅基于双方身上各自秉有的一种属性"主人"属性和"奴隶"属性，同其他属性无关。

举例来说，猫、红三叶草、田鼠和土蜂是相去甚远的物种，各有各的许多属性，它们之间似乎没有什么联系或关系。可是，经达尔文观察和试验，他发现红三叶草要靠土蜂在吮吸花蕊蜜腺时无意中的传花授粉才能繁荣。田鼠吃土蜂的蜜时毁坏蜂巢并消灭很多幼虫，从而减少了土蜂的数量。猫又吃田鼠，从而增加了土蜂的数量。所以，多养猫能使红三叶草繁荣。② 为此，我们可以说，由于发现这四个物种的觅食属性有相生相克的关系，就发现了这四个物种之间有一种预先确定属性的关系，生态学上叫食物链：红三叶草→土蜂→田鼠→猫。类似的食物链很多，在一本《生态学概论》中就列举

① ［古希腊］亚里士多德：《范畴篇 解释篇》，聂敏里译，商务印书馆2017年版。
② ［英］达尔文：《物种起源》，周建人、叶笃庄、方宗熙译，商务印书馆1995年版，第88页。

出六条，其中一条：欧洲赤松→蚜虫→瓢虫→蜘蛛→食虫鸟类→猛禽。再进一步，我们在现代工业社会也发现了类似的消费关系链：煤炭→钢铁→汽车→汽油→石油。我们就可以为这种"预先确定属性的关系"建立模型，最好叫"消费链系统模型"：A→B→C→D，这就是作为"观念模型"的系统；它应用到不同基质、不同性质组分的相关"物质实体"系统上都是可以的。

讲到这里，我们再看第三种"数学同构性"系统定义，就比较好理解了。显然，上述三条"食物链"或"消费链"的各个元素之间都有数量叠加关系，所以三者有"数学同构性"，为它们建立的"消费链系统模型"：A→B→C→D 属于数学上的"线性关系系统"，简称"线性系统"。

什么是系统科学

如前所述，系统科学的兴起是 20 世纪科学革命第五项伟大成就。经过半个多世纪的不断创新和发展，系统科学已经比较成熟，已经被人们普遍接受，已经发挥出巨大功效。然而，什么是系统科学？却还没有一个公认的定义。笔者通过多年学习和研究，给系统科学总结出一个新的定义：系统科学是从 20 世纪中叶开始兴起，以复杂系统为研究对象的新型学科群的统称，是人类科学的一个新的维度。其区别于古典科学维度的特征是整体论而非还原论，复杂性而非简单性，关系导向而非实体导向，动态系统而非静态结构，随机论而非决定论。它采用系统建模找到数学同构性并由计算机模拟的动态方法，而不是在实验室对实物进行解析、变革、计量和计算的静态实验方法。20 世纪末，系统科学已经成长为由系统哲学、系统方式、系统理论、系统科学诸学科、系统方法、系统技术和系统工程组成的科学体系。

因此，20 世纪末，人类科学的整体画面已经转化成二维，除了过去 300 年发展起来的以研究实体为导向的"古典科学维"，出现了 20 世纪新发展出来的以研究关系为导向的"系统科学维"（见图 1）。由于系统科学打破古典科学的学科界线，不顾自然科学、社会科学和思维科学的划分，而是横跨这些学科，寻找其中异质同型的系统性，建立普遍适用的系统模型，直至发现数学同构性并进行计算机模拟，所以"系统科学"一度又被称为"跨学科研究""交叉科学""横向科学"。

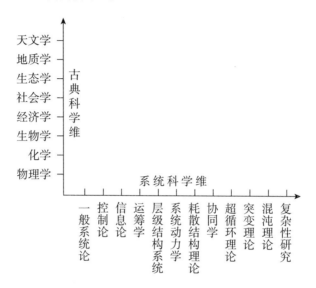

图1 科学的两个维度

国际科学界公认，20世纪有五项最伟大的科学成就：相对论、量子力学、大爆炸宇宙学、生物遗传基因学说和系统科学。作为20世纪科学革命的伟大成就，它们推翻了18—19世纪自然科学的许多基本观念，改变了科学的认知图像，实现了科学范式的转换，改变和丰富了人类的思维方式。

相对论、量子力学代表的20世纪物理学革命发生在世纪之初，很快进入大学物理学，成为必不可少的基础学科。大爆炸宇宙学和生物遗传基因学说出现在20世纪中期，也很快被天体物理学、天文学和生命科学的诸学科所接纳，成为这些大学本科教育的基本内容。唯有系统科学没有获得同样的待遇，没有获得它理应获得的接纳，不仅在20世纪未能进入大学本科教育，而且时至今日，它还是游离在外。这不能不说是科学界的一大遗憾，教育界的一大缺失。

出现这样的遗憾和缺失，笔者想，有这样一些原因：第一，系统科学是在20世纪中期以后的50年陆续诞生的，远未得到足够的宣传和普及。第二，系统科学既不是一项惊人的科学成就，也不是一个单一的学科，而是一个相当庞大的新型学科群，难以纳入现有的教育体系。第三，作为新型学科群的系统科学其实是科学的新维度——关系取向维度，根本不可能融进科学的旧维度——实体取向维度。第四，系统科学诸学科本身发展不平衡，某些学科也不够完善，人们可能一直在等待出现牛顿和爱因斯坦那样的大师来提炼和综合。第五，科学界和教育界掌握决策权的领导人，自己当年在大学没有学过系统科学，后来对此也是一知半解，自然就不可能自觉地、主动地推动系统科学，并将系统科学纳入大学基础学科的工作。

针对这样一些原因，首先，系统科学的研究对象是复杂系统，因此永远不可能构建出包罗复杂的简单系统模型，永远不可能得出像牛顿三定律那样的几条简单定律或爱因斯坦 $E = MC^2$ 那样的简单公式。可是，最早出现的一般系统论其实就是系统科学的概论或导论，尽管不够完善。随后出现的控制论、信息论、运筹学、层级系统理论、系统动力学、耗散结构理论、协同学、超循环理论、突变理论、混沌理论和复杂适应系统理论，其实就是系统科学的分支学科，而每一门分支学科其实就是从某一个特定视角，对复杂系统进行透视得出的一幅透视图像，如人体电子计算机 X 线计算机断层扫描得到的许多 CT 图像当中的一张。我们现在能提炼和综合这些分支学科最重要的成果，反过来丰富和发展一般系统论，撰写出以"系统科学基础"命名的大学本科教材。这是一种新型科学教材，同数理化、天地生、史地政平列的基础学科教材。然后，就可以把《系统科学基础》作为大学生必修的基础课纳入现行教学体系。以中国系统科学界的水平，我们能编写出大家都比较满意的一本教材吗？答案是肯定的。

中国的系统运动比欧美和苏联东欧晚了 20 年，可是，从 20 世纪 80 年代开始，中国奋起直追，经过 30 余年的努力，已经大大缩短了与国外的差距。以中国科学家钱学森为领军人物的中国系统工程学界，起步早，几十年如一日地将系统工程方法用于"两弹一星"的研制工作，取得了辉煌的成就。中国科学院所辖的系统科学研究所成立于 1979 年，多年来运用数学和计算机研究复杂系统、系统工程和系统管理学，达到了很高的水平。在哲学和社会科学界，从 20 世纪 80 年代初开始，由中国自然辩证法研究会牵头，清华大学、西安交通大学、华中理工大学和大连理工大学轮流坐庄，每年召开全国性的系统科学和哲学学术会议，在普及宣传、组织队伍和掀起中国系统运动方面作出了历史性的贡献。从 20 世纪 90 年代开始，时任国家发改委副主任乌杰始终不懈地继续推动中国系统运动，作出了重要贡献。这些贡献包括在全国不同省份和城市召开不同主题的系统科学学术会议 13 次，从 1993 年开始出版《系统科学学报》，1994 年创建中国系统科学研究会。北京师范大学、浙江大学、国防科技大学等一批院校已经建立系统科学、信息科学、管理科学相关院系，在研究生培养、师资建设和教材编写方面积累了丰富的经验。国外系统哲学和系统科学著作的翻译工作已经进行几十年，各学科最重要的著作大部分已经有了中译本。

总之，我国现在已经有了一支比较强的系统科学科研和教学队伍，他们已经编写出版了一批质量较高的教材。譬如，由许国志主编的《系统科学》就是能代表中国系统科学水平的一本优秀的综合教材。由谭璐、姜璐编著的《系统科学导论》则是一本内容紧凑、表达准确的简明教材，被推荐为"大学公共课系列教材"。在现有这些教材的基础上，组织恰当的人选，编写出一本体系严整、概念定义准确、原理表达清晰的《系统科学基础》大学通用教材，是完全可能的。

笔者认为，大学理学、工学、医学、农学、天文学、地学、生物学、生态学诸多学科都有学习《系统科学基础》这门课的必要，即便不能直接应用于自己的学科，也有训练整体观，非线性思维，学会用系统思维方式全面看问题的能力。其中一些专业，如果学生掌握了系统科学的基础知识并尝试应用，将会有新的发现，理论创新，甚至突破，譬如中医学。

长期以来，中国知识界反复争论中医是否科学，甚至一度有人要求废除中医。笔者认为，不可能把古典科学的物理、化学和生物学作为中医的科学基础。试想，十几味中药在高温的砂锅里煎熬半小时，肯定发生了几十种乃至几百种化学变化，现在要你把这几十个乃至几百个化学方程式都一一写出来，你怎么办得到？病人把一碗汤药喝下去了，再让你把汤药里的几十种乃至几百种化学成分在病人的肠胃里，在器官、组织乃至细胞里，到底都发生了哪些生物化学变化都一一说出来，写出化学方程式，你怎么做得到？可是，如果我们改换思维方式，放弃经典科学和还原论，采用系统科学和整体论，就不会有上述问题的困扰，并为中医找到坚实可靠的科学基础。

至于大学文科，不管是传统的哲学、历史和文学，还是后起的政治学、经济学和管理学，它们的主要研究对象都是人和社会，而这恰恰正是系统科学的主要研究对象，可以被抽象为复杂系统来研究。换句话说，系统科学为研究作为复杂系统的人和社会提供了系统科学方式、系统思维方法、系统科学概念、系统科学原理、复杂系统模型、复杂系统演化规律，以及电子计算机模拟－仿真方法，这在人类认识史上第一次使这些学科有可能被提升进入科学殿堂，得出某些可靠的科学的结论。我们清楚地认识到，这是这些学科共同的发展方向，因此不管有多大困难，我们都应当知难而上，朝这个方向努力。

相反，如果我们畏葸不前，这些学科就只能停留在现有的非科学的或科学性不强的低级的研究水平上。

试读中国的文科学者、研究生撰写的书和论文，你不难发现他们采用的主要还是这样一些老式的思维方式和不可靠的论证方法：第一，形式逻辑三段论演绎方法，或者说"引语法"，即摘录名家的话作为全称判断命题（大前提），然后得出自己需要的特称或单称判断命题（结论）。这样做，总是在前人著述中讨生活，拾人牙慧，难有新见解。第二，简单枚举法，即举一个到几个实例，然后得出特称判断乃至全称判断。这是不完全归纳法，其结论都是不可靠的。第三，因果关系方法，即为结果寻找原因或由原因推出结果。由于复杂系统内部形成的是因果关系网络，有许多反馈环路，所有的节点都互为因果，所以因果关系方法其实是失效了，容易得出见树不见林的片面的结论。第四，线性思维方法，即正比例思维方式。可是，由于人和社会这类复杂系统充满非线性、突变、涌现，乃至混沌学理论中的蝴蝶效应，因而线性思维就成了过于简单的思维方法，容易走极端。第五，思辨方法，即完全脱离经验实在的范畴－概念游戏。用思辨方法行文经常是以高深说浅陋，绕来绕去，不知所云，徒令读者头昏脑涨，没有获得任何有效的信息量。第六，辩证方法，即矛盾分析方法。它曾获得最高的评价，可是在现实社会中你会"如堕烟海，找不到中心，也就找不到解决矛盾的方法"。这样看来，中国的人文社科界确实需要引入新的思维方式和新的研究方法，而系统科学恰逢其时，能满足这一需要。

因为，系统科学是20世纪中叶开始兴起的以系统，特别是复杂系统为研究对象的新型学科群的统称，是人类科学的一个新的维度。这是新型的科学、先进的思维方式，是适合研究人、社会、历史、政治、管理、国际关系和生态等复杂系统的科学方法。如果系统科学能在大学教育中成为每个学生必修的基础课，能得到广泛普及和应用，我国的教育水平和科研水平一定会上一个新台阶。

此外，近年我国大学文科已经普遍开设"文科高等数学"课程作为本科生的必修课，这是在打破文理分科和推行通才教育方面的进步。可是，"文科学生学了高等数学有什么用"的质疑声音也很强烈。我认为，消除质疑的最好办法就是继续向前迈进，再引入《系统科学基础》这样一门必修课，让学生不仅掌握系统科学的基本概念和基本原理，还要学会系统建模和数学建模，对于以后学会高等数学并能在学习、研究和教学中融会贯通很有帮助；否则，拿高等数学直接面对感性直观的人和社会，确实难以应用。

2011年，中国系统科学界隆重集会纪念钱学森同志诞辰100周年。我相信，纪念逝者的最好方法就是继续推进他的未竟事业，让我们大家共同努力，推动《系统科学基础》早日进入我国大学并成为本科生必修的课程。

系统科学学科介绍

一般系统论（General System Theory）是由奥地利理论生物学家L.冯·贝塔朗菲（1901—1972）开创的。他早年曾是逻辑实证主义创始人石里克的学生，参加过维也纳学派的活动，受该学派统一科学思想的影响。1928年，他出版了德文版《形态构成的批判理论》。1934年，英译版本更名为《现代发展理论·理论生物学导论》。书中有这样一段话，最早阐述系统论的基本思想："由于有生命的东西的基本特点是它的组织性，所以历来对单独的部分和单独的过程进行的观察和研究不可能对生命现象提供圆满的解释。这种观察和研究不可能使我们认识到各部分和诸过程的协调性，从而也就不可能认识生物整体这个复杂系统。因而生物学的首要任务必然是发现生物系统（在组织化的所有层次上）的规律……一种生物体的有机理论或系统理论。我们认为这是现代生物学的基本问题。我们相信，现在出现的建立理论生物学的许多尝试都指向世界观的根本改变。"①

1932 年贝塔朗菲出版《理论生物学》第一卷，随后出版《理论生物学》第一卷和第二卷，而第三卷手稿可惜毁于纳粹德国的一次轰炸。在有机论思想指导下，在理论生物学方面，他重点研究新陈代谢和动物生长过程，努力进行数学建模和定量研究，由他推导出来的贝塔朗菲生长方程至今仍被广泛采用。贝塔朗菲独立地推进到把生物机体看作物理学上的开放系统，发展出稳态理论。逐渐地，贝塔朗菲的思想从"有机论"推进到"整体论"和"一般系统论"。1945 年，他试图发表"关于一般系统论"的文章，但不久毁于战火，这篇具有重要意义的文章战后才得以发表。在文中，他第一次明确阐述"一般系统论"："存在着适用于一般性的系统或它们的子类（subclasses）的模型、原理和规律，在这种情况下，我们不再考虑这些系统的特殊类型、它们的相互关系和'力'。由此我们认定有一种叫作一般系统论的新学科，其主旨就是叙述和推导出对一般意义上的系统是正确和有效的那些原理。"②

1949 年贝塔朗菲移居美国，在那里他遇到了从各自研究领域也得出类似"一般系统"思想的学者，他们是时任美国科学促进会主席的经济学家博尔丁和博弈论数学家 A. 拉波波特，以及神经心理学家韦斯。1954 年，这四位科学家共同发起成立一般系统论学会（后改名为一般系统论研究会）。学会出版《行为科学》杂志，研究系统行为；编辑出版《一般系统年鉴》，汇集每年在一般系统论领域发表的重要论文；并且，在随后几十年里，每年召开国际性的学术年会，不断促进一般系统论的发展。

1968 年，贝塔朗菲的专著《一般系统论：基础、发展和应用》出版，把一般系统论看作科学的新范式和元科学（meta – science），用数学语言讨论整体性、开放性、动态系统、稳态、层级结构、果决性、数学同型性等基本概

---

① 转引自贝塔朗菲夫人的回忆录《回忆 L. 贝塔朗菲的学术生涯》，见闵家胤：《进化的多元论——系统哲学的新体系》，中国社会科学出版社 1999 年版，第 551 页。

② 转引自贝塔朗菲夫人的回忆录《回忆 L. 贝塔朗菲的学术生涯》，见闵家胤：《进化的多元论——系统哲学的新体系》，中国社会科学出版社 1999 年版，第 557 页。

念，并且勾画出系统科学、系统技术和系统哲学这样一个新学科体系。

控制论（cybernetics）作为系统科学学科由三位科学家创立：美国数学家 N. 维纳、英国精神病学家 W. R. 艾什比、英国管理理论家 S. 比尔。他们三位是国际公认的控制论创始人。

第二次世界大战期间，维纳参与美国军方高射炮瞄准器、雷达和高速计算器的研制工作。他发现动物、机械装置追寻目标同人追求目的过程有共通的行为模式，那就是要不断利用通信机制传回来的反馈信息校正自身行为。1943 年，他发表论文《行为、目的和目的论》。1949 年，N. 维纳把动物、机械和人三者目的行为的共通模式的通信系统性和数学同构性抽象出来，创作发表《控制论——或关于在动物和机器中控制和通信的科学》，这是控制论的奠基著作。1954 年，N. 维纳把控制论推广用于研究人、人的学习行为、科技创新和社会进步，写作《人有人的用处：控制论和社会》。

N. 维纳的第一本书引进一个新概念"信息"，还把这无形的"信息"及其"通信"过程放在控制论的中心位置；又用严格的数学推导证明"信息"就是物理学—热力学讲的"熵"的负数，取名叫"负熵"，俨然是一种物理实在。维纳的第二本书抨击专制主义社会把人当成行为模式固定的蚂蚁或八音盒中的小机器人使用；反对精神控制和宣传垄断，推崇个人的独创性和知识的自由交流。这一切当然引起斯大林时期的科技官僚和学术官僚的忌恨，他们在苏联组织严厉批判《控制论——或关于在动物和机器中控制和通信的科学》，诬蔑它是"伪科学"，是"唯心主义科学"。好在时间不长苏联人就醒悟了，否则他们的第一颗人造地球卫星不可能在 1957 年发射成功。

苏联人对《控制论——或关于在动物和机器中控制和通信的科学》的否定态度自然会影响当时的中国。1962 年，中国科学出版社把《控制论——或关于在动物和机器中控制和通信的科学》当作数学名著出版，译者龚育之、侯德彭、罗劲柏、陈步，译者"郝季仁"竟然是四位翻译者共同的笔名，真正的译者是"好几人"。即使到 1978 年，商务印书馆出版陈步译的《人有人的用处：控制论和社会》，书名还是曲译，因为"人有人的用处"是同语反复。也许当时译者和出版社对"人性"这个词还是有顾忌，因而不敢直译书名。实际上，应当翻译成《对人的合乎人性的使用》。

在 20 世纪 50 年代推进控制论的是英国精神病学家 W. R. 艾什比。他长期研究精神病，并曾担任一家精神病医院的院长。通过研究人脑的稳定性、适应性、失稳和恢复稳定，他推进了这门新学科。

1952 年，艾什比出版了《大脑设计——适应性行为的起源》一书，认为人大脑的思维和学习是适应性行为，只要掌握其结构，原则上就能设计和制造出人工大脑。1956 年，艾什比出版《控制论导论》一书，他写道："当我们打算使一个非常复杂的有病机体，例如病人，恢复他的正常机能时，我们应当遵循什么原则去做。"① 可以看出，艾什比实际开创了"医学控制论"。艾什比对控制论理论的突出贡献在于他提出"适应性""稳定""超稳定"和"黑箱"这几个重要概念，并进行了详细的讨论。这对后来的科学研究有很大的启发，1965 年，《控制论导论》的中译本在中国出版之后，当时有青年学者金观涛、刘青峰用"超稳定"概念研究中国历史，取得了可喜的成绩。

从 20 世纪 70 年代起，英国运筹学家 S. 比尔发展出"管理控制论"，于 1959 年出版《控制论和管理》。比尔曾经在英国、加拿大和美国几家大企业做高管，又曾给政府做社会管理方面的顾问。20 世纪 70 年代曾给智利阿连德总统的社会主义政权设计计算机控制的经济管理系统，还曾在大学任教。他发表了近 200 篇论文，出版了 11 本著作，成为国际公认的控制论学术带头人，他一直担任世界系统论和控制论学会的主席和名誉主席。遗憾的是，就笔者所见，比尔的书至今还没有一本被翻译成中文在中国出版。

2001 年，笔者在加拿大曾拜访过年迈的比尔，他送给笔者两本书。一本是《决策与控制：运筹学和管理控制论的意义》，此书于 1966 年初版，至今重版 10 次。另一本是 1994 年出版的《超越争论——团队协同整体性》。比尔为管理控制论贡献了三个新颖的概念：（1）可生存系统模型（Viable System Model），即能应对环境变化生存要求的系统；（2）团队协同整体性（Team Syntegrity），意思是 10—20 个不同成员，非层级结构，实行参与民主，信息和决策共享，形成集体意识，共同决策和相互支持计划的实施；（3）系统自为目的（POSIWID），它是从比尔的一句著名格言缩写来的：The purpose of a

---

① ［英］W. R. 艾什比：《控制论导论》，张理京译，科学出版社 1965 年版。

system is what it does. 这句英文笔者试译为：系统目的乃其自为。实际含义笔者体会是承认对任何复杂系统，人的认识、愿望、道义、预期、计划、管理、控制所起的作用是相当有限的，系统演化的终态不是任何人能准确预见和完全控制的。

在 20 世纪 80 年代，中国系统科学家也对控制论作出一项创新贡献，那就是华中理工大学邓聚龙的"灰色控制理论"及其推进"灰色系统理论"。控制论最初只讲"黑箱"控制和"白箱"控制。艾什比《控制论导论》讲"黑箱"控制举的例子最容易理解，他写道："黑箱问题是在电机工程中出现的。给电机师一个密封箱，上面有些输入接头，可以随意通上多少电压、电击或任何别的干扰；此外有些输出接头，可以借此作他所能作的观察。"① 这就是说，"黑箱"作为一种系统，我们只知道"输入"和"输出"，于是就进行"黑箱控制"或"黑箱操作"，通过改变"输入"来改变"输出"。对"白箱"我们不仅知道"输入"和"输出"，还掌握它内部结构和运行机制的充分信息，于是可以进行"白箱控制"或"白箱操作"。邓聚龙把灰色系统定义为："信息不完全，信息不确定，或二者兼而有之的系统。"同时又分成两类："本征灰色系统是指人文、经济、生态、农业、市场等系统，其特点是没有物理原型且运行机制不明确。一般灰色系统有物理原型，但信息不完全，如一些工业过程系统。"② 然后邓聚龙发展出一套"灰箱方法"，包括"灰色建模""灰色控制""灰色预测""灰色决策"。灰色系统理论在应用中取得了实际效验，并且得到国际承认。

信息论（Information Theory）是探讨信息的本质，运用数学方法研究信息的度量、传递、变换和储存的系统科学。美国贝尔电话研究所的数学家申农是公认的信息论创始人。申农为研究和解决"如何最有效地传递信息"这样一个问题，在 1948 年发表《通信的数学理论》和 1949 年发表《噪声中的通信》两篇著名论文，奠定了信息论的基础。

申农的贡献在于突破了传统的局限，把任何形式的发出消息和接收消息，

---

① ［英］W. R. 艾什比：《控制论导论》，张理京译，科学出版社 1965 年版，第 V 页。

② 许国志主编：《系统科学大辞典》，云南科技出版社 1994 年版。引自邓聚龙撰的灰色系统相关词条。

都当作一个整体的通信过程来研究，建立通信过程的系统模型，从而把通信看作消息的编码、解码转换过程，消除消息的语义、语用因素只保留形式化的因素得出"信息"概念。引入不确定性、随机性，并给信息下了一个明确的定义"信息就是用来消除不确定性的东西"，再用概率论计算信息量并得出数学公式，而这个公式同物理学热力学分支"熵"的计算公式一模一样，只不过多一个负号，从而加深了人们对信息的认识——如果说"熵"是混乱程度的度量，那么信息就是秩序程度的度量，从此信息就有了明确的物理学含义和可以做定量计算的数学含义。与此同时，维纳在《控制论——或关于在动物和机器中控制和通信的科学》一书中独立地得出跟申农一样的信息量计算公式，接着，又对哲学上的唯物论发出直接挑战："信息就是信息，不是物质也不是能量。不承认这一点的唯物论，在今天就不能存在下去。"① 从20世纪中叶开始，在哲学上"信息"就取得了同"场""能量""物质"平列的本体论地位。

信息论不仅为控制论、自动化技术和现代化通信技术奠定了理论基础，还为研究生物遗传密码、脑科学和神经病理学开辟了道路，为管理与决策的科学化提供了理论工具。随着电子计算机的出现和飞速发展，随着信息技术的迅速发展和国际互联网的普及，人类社会从工业社会进化到信息社会，申农信息论也发展成广义信息论。后者注重研究以电子计算机为中心的信息处理的基本理论，包括语言、文字的处理，图像识别，学习理论等，以及用信息论研究宇宙进化。

运筹学（Operational Research）是20世纪中期开始兴起的，因此有人也把运筹学称为事理科学。它研究怎样把事情做得最好。运筹学的基本方法是首先建立目标、约束条件和决策三要素构成的事理系统模型，然后再运用数学方法寻求在满足约束条件下实现目标的最优决策，在20世纪后期它逐渐被纳入系统科学，成为系统科学学科。具体来说，控制论、信息论、运筹学是三门操作性最强的系统科学技术学科。

---

① ［美］N. 维纳：《控制论——或关于在动物和机器中控制和通信的科学》第二版，郝季仁译，科学出版社1985年版，第133页。

运筹学的英文通用名称是 Operational Research，字面含义是"操作研究"。中国学者根据源于《史记·高祖本纪》的一句古语"运筹帷幄之中，决胜千里之外"将它意译为"运筹学"。这门学科起源于第二次世界大战期间英国建立的几个科学家小组，他们的任务是研究有效对抗德军轰炸英军高炮与雷达配置的最佳方案，以及对德反潜战英军舰队配置和作战的最佳方案。1947 年，美国 G. B. 丹齐克在研究美国空军资源配置问题时提出线性规划及其通用解法，标志着运筹学正式诞生。第二次世界大战后，运筹学被越来越广泛地应用于工业、运输、商业等领域，发展成包括规划论、图论、网络流、决策分析、博弈论、排队论、库存论、对策论、搜索论在内的学科群。

运筹学的这些学科有共同的数学同构性，那就是把待解决问题的目标表示为决策变量的函数，称为目标函数，再用不等式表示客观条件的制约，称为约束条件，然后求在满足约束条件情况下目标函数的最优解。正是因为有这样一个数学同构性，这十几个学科才被统称为系统科学的一个学科——运筹学。

层级结构系统理论（Hierarchical System Theory）无论是自然系统、社会系统还是人工系统，形成或是采用层级结构是最常见的。我们的宇宙从星系到原子，我们的身体从躯体到细胞，我们的国家从国王到庶民，我们的供电系统从中央调度室到用户终端，都是按层级结构组织的。层级结构最直观的形象是"俄罗斯套娃玩偶"和"中国套箱"，二者都是大套中、中套小、小套微的自相似结构的嵌套。层次结构的象征符号是英文大写字母"A"，古埃及的"金字塔"，或天主教"哥特式教堂"。

我们把层级结构系统定义为可逐级分解为子系统的集合的复杂系统，而每一级的每个子系统又都是采用层级结构，直到最低层次的子系统，于是造成集中控制和几乎只有从上到下的信息流，同级水平信息流和从下向上的反馈信息流均被抑制而极其微弱，所以又可以被称为递阶控制系统或多层次命令系统。层级结构系统主要是按力学关系形成的静态层级结构系统，以及信息和权力关系形成的动态层级结构系统，前一类多为自然系统，后一类多为社会系统，上述定义兼顾两类。

"层级结构"英文为 hierarchy，源自古希腊文 hierarchia（ιεραρχία），本

义是圣事庆典安排人名、仪式、项目从上到下的序列。拉丁文是指罗马帝国庞大的官僚机构的官阶，后指比照罗马帝国官阶确立的天主教及东正教教阶。天主教在天是"全知全能的主（上帝）"或圣父、圣子、圣灵"三位一体"的天主，在地是作为"大牧首和诸教民之父的教皇"及所统辖的枢机主教（红衣主教）、都主教、大主教、主教和一般主教，再下面还有助祭及其他较低品位，而每一品位又分层级。罗马教廷把整个西欧的天主教组织及神职人员，按这一等级森严的教阶制度，统统纳入一个巨大而完整的组织体系。因此，20 世纪中期，最先一批系统科学家就选用 Hierarchy 这个词命名普遍存在的"层级结构系统"（Hierarchical System）。

社会系统采用层级结构，其优点是显而易见的。第一个优点是系统的结构信息统一，便于复制，只要进化出一个 A 型的模板，就可以逐级克隆了；结果各层级的子系统同构，又全都同整体系统同构，形成的是一个相对简单的系统。第二个优点是集中控制，令行禁止，一致对外，抗拒外环境压力而保持稳定的能力强固。第三个优点是内部压制，一级压制一级，抑制内环境扰动和清除革新性质变异而保持稳定的能力强大。因此，教会、政党、行政、军队、情报部门宜采用这种结构。

美国的赫伯特·西蒙曾设计过一则科学寓言，来说明层级结构系统的进化优势：从前，有两个钟表匠，一个叫霍拉，另一个叫坦帕斯。他们都在用 1000 个零件装配手表。他们的作坊都不时有顾客光顾。当坦帕斯每次站起来接待顾客时，已经装配好的那部分零件就全散了，再坐回来又得从头开始装配零件。而霍拉则把每 10 个零件装配成一个组件，每 10 个组件装配成一个部件，每 10 个部件装配成一只手表。因此，霍拉每次站起来都只有一小部分零件散掉。结果是，霍拉装配好 4000 只手表，坦帕斯才装配好 1 只手表。西蒙用这则科学寓言说明，采用层级结构，进化的速度要快得多，这就是我们见到的复杂系统大多数都是层级结构系统的原因。[①]

社会系统采用层级结构，其缺点也是显而易见的。第一个缺点是权力过于集中，最高控制者要处理的信息量过大，要作出的决策过多，而任何个人

---

① ［美］赫伯特·A. 西蒙：《人工科学》，武夷山译，商务印书馆 1987 年版，第 172 页。

的能力都是有限的，不可避免地发生决策失误或者乱作为的情况；而权力过分集中又必然导致各个层次的掌权者制度性的集体腐败，甚至集体躺平。第二个缺点是层级结构有放大效应，会把错误逐级放大，反馈信息缺乏又会使纠错异常困难；结果错误决策的后果影响深远，而腐败现象则不断滋长和蔓延。第三个缺点是在层级结构系统中，只有最高统治者或统治集团有主体性，是完整的人，其余所有下层子系统和个人都不同程度丧失主体性，不是完整的人，沦为工具；结果下层的积极性被压制，特别是个人的创新能力被埋没。第四个缺点是结构僵化，达到超稳定的程度；其结果是结构性的改革难以推动，系统失去纠错和进化的能力，只能靠下层反抗或外敌入侵改朝换代，然后又按同样的周期循环。

系统科学家们在谈到层级结构系统的缺点时，经常举例子说，西班牙人皮萨罗率领 169 人组成的一支远征军征服了约有 600 万人的印加帝国。原因是多方面的，其中之一是印加帝国采用 A 型的社会结构，军政事务都由皇帝一个人做主，而当时的印加人尚无文字，还是用结绳记事，因此军令传达非常缓慢，且难免走样。此外，我们还可以补充举例：中国古代从秦朝到清朝都是皇权官僚专制主义社会，拥有最完备和最稳固的 A 型社会结构，结果造成从秦朝到清朝十几个朝代的更迭复制和 2000 多年的社会停滞，而黎民百姓则是在想做奴隶而不得的时代；暂时做稳了奴隶的时代之间循环。这充分体现出层级结构社会系统的优点和缺点。

这就令我们碰到一个极具现实意义的难题：怎样才能做到既发挥了 A 型的层级结构系统的优点，又避免它的缺点？亦即如何进行结构性的社会改革。

笔者认为，第一个办法是不同系统采用不同的结构。在国家层次上，军队、治安、情报、行政等部门宜采用层级结构系统，经济、法律、新闻、教育、科学、医疗、文艺等部门宜采用非层级结构，分散管理，反对垄断，鼓励创新，提倡竞争。第二个办法是扁平化。保持层级结构，可是减少层次，下层尽量分散管理，如农业社会实行封建制，工业社会采用联邦制。第三个办法是权力分散、权力制衡和权力竞争，如现代化的先行国家普遍采用君主立宪制，或三权分立制、多党制、议会民主制，从系统科学角度看是非常合理的。

　　为合理解决集权和分权的问题，我们应当研读美国坎农的著作《躯体的智慧》①，向我们自己的身体学习。人体是大自然最伟大的杰作，是地球上 40 亿年生命竞争和自然选择胜出的最佳系统模式。人体神经系统采用的是两套系统混合结构：一套是对外的中枢神经系统，另一套是对内的植物性神经系统。中枢神经系统采用层级结构，由大脑涌现的主体意识集中控制，主要处理感觉器官传来的外环境信息，对肌肉－骨骼构成的效应器发出指令，对外环境目标采取行动。植物性神经系统采用网络结构，没有控制中心，亦不受中枢神经系统及其主体意识的控制；自主调节各个内分泌腺体和脏器的工作，故又称为自主神经系统。这后一套系统调节并保持人体内环境的稳态，为中枢神经系统专门从事精神性活动，以及指挥双手从事物质生产活动提供保障。从这个视角，美国的社会制度可能是最接近人体智慧的，它是由其头像被雕刻在拉什莫尔山岩石上的那几位饱学之士出于公心设计出来的，其中央政府主要执掌外交和军事，处理外环境即国际环境事务，而内部的法制、经济、科研、教育、新闻、出版、文艺等管得很少或根本不管，让它们保持主体性，相对独立，在宪法允许的范围内活动。

　　比利时曾经有将近一年半没有中央政府，然而其国内生活一切照常运转。日本的首相历来都是频繁更迭，可是对社会的中下层影响不大。这都为我们提供跟美国的分权体制类似的"躯体智慧"的启示。

　　遗憾的是，不管是古代还是现代，世界许多国家的政权都是一个人、一群人或一个政党率领军队打出来的。他们的头脑里往往只有层级结构系统这样一种 A 型模式，已经习惯于在金字塔尖发号施令，于是自觉或不自觉地就把自己用枪杆子打出来的政权建构成 A 型的层级结构系统模式，进而把全国的法制、经济、科研、教育、新闻、出版等部门也打造成同整体同构的 A 型层级结构系统，令这些子系统统统失去主体性和创造性。殊不知这样做是把本该是复杂系统的社会弄成简单系统了，弄成一个大兵营了。这种社会在历史上早有许多失败的先例，其中最典型和最有名的是古希腊的斯巴达。同时代的雅典采用民主制度，创造出最辉煌的古代文明，且影响深远；而兵营式

————————
① 　［美］W. B. 坎农:《躯体的智慧》，范岳年、魏有仁译，商务印书馆 1982 年版。

的斯巴达呢，什么也没有留下，只留下笑柄和惨痛教训。

系统动力学（System Dynamics）是美国麻省理工学院的福雷斯特于 1956 年创立的系统科学分支学科。1958 年福雷斯特按这门学科的原理，采用系统仿真方法，分析生产管理及库存管理等企业问题，并随后在 1961 年出版了《工业动力学》。这以后，福雷斯特继续推进，先后出版《城市动力学》《世界动力学》《系统学原理》，使这门新学科有了世界声誉。

系统动力学不是从抽象的假设出发，而是从现实世界存在的实体系统出发，寻找其中复杂的因果关系、各种流体及其相互影响的反馈环路。它不是依据数学逻辑而获得解答，而是依据对系统的实际观测获得的数据建立动态的仿真模型在计算机上得到答案。通过计算机仿真模型在荧屏上的动态演化，系统动力学获得实体系统未来行为的近似描述和预测。由于所研究的实体系统极其复杂，是非线性的、非决定论的，所以系统动力学不追求准确的"唯一解"，只追求"最优解"，甚至"近似解"，以及从整体出发找到的改善系统行为及其未来演进的机会和途径。因此，我们可以简言之："系统动力学是研究社会系统动态行为的计算机仿真方法。"

系统动力学建模和计算机仿真的具体步骤是：明确问题，绘制因果关系图，绘制流体图，构造方程式，建立模型，计算机仿真实验，检验并修改模型或参数，最后作出战略分析和决策建议。

进入 20 世纪 70 年代，旨在研究全球问题的"罗马俱乐部"成立。该组织首先邀请福雷斯特的学生丹尼斯·米都斯领导一个小组，运用福雷斯特的系统动力学方法，从世界系统中选择变量建模，在 MIT 电子计算机上做仿真运算并得出结论。小组完成了罗马俱乐部的第一份报告《增长的极限》，它得出的是一条悲观的基本结论："如果目前世界人口、工业化、污染、粮食生产和资源消耗的增长势头继续不变的话，在一百年内的某一时间里，地球上的增长将达到极限。这一结果很可能在人口和工业生产能力两方面遭到非常突然和不可控制的衰落"，也就是全球范围内的突变；接着它就提出了为避免出现这种情况的政策建议。

这份报告经罗马俱乐部发布，很快译成各种文字出版，引起世界各国政府、知识界和广大读者的普遍关注，可以说在全球范围内产生了轰动效应。

报告惊醒了人类，催生出"全球问题研究"这样一门新学问和"生态文明"这样一个新的发展方向，并大大提高了系统科学的声誉。

目前，系统动力学已经成为社会、经济、军事、规划诸多领域战略决策研究的重要工具，并因此被称为战略和决策研究实验室。

耗散结构理论（Dissipative Structure Theory）的创始人是比利时科学家伊里亚·普利高津，这个理论是他在一次"理论物理学和生物学"国际会议上正式提出的。后来，由于对非平衡态热力学尤其是耗散结构理论的贡献，他荣获了 1977 年度诺贝尔化学奖。最简单地说，耗散结构是开放系统在远离平衡的区域依靠不断耗散能量维持的非平衡稳定结构。要真正弄懂这句话，需要先讲清楚多个物理学的基本概念。

最通俗地说，热力学就是研究热量传输规律的力学。热力学第一定律是能量守恒和转换定律。热力学第二定律讲在自然条件下热量只能单向地从高温向低温传输，即趋向平衡。一根铜棒，或容器中的水，或容器中的空气，两端或各个点的温度相等，就处在平衡态；有较小温差，是近平衡态；有较大温差，是非平衡态；出现巨大温差，就是远离平衡。热力学第二定律实际上是说，热量传输的自然规律是从非平衡态趋向平衡态。稳定性是系统抗拒干扰保持结构不变或动力学特征不变的能力。稳定分静态稳定和动态稳定，一块金刚石晶体，长期保持静态稳定，一般的外界扰动不会引起任何变化；一个健康的人体保持动态稳定，对外界扰动引起的体温、脉搏、血糖、血脂等参量的波动，健康的人总能抗拒扰动使它们恢复正常状态。稳定态和平衡态既有联系，又有区别。平衡态肯定是稳定态，而稳定态却不一定是平衡态。耗散结构就是一种远离平衡的稳定态，却不是静态的稳定态，而是动态的稳定态。

普利高津耗散结构理论把宏观系统区分为三类：一是与外界既无能量交换又无物质交换的孤立系统；二是与外界有能量交换但无物质交换的封闭系统；三是与外界既有能量交换又有物质交换的开放系统。然后指出，孤立系统永远不可能自发地形成有序状态，其发展的趋势是趋向平衡，趋向最大熵，即趋向无序平衡状态；封闭系统在温度充分低时，可以形成稳定有序的平衡结构；开放系统在远离平衡态并存在负熵流时，可能形成稳定有序的耗散结构。

　　还需要讲清楚的一个基本概念是"非线性"。线性与非线性原本是个数学概念。按初等代数，一次正比例函数 $y = f(x)$，在笛卡儿坐标系制作出来的图像是一条直线，应变量 y 随自变量 x 成倍增长，满足线性叠加关系，因此被称为"线性关系"。其他函数则为非线性函数，其图像不是直线，而是各式各样的规则曲线或不规则曲线。线性关系是互不相干的独立关系，而非线性则是多种因素相互作用的相干关系。按普利高津的研究成果，即使是开放系统，在持续的热能负熵流作用下，在接近平衡的线性区域，也不会出现耗散结构；只有进入远离平衡的非线性区域，在系统内部出现了多种因素相干作用的情况下，通过某个或某些涨落突然放大，才出现耗散结构。

　　出现耗散结构最简单和最直观的实例是烧开水。将扁平容器装满自来水，放到天然气灶上开小火加热。最初容器中的水各处温度相等，处于平衡态。过一段时间，底部与顶部出现温差，容器中的水进入近平衡态。当温差达到某一特定值时，进入远离平衡的非线性区域，于是出现自组织现象：在容器底部水分子自动组织起来形成六角形小水泡；水分子从每个水泡的中心涌起，再从边缘下沉，形成规则的对流，从上往下可以看到蜂窝状花纹。这种稳定的有序结构就是耗散结构，它靠不断耗散天然气灶火传来的持续的能量流维持着；一关火，能量流断了，蜂窝状的耗散结构很快就消失了。

　　我们可以对耗散结构理论作一个全面的概括：一个远离平衡态的非线性的开放系统（不管是物理的、化学的、生物的乃至社会的、经济的系统）通过不断地与外界交换物质和能量，在系统内部某个参量的变化达到一定的阈值时，通过涨落，系统可能发生突变即非平衡相变，由原来的混沌无序状态转变为一种在时间上、空间上或功能上的有序状态。这种在远离平衡的非线性区形成的稳定的宏观有序结构，由于需要不断与外界交换物质或能量才能维持，因此被称为耗散结构，其理论又被称为非平衡态热力学。

　　有必要说明的是，按照上述定义，耗散结构理论的关键是"开放系统在负熵流持续作用下可导致出现有序结构"，对这一点普利高津进行了数学证明，或者说找出了这类系统的数学同构性，这就是著名的普利高津微分方程。

　　他写道："在时间间隔 dt 内，系统熵 S 的改变 dS 应该由两部分贡献：

$$dS = deS + diS$$

其中：deS 是系统与外界交换能量和物质引入的负熵流，diS 是系统内部不可逆的自发的增熵。按照热力学第二定律，diS ≥ 0。所以，对孤立系统来说，由于 deS = 0，则系统的总熵变化 dS = diS ≥ 0。对开放系统来说，总熵变化可以小于零，只要 deS + diS < 0，即 deS > -diS。可见，从外环境输入的大于自发增熵的负熵流可以使开放系统总熵值减小，从而形成有序结构。"①

耗散结构可以通过"巨涨落放大"而进化，这就需要解释什么是"涨落"。"涨落"是指对系统稳定状态的偏离，它是实际存在的所有复杂系统特别是微观粒子构成的复杂系统的固有特征。涨落总是围绕系统多种参量平均值自发地、随机地产生，通常是一种自生自灭的波动；可是，在远离平衡的区域，在临界点阈值附近，情况就大不相同了。这时涨落可能被系统放大，变成巨涨落，从而导致系统突变，原有结构瓦解和新结构诞生，整个系统进化到新的结构和新的宏观状态。

总之，对耗散结构，我们应当记住的格言：开放系统是前提，持续的负熵流是动力，非平衡态是有序之源，涨落导致有序和进化。

协同学（Synergetics）是德国理论物理学家哈肯在 20 世纪 70 年代创立的。哈肯最先投入对激光的研究，他发现在光子协同现象背后隐藏着某种更为深刻的普遍规律。1969 年，哈肯首次提出协同学，这一德文名称来自希腊文，原意是指一个系统的各个部分协同工作。1973 年，国际会议论文集《协同学》出版，协同学随之诞生。哈肯接连出版《协同学导论》《高等协同学》等书，这门新学科走向成熟。

协同学是一种自组织原理，研究在接近相变临界点时，由于序参量发挥主导作用支配原先是无序的子系统呈现协调一致的运动，致使系统整体发生对称性破缺并形成空间或时间宏观结构的规律。

要把协同学的这个定义完全读懂，我们仍然需要澄清一些基本概念。要区分控制参量和状态变量。在系统的数学模型中，一般有两种变量：控

---

① 湛垦华、沈小峰等编：《普利高津与耗散结构理论》，陕西科学技术出版社 1982 年版，第 241 页。

制参量和状态变量。控制参量反映系统对环境依存和环境对系统制约的关系，经常是一些给定的常数。状态变量是反映系统状态变化的诸多变量。由控制参量和状态变量共同构成的描述系统动态变化的数学方程式叫状态方程。

哈肯在控制参量和状态变量之外提出序参量，因为他发现在系统相变过程中，有一个或几个状态变量最初为0，然后逐渐增大变为正数值。同其他状态变量相比，这一个或几个状态变量变化慢，因此被称为"慢变量"（慢弛豫参量），而其他状态变量则被称为"快变量"。这一个或几个慢变量可以表征系统对称性破缺的程度或者有序化的程度，于是被命名为"序参量"。

在系统相变过程中，序参量支配、主宰众多变化快的状态变量的现象叫"支配原理"。在相应的数学模型中，由于快变量先期到达相变点，我们可以用导数取零的办法将其消去，进而得出仅含序参量的微分方程，于是只需要计算这个起决定作用的方程，我们就能近似描述系统从失稳的热力学分支到稳定的耗散结构演化的过程。

物理学通常将事物原有的某种对称性，后来丧失了，以及降低了的现象叫作对称性破缺。系统科学后来发现，两个事物比较，对称性高的无序而对称性低的更有序。这样一来，我们就可以说，进化是从无序到有序，从高对称性到低对称性的不断发生对称性破缺的过程。于是，对称性破缺就形成了进化的一种尺度。举一个最浅显的例子，几何对称性指图形旋转后与原图形的重合。按这个标准，圆形有360°的360种对称性，正方形有90°和180°两种对称性，而长方形就只有180°一种对称性。圆形→正方形→长方形就是对称性破缺的过程，也就是几何图形的进化过程。

现在，让我们以激光为例说明什么是协同学。激光器由一根晶棒或充满气体的玻璃管构成，两端有反射光子的两面镜子，其一部分透光。当光泵对内中的激光材料进行激发时，受激原子的电子跃迁到外轨道，可是它并不稳定，一旦退激它们就从外轨道退迁回内轨道并发射光子。最初激光器中的光场杂乱无章，发出的是自然光。可是，当光泵功率增大到一定阈值后，这些受激原子的电子便会以规则方式退迁，实现粒子数反转，发出相同方向和相位的光子。这些光子经一端镜子反射后，从另一端的一个小孔辐射出去，形成频率相同的极强的光（比太阳亮 100 亿倍）。在诸状态变量中，"平均光场强度"是慢变量，支配其他变量，成为表征光子协同和有序度的序参量。①

需要说明的是，协同学发现的序参量及其支配原理，仅适用于系统接近相变点的临界状态，而在远离相变点的一般状态下，则诸多快变量共同发挥支配作用。与此相关，在研究系统小尺度演化时，我们可以忽略作为慢变量的序参量，而仅仅注意诸多快变量对系统的支配；反之，在研究系统大尺度演化时，我们忽略的是诸多快变量，而集中注意作为慢变量的序参量。

受到上述原理的启发，在我们研究一个社会系统的演化时，就短期事件而言，我们注意的是作为快变量的人心所向、舆论动向、某些偶然事件，以及某些个人发挥的作用；相反，就长期的历史进程而言，我们会发现最终是作为慢变量－序参量的文化在隐秘地支配着历史的进程。

超循环理论（Hypercycle Theory）是德国诺贝尔化学奖得主艾根，于 1971 年提出的一种新的自组织理论，所论问题超出物理学进入化学和生物学层次。人们早就知道，生命进化过程分为化学进化和生物学进化，在这两个阶段之间有一个生物大分子的自组织进化阶段，完成从生物大分子到原始细胞的进化，艾根发现这个阶段生物大分子自组织的形式是超循环。

所谓"超循环"，就是由两个或两个以上循环圈耦合形成的更高一级和更大规模的循环圈内的循环，而超循环理论则是解释具有自催化能力的生物大分子拟种，通过随机选择最终形成交叉催化闭合环路，完成从无生命系统到生命系统进化的自组织理论。

"拟种"又被称为分子物种，是指前细胞进化过程中形成的具有自组织、自复制和自催化功能的相对稳定的大分子群体。耦合是指两个系统之间的一种特殊关系：A 系统的输出是 B 系统的输入，而 B 系统的输出又是 A 系统的输入。"自催化"是指化学反应的某种产物又反过来加快该反应的速度，而"交叉催化"则是指两个化学反应的某种产物互相加快对方的反应速度。

艾根认为，在生命的原始汤中已经出现了某些生物大分子拟种，包括核酸和蛋白质。核酸是自复制的信息模板，它所编码的蛋白质又反过来作为酶

---

① 谭璐、姜璐编著：《系统科学导论》，北京师范大学出版社 2009 年版，第 70 页。

催化特定化学反应，加速另一段核酸（RNA）和蛋白质的自复制，这样便形成超循环结构。他写道："由核酸和蛋白质之间的耦合（非线性的）所产生的反应循环层级已经表明了生命系统的本质特征，并且一直进化到活细胞。"[①] 这种超循环结构的出现是"非决定论的，但又是不可避免的"；并且有"一旦—永远"特征，即一旦出现便永远保存；因为，凭借更快的复制速度和更高的稳定性，它们会赢得大分子层次上的达尔文生物竞争优势。

在艾根的《超循环论》里有一节标题是"问题和伪问题"，在那里我们读到有趣的讨论。他认为，在生命微观层次上是"先有核酸还是先有蛋白质"，恰好相当于在宏观层次上问"先有鸡还是先有蛋"。他认为这都是伪问题，核酸和蛋白质先是在生命的原始汤里分别产生出来的，然而一旦它们耦合形成一个完整的超循环结构，就再也说不出谁先谁后了。笔者还可以补充说，这就像是对于一个已经画好了的圆形，你永远找不出哪个点是起点，哪个点是终点。

诚然，超循环理论是在生物化学领域发展起来的新学科，然而这个理论把握的系统同型性具有普遍意义，所以它就成为系统科学的一个学科。我们在生态系统中可以找出难以数计的超循环结构，它们被称为"共生关系"。在现代社会系统内，教育、科研、生产实际上是个庞大的超循环结构。在全球社会，谁会否认欧盟是在 27 个欧洲国家层次之上，涌现出来的具有超循环结构的国家联盟系统？效仿欧盟，东亚十国正在努力形成类似的超循环国家联盟？即便是在政治、经济，以及意识形态方面严重对立的中国与美国之间，在金融、商贸等领域不也是业已形成俱荣俱毁的超循环关系了吗？

突变理论（Catastrophe Theory）是用形象而精确的数学模型来描述和预测当事物的连续性中断时，发生突变和飞跃的非连续性过程的系统科学。

1967 年，法国数学家托姆（R. Thom）发表了《形态发生动力学》一文，阐述突变论的基本思想。1969 年发表《生物学中的拓扑模型》，为突变论奠定了基础。1972 年发表专著《结构稳定与形态发生》，1974 年出版《形态发

---

① ［德］M. 艾根、P. 舒斯特尔：《超循环论》，曾国屏、沈小峰译，上海译文出版社 1990 年版，第 371 页。

生的数学模型》①，系统地阐述了突变论。

多年来，自然界许多事物连续的、渐变的、平滑的运动变化过程，都可以用微积分的方法给予圆满解决，并且通过计算给予精确的预计。但是，自然界和社会现象中，还有许多突变和飞跃的过程，非连续过程，微积分就无法解决了。例如，水突然沸腾，冰突然融化坍塌，火山突然爆发，某地突发地震，房屋轰然倒塌，病人心脏猝死，股市突然崩盘等。比如拆一堵墙，如果从上面开始把砖一块块拆下来，整个过程就是结构稳定的渐变过程。可是，如果从底部开始拆墙，拆到一定程度，就会破坏墙的结构稳定性，墙就会"哗啦"一声倒塌下来。这就是突变和飞跃的过程（见图2）。

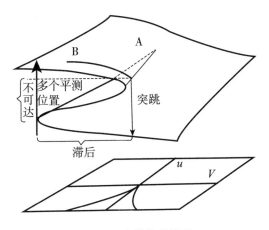

图 2　突变的数学模型

突变论在数学上属于微分流形拓扑学的一个分支，是关于奇点的理论，其数学基础是奇点理论和分岔理论。最原始的奇点是微积分中实变函数的极大极小点，这种函数可看成是实数空间 R_1（坐标 x）到实数空间 R_1（坐标 y）的映射，而平面（x_1，x_2）到平面（y_1，y_2）的光点。曲线把平面分成两部分，较小部分的原像均由三点构成，而较大部分只由一个点构成。在尖点处映射引起突变，这是突变论所研究的最常见的一种突变。托姆的研究得出结论，发生在三维空间和一维空间的四个因子控制下的突变，有七种突变类型：

---

① ［法］勒内·托姆：《突变论：思想和应用》，周仲良译，张国梁校，上海译文出版社 1989 年版。

折迭突变、尖顶突变、燕尾突变、蝴蝶突变、双曲脐形突变、椭圆脐形突变及抛物脐形突变。由于解决了微积分解决不了的问题，有人评论说突变论是从 I. 牛顿和 G. W. 莱布尼茨时代以来数学最伟大的推进，为此托姆获得数学领域的国际最高奖项——菲尔兹奖。

由于突变论把握住了在数学、物理学、化学、生物学、工程技术、社会科学等方面存在的突变现象的数学同构性，并成功地建立系统模型和数学模型解决结构稳定性和形态发生这类质变问题，它就不仅是一门新的数学分支，而且是一门新的系统科学学科。突变论有广阔的应用前景，在研究和预测岩石破裂、桥梁崩塌、地震、海啸、细胞分裂、生物变异、人的休克、情绪的波动、战争爆发、市场震荡、企业倒闭、金融危机等方面，都有成功的案例。

混沌理论（Chaos Theory）中的"chaos"源自古希腊文，意指"宇宙初期模糊一团的景象"，而中译"混沌"则语源《易·乾凿度》"气似质具而未相离谓之混沌"，① 恰好具有类似的含义。

混沌理论肇始于美国气象学家洛伦兹（Lorenz）的工作，1963 年他在《大气科学》上发表了一篇论文《决定性的非周期流》。当时，为了提高长期天气预报的准确性，洛伦兹用计算机仿真求解模拟地球大气变化的 13 个方程式。为了更细致地考察结果，他把一个中间解 0.506 取出，提高精度到 0.506127 再送回。当他到咖啡馆喝了杯咖啡回来后再看时，却大吃一惊：本来是很小的差异，计算机演算出来的结果却偏离了十万八千里！洛伦兹就这样偶然地发现了地球大气系统"对初始值的敏感性"，以及决定性模型中的非周期流导致大气"长期演化的不可预见性"。他打比方说，这就如同南半球巴西某地一只蝴蝶偶然扇动翅膀引起的微小气流，几个星期以后可能变成席卷北半球某地的一场龙卷风，这就是天气的"蝴蝶效应"。

洛伦兹的论文在当时并没有引起太多的重视。13 年后，1973 年美国数学家约克与他的研究生李天岩在计算机上对数学公式 $x_{n=f}$ (x_{n-1})，n = 1，2，3，… 做从 [0，1] 到 [0，1] 区间的迭代演算，意外发现，如果有回到不动点的 3 周期，那么就蕴含有回到不动点的 7，18，72，148，365，401，

―――――――――――

① 《辞源》。

911，…以至无穷多的周期。1975 年，他们发表论文《周期三意味着混沌》（Period Three Implies Chaos），首先引入了"混沌"（Chaos）这个专名。由此引起人们对混沌系统的热情关注，他们继而重新找出洛伦兹的论文，把他尊为"混沌理论之父"。

1967 年，美籍数学家曼德布罗特在《科学》杂志上发表了一篇题为《英国的海岸线有多长?》的论文。他把像海岸线这种部分与整体以某种方式相似的形体称为分形，并证明它有分维结构，如英国海岸线是 1.27 维，其长度决定于你用什么标度（尺度）去测量。1971 年，法国科学家罗尔和托根斯从数学观点提出纳维 - 斯托克司方程出现湍流解的机制，揭示了准周期进入湍流的道路，首次揭示了相空间中存在奇异吸引子。这以后，湍流被看作一种混沌系统，而奇异吸引子则被称为混沌吸引子。需要说明的是，在动力系统理论中吸引子指相空间中所有轨道都趋向于稳定的不动点集。或者说，指时间趋于无限大时系统演化的归宿，例如，在铁锅里旋转的玻璃球，最终都会落到锅底中心，那就是它的不动点吸引子。耗散结构系统具有不动点吸引子、周期吸引子（极限环吸引子）和混沌吸引子三种。随后，科学家逐步揭示混沌系统及内中的奇异吸引子具有自相似无穷套叠结构，分形与分维的几何形状，以及无标度性——不便用一种尺度去测量。

1976 年，在对季节性繁殖的昆虫的年虫口的模拟研究中，美国生物学家梅首次揭示了系统通过倍周期分岔走向混沌这一规律。他首先找到最简单的虫口模型（Logistic 方程），采用迭代映射，在参数 k > 3.569945672 系统进入混沌，而混沌是倍周期分岔导致无穷极限。1978 年，美国物理学家费根鲍姆重新对生物学家梅提出的虫口模型进行计算机数值实验时，发现了称之为费根鲍姆常数的两个常数。

需要说明的是，某些数学映射用一个单独的线性参数来展示表象随机的行为，即混沌。这个参数的数值在被增大的过程中，其映射会在参数的一些特定值处形成分岔（bifurcations），最初是一个稳定点，随后分岔表现为在两个值之间摆动，然后分岔表现为在 4 个值之间摆动，以此类推。1975 年，费根鲍姆用 HP—65 计算器计算后得出，这种周期倍增分岔（period - doubling bifurcations）发生时的参数之间的差率是一个常数，他为此提供了数学证明，发现两个无理数常数 δ 和 α：

$$\delta = 4.6692016091\cdots$$

$$\alpha = 2.5029078750\cdots$$

他进一步揭示这两个常数适用于广泛的数学函数领域。这个普适的结论使科学家发现了隐藏在混沌系统杂乱无章和不可琢磨的表象下面的普遍规律。

我们可以为混沌理论作出定义性的说明：混沌理论是 20 世纪后期发展起来的一种系统科学学科，它专门研究具有奇异吸引子，非线性 - 内禀随机性，对初值敏感性，分形和分维几何形状的自相似无穷套叠结构，具有无标度性，并服从费根鲍姆常数的混沌系统。

复杂性研究（Research of Complexity）从 20 世纪 90 年代起，国内外系统科学界兴起"复杂性研究"和"复杂性科学"研究。笔者赞成"复杂性研究"却不赞成"复杂性科学"研究，道理很简单，"复杂性研究"是可能的，而"复杂性科学"研究却是不可能的。

在系统科学中，如果我们把"复杂性"定义为"复杂系统的动力学特征"，我们应当设法对这种特征加以界定、加以描述、加以分析、加以区别。

例如，武汉大学哲学系赵凯荣的博士论文《复杂性：人类认识之谜》。作者在文中正确地指出"复杂性是通过系统而且是复杂系统定义的。它是一个系统概念且是一个复杂系统概念，它具有结构，也具有层次"[①]，尽管这样，作者仍然把复杂性划分为系统复杂性、非线性复杂性、自组织复杂性、内时空复杂性、内随机复杂性，并分别加以描述和讲解。他的工作做得很好，但无论如何这是一项哲学工作，其成果是一部哲学论文。笔者认为，复杂性研究是可能的，亦对复杂性这个概念进行哲学研究是可能的。

相反，直接对"复杂性科学"进行研究，并且建立起"复杂性科学"是不可能的。因为迄今为止，科学仅限于研究实体、运动和关系，从未通过研究一种属性建立起一门科学。

例如，研究实体的科学有原子物理学、分子生物学、人体解剖学，研究运动的科学有声学、光学、电学，研究关系的科学有几何学、代数学、系统

---

① 赵凯荣：《复杂性：人类认识之谜》，武汉大学博士学位论文，1999 年，第 22 页。

学。相反，让我们看看研究属性的学问，譬如，"美"是一种属性，人类研究"美"至少有几千年了，但美学始终属于哲学而不是科学。我们无法对"美"进行客观的研究，总是陷入"美是客观的""美是主观的""美是主客观的统一"这类哲学争论。我们也不可能对"美"建立一个科学模型进行定量研究，更不可能对"美"得出统一的科学的标准。如果我们坚持直接对"复杂性"做科学研究，就一定会陷入同样的哲学争论的困境。朱志昌在《当代西方系统运动》一文中写道：

> 目前西方的复杂性研究有没有缺陷？如果有，在哪里？1999 年，美国系统学者 Warfield 撰文指出，目前流行的三个学派 [系统动力学（Forrester），混沌理论（见上面介绍），适应系统理论（圣菲研究所）]对复杂性的理解是一致的。这就是说，对这三个流派来说，复杂性指的是我们要研究的作为客体的系统的特征。我们的眼睛盯着系统，要发现和研究其复杂性，而把我们主观认识过程中的复杂因素排除在外。Warfield 声称，这样的研究，见物不见人，不可能对复杂性有全面理解。要研究复杂性，必须把作为研究者的人包括在系统当中。有感而发，Warfield 认为复杂性就存在于人们头脑之中（Complexity lies in the mind）。受 Klir（1985）的启发，Flood（1987）指出，复杂性本源在于客观事物本身和我们对客观事物的抽象。因此，系统科学（特别是复杂性研究）必须同时研究物的行为和人的认识。

这就是西方系统学界对复杂性的"内部争吵"[①]，这显然是一种哲学性质的争吵。

为了不陷入这样一种哲学性质的争吵，我们就不应当直接研究"复杂性"，而应当直接研究"复杂系统"，特别是某一类复杂系统。

例如，以"人类究竟是如何认识和处理复杂性的"为研究初衷的美国圣菲研究所，当真正开始做研究工作的时候，还是得研究非常现实的复杂系统，如社会系统、经济系统、生态系统、生物系统，然后从"适应性的复杂性"

---

① 许国志主编：《系统科学与工程研究》，上海科技教育出版社 2000 年版，第598 页。

这一个侧面概括一大批重要系统的共同特征，建立起"复杂适应系统模型"，通过在模型上做的研究得出这类系统的某些重要特征，取得"遗传算法"这项重要成果。又如，1999年4月美国《科学》（Science）杂志出版"复杂系统"专辑，两位编者不得不请物理、化学、生物、经济、生态、地理环境、气象、神经科学等方面的专家分别阐述他们各自领域内的复杂系统的研究进展，并预计如何推动今后的发展。

那么这样做是否会诞生出一门新的"复杂系统科学"呢？笔者认为，"系统论"或"系统科学"从一开始提出来就是研究"复杂系统"，而不是研究"简单系统"，"简单系统"是传统科学研究的对象。贝塔朗菲在《一般系统论：基础、发展和应用》中写道："我们被迫在一切知识领域中运用'整体'或'系统'概念来处理复杂性问题。"① 这就是说，系统科学起步的地方恰恰是传统科学止步的地方，在那里出现了非叠加性或非加和性，传统科学的还原论方法失效了。我们不得不采用系统分析方法、结构与功能方法、计算机仿真方法、系统工程方法去研究和解决复杂系统问题，特别是整体的结构、功能、优化、涌现和演化问题。因此，系统科学就是"关于复杂系统的科学"，这里"系统"的概念本身就蕴含"复杂"，若再添加"复杂"这个修饰语就是添加冗余码。

同理，我们既然不能在系统科学之外发展"复杂性科学"，那么就更不可能在系统科学之外发展"非线性科学"，因为在这里"非线性"仅仅是指描述某些系统所用的数学工具的特征，是"复杂性"的一种子属性。

因此，笔者非常赞成于景元的观点："在综合趋势发展中，相继涌现出系统科学、复杂性科学、管理科学、软科学、非线性科学等重要研究方向和领域。从这些学科的特点来看，系统科学可能具有更基础性的作用。实际上，复杂性寓于系统之中，是系统复杂性；管理科学的对象，不管是哪一类管理对象，都是不同类型的系统；非线性也是系统非线性；软科学研究是社会系统中的管理与决策问题。这个事实说明，系统科学的思想、理论、方法与技

---

① ［美］冯·贝塔朗菲：《一般系统论：基础、发展和应用》，林康义、魏宏森等译，清华大学出版社1987年版，第2页。

术均可应用到这些学科的研究与应用之中。反之，这些学科的理论与应用对系统科学的发展，也必将起到推动作用。"①

此外，还应当指出，在中国过去几十年里，除上述称谓之外，人们还曾经用"新兴学科""交叉学科""横断学科""边缘学科"等来指称系统科学。这些称谓其实是就系统科学的某一特征来说的，都是一时的称谓、个别的称谓；只有"系统科学"是总的称谓、永久性的称谓。倘若国内外系统科学界能达成共识，而不引入过多的"科学"或"学科"来扰乱阵脚并使公众无所适从，笔者相信会有利于我们扎扎实实地建设系统科学体系。

那么，什么是"复杂性"呢？或者说，"复杂性"有哪些特点呢？

对这个问题，综合国内外各家学说，由华南师范大学的颜泽贤、范冬萍和中山大学的张华夏组成的研究小组进行的探索研究最为深入，笔者以赞同的态度转述他们的观点。他们认为，系统的"复杂性"有四个特点。②

复杂性的第一个特点：元素及关系的多样性。

众所周知，宇宙进化、生物进化、社会进化的总方向都是由简单向复杂，由低级到高级。不断地扬弃，不断地包容。这样一来，越是后进化的系统，就越是高级复杂的系统。例如，具有场、能量、物质、信息、意识五种本体论元素的地球，当然比只有场和辐射能量两种元素的原始宇宙复杂。同理，拥有意识发挥主导作用的社会系统，当然比无意识的生态系统复杂。我们可以尝试把这命名为"质的多样性复杂性"，此外，由质的多样性自然引出关系的多样性。

复杂性的第二个特点：包含非线性关系。

古典科学主要研究具有线性关系，即正比例关系，服从 $y = ax + b$ 线性函数的问题。在这类函数中，变量 x、y 服从叠加原理，即服从 $f(x + y) = f(x) + f(y)$ 和 $f(ax) = af(x)$ 这样两个公式。相反，系统科学则主要研究非线性关系，即非正比例关系，不服从叠加原理，而服从其他函数的问题。非线性函数包括二次函数、抛物线函数、正弦函数、余弦函数、指数函数、对

① 许国志主编：《系统科学与工程研究》，上海科技教育出版社 2000 年版，第 24 页。
② 颜泽贤、范冬萍、张华夏：《系统科学导论——复杂性探索》，人民出版社 2006 年版，第 203 页。

数函数等。一般来说，非线性函数都比线性函数复杂，在实际研究工作中发现非线性关系，得出数学表达公式和进行计算都比较困难，我们就称这类系统为复杂系统，说它内部包含复杂性，意即它有对初始条件的敏感性、非周期性、多重反馈关系、突变性等。

复杂性的第三个特点：经历多次对称性破缺，具有很强的非对称性。

对称性指相对于某些变换系统形式的不变性，还指部分与整体的同构性、全息性。所以，对称性强的系统和关系，一般是按整体的形式建构部分，因而掌握部分的形式就能重构整体，这当然简单。相反，经历多次对称性破缺，具有很强的非对称性的系统和关系，都不是按整体的形式建构部分，各个部分都发生"内部专门化"，因而掌握部分的形式不能重构出整体，这当然复杂。举例来说，人类男女结合产生的受精卵，最初对称性很高，一次一次地分裂就是一次一次地发生对称性破缺，进而通过分化生长发育出特殊化的各个器官和组织，产生具有很强的非对称性的人体——可能只剩左右对称了，更何况人体左右并不是完全对称的。反之，倘若由于某种原因，正常发育过程中断，受精卵只是不断自复制，没有对称性破缺，最后发育成的是葡萄胎——巨型细胞球，其对称性很高。两相比较，你肯定理解并且同意，对称性低的胎儿当然比对称性高的葡萄胎复杂。同理，实行市场经济、多党议会民主制的当代社会对称性低，是一个复杂社会；而实行计划经济、军国体制的专制社会对称性高，是一个简单社会。

复杂性的第四个特点：

复杂性诞生于秩序与混沌的边缘，或者说出现在有序与无序或有序与混沌之间。

从图 3 和图 4 中可以看出，复杂性位于周期性和混沌性之间，这种"混沌边缘性"是复杂性的基本特征。因此，复杂性既不是完全随机的，也不是完全有序的，正因为如此，它才是复杂的，甚或是有生命的。例如，现代社会无疑是非常复杂的，可是它恰恰位于有序和混沌之间。倘若一党专政、计划经济、全民皆兵、高度有序，社会就倒退回简单系统、决定性系统，必然丧失活力，丧失创新能力；反之，如果社会坍塌瓦解，跌入混沌，无序状态占据主导地位，社会仍然是在另一个极端退化为比较简单的系统，依然会减少活力，减少创新能力。由此可见，一个国家在混沌边沿保持动态稳定，有时显得岌岌可危，这是常态，并不可怕，只有在这种状态下社会才有创新和结构进化能力。

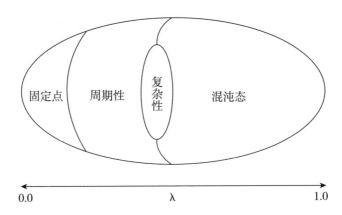

图3 复杂性诞生于秩序与混沌的边缘之一

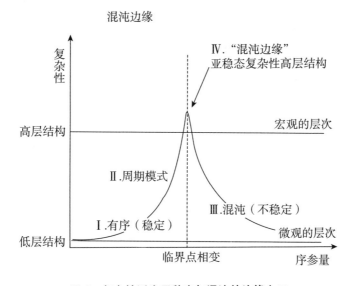

图4 复杂性诞生于秩序与混沌的边缘之二

复杂性的度量和比较问题。复杂性既有客观性，又有主观性。因此，我们在相同的语境下，按相同的比较标准来讨论这个问题，才具有客观性。

艾什比早在20世纪60年代就找到一个标准，那就是描述复杂性。他写道："我采取描述系统所要求的信息量来作为复杂性的度量……这样来看，复杂性的度量虽然并非没有可挑剔的地方，但却是度量复杂性的可操作的方式。"20 世纪 90 年代，盖尔曼在《夸克与美洲豹——简单性和复杂性的奇遇》中，对这个标准作出进一步的规定，他写道，"定义复杂性时，有必要指出对系统描述达到什么样的精细度，而更小的细节可以忽略。物理学家称这为'粗粒化'。"① 他进而断言，复杂性的度量标准应当是"按预先约定的语言、知识及理解，描述一个已知粗粒化程度的系统所需要的最短消息长度"。后来，又有科学家推进一步，将描述语言数字化，输入计算机，比较信息量比特数确定系统复杂程度，并将这种方法称为算法复杂性。

什么是系统哲学

在古代，哲学曾经是人类认识世界的主要方式，不但是智慧的源泉，而且是知识的总汇。在近代，自从科学在欧洲诞生和迅速发展，科学的领地在不断扩大，哲学的领地在逐渐缩小。自然科学分门别类如雨后春笋纷纷破土而出：天文学、地质学、力学、声学、光学、电学、原子物理学、量子力学等使自然哲学显得多余；化学、生物学、生理学、人体解剖学、神经科学、心理学、语言学等使哲学层次上的"人学"显得不必要；历史学、社会学、经济学、管理学、政治学、法学等又使历史哲学和社会哲学好像没什么用。

欧美学术界曾经有人把哲学在现代社会中的落拓处境比作莎士比亚笔下的李尔王。在莎翁四大悲剧之一的《李尔王》中，年迈的国王李尔把国土分给女儿们，自己落得两手空空。后来，被两个女儿驱逐出门，流落荒野，在暴风雨的夜晚，在雷电交加之中，李尔举臂高呼，痛悔自己的不明智，诅咒女儿们忘恩负义。这个比拟无疑是有意义的：在科学上升为知识的主要部分和第一生产力的现代社会，哲学的地位确实降低了，哲学的领地也真的在逐渐缩小。

---

① ［美］盖尔曼：《夸克与美洲豹——简单性和复杂性的奇遇》，杨建邺、李湘莲等译，湖南科技出版社 1997 年版，第 29 页。

在这种形势下，欧美国家出现了三种最具代表性的哲学态度。

第一种是实证主义的哲学态度，崇拜科学，否定哲学，"拒斥形而上学"。实证主义注重通过观察和实验获得的经验知识，倚重归纳法获得规律性认识，认为只有那些能够通过实验获得实际验证的知识才是可靠的。除此之外，一切先验的、思辨的、形而上学的命题都是不可靠的，都应当被剔除和拒斥。

第二种是分析哲学的哲学态度，注重逻辑和语言，认为哲学的主要任务是对科学命题进行逻辑分析和语言分析。分析哲学家大多数先是数学家、逻辑学家或某一门科学的科学家，然后从自己的专业研究领域进入哲学。他们放弃传统哲学问题研究，更反对建立哲学体系，专注于对小问题的研究，对命题具体做逻辑分析和语言分析，以期做到概念清楚，定义准确，推理合乎逻辑，结论可靠。

第三种是非理性主义的态度，限制理性的范围，嘲笑理性的软弱，高扬直观、直觉、本能、欲望、感情、无意识的认识作用。非理性主义的哲学家关注的是"为理性所不能理解的""用逻辑概念所不能表达的""科学无能为力的"领域。非理性主义哲学家集中关注个人及其内心世界，深入讨论个人存在、生命意义、自由意志、存在与虚无、存在与时间、直觉体验、本能欲望、梦境分析、无意识创造力等问题。

当然，还有第四种态度，即马克思主义哲学的态度，同科学结盟而不是乖离的态度。马克思主义哲学脱胎于黑格尔哲学，吸收费尔巴哈唯物主义加以改造，加上马克思的个人创造。恩格斯晚年对马克思主义哲学有重大的推进作用，他钻研当时最先进的自然科学，创立自然辩证法。恩格斯认为，马克思主义哲学建立在19世纪自然科学的三大发现之上——能量守恒和转化理论、细胞学说和达尔文生物进化论。恩格斯在晚年写道："随着自然科学领域中每一个划时代的发现，唯物主义也必然要改变自己的形式。"[1]

遗憾的是，20世纪生活在社会主义国家的马克思主义哲学家，大多数没有执行恩格斯的这条哲学遗嘱。他们对马克思主义哲学采取教条主义态度、

① 《马克思恩格斯选集》第三卷，人民出版社1972年版，第224页。

经院哲学态度，结果他们在 20 世纪"自然科学领域中每一个划时代的发现"面前都扮演了"反面教员"的角色。他们总是力图把 20 世纪科学的新发现拉回到 19 世纪的物质主义（Materialism）的旧框架中。

鉴于此，系统哲学虽然是与马克思主义哲学同类型的哲学，采纳了马克思主义哲学同科学结盟的哲学态度，可是它严格执行恩格斯的哲学遗嘱。系统哲学认为科学好比是显微镜，而哲学好比是望远镜，它们同时存在和并行发展，相辅相成而不相悖。系统哲学积极吸收 20 世纪人类科学革命伟大成就相对论、量子力学、分子遗传学、大爆炸宇宙学的成果，把每一个立论都建立在 20 世纪科学基础上，运用系统科学的原理、概念、模型重新研究传统哲学问题，即重新研究本体论、认识论、人性论、意识论、价值论、进化论，重新研究文化哲学、历史哲学和社会哲学，以期获得新的命题、新的解释、新的回答、新的结论。系统哲学与科学结盟，植根于科学最新成就，它就必然随科学发展而向前发展。因此，系统哲学只追求相对真理而非绝对真理，虽然它有时会暗自欣喜自己发现了具有永恒意义的命题。

同时，系统哲学吸收实证主义的哲学态度，注重哲学命题的实证。系统哲学采纳分析哲学的方法，尽力对概念和范畴严格定义，对命题作合乎逻辑的论证和表达。系统哲学赞赏非理性主义哲学的成就，以积极态度研究人、人性、意志自由和无意识创造力。最后，系统哲学体系跳出近代欧洲哲学的笛卡儿二元论框架，跳出物质主义和理念主义（idealism）的无谓纷争，回归中国传统的多元论，具体来说，就是《道德经》的"道生一，一生二，二生三，三生万物"的"进化的多元论"，不过是新型的"场→能量→物质→信息→意识"逐一进化出来的多元论，并对世界作"1 分为 N，N 大于或等于 1 而小于无穷大"$[1$ 分为 $N（1 \leqslant N < \infty）]$ 的解释。

第四章
进化的多元论

本体论的历史命运

哲学源于人类求知的本性，源于心灵的好奇和对真知的渴望，而求真是无休止的过程，所以哲学就是不停地追问，是连续不断地觉醒，是不断的建构，是精神持续的流变，是一次又一次笑着同过去告别。

哲学开始于对世界本原的追问，古希腊哲人泰勒斯说是水，阿那克西美尼说是气，赫拉克利特说是火和逻各斯，毕达哥拉斯说是数，巴门尼德说是存在，留基伯和德谟克里特说是原子和虚空，柏拉图说是理念，亚里士多德说是实体，他们都列举出了大量的论据。中世纪基督教哲学家说世界开创于上帝，近代欧洲哲学家莱布尼茨说世界的本原是单子，黑格尔说是绝对精神。

对世界本原的这种追问被亚里士多德定义为"第一哲学"或"形而上学"（metaphysics）。到17世纪，在德国莱布尼茨的门人沃尔夫制定的哲学体系表中，最终被定为"本体论"（ontology），当时它是"形而上学"的一部分。

当代欧美学者认为："形而上学不是哲学的顶峰，而是哲学的基础。如果对一个人的哲学思想穷根究底，最终可以把它们归结为一系列基本的形而上学问题。""有两类问题——关于存在着哪些形上实体范畴的问题和不同类型的实体的性质的问题——构成了在形而上学中被称为'Ontology'的部分的核心问题。Ontology 可以被看作是形而上学中最基础的部分。""不仅对形而上学,而且对一般意义上的哲学而言,本体论都是其核心。"① 这样的观点较为公允,也符合哲学史上的事实。

由柏拉图和亚里士多德奠定的欧洲的哲学传统,把形而上学当作"第一哲学",又把追寻"世界本原"的"本体论"当作"形而上学的核心"。这种追寻工作历来采用经验直观方法、直觉猜测方法、理性建构方法,到近代则采用思辨方法——纯粹哲学的范畴推演方法。自近代经验实证科学兴起,这种传统本体论哲学及其方法受到越来越沉重的打击。

休谟从经验主义出发,论证本体、实体、神迹和上帝都在感性知觉之外,属于经验之外的超验问题,经验无能为力。因此,这类问题一概不可知,我们既不能肯定,也不能否定,只能存疑。在受到休谟的启发后,近代德国哲学家康德在《纯粹理性批判》一书中,进一步论证纯粹理性运用思辨方法追问"自在之物"必然陷入"二律背反",没有唯一正确的答案,从而对传统本体论哲学构成毁灭性的打击。进入 20 世纪,实证主义、分析哲学和逻辑经验主义更进一步断言"形而上学命题都是无意义的",喊出"拒斥形而上学"的口号,几近将它逐出学术的大门。

然而,在传统本体论哲学一步一步被宣判死刑之后,直到 20 世纪后半期,我们又看到欧美哲学界出现了"本体论的现代复兴"的迹象。

首先是波普尔为科学知识的成长提出了新的解释。他以"问题、猜想、反驳"的试错机制代替观察、归纳、证实的实证机制,主张"科学"与"非科学"的区别在于经验上的可证伪性,而不是"有意义"和"无意义"的区分。他指出,历史上某些形而上学理论属于"猜想",对科学发展仍有非常重要的意义,如原子论;有些理论,如弗洛伊德心理学,虽不可证伪,但仍不失科学价值。波普尔本人后期转而侧重本体论研究,提出了影响很大的"三个世界"理论,为他的科学哲学奠定了本体论基础。

同时,美国逻辑实用主义哲学家蒯因认为,本体论问题可以简单表述为

① 杨学功:《传统本体论哲学批判——对马克思哲学变革实质的一种理解》,人民出版社 2011 年版,第 46 页。

"存在什么"（What is there）—— 不是实际存在而是预设存在；换句话说，"存在就是作为一个变项的值"，或者说作为语言架构中的"约束变项"或"量化变项"，或者通俗地说作为在所选用的语言系统中概念的存在。任何理论系统都包含"本体论的承诺（Ontological Commitment）"。数学家在解析数学问题时包含对"数"存在的本体论承诺，物理学家在表述物理定律时包含对"物质"存在的本体论承诺，哲人在讨论任何哲学问题时也包含某种本体论承诺。当代哲学家的任务就是把科学理论包含的本体论范畴承诺明确无误地揭示和提取出来，同时去掉不必要的和含糊不清的范畴。理论的选择和相应的本体论承诺的选择有多样性和相对性，判定的标准只能是实用性，或应用效验。

可以说，英国牛津日常语言学派的斯特劳森实际上是将蒯因提出的问题具体化，提出描述的形而上学（Descriptive Metaphysics）与 修正的形而上学（Revisionary Metaphysics）的区分。描述的形而上学不是讨论世界有什么存在，而是描述我们理智世界的概念构架（Conceptual Framework）或概念图式（Conceptual Scheme）中有什么存在，目的是提供逻辑自洽的概念体系和思维结构；亚里士多德和康德的形而上学属于这一类。修正的形而上学不满足现有语言的概念体系和思维结构，继续通过理性直观提出"世界的终极存在"，据此构建新的概念图式；莱布尼茨的"单子"和黑格尔的"绝对精神"属于这一类。由此看来，描述的形而上学无须拒斥，也拒斥不了，而恰恰是哲学所必需，或哲学之应有，而修正的形而上学则另当别论。

再看欧洲大陆哲学。在《存在与时间》一书中，海德格尔通过区分德语的"Sein"（存在）、"Seinde"（存在者）和"Desein"（此在），说明欧洲哲学中的"Ontology"（本体论）。从柏拉图以来都是在研究"Seinde"（存在者）而非"Sein"（存在），而他自己要终结这种研究"Seinde"（存在者）的本体论哲学，开始研究"Sein"（存在）的哲学。海德格尔进而从研究"Sein"（存在）进到研究"Desein"（此在），又将"Desein"（此在）解释为"Existenz"（生存），从而正式创立了存在主义哲学，研究人的生存状态即日常生活体验，如生存、烦恼、畏惧、沉沦和死亡的非理性主义哲学。然而我们看到，海德格尔以终结传统本体论哲学为己任，可他自己又重建

"Fundamental Ontology"（基础存在论）。在欧洲大陆还有许多类似的情况，如同样排斥"本体论"的现象学宗师胡塞尔把自己的先验现象学称为"Ontologie"。解释学大师伽达默尔将解释学提升为哲学，变成本体论解释学。西方马克思主义哲学家卢卡奇也有社会存在本体论。由此可见，即使是在欧洲大陆哲学界"Ontology"（本体论）也还是难以割舍，或者说继续保有生命力。

本体和本体论是专门的哲学术语。本体论，在英语中为"ontology"，从构词法分析是关于 on 或更确切地说是关于 onto 的学问，最早由日本学者翻译成"本体论"，后来又翻译成中文。回顾过去的百年，中国哲学界除了把"ontology"翻译成"本体论"外，还翻译成"有论""存在论""是论"。据考证，在希腊文中，on 和 onta（相当于英文的 being 和 beings）是动词兼系词 einai（相当于英文的 to be）的分词和动名词及其复数形式。einai 在汉语中可以译为"有""存""在""是"，可是将"ontology"翻译成"有论""存在论""是论"却不够确切，即不能完全同希腊及英、德、法等印欧语系对应，原因是汉语同印欧语言有根本性的差异——用方块汉字标识的汉语的动词缺少形态变化，致使中文的"有、存、在"和"是"三个动词和一个系词都没有可作名词使用的动词不定式（如英语的 to be）和分词（如英语 being），当然就更没有分词的复数形式（如英语的 beings）。这样一来，"ontology"到底翻译成什么为最好就成了一个大难题。到目前为止，中国哲学界倾向于翻译成"存在论"占优，可是主张翻译成"是论"仍有强劲的势头。看样子，两种译法还要继续竞争一段时间。但不管怎样，"本体论"的所指作为永恒的哲学问题会继续存在和被研究下去，而"本体论"的能指，作为一个翻译得不太准确的译名，或许会日渐式微。

回顾本体论的历史命运，不能不讲一讲欧洲哲学史上的认识论转向。17世纪，法国哲学家笛卡儿提出他的第一哲学命题"Cogito ergo sum"（拉丁文），汉译是"我思故我在"。自那以后，欧洲哲学界普遍沿着他开创的这个新方向，从追问世界本原转向追问"思维与存在"的关系，从重点研究"本体论"转向重点研究"认识论"。这是一个重要的转向，可是，人们至今还没有注意到，它带来一个负面的局限：从那以后哲学家们逐渐习惯于用"主客二分"的框架研究一切哲学问题，而用笛卡儿研究认识论的"主客二分"框架来研究本体论则是一个根本性的错误。其结果令哲学家陷入"思维与存在""物质和精神""肉体和心灵"的尖锐对立，而且只有唯物论的一元论和唯心论的一元论，以及二元论这样三个本体论选项。

过去百年，在马克思主义哲学占据统治地位的国家，上述二元对立的思维方式引导出哲学史上的两军对垒，用"唯物主义"和"唯心主义"为学者划线；凡被戴上"唯物主义"桂冠的哲学家都是进步的和伟大的，凡被扣上"唯心主义"帽子的哲学家都是反动的和渺小的。这样一来，古今中外哲学史上发挥重要作用的早有定评的伟大哲学家，大部分都成了"反动的和渺小的"；许多没有多大影响的二三流哲学家都上升成"进步的和伟大的"，而持二元论的哲学家则不断被嘲笑为"摇摆不定"。笔者相信这种颠倒和不正常的情况，在很大程度上是人为制造出来的，是"阶级斗争贯穿人类历史"的极"左"观点在哲学史研究领域的反映。事实上，历史上凡称得上是哲学家的人，大部分都是严肃和冷静地阐述自己的思想，没有听从过谁人的号令排起队来对垒和战斗。

此外，"唯心主义"还成了帽子、棍子和刀子，不但用来打击哲学家，还用来打击自然科学家——当然这不只是阻碍哲学创新，还阻碍科学创新，以及国外科学创新成果的引进和应用。因此，对这样一个问题我们不得不严肃认真地重新考察。在考察的过程中，笔者越来越相信，"唯物主义"和"唯心主义"这两个称谓的尖锐对立是误译，或至少是不准确的翻译造成的。

在哲学的全部术语中，除了哲学本身之外，还有"唯物主义"和"唯心主义"这两个最重要的术语。中国哲学界采用"唯物主义"和"唯心主义"这两个称谓已经100多年了，早就用俗了、用惯了，大家似乎都不觉得这种用法有什么问题。可是，静观西文原文，"唯物主义"英文为"materialism"，法文为"materialisme"，德文为"materialismus"，西班牙文为"materialismo"，其余也都是大同小异。在这些构成相同的西文词汇中，都只有"material"（物质）和"–sm"（主义）两个语素，全然没有"only"（唯）这个语素冠于词前。同样，"唯心主义"英文为"idealism"，法文为"idealisme"，德文为"idealismus"，西班牙文为"idealismo"，其余也都大同小异。在这些构成相同的西文词汇中，也都是只有"idea"（理念）和"－sm"（主义）两个语素，也没有"only"（唯）这个语素冠于词前。再反观中文冠于词前的这两个"唯"字，顿觉突兀，分明是在汉译过程中译者加上去的。这一加，当然就增加了诸西文原文本词没有的意思。仔细想一想，这是不是误译，或至少是不准确的翻译呢？

再进一步考虑，"material"一词一直汉译为"物质"，这没有问题。由柏拉图最早提出来的"idea"，曾经有过"观念""思想""理念""概念"等不同的译法，现在终于趋于同译成"理念"了。这样一来，在汉语哲学术语系统中，由于"material"译为"物质"，相应地，"materialism"就应当译为"物质主义"；同理，由于"idea"译为"理念"，相应地，"idealism"就应当译为"理念主义"。这种新的译法既合乎逻辑，又理顺了哲学术语系统，还符合西文原词的构成，更重要的是消除了汉译增加的两个"唯"字及其衍生出来的语义。

大家都知道，日中两国的文字是相通的，日文大量采用汉字。日本是太平洋当中的岛国，是汉字文化圈的外围，门户开放早，先于中国引进西方学术。中国是大陆国家，是汉字文化圈的核心，其门户开放晚，后于日本接触西方学术。是故最早赴日本留学的中国学人，就地取材，便大量直接采用日本学界对西方学术用语的汉字译法。就笔者所知，中国哲学界采用的"唯物主义"和"唯心主义"正是直接引进了日文译法，而这日文译法笔者猜是套用中国六朝和唐代学者翻译佛经梵文的语素"摩怛刺多"用的那个"唯"字，如"唯心""唯识""唯识论""唯识宗"①。可是，笔者猜得对吗？日本人这么套合适吗？

带着这两个问题，笔者查阅了德国的汉学家李博（Wolfgang Lippert）的专著《汉语中的马克思主义术语的起源与作用》②。据该书记载：

> "Materialismus"（＝Materialism）在现代日语里的对等词是"yuibutsu－ron 唯物论"，它是由 Nishi 同时代的一个人创造的。1882 年，日语词汇中

---

① 《辞源》（合订本）。
② 李博：《汉语中的马克思主义术语的起源与作用》，中国社会科学出版社 2003 年版，第 240—242 页。

就已经有这个词了，这一点可以由 *Ei - Wa jii II*（《英和字彙》）证明。这个词由两个语素构成，"yui"就是"只有"，"butsu"符合中文语素"物"，最后又从汉语借用了构词成分 - ron（论），加在名词后面，用来表示哲学和思想学说以及理论。

我们可以推测，"yuibutsu - ron"是按照其反义词 yuishin - ron 唯心论（idealismus）被创造出来的。yuishin - ron 这个词也是在明治维新时期产生的，它源自唐朝初年中国的佛教翻译经书。"Yuishin"（汉语即"唯心"）由"yui""仅仅"和"shin""精神"两部分构成，它指的是佛教当中把精神看作是唯一现实的一种思维方法。由于中国人认为，日本的新词"yuibutsu - ron"恰好可以表达"Materiualismus"这个概念，所以就在 1900 年前后将它借用过来，从此就有了汉语的"唯物论"。

但是，在 20 世纪当中，"唯物论"这个旧词渐渐被"唯物主义"取代，因为，人们认为用"- 主义"来译"- ismus"似乎更加贴切。

这几段引文果然印证了笔者的猜测的正确性：

"唯物论"（= 唯物主义）果然不是对应西文直译出来的，而是由与西周（Nishi）同时代的一个日本人根据自己的理解意译出来的。

他在意译这个词的时候比照"唯心论"把这个词造成是"唯心论"的反义词，而"唯心论"则是中国唐朝人翻译佛经时的用词。

日文"yuibutsu - ron"（唯物论）这个词实际是"三节棍"："yui"源自梵文，"butsu"源自日文，"ron"源自汉文。

20 世纪初，中国学人没有对照西文独立思考和独立翻译，而是按照"拿来主义"从日文拿过来就用。

既然是这样，我们当然要继续追问：日本人用印度佛学解读西方哲学恰当吗？采用日译的汉译加上两个"唯"字得出的"唯物主义"和"唯心主义"，比西文原来没有"Only -"（唯）这个语素的"materialism"和"idealism"，更准确和更全面地概括了西方哲学史上的诸多派别吗？更进一步，我们是不是应当建议西方哲学界在西文原词前面都加上"Only -"这个语素呢？——但笔者担心人家会反骂一句："岂有此理！"笔者才疏学浅，不懂梵文、不懂日文、不通佛学，既不是哲学史专家，又不是译名术语专家，所以回答不了这些更细更深的问题，在此仅以这篇短短的"浅议"就教于大方之家。

但笔者要慎重声明，从今以后，笔者在行文中开始慎用"唯物主义"和"唯心主义"两个术语，尝试使用"物质主义"（materialism）和"理念主义"（idealism）这两个贴近英文直译的新译名。

笔者开始尝试这样做的原因，除了想忠于原文，与国际接轨之外，其实还有一些民族主义的情绪。早在 1935 年就有一位中国学者余又荪"在对日本人创造的科学术语所作的一个非常严谨客观的研究中说：'我国接受西洋学术，比日本为早。但清末民初我国学术界所用的学术名词，大部分是抄袭日本人所创用的译名。这是一件极可耻的事。'"①

"知耻近乎勇"，是以撰写此文。之所以冠以"浅议"，是因为这个问题大了去了，深究起来，中国出版的哲学史都要重新写过。

行文至此，读者或许会问，继续保有生命的本体论或存在论，未来的路究竟该怎样走？笔者的观点很明确：跳出笛卡儿"主客二分"的框架，结束人为制造的"唯物主义"和"唯心主义"无谓的纷争。放弃身心二元论选项，同时也放弃物质主义和理念主义两个偏执的选项。重归中国传统哲学固有的进化的多元论，同宇宙拉开距离透视宇宙进化全过程，创新一种当代科学的新型形而上学——新型的存在论。

中国哲学传统当中固有的进化的多元论，首见于《老子》第 42 章："道生一，一生二，二生三，三生万物。万物负阴而抱阳，冲气以为和。"② 这是一个伟大的哲学命题，足堪比肩古希腊哲学诸多著名命题，甚至可以说令古希腊哲学诸多著名命题相形见绌。笔者之所以进行这样的评价，原因是这个命题不仅提出一种先天地生，无形无象，恍兮惚兮，至大无外，至小无内，化运万物，周行不殆的宇宙本原"道"，跟"逻各斯（古希腊文：λόγος；英文：Logos）"相似，又有更多内涵的"道"；而且提出宇宙本原次第化生的进化观念，从一元到二元，从二元到三元即多元的观念；还提出万物内部都

---

① 李博：《汉语中的马克思主义术语的起源与作用》，中国社会科学出版社 2003 年版，第 73 页。
② 陈鼓应：《老子注译及评介》，商务印书馆 1984 年版，第 231 页。

有相反相成的对立面的观念；最后还提出万物都靠输入让人联想到能量的气场，来维持平衡与和谐的观念。

春秋时代由道家开创的"进化的多元论"，在战国时代改头换面被纳入儒家经典，这就是《易传·系辞》。其中最具代表性的话说："是故易有太极，是生两仪，两仪生四象，四象生八卦，八卦定吉凶，吉凶生大业。"① 此说绵延嬗变，至宋代理学创始人周敦颐绘出太极图像，并作《太极图说》："无极而太极，太极动而生阳，动极而静，静而生阴，静极复动，一动一静，互为其根。分阴分阳，两仪立焉，阳变阴合，而生水火木金土。五气顺布，四时行焉。五行一阴阳也，阴阳一太极也，太极本无极也。"②

中国传统哲学当中的这种"进化的多元论"，诚如康德所言是"思辨的体系"，诚如波普尔所言是"不可证伪"的，因此肯定没有达到科学的高度。然而，它为中国古典哲学提供了形而上学框架，它一直是中国古代实学—医学—地学采用的本体论学说和范畴体系，这却是不争的事实。此外，老子在2500 年前开创的这种进化的多元论，竟然暗合当代科学的广义进化理论，不能不让人惊叹中国古人的直觉能力。

当代科学的新形而上学

这个提法最早由系统科学家 E. 拉兹洛提出。1988 年第一次访问中国，他在中国社会科学院哲学所作学术报告的题目就是《当代科学的新形而上学》。这篇论文中的译文发表在当年《哲学研究》第五期，后来收入《系统哲学讲演集》③。

在这篇论文中，E. 拉兹洛简要回顾欧洲哲学史上的三种形而上学：唯物主义一元论、唯心主义一元论和二元论。然后介绍量子力学引发的哲学争论和量子物理学家戴维·玻姆（David Bohm）的隐秩序理论："作为实在的本

---

① 高亨：《周易大传今注》，齐鲁书社1979 年版，第538 页。
② 周敦颐：《周敦颐集》，中华书局1990 年版，第3 页。
③ ［美］E. 拉兹洛：《系统哲学讲演集》，中国社会科学出版社1991 年版，第24—33 页。

质要素的两种不同的秩序：隐秩序和显秩序。在隐秩序中所有秩序是无空间的，无时间的，内在的，并且是不可分割的；在显秩序中事物是粒子化的，相互隔离的。显秩序是第二性的实在，只不过是感知到的隐领域的展开。"接着，他介绍卡尔·普里布拉姆（Karl Pribram）的全息物理学，指出伽柏把上述两种理论结合起来，提出"脑是一个全息体，它感知并参与到一个全息的宇宙中"。

在论文的最后，E. 拉兹洛总结出第四种形而上学，即"当代科学的新形而上学"：宇宙的基本实在是由场而不是由质料构成的。场可用科学工具进行研究，这些工具是抽象的概念，它们不能把场形象化或描述出来，但它们能为观察到的所有形形色色的现象提供严密的解释。物质和心灵是从时空中的场的相互作用中涌现出来的。物质和心灵二者都是派生的；"场是最初的，并且很可能也是最终的。"

笔者受到 E. 拉兹洛论文的启发，多年来一直思考和研究这个问题。结合中国古代哲学史上固有的"进化的多元论"，创立了具有中国哲学特色的当代科学的新形而上学——进化的多元论。1999 年，它被简要地表述如下：

> 恩格斯说："随着自然科学领域每一个划时代的发现，唯物主义也必然要改变自己的形式。"20 世纪末，自然科学已有五个划时代的发现：相对论、量子力学、分子遗传学、大爆炸宇宙学和系统科学。人类科学揭示的世界图景完全改变了，坚持实事求是思想路线的唯物主义不得不告别主客二分的二元论和任何一种偏执的一元论，复归在中国传统文化中占据主导地位的多元论，但不是循环的多元论，而是场→能量→物质→信息→意识进化的多元论，并用 1 分为 N（$1 \leqslant N < \infty$）解释世界，迎接 21 世纪全球多极化时代的挑战。

我们的宇宙是从某种状态的原始宇宙，通过一次大爆炸，然后一步一步进化出来的，至今已有 137 亿年的历史；它还在继续进化，同时又以很高速度在膨胀。可是，终有一天，至少在 100 亿年以后的一天，那场大爆炸所产生的斥力将耗尽，宇宙将开始一个相反的过程，同进化相反的退化过程——引力收缩、坍塌、瓦解，回到原始宇宙的状态。这一点已为科学界普遍接受，即接近或形成定论。

原始宇宙是没有任何星球，没有任何化学元素，甚至没有粒子，也没有辐射的 360°全对称的真空状态。真空状态是量子场系统的基态，真空零点能状态；它是我们现在所知道的宇宙的本原，存在的本真状态。按照现代物理学的观点，真空并不是真正的虚空，实际上是负能量的电子海；只有超引力在起作用的超统一场，包括正负电子对在内的各种基本粒子随着这种场的激发成对地产生，又随着这种场的退激而成对地湮灭。

一、场的进化

场是各点具有相同属性的连续空间，是迄今为止我们能找到的最初的宇宙存在，也可能是最终的宇宙存在。场不是物质的某种状态，而是相对独立的存在；与物质不同，场拥有的是潜在的能量和质量。我们观察不到场，可是能用物理仪器测量到，还可以用数学公式描述。顺便说一下，爱因斯坦著名的质能公式 $E = mc^2$，最初就是为描述电磁场的能量和质量的关系而建立的。真空零点能场是宇宙的本原，我们的宇宙就是真空零点能场发生真空相变大爆炸之后进化出来的。

在谈到"场"的实在性时，A. 爱因斯坦和 L. 英费尔德写道："把能归结到场是物理学发展中向前迈进的一大步，场的概念显得愈来愈重要，而机械观中最重要的物质的概念则愈来愈受到抑制了。""在一个现代的物理学家看来，电磁场正和他所坐的椅子一样地实在。"[①]

在宇宙演化过程中，发挥最重要作用的有四种场：引力场、电磁场、弱场和强场。相应地就有四种相互作用：引力相互作用、电磁相互作用、弱相互作用和强相互作用。

引力相互作用在所有具有质量的物质客体之间普遍存在，不论它们是微观粒子还是宏观的星体。引力相互作用是四种基本相互作用中最弱的，远远小于其他三种。但是，引力是长程力，它没有饱和性，随质量增大而增大。

---

① ［德］A. 爱因斯坦、［波］L. 英费尔德：《物理学的进化》，周肇威译，上海科学技术出版社 1962 年版，第 102、109 页。

所以，在微观粒子世界小到可以忽略不计的引力相互作用，到了宏观世界，在星系、恒星、行星及其卫星之间，就大到成为维系它们的宏观结构的主要作用力。

现代物理学将量子理论用于爱因斯坦引力场理论，预言存在引力场量子，它们是自旋为 2、静质量和电荷均为零的玻色子，以光速运动，可喜的是 2016 年三位美国物理学家用引力波探测仪探测到引力波，那是宇宙深处两个黑洞碰撞合并时发射出来的。这项成就荣获 2017 年诺贝尔物理学奖。然而寻找引力子的工作仍然渺无所获。

电磁相互作用是带电粒子与电磁场，以及带电粒子之间通过电磁场传递的相互作用。在强度上它次于强相互作用而居于四种相互作用的第二位。它同引力相互作用一样是长程力，可以在宏观尺度的距离中起作用而表现为宏观现象。

电学和磁学本是两门独立的分支学科，20 世纪末，主要基于两个重要的实验发现，即电的流动产生磁效应和变化的磁场又产生电效应，由麦克斯韦将它们统一起来了，创立了电磁学，预言了电磁波的存在。

21 世纪初，由洛伦兹（H. A. Lorentz）提出电子论，把宏观的电磁现象解释为原子中的电子效应，统一地解释了电、磁、光现象。继而在后起的量子电动力学中，电磁相互作用被解释成是通过发射和吸收光子来传递的。

弱相互作用的强度居第三位，但它是一种短程力，相对于另一种短程力强相互作用，它非常弱，故名。除了传递电磁相互作用的光子和传递强相互作用的胶子外，其他所有的粒子都参与弱作用，因此，弱相互作用是微观粒子世界中最普遍的相互作用。

弱相互作用最早是在 β 衰变中发现的：一个自由中子衰变成一个质子、一个电子和一个中微子。科学家预言，有传递弱相互作用的中间玻色子的存在，它们是带电的 W^+、W^- 粒子和中性的 Z^0 粒子。1983 年，欧洲核子中心在高能加速器的撞击试验中发现了 W^+、W^- 和 Z^0 粒子，而另一项预言，有中性的弱流存在，在 1973 年就获得了证实。

强相互作用是四种基本相互作用力中最强的一种，比电磁相互作用强 10^2—10^3 倍。最早研究的强相互作用是核子（质子和中子）之间的核力，它是把核子结合成原子核的作用力。后来，通过实验陆续发现了几百种有强相互作用的粒子，它们被统称为强子。强相互作用也是短程力，但它的力程比弱相互作用的力程长，约为 10^{-3}cm，相当于原子核里核子间的距离。

21 世纪后半期，科学家们发现，所有的强子都是由更低一个层次的物质微粒夸克组成，夸克之间通过交换胶子传递强作用力，从而被紧紧地束缚在一起。1981 年，在高能正负电子对撞实验中发现了胶子的踪影。胶子间有相互作用，结合成复合态的胶球，所以，更为直接的证明，则有待胶球的发现。

基于大统一理论的研究成果，我们可以逆向推测，这四种作用力及其相应的四种场，在原始宇宙中本来就是一种超引力和统一的场，然后是在真空相变、大爆炸和暴涨的最初时刻逐步分化出来的。事实上，吸收了暴涨宇宙论的大爆炸宇宙论标准模型就是这样描述的。

原始宇宙那种完全对称的真空态是不稳定的，它会发生一系列真空相变，其特征跟其他类的相变是一样的，那就是自发的对称性破缺。这样一来就会进化出越来越多的不对称，今天宇宙中的诸多不对称性，就是通过真空相变演化出来的。

今天宇宙中最明显的不对称，是存在强度和力程差别很大的四种场及其相应的作用力。它们就是在原始宇宙热爆炸之后随着温度的下降相继发生的几次真空相变中进化出来的。（1）对应于超大统一的真空相变，是在 10^{-44} 秒处发生，这就是时空的起源，同时分化出引力和引力场；（2）对应于大统一的真空相变，在 10^{-36} 秒处发生，这就是不对称的起源，同时分化出强作用力和强场；（3）对应于弱电统一的真空相变，在 10^{-10} 秒处发生，这就是弱电分离的相变，同时分化出弱作用力和弱场，还有电磁作用力和电磁场。

20 世纪，物理学的一个大课题是将这四种作用力统一起来。爱因斯坦把后半生的精力都倾注在他称之为"统一场论"的研究上，可是没有取得成功。在他之后，物理学界一直在致力对大统一理论的研究，其基本思想是：强作用力在高能级时逐渐减弱，电磁力和弱作用力在高能级时逐渐增强，因此，在称作大统一能的某个非常高的能量条件下，这三种力将会具有同一强度，因此只能是一种力的不同方面。在 20 世纪 60 年代，格拉肖、萨拉姆、温伯格电弱统一理论标准模型完成了弱相互作用和电磁相互作用的统一。在

1995 年又有科技新闻报道，科学家在将弱相互作用和电磁相互作用同强相互作用统一起来的研究上，取得了可喜的成果。至于最后一步，将那种作用力同引力统一起来，肯定是最艰难的一步，因为至今连传递引力的引力子的踪影都还没有找到；可是，我们又有理由满怀信心地说，终有一天这一步也会实现。

二、能量的进化

1807 年，英国科学家托马斯·杨（Thomas Young）提出以"能量"概念代替"活力"概念。1853 年，英国科学家 W. 汤姆森将能量定义为：当它从这个给定状态无论以什么方式过渡到任意一个固定的状态时在系统外所产生的用机械功单位来量度的各种作用的总和。这显然是仅从服从牛顿定律的机械运动的角度来看能量。

到 21 世纪，按照一种传统观念，能量是这样被定义的："能量是物质运动的一种量度，简称能。"这显然没有超出 20 世纪的狭隘偏见，没有吸收 21 世纪自然科学划时代伟大发现的成果。

首先，如前所述，真空是量子场能量最低的基态，其中并无物质，可是有能量。各种场即便是在静止条件下，也有能量。根据狭义相对论的质能关系式 $E = mc^2$，由物质构成的物体在静止时也有能量。物质可以转化为能量，能量也能转化为物质，如正负电子对湮灭为光子和光子生成为正负电子对。这些事例足以证明，能量不仅仅是"物质运动的一种量度"，而且是具有某种相对独立性的一种存在。

其次，按照现代物理学的观点，所有的基本粒子可以分成两大类：费米子和玻色子。费米子包括电子、质子、中子等，它们有静止质量，具有半奇整数自旋值，如 1/2、3/2、5/2 等，不能占据同一空间，遵守泡利不相容原理。物质都是由费米子构成，因此具有空间广延性，在它们占据的空间范围内其他物质性的物体不可能进入。玻色子包括光子、介子、α 粒子等，它们具有整数自旋，如 0、1、2 等，不受泡利不相容原理的限制，多个玻色子可以占据同一量子态。

最后，玻色子中最奇特的是光子，它没有电荷和静止质量，永远以费米子和费米子构成的物质客体达不到的光速运动，没有广延性和不可入性——无限多的光子可以聚集在空间中的同一点上，这是它同构成物质客体的费米子根本不同的三种属性。光子亦称能量子，它是构成纯能量的基本粒子，它的三种特性也是能量不同于物质的三种特性——能量没有静止质量，能量没有广延性，因而无限多的能量可以聚集在无限小的空间，能量能按光速运动和传递。

至此，我们可以给能量下一个新的定义：能量是与场和物质相联系而又具有不同于场和物质的特性的宇宙的基本元素之一，它由已经发现的和有待发现的所有玻色子组成，以力的形式表现出来，是潜在的或直接的推动者。能量区别于物质的特点是不占据广延，并最高能以光速传递。

能量具有多种形式，列其大类有：真空零点能（隐能量）、辐射（纯能量）、固有能（静能）、核能、内能（热能）、电磁能、机械能，它们也是逐步进化出来的。它们遵守能量守恒和转化定律——只有在这一点上能量同物质属性相同。

原始宇宙的能量是真空零点能（隐能量）。在原始宇宙真空相变和发生暴涨之后，大爆炸的过程开始了。在最初 3 分钟里，宇宙主要是由辐射能量组成，基本上没有物质。各种粒子和它们的反粒子不断地从光子的碰撞中产生出来，又不断地成对碰撞而湮灭成光子。产生的速度和湮灭的速度大致相等，所以宇宙中辐射能量和物质之间处于热平衡状态。在这种状态下最多的粒子是电子和正电子，无质量的中微子和反中微子[①]，以及光子。在其中还掺有少量较重的粒子：中子和质子。其比例是每 10 亿个光子（或正负电子、正负中微子）对一个质子或中子。

随着时间流逝，宇宙一直膨胀和冷却，直到 3 分钟之后，温度下降到 9 亿度（$0.9 \times 10^9 \mathrm{K}$），正负中微子和正负电子先后退耦，中子和质子可以形成稳定的核子，它们俘获剩下的电子，形成氘原子，物质为主的时期开始取代辐射能量为主的时期。

能量的许多其他形式是随着场和物质的进化过程逐步进化出来的。例如，

---

① 现已证明中微子有质量。——1999 年 1 月 20 日补注

核能是在中子和质子结合成核子并形成强场时进化出来的，电磁能是在进化出带有电磁场的微观物质结构（如原子）和宏观物质结构（如地球）的同时进化出来的；内能（热能）是在进化出由分子组成的宏观物质结构的时候进化出来的；机械能是在形成像星系、恒星、行星这样的巨大物质系统及其引力场的时候进化出来的；化学能是在进化出各种化学元素并开始化学反应时进化出来的；等等。

三、物质的进化

亚里士多德最早从纯质料意义上给物质概念下定义，他说："一切都剥除了以后，剩下的就只是物质。""既不是个别事物，也不是某一定量。"

16世纪，笛卡儿提出有两种不同的实体，精神实体是只有"思想而无广延的东西"，而物质实体则是"一个有广延而不思想的东西""物质或物体的本性，并不在于它是硬的、重的，或者有颜色的，或以其他方面刺激我们的感官，它的本性只在于它是一个具有长、宽、高三量向的实体""它把可能有的其他世界存在的一切可以想象的空间都占据了"，因此"全宇宙只有一种同样的物质"。

17世纪，霍布斯写道："物体的定义可以这样下：物体是不依赖于我们思想的东西，与空间的某个部分相合或具有同样的广延。"洛克也给物质下定义："物质是许多影响我们感官的性质所寄托的某种东西。"它有第一性的性质，如体积、广延、形象、运动、静止、数目等；还有第二性的性质，如颜色、声音、滋味等。

18世纪，爱尔维修写道："物质不是一个存在物，自然里只有被称为物体的个体，人们应该把物质这个词理解为一切物体所共有的属性的总和。"这些属性包括广延、重量、不可入性、形状等。霍尔巴赫写道："物质一般地就是一切以任何一种方式刺激我们感官的东西。"

18世纪，另一位法国唯物主义哲学家狄德罗对物质有更深刻的认识，他写道："在我看来，自然界的一切事物决不可能是由一种完全同质的物质产生出来的，正如决不可能单单用一种同样的颜色表现出一切事物一样。我甚至臆想到现象的纷纭只能是物质的某种异质性所造成的结果。因此我将把产生一切自然现象所必需的那些不同的异质物质称为元素，而把这些元素组合起来造成的那个现实的总结果或那些相继出现的总结果称为自然。"

19世纪，恩格斯是这样界定物质概念的："物质无非是各种实物的总和，而这个概念就是从这一总和中抽象出来的。""当我们把各种有形地存在的事物联合在物质这一概念下的时候。""物质是按质量相对的大小分编成一系列较大的、易于分辨的组……我们可以见到的恒星系、太阳系、地球上的物体、分子和原子以及以太微粒，它们都各自形成这样的一组。"①

20世纪初，列宁的物质定义是这样的："物质是标志客观实在的哲学范畴，这种客观实在是人感觉到的，它不依懒于我们的感觉而存在，为我们的感觉所复写、摄影、反映。"纵观历史上这些有代表性的物质定义，我们不难发现，它们从不同角度把握住了关于物质概念的合理的成分，但又不可避免地包含有某些不合理的和不足的成分。

其合理的成分是："物质"是个抽象概念、哲学范畴、总称，而不是具体的物体；物质不可能是同质的单一的一种东西，它包含多种异质的元素，这些异质的元素必有某种等级结构；具体的物体或物质性的客体都有重量（质量）、广延和不可入性，我们可以推断构成这些物体的那些物质性的元素必有这些属性。

其不合理和不足的成分是：不好把物质定义为"以任何一种方式刺激我们感官的东西"，因为刺激我们感官的东西最多的是光，在它是波的意义上它不属于物质范畴，在它是由无重量、无广延和无不可入性的能量子（光子）组成的意义上它也不属于物质范畴。单纯从认识论角度定义物质概念未必是一种好的方法，因为把物质定义为个人的意识之外的"客观实在"并不能提供给我们任何更深刻的知识，等同于说人的意识之外有"宇宙""世界""自然界"。这些定义都是在21世纪的科学发现之前或这些发现得到正确评价之前作出的，没有反映这些发现提供给我们的关于"物质"的更深刻的认识。

---

① 童浩主编：《哲学范畴史》，河南人民出版社1987年版；谢庆绵：《西方哲学范畴史》，江西人民出版社1987年版。[德]恩格斯：《自然辩证法》，人民出版社1957年版，第214、228页。

　　因此，我们应该吸收上述定义的合理成分，剔除不合理的成分，弥补不足之处。于是，笔者给物质范畴下一个新的定义：物质是同场和能量既有联系又有区别的宇宙的一种元素，一种本体论或存在论范畴。物质是具有静止质量、广延和不可入性的多种费米子及它们构成的单质和化合物的总称，是构成宇宙中所有物体的质料。物质可以转化为能量，能量也可以转化为物质。物质不是永恒的存在，而是有时限和有条件的存在；在一定时段和一定条件下进化出来，在另外的时段和新的条件下又会瓦解和消失。

　　物质的进化过程大致是这样的：

　　在大爆炸后第一秒的万分之一秒（10^{-4}）和百万分之一秒之间，诞生了物质的基本成分——由 3 个夸克组成的质子或中子。

　　在时间零点之后大约百分之一秒（10^{-2}），由于温度太高，几百种基本粒子成对地从能量中产生，又成对地湮灭；宇宙中辐射同物质处于热平衡。可是，随着宇宙的膨胀和降温，平衡是在朝有利于物质粒子形成的方向移动。

　　在 3 分 46 秒的时候，宇宙的温度降至 9 亿度（$0.9 \times 10^9 K$），正负粒子成对产生又成对湮灭的过程已停止，剩下的主要成分是光子，中微子、反中微子和少量的电子、中子和质子，核子（中子和质子）对光子的比例数量 1∶10亿，核合成过程开始。或者是形成一个中子和一个质子组合成的重氢（氘）核，或者是形成两个中子和两个质子组成的氦核，二者的比例大约是 75% 对25%（今日宇宙 25% 氦丰度源于此）。

　　10 万年之后，辐射同游离状态的电子、氢核、氦核分离（解耦），自由地膨胀、红移、降温，直到今日的 3°K 微波背景辐射。

　　50 万年之后，宇宙温度降低到电子能够进入到氢核或氦核的量子轨道，从而形成氢原子或氦原子。自由电子消失，光得以在宇宙中行进，或者说宇宙相对于辐射透明。

　　10 亿年以后，由氢和氦这两种元素形成似星体、星系和恒星。氢和氦占整个宇宙物质质量的 99%，其余占整个宇宙物质质量 1% 的重元素则是在各个恒星内部复杂的核聚变过程中逐步形成的。例如，当恒星内部氢聚变为氦的反应使其温度上升到 1 亿—2 亿度时，恒星中心的氦就会发生核聚变反应，少数聚变为氧和氖，大部分聚变为碳，最后形成碳核。当温度继续升高达到

5亿—8亿度时，碳可以聚变为镁、钠等，如此继续下去，各种重元素的原子核都可能聚变出来。它们——门捷列夫元素周期表上的那100多种元素——就是构成物质组分的单质。至于更复杂的物质组分——无机化合物和有机化合物，则只能在具有与地球相似条件的行星上逐步进化出来。

海森伯认为，现代物理学的"能量"概念就是古希腊哲学家赫拉克利特所讲的"活火"。能量的确是质料，所有的基本粒子，所有的原子，以至万物，总的来说都是由它构成。能量可以转化为运动、光、热和张力。能量可以被看作是世界上的一切变化的原因。100亿年之后，在地球上进化出有生命的复杂系统，那是在宇宙的第四种基本元素信息登场后发生的事情。

四、信息的进化

"信息"作为一个科学概念被越来越多的人所接受，它已经成为当今科学文献和日常生活中使用最频繁的概念之一，大多数人已形成了一致的观点：人类正在进入信息社会。然而，我们对信息的认识还很肤浅，这突出表现在信息定义的混乱上——据说不同的定义有200个以上。

在我们的概念系统中，信息也是属于最高一级的类概念，因此不可能用"属加种差"的方法定义，只能用"描述法"定义，即描述它的特殊属性和功能，以区别于跟它并列的那些类概念——场、能量、物质和意识。

信息是在场、能量、物质的基础之上进化出来的，它只存在于能量的或物质的编码结构当中。因此，它不可能是一种完全独立的、绝对的自在存在，也不可能有单一的、独立的进化。这是信息相对性的第一点。

人们在讨论信息时往往忘记了一个最基本的事实：信息只能出现在通信系统当中。通信系统的最简模型为：

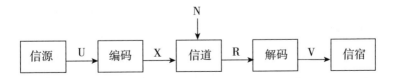

这个模型告诉我们，在现实当中，哪里有这样一个完整的通信系统，在其中发生了完整的通信过程哪里就有信息。是不是信息？是什么样的信息？

有多大信息量？并不取决于信源发出了什么，而取决于信宿收到了什么。这是信息相对性的第二点。

信源发出的同一信息流，不同的几个信宿，由于各自的目标和先验信息不同，各自收到的信息及其信息量是不一样的。这是信息相对性的第三点。

信息区别于能量和物质的最突出的特点是不守恒：信宿收到了，而信源并未失去。因此，信源发出的任何信息，原则上都可以由无限多的信宿同时分享。信息不守恒的另外一方面是，它一旦消失，就永远消失。

但信息又有相对于不同形式的编码结构是守恒的这样一条特性。这就是说，信息可以被变换、传递、转录、翻译、感知和存储，在这些过程中，信息相对于不同的编码形式保持不变。

信息最基本的功能就是消除信宿相对于信源的某种不确定性，具体地说，就是消除信宿相对于信源的存在、属性和动态的某种不确定性。

关于最后这一点要做一个简要的补充说明。

乔姆斯基有一个思想，就是要寻找语言的共同的深层结构。这对我们研究信息颇有启发价值。笔者认为，人类的几千种语言，尽管语音、词汇、语法有千奇百怪的差异，但它们的所有句子都服从一个共同的基本结构：每个句子都有主语和谓语两部分。从通信系统模型的视角看，主语是通信系统的信源，谓语正是句子要传递的关于信源的信息。担任谓语的只能是实词——名词、形容词和动词，它们分别携带关于信源的存在、属性和动态的信息，担任其他成分的虚词则只有语法上的功能而无实在意义，因此并不携带关于信源的信息。受此启发，笔者才说信息消除的是"信宿相对于信源的存在、属性和动态的某种不确定性"。

将信息的上述属性和特征综合到一起，我们就可以得到这样一个定义：信息是在场、能量和物质的基础上进化出来的宇宙的第四种元素。它是通信系统中信宿收到而信源并未失去的某种东西，它消除了信宿相对于信源的存在、属性和动态的某种不确定性。信息不守恒，可以无限复制，这是它区别于场、能量和物质的本质特征。生命系统最根本的特点是自复制，所以信息就同生命紧紧联系在一起。生命的起点就是信息的起点，信息的起点就是生命的起点。

事实上，就我们所知，已获实证的最原始、最简单的通信正是生物细胞内生物遗传信息的传递过程，它同时就是细胞的自复制过程。换句话说，笔者认为，无机界无信息，因为无机界无完整的通信过程。譬如，笔者敢说"月球上无信息——还没有进化出信息，因为它还没有进化出生命。"这句话的意思是，自在的月球上无"真实信息"或"显信息"，而它的"潜在信息"或"隐信息"则接近无限大。我们人类观测月球，登月探险就发生同月球的通信过程，从而生产出关于月球的"真实信息"或"显信息"。

对信息的进一步研究告诉我们，任何一条信息都是三位一体的：语法信息、语用信息和语义信息。换句话说，任何一条信息都有概率统计意义、同信宿的某种目的相关的意义和逻辑意义这样三个方面，并且有这样一条进化规律：语法信息→语用信息→语义信息。或许更正确的表述应当是：语法信息→语法信息＋语用信息→语法信息＋语用信息＋语义信息＝全信息，因为它能体现出后者对前者的"扬弃"。下面笔者将它展开进行具体说明。

语法信息（syntactic information）这个术语是从语言学中借用过来的。在语言学中，语法学（syntactics）只研究句中词与词之间的形式关系，不研究这些词的词义和效用。我们可以尝试将信息科学中的语法信息定义为：消除信宿相对于信源的概率不确定性的信息。

单纯语法信息的信宿是无记忆的、混乱的。语法信息的功能是将信源的某种秩序传递给信宿，减少或消除了信宿的概率熵，帮助信宿建立起某种相应的秩序。语法信息是最原始、最简单，因而也是最抽象的信息，但它是最基本的信息。语法信息的描述工具是概率论。申农信息量公式计算的正是这种信息。

生物遗传信息就是语法信息。三联密码子相当于"单词"，若干个线性排列的"单词"相当于一个"句子"（基因），它记录一种蛋白质的结构。我们可以想象，作为信宿的20种氨基酸分子是混乱的，从信源细胞传递过来的遗传信息消除了这种混乱，使它们按一定的秩序排列起来，完成了对信源细胞的复制。

语用信息（pragmatic information）这个术语也是从语言学中借用的。在语言学中，语用学（pragmatics）不仅要研究句中词与词之间的形式关系，而且还要研究它们对于主体的效用。我们可以尝试在信息科学中将语用信息定义为：消除信宿相对于目标（信源）的行为的不确定性的信息。

语用信息的信宿是有记忆的，并且是目标定向的。它可以利用自己存储的先验信息达到目标，可是成功的概率很小。因此，它需要获得来自目标的后验信息，将二者进行比较，获得实得信息，用以决定自己的行为，提高获得成功的概率。行为的结果（输出）再反馈回来（输入）同预期结果比较，得出偏差值，用以修正自己的行为，以期进一步提高成功的概率。因此，语用信息的传递有闭合的环路，其信宿有初步的自学习能力。在 N. 维纳等人创立的控制论中讨论的就是动物、人和机器都采用的语用信息。

在高等动物的内分泌系统和自主神经系统（植物性神经系统）中传递的是语用信息，它们共同帮助生命系统实现稳态目标。更典型的语用信息是在动物的神经系统和外分泌系统（分泌信息素）同环境的通信过程中的信息，它们帮助动物达到外环境的目标。在这方面典型的例子有蝙蝠夜视避开障碍物，眼镜蛇捕获猎物，猫鼬战胜毒蛇（N. Wiener, 1961），以及老鼠学会顺利走出迷宫。

语义信息（semantic information）这个术语也是从语言学中借用的。在语言学中，语义学（semantics）不仅要关心句中词与词之间形式化的语法关系，而且还要研究它们的逻辑含义。在信息科学中，我们可以尝试将语义信息定义为：消除作为信宿的主体相对于作为信源的客体的某种认知不确定性的信息。

语义信息是在使用同一种语言的共同体内的个体之间进行通信所传递的信息。语言是共同体成员们集体创造的符号系统。每个符号均是概念和语音的结合；前者为能指，后者为所指。它们的结合带有任意性，可是所有能指和所指的一一对应关系却是成员们世世代代约定成俗的结果。在进行通信时，作为信源的个体将自己要传递的信息用语音符号编码，构成一个一个有完整意义的句子，然后借助语音信道传递给作为信宿的另一个体。后者凭借同一语言中能指和所指的对应关系解码，获得了信息，从而消除了自己知识结构中的相对于作为信源的个体的某种不确定性。语义信息量的大小是个人知识结构中有关的先验信息同获得的后验信息之差。

在创造出记录语音符号的文字符号之后，人类的语言就有了三种形式：内部语言、口头语言和书面语言。任一语义信息均可在这三种形式中转录而保持不变，但三种形式的实际效用却不同。内部语言用于思考和建立个人的知识结构，口头语言用于个体之间的信息交流，书面语言用物质形式记录信息以便长期保存和做超越时空的交流。特别重要的是，人类用书面语言建立起文化信息库，信息就成为相对独立的实存，社会系统有了发达的文化遗传机制。

语义信息的描述工具是逻辑。一方面它能够断定命题（句子的语义）在我们的知识结构中的真伪，去伪存真；另一方面，又能通过一定的推理形式得出新的命题，即生产出新的语义信息。于是，作为语义信息的信宿的认知主体有了自创造能力。

用语言符号构成的句子包含三种信息：哪些符号按什么顺序排列，这是语法信息；消除了接收主体追求具体目标或抽象目标（价值）的行为的某种不确定性，这是语用信息；消除了接收主体知识结构中的某种不确定性，这是语义信息。所以，它是全信息。

五、意识的进化

天地间唯人类有意识，这一点人人通过内省可得知；至于动物是否有意识，或有什么样的意识，人无从得知，最多可推断说它们有前意识，或原始意识。

中国古人在很长的历史时期将人的意识活动归诸"心"。如孟子说，"心之官则思"。（《孟子·告子上》）直到明朝的李时珍在《本草纲目》里写有"脑为元神之府"，才纠正了这种认识。

可是，中国古代哲学家对"心"的很多论述，以现代的眼光看，恰恰是道出了人头脑中的"意识"的某些基本属性。如荀子说："心者，形之君也，而神明之主也，出令而无所受令。自禁也，自使也，自夺也，自取也，自行也，自止也。故口可劫而使墨（同默）云，形可劫而使诎申（同信），心不可劫而使易意，是之则受，非之则辞，故曰：心容其择也。"（《荀子·解蔽》）这段话道出了作为主体性的意识的基本特征或功能是自主的选择。

更有陆九渊和王阳明提倡心学，发挥出"天地本无心，人为天地之心"这样惊人的思想。如："'人者，天地万物之心也；心者，天地万物之主也。'先生曰：'你看这个天地中间，什么是天地的心？'对曰：'尝闻人是天地的心。'曰：'人又甚么教做心？'对曰：'只是一个灵明。''可知充天塞地中间，只有这个灵明，人只为形体自间隔了。'"用今天的眼光来看，可以说，这是把作为"意识"的"心"放到宇宙进化的总过程中来看了。

"意识"这个词，是在佛教传入中国后翻译佛经时产生的。佛教把"识"分为六种：眼识、耳识、鼻识、舌识、身识和意识。其中，前五识"唯外门转"，只向外追求它所认识的东西；而第六识"意识"却能"内外门转"，既能向外追求，又能向内反思。意识可单独活动，也可以管束前五识起指导作用，这叫"五俱意识"。① 这里实悟出了意识有广义和狭义的区分。

在西方古代思想史上，主流的一派认为心脏是思维的器官。可是，西方医学之父希波克拉底在《论圣病》中明确指出："所以我断言脑是意识的译员。"这比李时珍讲出类似的话早了 2000 多年。

在近代，笛卡儿提出了影响深远的二元论：有广延不思维的物质和无广延能思维的心灵。他通过"cogito ergo sum——我思故我在"这样一句简洁的拉丁语唤醒了自我，肯定认知主体的存在，并间接地论证了意识不言自明的相对独立的自在。

笛卡儿在《形而上学的沉思》中有一段话有力地论证了人的意识的统一性："心灵与形体之间有一种很大的区别，说到形体，从它的本性说，是永远可以分的，心灵则完全不可分；因为事实上当我考察心灵时，也就是当我仅仅是一个在思想的东西来考察我自己时，我并不能把我分成几个部分，而是极其明白地认识到和理会到我是一个绝对单一而且完整的东西；虽然整个心灵好像与整个形体联结在一起，可是当一只脚或一条胳臂或某个别的部分与形体分离时，我却极其清楚地知道我的心灵并没有因此被削去什么：意志、感觉、理会等能力实际上决不能说是心灵的部分，因为是同一个心灵（整

---

① 童浩：《哲学范畴史》上册，河南人民出版社 1987 年版。

个）用来愿望，（整个）用来感觉，用来理会等等。"①

斯宾诺莎提出了消弭二元论的两面论，"思想实体与广延实体，乃是同一实体有时从这个属性去了解，有时从那个属性去了解的"。当代贝塔朗菲和拉兹洛论证的"双透视论"盖源于此，其缺点是包括有一个"透视者"，那未知的或不可知的第三者。

洛克不承认天赋印象，认为人的心灵酷似一块白板。因此，"我们的一切知识都是建立在经验上的，而且最后是导源于经验的"。

莱布尼茨站在相反的立场上，以天赋观念反对白板说；以知识来源于天赋的内在原则否定知识来源于经验；以灵魂的非物质性否定物质能思维。他提出了意识的统摄作用，并写道："统觉，那是意识，或者说，对这个内部状态的反省认识。"

康德发展了上述思想，提出了"统觉原理"，充分肯定主体意识的能动性。他写道："意识的综合统一是一切知识的一个客观条件，不仅是我自己为了认识一个客体而需要这个条件，而且任何直观为了对我成为客体都必须服从这个条件，因为以另外的方式，而没有这种综合，杂多就不会在一个意识中结合起来。"

赫尔巴特（Herbart）是与黑格尔同时代的德国哲学家，他是第一个宣称心理学是一门科学的人。他提出了"意识阈"的概念："一个观念若要由一个完全被抑制的状态进入一个现实观念的状态，便须跨过一道界线，这些界线便为意识阈。"

詹姆斯（William James）是美国实用主义哲学的创始人，他提出了"意识流"概念。"……在我们每个人中间，当不眠的时候（而常常甚至睡梦中）都有某些意识过程发生。我们有各种状态的意识流（感觉、愿望、思考等）在迅跑，它们犹如波浪或田野一样（叫什么都可以）绵亘不断"。他还把意识和注意力联系在一起，认为意识是注意力发挥作用进行比较、选择而形成的。

弗洛伊德明确区分了三个层次：无意识层次的"本我"，它只根据"快

---

① 胡文耕：《信息、脑与意识》上册，中国社会科学出版社1992年版，第368页。

乐原则"追求直接性欲的满足;意识层次的"自我"在"现实原则"的指导下按本我的意志行事;"超自我"是"道德化的自我",根据"良心"和"互善原则"指导自我,限制本我,以达到自我理想的实现。他并且提出"每一种心理过程最初都是处于一种潜意识的状态或时期,然后,只是从这一时期才过渡到一种有意识的时期"。[①]

当代哲学家和科学家继续紧张和深入地探讨意识的本质,形成了某些新的观点。波普(K. R. Popper)把世界上所有现象分为三大类。第一类命名为世界1,它是物质世界,从化学元素开始,直到生命有机体;世界2是主观世界,包括知觉、主观经验、自我意识;世界3是人类精神的产物,包括文艺作品、科学理论和科技产品等。世界2是从世界1中突现出来的,世界3又是从世界2中突现出来的,它们之间有相互作用的关系。

艾克尔斯(J. C. Eccles)把意识看成是一个独立的精神实体,他写道,现在发展出一个自我意识精神与脑之间相互作用的模型假设是重要的,我们称之为二元论者的假说比迄今为止系统陈述过的任何有关假说更为牢固、更加确定。这个假说和最初的简明纲要可以陈述如下:自我意识精神是积极参与辨认的最高层次上的脑活动,即优势半球的联络区的大量的活动中心。自我意识精神基于注意从这些中心选择并随时整合它的选择以给出统一性,即使是对短暂的经验也给出统一性。而且,自我意识精神作用于这些神经中心,修改这些神经事件的动力学的时空模式。因此,我们提出自我意识精神对神经事件施加一种卓越的解释和控制作用。

斯佩里(R. W. Sperry)提出"突现的相互作用论"。自觉的意识被解释为是大脑兴奋动力学的突现的性质。这种特殊的心理性质,是还有待发现的整体的构型的性质。我们预言,一旦它们被我们发现和得到理解,它们将很好地被表述为是不同于并且多于构成它的神经事件。

更具体地说,(1)意识是在脑的整体的构型中实现的,它是皮层神经网络综合活动的结果,不是单个神经元的活动;(2)意识在整个脑系统内没有特殊的定位;(3)它对神经过程的作用不是作用于整体,而是时而作用于这

---

① 童浩:《哲学范畴史》上册,河南人民出版社1987年版,第220页。

个局部，时而作用于那个局部，从而产生出选择性活动。也就是说：意识是脑的最高层次突现的新的现象。

我国心理学家潘菽提出，意识"并不是指单纯的感觉、知觉或思维，而是指包括它们在内的综合的、整体的认识作用"。①

中国学者胡文耕在进行了全面、深入、细致的探索之后，在他的书中提出："意识是脑神经活动特定状态下突现的事件，是神经系统信息加工多次转化的结果，在这种转化过程中，中枢各层次、各部分所汇集的外部事物状态的信息或自身内部状况的信息，整合、内化为直接的觉察或觉察的觉察。"②

回顾中外哲学史诸名家关于意识发表的不同观点，我们发现，人类对意识的认识还处在盲人摸象阶段，远未达到科学层次。这种研究状况难以突破，盖因意识存在于活的人脑，而活的人脑外包着头盖骨，外在的研究者根本不知道里面发生了什么。研究者一旦打开外包的头盖骨要研究意识，他会发现意识早就消失了，剩下的是没有意识存在的肉质的人脑。面对无生命的肉质的人脑，研究者用还原论的方法，逐层解剖，直到细胞和细胞质，还是找不到意识，更找不到产生意识的科学机制。由此可知，意识是人脑的复杂系统的整体涌现，而研究者无法直接研究维持着意识的活的人脑，还原论在复杂系统面前又失效了，这就是科学地研究意识遇到的困难之所在。

可是，另一方面，研究意识又最容易，因为每一个人都有意识，都知道自己头脑中的意识，都可以自由地运作和支配自己的意识，因此就能随时用内省的方法研究意识。然而，这种研究主观性很强，达不到科学所要求的客观性、实证性和准确性，只能永远停留在内省感悟的哲学层次上。鉴于这种困难，笔者相信，只有当人工智能不断进步，有一天人类制造出"人工意识"，到那时候"意识之谜"才会揭开，才能建立真正科学的意识理论。在此之前，我们只能满足于对意识进行哲学探讨。

在哲学层次上对意识进行全面而深入的探讨，黑格尔的《精神现象学》

---

① 潘菽：《意识问题试解》，《心理学探索》1980 年第 1 期。
② 胡文耕：《信息、脑与意识》，中国社会科学出版社 1992 年版，第 340 页。

使用德意志民族特有的古怪、晦涩的哲学语言，回环往复的叙述方法，实在不敢恭维。然而，透过这些令人头痛和昏昏欲睡的冗长文字，以最大耐心把这本书读完，笔者发现被马克思定为"黑格尔哲学的真正诞生地和秘密"①所在的《精神现象学》，其实是一本写得相当客观和非常科学的书。

黑格尔写作《精神现象学》一书时才 26 岁，只花了一年时间便完成。他对"精神现象"发展进程的分段还弄得不是很清楚，这本书中的划分确实有点乱。在通读此书后，按照译者贺麟先生整理出来的划分，略加改进，笔者认为可以分成五个阶段，然后又可归并成三个大阶段。

精神现象（意识现象）发展的黑格尔五个阶段是：意识、自我意识、理性、精神、绝对精神。

精神现象（意识现象）发展的黑格尔三个大阶段是：一是主观精神，包括意识、自我意识、理性三个环节。其实就是"意识"在动物和人身上的神经系统中起源、进化和成长的历程。二是客观精神，包括伦理、教化、信仰、道德、良心、艺术、宗教，其实就是主观精神异化 - 外化创造的精神 - 文化产品。三是绝对精神，包括黑格尔哲学，特别是他的逻辑学。其实就是剔除所有经验成分，按"逻辑的和历史的统一"这条原理，用"否定之否定"（正题—反题—合题）方法构造出的黑格尔哲学体系，特别是纯粹理性——哲学范畴辩证发展的逻辑体系。

黑格尔的"精神现象学"其实是相当客观地研究"精神"或"意识"在时间中进化 - 发展的历史过程的一门科学；各个个体，就内容而言，也都必须走过普遍精神所走过的那些发展阶段，"叙述这条发展道路的科学就是关于意识的经验的科学。"② 当然，由于各种条件限制，黑格尔采用的不是经验科学的通用方法，而是思辨方法，或者说他特有的辩证法。20 世纪 60 年代，苏联的唯物主义哲学家们编著的符合现代科学的《马克思主义哲学原理》，书中讲到的"意识"也是沿感受性→感受刺激性→条件反射→无条件反射→心理现象→第一信号系统→第二信号系统→意识→科学这样的次序讲

---

① ［德］马克思：《黑格尔辩证法和哲学一般的批判》，人民出版社 1956 年版，第 10 页。
② ［德］黑格尔：《精神现象学》上册，商务印书馆 1979 年版，第 18、23 页。

的。① 这同黑格尔《精神现象学》一书的研究和叙述次序大致是一样的。

受黑格尔《精神现象学》一书的启发，笔者将展开对意识的描述。首先需要区分几个相关又相近的概念。

意识与精神　广义的"意识"等同于广义的"精神"，在这个意义上，黑格尔的《精神现象学》一书可以更名为《意识现象学》。狭义的"意识"则专指人头脑中的"自我意识"——对意识的意识，或者说自己对自己头脑中意识活动的意识，而狭义的"精神"除"自我意识"之外，还要加上"自我意识"编码输出进入社会系统的个体精神，以及诸多个体精神发扬光大形成的民族精神、时代精神、人类精神。

广义意识形态和狭义意识形态　如贺麟先生所言："从意识到自我意识，从自我意识到理性，从理性到精神，从精神到绝对精神的发展史……从意识发展阶段来说，意识发展过程中的每一个阶段都可说是一个意识形态。因此，精神现象学也就是意识形态学，它以意识发展的各个形态、各个阶段为研究的具体对象。"② 狭义的意识形态则专指被当作统治工具的神话与巫术、宗教与信仰或哲学体系，它被统治者选中，然后又被强行灌输和竭力维护。

意识的属性　广义的意识为地球上的生物所共有，它经历了漫长的进化过程：蛋白质的感应性→微生物细胞的感受刺激性→动物神经细胞的感应刺激性→动物神经系统的感觉→人中枢神经系统特有的感性→知性→理性。感性、知性和理性构成人的认知系统。情欲系统、认知系统和意志系统三者构成人的心灵系统。

狭义意识是人的心灵与复杂系统的整体涌现，是人内心中的灵明；源于心灵系统，又超越心灵系统。意识凌驾于心灵系统之上，监视和控制心灵系统，可以随意指向心灵系统的各部分，或指向情欲，或指向认知，或指向意志。意识是人生命体征的本质特征，意识消失则人的生命结束，医学上叫脑死亡。

狭义的意识是个人的主体意识，个人的主体性。主体性是人之为人的本

① 苏联科学院哲学研究所：《马克思主义哲学原理》，人民出版社 1959 年版，第 190—194 页。
② ［德］黑格尔：《精神现象学》上册，商务印书馆 1979 年版，第 20—21 页。

质属性，丧失主体性的人不再是真正的人，而是听命于主人的奴隶，任他人使用的工具。一旦丧失主体意识，必导致没有主体性的奴隶按他人的意识和意志行动，说自己不愿说的话，做自己不愿做的事。双重人格和内心分裂是人生最大的痛苦，人格苦恼严重会发生精神分裂症，直至个人以自杀方式结束生命。

人的神经系统分为两个子系统：植物性神经系统和动物性神经系统。前者是非自主神经系统，不受主体意识控制，自动调节并维持人体内环境稳态；后者是自主神经系统，受主体意识控制，同时处理内外环境信息，支配人在内环境中的思维和人在外环境中的行为。这就是自主意识与主体性的生理学基础。

笔者提出一个关于"意识"的科学假说：意识是一种生物场效应。人的心灵系统靠交换信息维持着意识场，意识场产生意识和意志力。相对于交换中间玻色子（待发现）维持的弱场和弱作用力，交换强子维持的强场和强作用力，交换光子维持的电磁场和电磁力，交换引力子（待发现）维持的引力场和引力，在个人心灵系统中靠交换信息维持着的意识场和意志力，是迄今为止我们知道的宇宙中的第五种场和第五种力。人的一言一行和一举一动，都受意识场产生的意志力的支配。它们是实际存在的场和力，而不是像"生产力"那样的比喻性的概念。这个假说是意识存在的物理学基础。我相信自己提出的这一假说会在人体科学和人工智能的未来发展中获得实证。

人的主体意识不仅仅是被动地反映和认识外部世界，而且还主动批判旧世界和创造新世界，换句话说，人的主体意识有建构能力和无中生有的创造能力，即文化－信息生产能力。作为社会成员的个体的人的文化－信息生产能力，是社会系统内的第一生产力。一个外封闭的孤立的社会系统，其统治者如果能够再做到内封闭，即封闭绝大多数社会成员，特别是从事文化－信息生产的知识分子的主体意识——不许暴露、不许怀疑、不许批判、不许否定、不许创新、不许表达，那么社会将会停滞不前。在这方面做得最成功的是中国元明清三朝统治者，他们通过竭力保持内外封闭造成中国社会600年停滞。从反面说，社会解放的根本含义则是解放人，解放个人的主体性和主体意识，恢复个人固有的文化－信息生产能力，允许个人暴露、怀疑、批判、否定、创新和自由表达。这样一来，社会就能向前发展。当代也有内封闭而外开放的社会，它们靠输入（翻译、剽窃和克隆）其他社会系统创造的文化信息而发展。当然还有像朝鲜那样内外封闭和发展停滞的社会。

主体意识产生意志力，产生自由意志。意志力首先表现为注意力，表现为在心灵系统内部自由游走的指向性；其次表现为自我控制力，即在心灵系统内部自我约束的心理活动；最后表现为对外在目标的指向性，对个体行为的支配力，以及强迫自己坚持到底的忍耐力和毅力。人的本性追求自由，或者说"人是生而自由的"（卢梭），这种天性就源于心灵系统产生的主体意识和自由意志；其在社会系统中实现的程度，则是另外一个问题。

精神是人特有的用语言编码的高级意识，它既可通过内部语言自我暗示，又可通过外部语言进行人际传递，进而通过音乐、舞蹈、图画、影视、书报、期刊、电子信息进行社会传递和代际传递，从而由个人精神弘扬成家族精神、部落精神、民族精神、时代精神和人类精神。精神和意志是推动社会发展的直接动力，人有意识行为的一步一趋、一举一动都受精神和意志的支配。

主体的个人意识有开启和关闭两种状态：清醒时开启，睡眠时关闭。在意识处于关闭状态时，无意识往往会开启并开始活动。无意识是意识之下的神秘空间，如深邃的汪洋大海，是人创造力最深的源泉。无意识有时会表现出惊人的直觉能力和预见能力，无意识"黑洞"还不时向意识领域输送突发灵感，从而成为文化创新的起点。

我们地球人现在知道的宇宙进化，经历了熵的进化和负熵的进化两个大阶段。负熵即信息的进化，仅处于太阳系适中位置的地球上，在我们这个非平衡态热力学系统中，有生物遗传基因（DNA）进化和社会文化 - 遗传基因（SC - DNA）进化两个阶段。前者是自在进化，依靠随机变异和自然选择进化，以万年和百万年为时间尺度；后者是自为进化，依靠文化创新和社会选择进化，以十年和百年为时间尺度，而且不断加快速度。在这个大尺度背景下，我们就会明白，人类意识实际上是宇宙、日地、生命进化新阶段的新的推进器。人的最高天职是精神创造，人的精神创造能力得以自由发挥的社会是进步的社会；反之，压制个人精神创造能力自由发挥的社会就是退步的社会。

意识是在宇宙的第四种元素信息的基础上进化出来的，并且依靠交换信息形成的信息流维持着，可是它确实是超越信息的一种实存。意识的上述九条属性信息都不具备，因而意识是继信息之后宇宙的第五种元素。意识同信息的区别，可以简要地归结为：信息是沉默的意识，而意识是觉醒的信息；信息是自在的意识，而意识是自为的信息；信息是组织者，而意识是创造者；信息被动地反映，而意识主动地构建。

至此，我们可以给"意识"下一个描述性的定义：作为哲学范畴的意识指的是地球人特有的自我意识，它是在人的大脑、心灵这个复杂系统中依靠交换信息维持着的意识场的涌现，并产生意志力支配人行动。意识源于心灵系统，又超越心灵系统；凌驾于心灵系统之上，监视和控制心灵系统。意识突出的属性是自明性，意识自己意识到自己意识，意识自己知道自己知道，意识自己确信自己存在，从而赋予个人主体性。意识具有随意的指向性，既可随意地指向心灵中的任何成分，并发出控制指令；又可随意地指向外在的任何目标，并令躯体做出追求行动。意识有无中生有的突变能力，不仅仅被动地反映，而且主动地建构，主动地创新；意识产生意志力，推动人主动地行动，外化并实现为人工产品。基于以上这些属性，我们说，意识是在场、能量、物质和信息的基础上进化出来的宇宙存在，是地球生命进化的新的起点和新的推动器。

这种新型的形而上学或新型存在论，不再追求符合经验实在，而是追求符合科学实在。场、能量、物质、信息和意识五个范畴的基本属性就是存在，直接地说，是在当代科学实在中存在；间接地说，是在宇宙自在实在中存在。如前面已讲述过的那样，我们可以用一个（one）、有些（some）、所有（all）这三个量词约束或量化每个范畴。因此，这就是斯特劳森讲的那种"描述的形而上学"，描述当代科学有哪几个本体论范畴；就是蒯因阐明的观点"本体论承诺"，当代科学确实需要的那种本体论承诺，特别是在研究人和社会这样复杂系统的时候。

这种新形而上学的哲学意义和现实意义

我们终于达到了这样的结论：建立在 20 世纪科学伟大成就基础之上的新型形而上学，或新型本体论，或新型存在论是进化的多元论：场、能量、物质、信息和意识，是迄今为止我们所知道的五种宇宙元素，或存在论范畴，它们是自大爆炸那一刻起相继进化出来的，地球上的人类就生活在这样一个多元的世界上。我们终于跳出了笛卡儿二元论的哲学框架，抛弃了物质主义、理念主义或任何一种偏执的一元论，回归中国传统哲学固有的进化的多元论，但已经不是经验、直觉的多元论，也不是思辨与推理的多元论，而是科学与实证的进化的多元论。从今以后，我们思考任何哲学问题或科学问题，都要努力运用进化的多元论的思维框架，运用五个范畴进行多视角透视。这种新型的当代科学的形而上学是开放的，不排除随着科学在未来取得具有划时代意义的新发现而丰富乃至改变形态。

我们要理直气壮地说，创建当代科学的新型形而上学是传统本体论哲学的复归，具体来说，是在五个具有划时代意义的科学发现基础之上的复归。它不是研究存在，而是研究存在者。场、能量、物质、信息和意识的基本属性就是存在，当代科学告诉我们，在我们的宇宙中，特别是在人类生活的地球上，有这样五个依次进化出来的存在者存在。这种新型的形而上学不再追求符合经验实在，而是进步到追求符合科学实在，符合人类在 20 世纪建立的科学实在。哲学不应当同科学唱"对台戏"——科学已经揭示出一个多元的世界，哲学却坚持说世界是一元的或二元的。哲学同科学不应当互相轻视和互相排斥，而应当互相尊重和互相促进。当代科学实实在在需要本体论承诺，没有这种新型的本体论承诺，不接受这种新型的描述的形而上学，就会犯偏执和片面的错误，特别是在研究地球上进化出来的复杂系统的时候。

譬如，在很长的一段时期内，我国理论界把物质一元论视为神圣不可侵犯的客观真理，受这种本体论框架决定的社会理论只承认一种生产，那就是作为"基础"的和起决定作用的物质生产。于是，从事物质生产的农民和工人是唯一的生产者，是社会主体，是先进的领导阶级。从事人的生产的教育，以及从事人的修复医疗卫生事业成了"上层建筑"，从事文化与信息生产的文学、艺术、哲学、社会科学、自然科学等部门也都是"上层建筑"。它们只能被动地反映基础而无所作为、无所创新。

在"文化大革命"之后，邓小平接受哈贝马斯的观点提出了"科学技术是第一生产力""知识分子是工人阶级的一部分"的论断，总体情况是好转了，可是从上述偏执的本体论推导出来的社会理论，依然盘桓在许多中国人的头脑中，束缚着他们的认识，继续拖延中国社会改革的进程。

受思维定式的影响，这些年中国一直把国内生产总值（GDP）摆在第一位，同欧美日发达国家攀比；现在已经攀高到世界第二位，仅次于美国了。这在一定意义上并没有错，可要是把 GDP 当成衡量社会发展的唯一标准，那就错了。中国在清朝 GDP 是世界第一，可它是世界第一强国吗？1840 年，中国的 GDP 比英国高 4 倍，可是在鸦片战争中却吃了败仗。这些统计数字不见得准确，可是说明了存在的问题。令人略感欣慰的是，我国政府现在是很清醒的，GDP 被淡化了一些，并正确地提出"不要用 GDP 作为地方官员考绩的唯一标准"。

正在发生这种可喜的变化，可能是受到钱学森困惑的刺激——"中国为什么培养不出杰出人才？"可能是受到前些年有学者公布的一个统计数字刺激——"中国文化输入与输出之比为 99% 比 1%"。可喜的是，目前党中央已经痛感中国"文化软实力"的不足。2011 年 10 月 18 日，中国共产党第十七届中央委员会第六次全体会议通过《中共中央关于深化文化体制改革、推动社会主义文化大发展大繁荣若干重大问题的决定》。

我们认为，当代中国哲学的"本体论的承诺"决不是可有可无。笔者创新"当代科学的新形而上学"决不是无效劳动。笔者倡导"进化的多元论"决不是没有现实意义。

这令笔者不由得回想起一件往事。1986 年第一次到荷兰做访问学者时，我曾到海牙拜访荷兰最高学府莱顿大学的哲学系主任 C. A. 冯·皮尔森。当时我问了他一个问题："你们欧洲人现在怎么看待物质主义？"他回答说："那是文化程度低的人信奉的一种通俗哲学。"这话对我们这些长期接受物质主义哲学教育的中国人是一种刺激，可是冷静一想，再看看周围金钱至上、物欲横流、道德沦丧和腐败丛生的现实，它何尝不是一剂令人清醒的良药。仔细想想，如果不发生哲学观念的改变和精神境界的提升，中国能创造出一个文化大繁荣和杰出人才辈出的时代吗？

如果至此还有人怀疑进化的多元论而坚持物质一元论，我们可以做一个哲学观念实验。试想你右手举起一把锋利无比的大刀，猛地一刀将你自己的左胳膊砍断，请看你自己胳膊的横截面是几元。倘若是一元，那就会像一根单杠被截断后的横截面那样，只有单一的一种物质，譬如铁。显然不是那样。你的胳膊的横截面会告诉你，它是多元的，物质、能量、信息，可能还有经络传递的意念各行其道。

另一个更显而易见的实验是，假定你住在一幢现代化的居民楼里，请环顾身处的房间，你不难发现有多种流体进入：从自来水和煤气管道进来的是物质，从电线进来的是能量，从宽带和电话线进来的是信息。再加上你自己头脑中活跃着的意识，当然还有能让你安安稳稳地坐着或站着的地球引力场。说到这儿，难道你还不相信自己生活在一个至少是五元的世界上吗？

最后，让我们再回到本章开头的论题——"传统本体论哲学的终结"。笔者现在渐渐明白，凡轻言"终结"者，多半都是为了压低乃至终结其他以抬高自己，或抬高自己的主张。说"哲学终结了，只剩形式逻辑和辩证法"，其实是为了把辩证法上升为"自然、社会和思维的一般规律"，上升为"宇宙的客观真理"。说"哲学终结了，只剩下语言和逻辑"，其实是为了给语言分析和逻辑分析式样的哲学争天下。说"本体论哲学终结了"，只剩"存在"，其实是为了让存在主义独步哲坛。说"传统本体论哲学终结"，只剩"实践"，其实是想让牵强杜撰的"实践唯物主义"填补真空。一如有人说"历史终结和最后之人"，其实是为了把自己抬高为"最后"和最高明之人，并让自己的社会制度永存。笔者愿在此提出一个哲学命题来终结这些轻言"终结"者：任何质空间都是或接近于是多样性的无限空间，因此，哲学乃至本体论哲学有无限多的样式和无限的发展空间。

这不禁使人想起，曾获诺贝尔物理学奖的德国物理学家马克斯·玻恩也有类似的经历。1928 年，他曾对一群访问哥廷根大学的来宾说："物理学，就我们所知，将在 6 个月内终结。"他的信心建立在狄拉克刚刚发现支配电子的方程，同这个方程类似的一个方程又可支配质子，而当时在亚原子层次上所知的就只有电子和质子。可是过了不久，中子和核力的发现就敲了他的头，更不要说后来发现的几百种粒子和更深层次上的夸克了。①

目前，国际科学界已然达成共识，可观察宇宙只占宇宙总质量的 5%，另有 23% 是人类观察不到的暗物质，其余 72% 是更神秘的隐能量，在它的支配下宇宙一直在按人类不能理解的方式加速膨胀。迄今为止，我们人类对占 5% 的可观察宇宙还没搞清楚，对观察不到的 95% 是怎么回事几乎还一无所知，我们怎么可以说"追问世界本原"的存在论或本体论就完全终结了呢？有人或许会说，继续追问是科学家的事；可是，笔者要说，正如你在本章书里读到的，在这方面哲学家绝对不是没有任何有意义的事可做。

---

① ［美］斯蒂芬·霍金：《时间史之谜：从大爆炸到黑洞》，张星岩、刘建华译，上海人民出版社 1991 年版，第 185 页。

第五章
广义进化原理

L. V. 贝塔朗菲于 1972 年谢世之后，在国际系统科学和系统哲学界起带头作用的学者是 E. 拉兹洛，他组织成立了"广义进化研究小组"（The General Evolution Research Group），附属于奥地利维也纳科学院的未来研究院，并以该院的名义出版了一套"广义进化研究丛书"和学术季刊《世界未来》（*World Futures*）。在财政上，当时它主要是得到列支敦士登公国亲王的支持。这显然得力于欧洲贵族保护和支持文化人的优良传统。

广义进化研究小组成员有：联合国教科文组织总干事、西班牙科学和教育大臣 F. 马约尔，比利时的诺贝尔化学奖获得者 I. 普利高津，美国的诺贝尔医学奖、生物学奖获得者 J. 索尔克作为名誉成员，其余成员多为欧美各国研究宇宙进化、银河和太阳系进化、地质和生命进化、人类进化、文化和社会进化，以及全球问题的著名学者和科学家，当然还有新兴的系统科学各个学科的专家。

广义进化研究小组是开放的和民主的。1989 年夏天，在世界最古老大学意大利博洛尼亚大学 900 周年校庆活动的框架内，该小组举行论题为"认知图像的进化——21 世纪的范式"学术研讨会，笔者应邀撰写并在会上宣读英文论文《中国文化中认知图像的进化》；然后，在小组成员闭门会议上，笔者获得无记名投票的通过，成为小组成员和《世界未来》的咨询编委。

笔者在进入小组工作和参加研讨活动之后，认为拉兹洛的思路其实类似于我国的于光远，后者在延安时期就组织翻译恩格斯的《自然辩证法》。中华人民共和国成立后组建自然辩证法研究会，随后在 1962 年招收 12 位研究生——从天文学到生态学，一门自然科学一个，想用集体的力量完成恩格斯的未竟之业。不同的是，于光远的计划尚未实施就因"文化大革命"夭折了，而拉兹洛组织的研究小组却一直在进行研究活动，丛书出版了几十本书，期刊办了将近 30 年，现在还在继续出版。

当初，笔者接触广义进化研究（general evolution research）时，就意识到拉兹洛创造这个专名是类比 L. V. 贝塔朗菲先前开创的一般系统论（general system theory）。因此，既然前者国内已经翻译成"一般系统论"，那么后者自然地就把它翻译成"一般进化论"了。后来，出于两个原因，笔者把它改译为"广义进化研究"了。原因之一是，贝塔朗菲虽然开创了"一般系统论"这门学科，可是至今这门学科也不能说取得了公认的、完全的成功，更遑论他从欧洲维也纳学派继承下来的"统一科学"的宏伟目标了。鉴于此，现在，拉兹洛组织多学科专家在短期内是否能成功发展"一般进化论"就大可存疑。原因之二是，后来笔者接触到爱因斯坦广义相对论（general relativity）和狭义相对论（special relativity），据此类推，"General Evolution Research"当然就可以翻译成"广义进化研究"，相形之下，达尔文的生物进化论和马克思的社会进化论，自然可以合理地理解为是"狭义进化论"，或者说"具体的""特殊的""关于特定阶段的"进化论。

20 多年来，笔者虽然多次参加小组的研讨活动，提供和发表论文，还定期收到期刊——至今累计 100 多本。前些年，笔者虽勉为其难组织翻译出版中文版"广义进化研究丛书"，可是刚出版了两辑（10 本），所获资金支持就撤了，笔者也就只好偃旗息鼓。基于这种情况，笔者不敢说自己完全掌握国际上这门新兴学科的研究成果，更没勇气打出"广义进化论"的旗号，在这里仅就自己的所学、所知和研究心得，提出"广义进化五条原理"，以供今人批评指正，以供后人继续探讨。

广义进化第一原理：质过程原理

唯物辩证法既是一门科学，也有自己的研究对象。恩格斯说："辩证法不过是关于自然、人类社会和思维的运动、变化和发展的普遍规律的科学。"这里，我们姑且暂不讨论唯物辩证法的三条规律是否对"自然、人类社会和思维"三大领域都同样普遍适用的科学规律，而先考察"运动、变化和发展"三个动词分别指称的三种过程，它们的区别、联系和异同。

100多年以来，马克思主义哲学家和学习者都习惯于背诵关于唯物辩证法的上述定义，笔者没见过他们当中有任何一位思考甚或辩证过"运动、变化和发展"。所以，笔者肯定是"第一个吃螃蟹的人"，因为在讲"进化"之前，笔者首先要做这项工作。

采用黑格尔式的哲学语言，可以这样说，一般运动包含运动、变化和发展三个特殊环节或特殊过程，三者既相互联系又相互区别。概言之，运动是基础，变化是中介，发展是结果。或者说，扬弃了的静止是运动，扬弃了的运动是变化，扬弃了的变化是发展。古希腊哲学家早就指出，运动本身就是矛盾或解决矛盾的过程——凡运动之物，同一时间既在某一点上又不在同一点上。运动必然引起变化，变化又一定会造成发展。就世界的整体和万物而言，运动是绝对的，不可能消灭。可是，我们可以抑制作为中介的变化，只要把一切革新性变异都扼杀在萌芽状态就可以做到，而一旦我们把作为中介的变化抑制住了，就不可能出现任何发展了。

凡阅读过黑格尔的哲学著作，或学习过马克思主义哲学教科书的读者，都大致读得懂上面这段话，所以笔者就不加解释了。笔者现在要讲的是，其实"运动、变化和发展"是发生在三种不同空间中的三种不同过程。

"运动"是牛顿时空中的物体因受到外力推动而发生的位移过程，通常用质量、动量、方向、速度、时间、位置这样几个量纲来描述。在经典物理学牛顿时空中，质点运动的动量是守恒的，遵守牛顿力学三大定律，具有协变性并服从伽利略变换。运动过程是可逆的，微积分是描述和研究运动的最有力的数学工具。

"变化"是在状态空间中发生的系统状态的运动过程。状态是系统足够全面的瞬时代表，状态空间则是指该系统的全部可能状态的集合。系统状态变化既可能是内部自发的，又可能是由环境输入引起的。系统状态变化由构成状态空间的所有变量描述，其研究工具在物理学中有相空间理论，在数学中有状态空间分析。不同系统的状态变化服从不同的规律，但有一个共同点——状态变化是可逆的。

"发展"是在质空间中发生的系统的质过程，包括渐变、突变和涌现。渐变是连续的，突变是间断的，而涌现则是无中生有。渐变是系统发育过程，是发生在质空间中的质的螺旋上升运动，螺纹之间的螺距代表发展速度，由此可见，相对于运动和变化，发展速度是非常缓慢的。除法国数学家托姆（R. Thom）的突变论，人类尚未构建出关于发展数学化的完备的科学理论，可是，有一点是肯定的——发展过程是不可逆的，意思是说在质空间中质不可能沿着同一轨迹退回初始状态。

正是在上述意义上，"进化"等同于"发展"，换句话说，宇宙的进化过程就是宇宙的发展过程，"广义进化原理"就是"广义发展原理"。当然，在现实生活中人们往往错误地把"发展"理解为单纯的数量增长，社会科学家还用"发展"指称国家的现代化过程，"进化"与后面这些意义无关。

广义进化第一原理说，进化是在质空间中推进的质过程，质速度是质螺旋上升的螺纹间距，相对于运动和变化的速度，质速度通常是非常缓慢的，并且经常是不可能直接获得的。这条原理在现实生活中有非常重要的意义。孔子早就悟出这个道理，并提出一个哲学命题："无欲速""欲速则不达"。须记住，这是在质空间中推进一种进化或发展过程时必须遵守的原则。《孟子》中有一则"揠苗助长"的寓言，其讽刺寓意亦在于此。采用今天的科学语言，我们可以说，寓言中那位急于求成的"宋人"，显然是错误地把植株苗在质空间中进化的质过程，当成物体在牛顿空间中的运动过程来处理了。

"学习"是个人头脑中知识结构的进化过程，也有"欲速则不达"的特性。

《礼记·学记》中有"学不躐等"的话。《孟子·离娄下》以水喻学，曰："源泉混混，不舍昼夜，盈科而后进，放乎四海。"其中，"科"意指坎，或坑洼，是以"盈科而后进"一句最得质过程的真精神。此外，《中庸·三十章》更告诫学人："有弗学，学之弗能弗措也；有弗问，问之弗知弗措也；有弗思，思之弗得弗措也；有弗辨，辨之弗明弗措也；有弗行，行之弗笃弗措也。"这几句话可做"盈科而后进"的脚注。

广义进化第二原理：对称性破缺原理

人类对于对称性的认识很可能是从自己身体的左右对称开始的。著名雕塑家波里克勒特在《论法规》一书中写道："身体美确实在于各部分之间的比例对称。"进一步的认识可能是从几何直观对称性到数学一般对称性，再从数学一般对称性到哲学抽象对称性。

哲学上讲抽象的"对称性"是指在任何一种变换性过程中保持着的不变性，其具体分类表如下：

空间对称：平移对称、旋转对称、反射对称；

时间对称：时间周期对称、时间反演对称；

标度对称：时间标度对称、空间分形标度对称、生物重演对称；

置换对称：正反粒子置换对称、玻色子相容性置换对称；

类比对称：类比推理对称。

苏联物理学家朗道在研究连续相变过程中最早提出"对称性破缺"。这个概念系指，原来具有对称性的系统在发生相变过程中对称性下降了。进一步说，就是系统的环境条件没变，支配系统的规律和控制参量也没变，可是在一个临界点上系统的宏观结构和行为自发地发生了改变，即发生了相变，结果导致系统的对称性下降，这就是自发的对称性破缺。例如，一块烧红了的铁磁体并无磁性，各个方向是对称的。可是，随着温度下降，在一个临界点上，铁磁体会发生从无磁性到有磁性的相变，随机选取一个方向为正极，另一个相反方向为负极，两极不对称了，整体的对称性下降了，这就是自发的对称性破缺。

平面几何图形显示的对称性破缺最为直观和容易理解，让我们选取几种来演示对称性破缺过程：

仅就图形自身内在的对称性而言，

圆形有无限多的对称性；

圆内接正方形有 6 种对称性；

长方形还剩 4 种对称性；

等边三角形有 3 种对称性；

等腰三角形只有 1 种对称性；

不等边三角形几乎没有任何对称性，可是有无限多的多样性和复杂性。

有了以上关于对称和对称性破缺的基本知识，我们再来讲广义进化的对称性破缺就容易理解了。

大约 137 亿年前，原始宇宙是超大统一和超对称的真空零点能场，不但有无限多的空间对称性，而且正反粒子成对产生又成对湮灭，还有时间对称性，引力和反引力（斥力）的对称性。尽管这样，零点能场内部仍然有随机的量子涨落，并由此在一个奇点上引发大爆炸，瞬间打破空间超对称性，出现时间的对称性破缺和时间矢量方向，还有引力和反引力（斥力）的对称性破缺。由于对称性降低，宇宙进入大统一状态。

接下来发生的是夸克与反夸克的对称性破缺——夸克禁闭，反夸克消失。夸克结合成参与强相互作用的质子和中子，还有介子。通过 β 衰变，中子转变成质子，释放出电子，强相互作用将质子同中子结合成核子。与此同时，由于进化出在基本粒子之间普遍存在的弱作用力，发生弱作用宇宙称不守恒的对称性破缺。接下来的是弱作用力同电磁作用力发生分离的对称性破缺。大统一阶段结束。

大爆炸开始时整个宇宙几乎只有辐射。3 分钟后，物质性的核子和辐射耦合在一起，宇宙保持空间均匀的对称性，10 亿个光子对一个核子。可是到30 万年时，由于温度下降，宇宙发生新的对称性破缺，电子与核子结合在一起形成原子，物质同辐射去耦，宇宙背景辐射变成透明。

在宇宙进化初期发生的最重要的对称性破缺是正物质粒子同反物质粒子的对称性破缺。本来在原始宇宙中各种正反粒子都是成对产生，相互碰撞后又成对湮灭。可是，后来由于对称性破缺，相比每 10 亿对正反物质粒子多出一个正物质粒子，正是这一个多出的额外物质粒子导致的对称性破缺，才进化出我们今天的物质宇宙。

在物质宇宙进化的早期阶段，空间充满均匀的对称性较高的等离子气体云。一团巨大的气体云在自身引力的作用下发生坍缩，等离子气体中氢核与氢核的碰撞引发核聚变反应，其核心的部分形成恒星，外围的残余部分形成行星。这是星系形成阶段的对称性破缺。在行星上继续推进的分子进化阶段，发生手性分子的对称性破缺。生命起源于 DNA 分子左右镜像的对称性破缺。当然，最重要的应当是微生物进化发生的动物与植物的对称性破缺，以及高等生物的雌雄对称性破缺。

在作为生命进化最高产物的人身上，尽管保有外形上十分明显的左右对称，然而实际上左右手和左右腿的能力是不对称的，多个内脏器官不是左右对称的。当然，最重要的是左脑同右脑的对称性破缺，这或许是人进化出处理语言信息和进行抽象思维能力的关键。

在人类社会系统发育进化阶段，最初的原始群和部落显然在各方面都是对称性比较高的。后世发生的社会进化是一步步不断推进的对称性破缺过程，包括分工的对称性破缺，社会系统结构的对称性破缺，社会权力的对称性破缺，知识和财富的对称性破缺，等等。现代社会的超级复杂性就是这样一步步进化出来的。

掌握广义进化的原理，懂得进化是对称性破缺过程，进化是从简单到复杂的发展过程，就能帮助我们在众多社会思潮、社会理论和社会实践当中，分辨究竟哪些是进步的，哪些是倒退的。

譬如，经典的共产主义理论提出，要"消灭私有制""消灭私有财产""消灭剥削，消灭压迫，消灭阶级"，再加上"消灭三大差别"。现在我们就会多动脑筋想一想：也许把"消灭"改为"缩小"更为稳妥。

广义进化第三原理：自组织原理

我们的宇宙起源于温度和密度极高的"真空零点能场"的一次大爆炸。宇宙确实经历了一段从热到冷、从密到稀的不可逆的演化史，并且循着原始物质→基本粒子→原子核→原子→气状物质→各种天体的演化途径进化到目前这个状态，并且还要继续进化。宇宙现在的平均温度已下降到3°K，还会继续以非常缓慢的速度下降，但根据热力学第三定律它不可能达到0°K。因此，热力学第二定律也就在宇宙的宏观尺度上获得了有力的证实。这说明热力学第二定律是在宇宙范围内普遍有效的最根本的物理学定律之一，它当然也是广义进化论研究必须遵循的依据。

地球上活生生的现实告诉我们，确实还有一个达尔文进化论发现的向上的时间方向。宇宙总的进化方向是向下的箭头，而我们地球上发生的进化方向是向上的箭头，这怎么可能呢？

20世纪后半期，主要由普利高津建立的非平衡态热力学或耗散结构理论解答了这个问题。那些远离平衡的开放系统，在达到一定阈值的持续的能量流（有时还有物质流）的作用下，从外环境吸收的负熵流能够抵消内部按热力学第二定律产生的增熵趋势，从而使自身总的熵值保持不变，甚至减少。然后通过内部某个涨落的放大由原来的无序状态进化为有序状态，这是一种要不断耗散能量才能维持住的动态的稳定状态，所以叫耗散结构。同经典热力学相反，普利高津得出的结论是："非平衡是有序之源""涨落导致有序"。

具有自组织进化机制的物质系统，必须是由大量的下层系统组成，不管这些下层系统按物质属性来看是光子、电子、原子、分子、细胞、神经元、器官、动物还是人，它们不达到一定的数量是不会出现自组织行为的。

这些下层系统之间必须要有非线性的相干性，换句话说，就是它们之间的关系不能是固定的、僵化的，或成正比例增长的（线性的）。因为一个刚性的物体，不管是晶体还是人造的机器之类的东西，即使有强大的持续的能量流输入，它们也不会有自组织行为和进化。只有那些由弥散分布并靠非线性关系耦合在一起的下层系统组成的宏大系统，由于下层系统都有一定的自由度和自发的无规则的独立运动，才会出现整体的失稳和局部的涨落，从而引发自组织行为。

什么是自组织呢？为什么我们要称它为自组织进化机制呢？所谓自组织是指，当一定的参量条件都得到满足时，尽管并未从外部环境得到任何进行组织和怎样组织的信息（指令），大量下层系统却自发地行动起来，从无序走向有序，从而在宏观尺度上组织成空间、时间或功能的结构。我们通常把物质系统的不同状态称为不同的相，当自组织行为发生时，系统发生了非平衡相变，从简单系统转化成复杂系统，开始了朝增加组织性的方向的向上的进化过程，所以就称这里面包含的进化机制为自组织进化机制。

目前，这套机制又被称为自组织理论或复杂系统演化理论。

20 世纪 70 年代，先后诞生了三种关于非平衡系统的自组织理论：耗散结构理论、协同学和超循环理论。耗散结构理论钟爱的实验对象是从底部均匀地加热的装有液体的平底容器，协同学钟爱的是激光器，超循环理论钟爱的是化学系统。如果把这些相对来说比较原始和简单的物质系统放到系统科学中来看，即把它们抽象成关系定向的系统，它们都有以下的共性：（1）都是同外部环境有能量（以及物质）交换的开放系统；（2）被来自外部环境的持续的能量流（有时还有物质流）驱使着远离热力学平衡态或化学平衡态，并维持某种动态的稳定状态；（3）都由具有非线性相干作用的大量下层系统组成。

因此，当外部的控制参量达到一定的阈值时，自组织现象便不可避免地自然而然发生了。

协同（合作） 当外界供给的能量流和物质流接近某阈值（临界值）时，下层系统之间的关联（非线性相干作用）逐渐增强，原来无规则的独立运动就相应地减弱了。当达到或超过一定阈值时，那数量巨大的下层系统好像是能够互相识别和遥相呼应似的同时按某种方式行动起来，在相互作用、带动、制约和干扰——非线性相干作用当中，均丧失了自身运动的独立性，参加到协同的（合作的）集体运动中，形成了稳定的或振荡的宏观结构。整个系统就一下子从原来的无序状态进化到有序状态，从简单系统转化成复杂系统。

序参量 "序参量"本是苏联物理学家列夫·朗道在 1931 年引入的一个物理概念，指"在临界点上具有不确定性的宏观参量"。

目前，在自组织理论中它被用作"描述微观有序性的宏观表现的参量"，或者说"描述相变过程中系统有序程度的量"①。

在相变前序参量为零，在接近或达到临界点处，它随着系统有序程度的增加而急剧增大。在临界点处，系统中有几个序参量同时存在，每个都有相应的一组微观组态，以及对应的一定的宏观结构。每个序参量都力图独立主宰系统，但如果做不到而暂时处于均势，那么序参量之间便自动形成妥协，通过协同和合作共同决定系统的有序结构（这是协同学的第二层含义）。然而，随着控制参量的继续变化，序参量之间的竞争会趋向尖锐，最终将导致只有一个序参量单独主宰系统的格局。这时系统实际进化到了更高一级的协同、更高一级的有序结构。所以我们说，协同形成结构，竞争促进发展。

协同学已经从实验和理论两方面证明，在原来的稳定状态下，所有的参量的作用都差不多。但是，到达临界点时它们要发生两极分化。绝大多数参量临界阻尼大，衰减快，属于快弛豫参量；它们对系统的演化进程不发生明显的作用。另外，总有一个或几个参量出现临界无阻尼现象，往往呈指数型增长，得到多数下层系统的响应，属于慢弛豫参量。它们在整个过程中始终在起作用，支配大量下层系统的行为，决定演化的进程和未来的结构。所以协同学又得出了另一个重要的结论：变化最慢的参量决定着系统演化的速度和进程。

涨落 进化的无限性不仅需要稳定，也需要失稳。如果没有外部和内部自发产生的非稳定性，系统就不会继续向上进化。现实的情况是系统总是不断受到来自外部环境的无规则变化的扰动。这些扰动可以看作是外涨落，也可看作是噪声。一方面，它们使系统失稳，换句话说，就是使原来的稳定状态变得不稳定了，甚至维持不下去了；另一方面，系统内部的各种参量也都

---

① 郭治安等编著：《协同学入门》，四川人民出版社 1988 年版，第 13 页。

有随机涨落——对统计平均值的偏离。它们表现为温度、压强、浓度、密度等的涨落，或表现为化学反应式中某些常数的涨落，或表现为变体、亚种，或表现为新的灵感、思潮和社会运动。

在一定的区域内，譬如，在热力学的线性非平衡区域内，这些涨落是干扰和破坏的因素，而系统总是竭力抗拒和吸收这些涨落。可是，超出一定的区域，譬如，在热力学分叉点之后，即在非线性非平衡区域内，这些涨落就成了建设性的因素，担当了非平衡相变的触发器。一个小的随机涨落可能在同其他涨落的竞争中迅速增长，通过相干效应不断增强，变成巨涨落，最终取得对整个系统的支配地位，从而驱使早已失稳的系统上升到一个新的更有序、更稳定，更能抗拒干扰，因而更适应环境的状态。这就是说，涨落导致微观结构的局部改变，进而该局部又改变了整个系统的宏观结构。

三种吸引子和三种状态　非平衡的热力学—化学系统处在一种动态稳定状态。有些系统是单稳的，有一个稳定状态；有些系统是双稳的，有两个稳定状态；有些是多稳的，有许多个稳定状态；还有些是超稳的，它们在失稳之后往往总能回到原来的稳定状态。这类系统的固有属性就是渐近稳定性，以及从一种稳定状态过渡到另一种稳定状态，但是外部环境变化引起的控制参量的改变和内部的各种涨落，总是趋向破坏原有的稳定状态。在物理学和系统学中都习惯于用相空间当中的运动轨迹来描述系统的状态变化。

在可逆过程中，系统对初态和终态的态度是一样的。但在我们研究的不可逆过程中，系统更偏爱对它有"吸引"的终态，那样的状态就成了另外一种状态的吸引中心，我们形象地把它们称为相图中的吸引子。有三类主要的吸引子：第一类是固定吸引子，又叫不动点吸引子，在相图中它像陷阱一样捕捉系统的状态轨线，因此系统就停留在一个稳定的状态上。第二类是周期吸引子，又叫极限环吸引子，它捕捉在一定时间间隔中重复出现的状态轨线，形成一个封闭曲线，因此系统就处在周期振荡状态。第三类是混沌吸引子，又叫奇异吸引子，它捕捉像湍流那样的混沌、飘忽不定，而隐含奇特秩序的状态轨线，因此系统就处在混沌状态。

混沌理论的出现和其中的某些发现是物理学和系统学的重大突破，大大丰富了广义系统论的自组织理论，因此有必要在此进一步介绍。我们原先把

"混沌"看作是混乱的代名词，认为它没有任何秩序可言，因此它又是系统的反义词。最新的研究成果表明，情况不完全是这样。首先，混沌吸引子是一个其上有折皱的曲面，具有非整数维，如 1.26 维、2.06 维、3.67 维等。其次，它把系统的运动轨线束缚在一定的区域内，反复伸拉和折皱，直至无穷，因此产生出一种"无穷嵌套的自相似结构"；这就是说，把其中任意一个局部加以放大，都会发现它有同整体相似的结构。最后，处在混沌状态的系统有一种固有的、不可消除的内在的随机性，它对初值有高度的敏感性。混沌吸引子起一种"泵"的作用，把初值的微小差别按指数增长的速度提升到宏观尺度上表现出来。[1]

可是，混沌又不是绝对的无序，相反，它里面隐藏着奇特的秩序。科学家们对描述复杂系统的非线性方程 $X_{n+1} = \mu X_n[1 - X_n]$，其中，$X_n \in [0, 1]$，$\mu \in [0, 4]$ 在计算机上做迭代计算时，发现它们周期性地出现分叉（有两个或两个以上的解）的数量是成倍增大的；当大到无穷大时，已无周期可言，就进入混沌状态。美国科学家费根鲍姆又发现它们都遵守倍周期分叉间距比值的一个常数 4.6692（费根鲍姆常数），由此可见，系统是按照一定的规律从有序走向混沌的，而混沌中又隐含着秩序。

分叉和选择　混沌系统具有内在的随机性，哪怕是最简单的一元二次的非线性方程，在进行迭代运算时，它也会按照倍周期规律周期性地出现分叉。现实中的物质系统往往要复杂得多，常常是同时受到多个不同吸引子的影响；相应地，为它们建立的系统模型也就要复杂得多。在这些模型中由于系统的失稳而产生的重大突变表现为系统进化的轨线出现分叉或多叉，而且其数量呈倍数增加。每一个分叉都是由吸引子的类型改变造成的，系统就相应地由稳定状态进入振荡状态，由振荡状态进入混沌状态等。

因此远离平衡的具有非线性相干性的系统的进化轨线不是一条，而是许多条。在每一个临界点上，或者说分叉点上，系统究竟选取哪一条轨线基本上是随机的、不可预见的。系统进入的新状态既不决定于初始条件，也不决定于环境参量的变化。两个系统，即使是从相同的初始条件出发，受到来自

---

① 张彦、林德宏：《系统自组织概论》，南京大学出版社 1990 年版，第103—119 页。

同一环境的相同干扰，它们也可能沿着不同的轨线进化。正如 I. 普利高津所指出的，动态系统有一种本质性的"发散属性"。这一属性从根本上动摇了建立在单一轨线概念基础上的经典决定论。因此，进化不是命运，而是机遇。① 在宏观上我们就看到，地球上的进化过程一直是在朝增加结构复杂性、活动有序性和自主活力的方向前进。

广义进化第四原理：自复制原理

自组织理论的一大贡献就是能较好地解释生命的起源。现在科学家相信，自组织进化机制开始发挥作用的一个必要条件——持续的热能量流是由在早期海洋中大量存在的海底温泉提供的。在那时的"海洋汤"中已经有多种多样的单质和化合物的分子。从海底温泉内不断冒出的流体还会源源不断地提供充足的离子、无机分子和高能有机分子。在这些条件都具备的区域内，进一步的进化过程便不可避免地发生了。

可是，仅仅依靠自组织进化机制是进化不出具有生命的单细胞生物体的。生命虽极难定义，但一般公认具有生命的系统必须有三种能力：新陈代谢、自复制和突变。其中的关键是自复制。如果没有自复制，那么自组织形成的结构随聚随散，便永远不能上升到更高级的层次。要有自复制能力，就必须有生物遗传信息的出现并开始发挥复制功能。这样就导出了"先有核酸，还是先有蛋白质"的问题，而这个问题正是"先有鸡还是先有蛋"这个古老问题的现代翻版。由 M. 艾根等人创立的超循环理论较好地解答了这些难题。

自催化和交叉催化 非平衡态热力学得出的一个重要结论是：在化学系统中，特别是在那些实际存在的生物化学反应系统中，只有在包含有催化步骤时，耗散结构才可能出现。化学反应的产物催化它自身的合成，这是最简

① ［美］E. 拉兹洛：《进化——广义综合理论》，闵家胤译，社会科学文献出版社 1988 年版，第 30、43—49 页。

单的自催化循环。它能保证这种产物呈指数增加，从而使生成速率大大高于分解速率。另一种比较复杂的形式是交叉催化循环，即两种化学反应的不同产物互相催化对方的合成；这种交叉催化循环圈不仅能保证两种产物的浓度呈指数增长，而且具有很好的抗拒干扰和保持稳定的能力。

超循环　超循环是更高级的循环，或者说是由两个和两个以上的第一级循环圈连锁形成的第二级循环圈。如果化学反应 A 的产物不仅催化 A 的合成而且催化 B 的合成，B 的产物不仅催化 B 的合成而且催化 C 的合成，C 的产物不仅催化 C 的合成，而且催化 A 的合成，那么它们就连锁形成了超循环。它是一种独特的封闭的化学反应网络，标志自组织进化达到一个新的高度。它由超循环圈联系在一起的多种产物稳定地、受控地共存，相干地增长和一起进化。超循环圈的规模还能扩大或缩小，这种变动能提供任何选择优势。因此，超循环圈就能更有力地同其他独立存在的实体，以及各类循环圈进行竞争。它是一种新的稳定的秩序，一旦建立起来就不容易被任何新来者所取代，从而造成"发生即长存"的结果。①

会聚和整合　由于超循环有这样的优点或竞争优势，物理与化学动态系统就表现出共同分享并在环境内形成超循环的趋势。超循环的形成允许两个或两个以上的系统联合起来，创造出一个更高层次的上层系统，我们把这样造成的从组织性的一个层次向另一个层次的上升叫作会聚。会聚的结果是一个更高层次的系统，它迫使那些下层系统接受一个集体功能模式的内部约束并放弃自身的许多动态细节，当然也就缩小了自身活动的自由度。

通过会聚而形成的新的系统又为进一步的进化开辟了新天地，因为在这个新的层次上的若干系统又能通过超循环连锁，会聚出一个更高层次的上层系统。这样经过若干逐级上升的超循环会聚之后，就形成了具有等级结构的复杂系统。再经过内部结构和外部功能的优化，一个相对完整的具有更大活力和自主性的复杂系统就整合出来了。我们在整个生物进化过程中都能观察到会聚和整合的作用。在早期，真核（有核）细胞的进化就是通过前核（无

---

① ［德］M. 艾根、P. 舒斯特尔：《超循环论》，曾国屏、沈小峰译，上海译文出版社 1990
年版，第 139—141 页。

核）细胞当中的会聚和整合实现的，真核细胞的许多重要细胞器，譬如，像线粒体、叶绿体、鞭状体和施行有丝分裂的细胞器，都可能是起源于原始前核细胞当中形成的超循环的会聚和整合。接下来，多细胞物种又是从真核细胞生物当中的超循环圈的会聚和整合中产生出来的。

信息和生命　我们采用维纳的观点，把信息看作不同于物质和能量的一种新的元素。按照目前被广泛采用的定义，信息被解释成系统的组织性或有序性的度量，它的功能是消除系统的不确定性。这种解释是片面的，有严重的缺点，因为一个系统内部的组织性或有序性仅仅是潜在信息，它无从自己消除自己的不确定性。真正的信息仅存在于由信源、信道和信宿这三个下层系统所组成的通信系统中，或者更确切地说，仅存在于某种通信活动或通信过程中。其功能是消除信宿系统相对信源系统的不确定性。总之，信息要相对于这种通信功能，要被读出，才能获得意义和价值。所以，恰当的信息定义应当是：信息是在通信系统中信源经由信道传输给信宿的组织性或有序性，它减少或消除了信宿（接收系统）相对于信源（输出系统）的不确定性。

在人类目前积累的科学知识范围内，我们所知道的最早、最原始的通信活动是生物细胞中核酸与蛋白质之间的通信，那里就是信息创生的起点，从而也是生命的起点。正像时间起源于宇宙热力学不可逆过程的对称性破缺，物质起源于基本粒子及其反粒子的对称性破缺，信息也起源于多种生化分子排列的空间秩序的对称性破缺。生物信息传输的组织性或有序性是在物理－化学非平衡态系统的自组织进化过程中创造出来的，但它不是按照一种决定论过程一下子创造出来的，而是在一种随机过程中，经过漫长的竞争和选择逐渐地创造出来的。

在地球上生命起源的"原始汤"中，开始多种多样的生化分子肯定是处在无序的混乱状态。目前已从理论和实验两方面说明，在具备我们前面阐明的那些条件和进化机制的情况下，构成细胞内通信系统的信源、信道和信宿的三种生化大分子——脱氧核糖核酸（DNA）、核糖核酸（RNA）和蛋白质都能独立地进化出来。DNA 是由四种核苷酸（碱基）编码，每三种构成一组，共有六十四组三联密码。RNA 也由这四种核苷酸编码，但结构和性质与

DNA 有细微的区别。蛋白质则由 24 种不同的氨基酸编码，它们可以构成几十万种结构和功能各异的蛋白质。它们三者的合成都需要某种酶（也是蛋白质）做催化剂，所以都是自催化或交叉催化循环圈。它们在"原始汤"中互相识别、碰撞、连锁和会聚是一个无序的、没有对称破缺的随机过程，它们能形成多种多样的交叉催化循环圈和超循环圈，并展开激烈的竞争。终于有一类超循环圈表现出最高的选择价值，即有最快的复制速率、比较慢的分解速率和适中的复制错误发生率。这一类超循环圈的结构就是 DNA→RNA→蛋白质→DNA。它们构成了一个通信系统：DNA 语言编码的组织性或有序性被转录成类似的 RNA 语言的组织性或有序性，最后再翻译成由 24 种氨基酸字母编码的蛋白质语言的组织性或有序性，而某些种类的蛋白质反过来又催化 DNA 的合成。

一旦这个闭合的超循环圈形成，我们就找不到起点和终点，也分不清谁先谁后。最初可能是一个偶然产生的拷贝，可以看作是一个微涨落。由于表现出最高的选择价值，它迅速地在竞争中获胜，取得优势，扩大成巨涨落，最后占据了整个信息空间。它造成了信息沿 DNA→RNA→蛋白质这个方向传递的通信系统，造成了在"原始汤"中多种生化分子排列的空间秩序的对称性破缺。信息就这样通过随机组合、竞争和选择创造出来了，生命就这样诞生了。至此，我们就能正面回答前面提出的问题：核酸和蛋白质是同时进化出来的，正像"有了蛋就有了鸡，有了鸡就有了蛋"。

自复制和变体　进一步整合、优化和复杂化产生出来有生命的单细胞生物。这种处在更高层次、更复杂的系统享有更大的活力和自主性。它虽精巧，但也脆弱。尽管它已拥有自我更新和自我修复的能力，但仍然按照一种难以解释和不可抗拒的自然规律表现出有生命周期——它在一定的时间限度内要死亡。死亡给进化带来的威胁是细胞内积累的组织性或有序性要瓦解，生物遗传信息要消失。幸运的是，细胞已进化出了一套自复制机制和能力，它能在"原始汤"中一次又一次地将自己再生产出来。每当这样一个自复制周期完成了，细胞就分裂成同样的两个：旧的死亡了，新的诞生了，而且数量翻了一番。自复制的关键是 DNA 内包含的起模板作用的生物遗传信息，它一次又一次地被转录和翻译，生产出了数量呈指数增长的同样的复制。于是，我们看到了生命进化的奇异特征：死亡是新生和进化的前提，生物遗传信息成了不朽的实存。古人一直在谈论的话题——"肉体的死亡"和"灵魂的永生"，在现代科学中获得了惊人的实证——这灵魂便是遗传信息。

继续进化的一个前提是有差错的自复制，因为绝对忠实的（无任何差错）的复制将造成进化的停滞，尽管自复制体的数量可能不断增长。幸运的是生物遗传信息在转录和翻译过程中总按某个数值的概率发生"打字错误"，这可看作这种通信系统中不可消除的"噪声"涨落。其宏观表现就是不断有变体表型出现，它们为生存竞争和自然选择提供了材料。

变体出现，在生存竞争中取得胜利并大量地繁殖将导致物种发生分化。新的亚种，甚至全新的物种将会出现。每一次分化都可以看作是进化轨线在宏观尺度上发生的分叉，也可看作是一次"噪声"涨落的放大。结果就是进化朝多样性空间不断地推进，新物种层出不穷。像动物和植物的分野，两性区分的出现，都是巨涨落放大之后造成的巨分叉。单体繁殖容易因信息的损失造成物种退化；通过专门的生殖细胞——精子和卵子的结合，有性繁殖不但能保证信息不损失，而且还能保证每次复制出同双亲均有差异的变体。近缘杂交和远缘杂交则直接培养出新品种。这些都大大加快了进化的速度。

在一个超循环结构中，错误复制的期望值必须在规定的范围之内，否则所积累的信息量就会因复制错误过多而遗失或溃散。因此，自复制单元的分子符号（核苷酸）的数目不能太小，否则其随机误差将过大，不能保证错误复制率在某一规定阈值之下。实验和理论都证明，自复制单元的最小核苷酸数应在 600 以上。随着生物的进化，自复制单元 RNA 和 DNA 的分子量增加，复制的错误率减少，生物的最大信息容量也随着增加。到高等的脊椎动物，其 DNA 的信息容量的位数已高达 $5.3 \times 10^{+9}$，而错误率已从 5×10^{-2} 下降到 1×10^{-9}。[①]

群体进化　生物进化的最高形式是生态系统中的群体进化。生态系统是在自然环境基础上各种各样的生物群体组成的自然系统，这些生物群体是靠被称为食物链的交叉催化循环网络维持的。在生态系统中进化的单位不再是

---

① 张彦、林德宏：《系统自组织概论》，南京大学出版社 1990 年版，第 50、51 页。

个体，而是群体。按照新近获得确认的间断平衡理论，在生态系统中，分享一个相似的适应程序安排的一批物种组成一个进化枝，其中有一个占支配地位的物种群体和占支配地位的循环圈。在很长的时期内，譬如，几百万年这样长的一段时期，各个种群都利用它们的遗传信息库一代一代往下繁殖，基本上不发生什么变化。进化之所以发生，是由于有其他物种或亚种偶然闯进了一个进化枝的边缘，打破了占支配地位的循环圈，从而使原来占支配地位的种群构成的系统，在自己的环境中失稳了。出现了原来在边缘的物种或亚种取代灭绝物种，从而取得支配地位的进化性飞跃。从旧的动态平衡的打破到新的动态平衡的重建，中间这段飞跃时间大约距今在5000年到50000年。

此外，从地层中发掘出来的化石记录来看，在生物群体进化的历史上，还发生过大批物种突然灭绝和另一大批物种突然诞生的情况；这是用达尔文生物进化渐近论和现代综合进化论的间断平衡理论都解释不了的。科学家们只能用自然环境中偶然发生的严重灾变来解释，例如，超巨型的陨石同地球相撞和周期性的地球冰河期的到来。这时地球自然环境的许多参量都剧烈地改变了，迫使众多的生物群体在短时期内不是进化了，就是灭亡了。

广义进化第五原理：自创造原理

在生物圈之上的是意识圈，在生态系统的基础上进化出来的是社会系统。人是社会系统的基本元素和原始变异点。人区别于其他动物的是他具有意识。意识使人成了认知主体和创造主体，所以更高级的一种进化机制是以人为中心的自创造进化机制。这种进化机制是怎样一步步进化出来的呢？它又要把人类社会引向何方呢？

同环境的通信　自复制进化机制的关键是生物细胞的内环境中核酸同蛋白质之间的通信，自创造进化机制则是生物自身同外环境的通信。

生物体同环境的通信起源于蛋白质对环境的感受性：蛋白质对环境因素的各种参量的改变可发生强烈的反应，改变自己的体积和形状，加速或减缓自催化化学反应，甚至发生细微的结构改变。总之，它具有最原始的为适应环境的改变而改变的能力。

更高一级的通信能力是生物细胞的感受刺激的能力。最原始的单细胞生物已能感受外界的刺激，然后加快或减缓新陈代谢，改变自复制的速度、移动空间位置等，从而主动地去适应环境的变化。

从最原始的单细胞生物开始，所有生物同环境通信的基本方式是利用反馈信息。所谓反馈，是关于系统某个参量实际级与参照级之间差距的信息又被用以改变这个差距。如果利用反馈信息采取的行动扩大了系统参量实际级同参照级之间的差距，就称为正反馈。反之，如果所采取的行动缩小了两级之间的差距，则称为负反馈。[①] 所有生物机体都是远离平衡的动态系统，它们基本的参照级是通过不断地同环境交换物质、能量、信息，来保持自身动态稳定的一定水平，一方面，它们总是大量地利用负反馈机制进行内稳态调节；另一方面，它们又是具有自组织、自复制的进化机制的系统，因此它们有时也利用正反馈机制来打破原有的平衡和结构，寻找和建立新的动态平衡和结构。因此，生物机体系统同环境通信就有两种结果：负反馈自稳和正反馈自组。

通信系统的进化　在同环境不断进行多种多样的反馈通信时，每种反馈通信都要求有三个必要条件：参照级数据、实际数据和比较机制。参照级数据主要表现为外在的行为目标和内在的稳态目标。实际级数据则表现为关于系统输出（行为）的效果的信息和内部自身状态的信息。比较机制则包括获取、传输、加工、分析、比较等通信和信息处理功能。由此可见，随着生物机体的进化，必然要求进化出越来越发达和复杂的通信系统或信息处理系统。

我们可以按目前人工信息处理系统采用的术语，把动物体内自然通信系统也划分成硬件系统和软件系统，分别概述它们的进化。

通信硬件系统的进化大致经历了这样一些步骤：首先分化出专司接收和处理信息的神经细胞，神经细胞会聚成神经索，分化出专门进行内稳态调节的植物性神经系统和专门处理外部信息的神经系统，形成中枢神经系统，以及最后进化出从事高级的信息处理活动的大脑皮层；其次就是接收环境信息

---

① 阿·曼普拉萨德：《论反馈的定义》，闵家胤译，《经济学译丛》1986 年第 4 期。

的感觉器官的形成和分化，形成了视觉、听觉、嗅觉、味觉、触觉等感觉器官；最后是在人身上进化出了整套通信和信息处理系统的终端效应器——双手。

与此同步的是通信软件系统的进化。这里所说的"软件"是指生物，特别是动物和人的神经系统中的信息编码结构，以及这种结构的记忆和记录。这类软件系统的进化大致经历了一些主要步骤：首先是对各种外界刺激的笼统感受；其次是分化了的感觉和感情，知觉和表象，对感性形象的记忆、想象、概念、判断、推理，以及第二信号系统——口头语言；再次是文字符号和用文字符号编码的文化信息在大脑内的记忆储存；最后是意识和各种意识活动。

此外，在人类社会系统中还进化出了图画、记号、文字符号、书籍、报刊、图书馆、档案馆、数据库、声像制品、计算机、互联网软件等通信软件形式，以及教育、邮政、电话、电影、电视、计算机、互联网等通信硬件形式。

作为自创造主体的人 在我们所认识的这个宇宙的范围内，进化的最伟大的杰作和最高级的产物就是人。前面所讨论的所有进化历程和进化机制都集中整合在人的身上。那么人超出万物并成为万物之灵的最伟大之处究竟是什么呢？人能奔跑，但不如马；人有力气，但不如牛；人能搏斗，但不敌狮虎；人能感觉，但远逊于鹰犬。可是，在人身上有一套系统，其发达程度远远超出任何动物身上的，那就是他同环境通信、处理符号信息和对环境做功的那套系统。正是这套以大脑为信息处理和控制中心，以双手为操作终端的系统使人超出万物成为自创造主体。

以脑为中心的这套信息处理系统的第一个功能是通过各种感觉器官信道获取环境信息。第二个功能是将这些信息整理加工成大量图像和用符号语言编码的知识，储存在记忆中，以备随时提取。第三个功能是按照主体的需要，在主体意识的监控之下，进行创造性的想象、逻辑推理和创新设计。我们已经从理论和经验两方面认识到，人脑细胞和整个人脑很可能都是在全息地运转。不管怎样，人脑的创造性思维活动经常是以灵感的形式出现，也就是说，新图像、新观点、新设计是从无意识和混沌当中像闪电一样突然涌现出来的。这往往就是自创造进化过程的一个起点。因为人一方面可以运用双手劳动，把一种新设计实现为一种物化的人造物品或人工系统，从而直接推动社会的进化；另一方面还可以把灵感加工成观点，推演成理论，传播成思潮，发展成社会运动，甚至转化成文化传统，从而间接地、长期地推动社会的进化。

随着人逐步进化成自创造系统，他就逐步发挥这种功能进行创造性的劳动。他不再像所有别的动物一样被动地适应自然环境，而是主动地改造环境，让环境适应人的需要。他不满足于索取和利用现成的自然物品和自然系统，而是设计和生产出越来越多样化的能满足人的各种需要的人造物品和人工系统。在人的创造力的推动下，在自然生态系统的基础之上，就逐渐进化出了人创造的社会系统，它是人赖以生存和繁衍的人造环境。

社会系统的进化　社会系统是在生态系统基础之上进化出来的，由人组成的生产人、人造物品和人工系统的自复制－自创造系统。这是目前能给出的最好的社会系统的定义。

从这个定义看，社会系统有两个环境：一个是自然环境，即生态系统；另一个是社会环境，即其他社会系统。社会系统永远要对自然环境保持开放，否则它就不可能存在和进化。但社会系统对其社会环境则可以保持开放，即进行物资、人员、文化等方面的交流；也可以保持封闭，即不进行这类交流。前一种情况称为开放社会，一般来说发展较快；后一种情况称为封闭社会，一般来说发展较慢。

上述定义明确地把人规定为社会系统的主体，从而也是历史的主体。人不仅是自身生产的主体，而且是精神生产和物质生产的主体。前一种生产是生物性的自复制过程，而后两种生产则是社会性的自复制和自创造过程。同生物性的生产一样，社会性的生产也需要物质、能量和信息三种流体作为推动力量。其中，物质流、能量流主要来自自然环境，而信息流则主要是作为社会系统基本元素的人的头脑创造性地生产出来的。这三种流体都要汇集到人身上，再通过他们的实践活动来维持社会系统的存在并推动社会系统进化。

社会系统兼有自然系统和人工系统的双重属性。一方面，从外部透视，它仍然是一个自然系统，是在太阳的辐射能量流（包括其储存形式煤、石油和木材）推动下，维持和进化的远离平衡的复杂的动态系统，因此我们前面讨论的自组织和自复制进化机制对它都是适用的；另一方面，从内部透视，它是一个人工系统，是由许多人设计和生产出来的系统。现存的任何一个社会系统，确实不是某一个人在一夜之间有目的地设计和生产出来的，却是世世代代所有的人在追求他们各自的价值目标时，自觉或不自觉地生产出来的。每个人对社会系统的设计和生产都贡献了一份力量，那些神话和宗教的创始人、伟大的哲学家、科学家和技术发明家、成功的企业家和政治家，只不过贡献较大罢了。

笔者在此提出一个新概念"意识涨落"。意识涨落至少有两方面的含义：一方面，人是社会的细胞，人是社会系统的基本元素，人的大脑是社会进化的原始变异点。某些具有文化创造力的个人头脑中的意识涨落突现为灵感，它往往成为文化、社会进化的新起点。另一方面，占据社会支配地位的某些个人，如国王、皇帝和军事统帅，他们头脑中的意识涨落常常表现为一时心血来潮的冲动，据此发动了一场战争、一场政治运动或一次大屠杀，改写了历史。

然而，任何人又都不可能随心所欲地复制和创造他们的社会系统，他们的活动是在社会系统的文化遗传法则的支配下进行的。文化遗传起源于生物群体中个体与个体、上一代同下一代之间的体外通信，即靠它们各自特有的语言和动作来交流和传授求生的技能和行为方式的活动。在人类的社会群体中，最初在很长一段历史时期内都是靠口耳相授积累和传递口语文化。待到文字和书写工具发明之后，才有了真正的文化和文化遗传。狭义的文化指的是社会系统中人们头脑生产的智能信息流的记录；广义的文化则还要加上这些智能信息流物化的物质产品。狭义的文化就是社会系统内的 DNA，它通过教育被转录到一代又一代人的头脑中，再通过他们用双手完成的生产活动实现为各种产品，最终外化为一个具有特定结构和功能的社会。比照生物遗传过程中信息流向的中心法则是 DNA→RNA→氨基酸→蛋白质→表型→群体，社会系统中文化遗传信息流向的中心法则是心灵→文化→教育→人→生产→社会。所不同的是，社会系统中人人都有一个很发达的处理和生产智能信息流的大脑。因此，他们除了完成自复制生产过程外，人人都可能进行自创造的精神生产和物质生产活动，而这又反过来不断丰富社会的文化信息库。社会系统就是在这种自复制和自创造的超循环过程中进化的。此外，社会系统之间的文化交流，特别是通过文字翻译工作进行的文化交流，也常常对社会系统的进化产生巨大的推动作用。

认知图像的进化　认知图像是人们认识自己和周围世界的思维模式，它是社会系统中最重要的文化因素。它揭示环境及社会结构的特征，产生科学和技术，赋予价值并指导社会实践的方向。认知图像按照社会系统的文化遗传规律扩散和遗传。在所有社会中都会出现突变型认知图像，它们在功能上类似于生物遗传基因的突变类型。它们会形成各种亚文化和社会运动，以确保社会有可继续向前进化。

认知图像的进化往往以科学革命的形式出现，进一步发展成技术革命，最终爆发了社会革命。现代工业社会的认知图像是由伽利略、牛顿、培根、笛卡儿发展出来的，再由洛克、亚当·斯密、达尔文将它扩展到生物、社会和经济领域。这是一种原子论和机械论的认知图像。它产生出物质主义的价值：不断地同自然界斗争和向大自然索取，以满足人类日益增长的物质需求。它带来了今天人类物质生活的繁荣，但伴随着一个损害生态环境的增熵过程，把人类社会引向灾变分叉点。

在当前和未来，只有占据主导地位的认知图像的转变，以及由此带来的人类主导价值观念的转变，才可能扭转现在世界系统发展的总趋势，协调发展与和谐的关系。笔者深信，这种新的认知图像就是我们所探讨的从 20 世纪科学革命五项伟大成就中涌现出来的系统哲学新体系。

朝世界系统会聚和整合　在这种新的认知图像指导下，在认识了进化的一般规律和机制之后，人类应当"从进化的意识中产生出有意识的进化"。

当前世界系统的状况是已经进化出将近 200 个在各个方面都参差不齐的畸形的民族国家和几百家跨国公司，它们都在过时的认知图像的导引下盲目地生产和创造，各自追求自己的目标和利益，继续把全球社会朝灾变分叉点推进。为扭转这种情况，除了要创造出新的认知图像之外，还要自觉地尽快进化出结构合理的世界系统，增强合作意识、全球意识和生态意识。

当前重要的一步是要逐步会聚出十几个像欧盟那样的区域性的经济、文化、军事共同体，由它们来管理人类的经济生活，建立集体安全体系以替代有害无益的军备竞赛。然后再由它们整合成全球范围内的世界系统。

　　未来的世界系统将不是一个像军队那样的集中控制的多层次命令系统，而是一个像生态系统那样的分散控制的多层次参与系统。在那种系统的每一个层次上，主要的工作方式就是合作、协商和平等参与。唯有环境问题需要进化出全球性的集中控制机构，因为这个问题不是只考虑局部和采取局部性措施能解决的，必须采用全面的、强制性的监控措施。

　　在变化的社会系统中将明确地重视个人的自由和社会的公平，并把二者结合在一种创造性的建构和平衡之中，使保障个人利益的目标与确保社会进步的目标相协调，并使个人的进化和社会的进化相互促进。

第六章
质学原理

数学和质学

"质"和"量"或者"数量"和"质量",是最基本的哲学范畴,是人类思维早就普遍运用的最古老的范畴。奇怪的是,几千年来,它们受到人类重视的程度竟然天壤之别:研究"量"的数学,早已发展成具有几十个分支学科的极其艰深的大学问,同时又是每个受教育者从小到大要苦学十几年的主要学科,同语文和外语并列的主科。相反,"质"却被冷落在一边,至今还没有一门研究"质"的学问,更没有多少人思考这个问题。目前的现实情况是,人类在许多方面都是求量不求质,比数量不比质量,追求增长而不注重内涵发展——人类成了数量物种。人类盲目追求增长和拼比数量,如罗马俱乐部第一份报告所警告的那样,正在耗尽地球资源,正在毁坏生态环境,正在逼近地球能够容纳和容忍的极限,正在把人类这个物种引向灾变,引向自我灭亡。

本书"广义进化原理"一章讲"对称性破缺","数学"如此发达而"质学"几近于无,这是一种典型的对称性破缺,然而又是太破缺的破缺——破缺到人类的社会生活失衡要殃及自身的存在了,你说该不该有人出来纠偏?该不该有人出来创立质学?本章就是要做这样一种尝试。

实体和属性

为纠偏就必须创立质学，而要创立质学首先要考察"质"。为此，我们首先要对"实体"进行一番考察。

亚里士多德最早对"实体"概念进行了明确的界定和全面的论述。他认为，实体，从这个词的最真实、原始而又最明确的意义说是指既不能被断言于主体又不依存于主体的事物。例如，个别的人或马。① 若翻译成现代哲学语言，笔者想可以说"实体就是独立的自在的实存"。

他明确指出："个别的人被包括在'人'这个种内，而这个种所属的类是'动物'；因此它们——'人'② 这个种和'动物'这个类——都被称为第二实体。"③ 可见，他已模糊地认识到"实体"按外延有层级性。

亚里士多德认为，"实体"是其他范畴的主体或基础，其他范畴存在于这个主体之中，统统都是实体的"属性"；用他的原话说："显然，正是靠这个范畴，其他的任何一个范畴才会'有'。"④ 这就是说，实体有诸多属性。

"实体"同"属性"有三条差别："（1）实体没有相反者，属性则有相反者；（2）实体是不容许有不同程度的，属性则有不同程度；（3）实体的最显著标志是：虽保持数目的同一，却能容许有相反的性质。"⑤ 总之，实体的一个显著标志是："虽则在数目上保持一个而且是同一个，它容许有相反的性质，其变化是由实体本身的变化而引起的。"⑥

在探讨"实体"的含义时，亚里士多德认为实体的一个重要含义是"底层"或"基质"，它包括：质料；公式或形状，即形式；质料和形式的复合。他把"质料"和"形式"看作"实体"范畴的规定和展开，任何个体事物

---

① ［古希腊］亚里士多德：《工具论》，李匡武译，广东人民出版社 1984 年版，第 12 页。
② ［古希腊］亚里士多德：《工具论》，李匡武译，广东人民出版社 1984 年版，第 12 页。
③ ［古希腊］亚里士多德：《工具论》，李匡武译，广东人民出版社 1984 年版，第 12 页。
④ 谢庆绵：《西方哲学范畴史》，江西人民出版社 1987 年版，第 96 页。
⑤ ［古希腊］亚里士多德：《工具论》，李匡武译，广东人民出版社 1984 年版，第 17 页。
⑥ ［古希腊］亚里士多德：《工具论》，李匡武译，广东人民出版社 1984 年版，第 17 页。

都是"质料"和"形式"的统一。

他还认为，各种属性赖以变化的基质是实体，而实体赖以变化的基质是质料和形式，就人工产品而言，有以下几种情况：质料相同，形式相异，可产生不同的产品；特定的产品只能由特定的质料制成；若要用不同质料制成相同的产品，则形式必须相同；如质料和形式都不同，则制出的产品必定不同。①

在欧洲近代哲学家当中，笛卡儿把"实体"定义为"能自己存在而其存在并不需要别的事物的一种事物"。他认为有三个实体：上帝、心灵和物体。他的一个重要贡献是指出"每一个实体都只有一种主要的性质，来构成它的本性或本质，而为别的性质所依托"。②

实体学说是斯宾诺莎哲学体系的基石。他对实体下的定义是："我把实体理解为在自身内并通过自身而被认识的东西。换言之，形成实体的概念，可以无须借助于别的事物的概念。"接下来的两个命题是："我把属性理解为从理智看来是构成实体的本质的东西。""我把样式理解为实体的特殊状态'affectiones'，亦即在别的事物内并通过别的事物而被认识的东西。"③ 需要补充说明的是，引文把英文"affectiones"译为"特殊状态"是勉为其难的译法，按其原意应当是"由外来影响造成的属性"，或如"外加的印记"。

莱布尼茨提出了单子（monad），"一种组成复合物的单纯实体""自然的真正原子"。它没有部分，没有广延、形状和可分性。单子之间"本来没有量的差别"，但是"单子一定要有某种性质，否则它们就根本不是存在的东西了""而且，每一个单子必须与任何一个别的单子不同。因为自然界绝没有两个东西完全一样，不可能在其中找出一种内在的、基于固有本质的差别来"。他还预言"单子是只能突然产生、突然消失的，这就是说，它们只能通过创造而产生、通过毁灭而消失"。在笔者看来，凭着直觉、猜想和推理，莱布尼茨超过了古希腊的原子论者，触及现代物理学证实的"基本粒

---

①　谢庆绵：《西方哲学范畴史》，江西人民出版社 1987 年版，第 102 页。

②　[法] 笛卡尔：《哲学原理》，关文运译，商务印书馆 1958 年版，第 20 页。

③　北京大学哲学系外国哲学史教研室编译：《西方哲学原著选读》上卷，商务印书馆 1982 年版，第 415 页。

子"这个层次了。

用单子论去解释有生命的机体，在笔者看来，莱布尼茨进一步触及现代
生物学证实的"细胞"和其中的"基因"了。请看，他写道："每个生物的
有机形体乃是一种神圣的机器，或一个自然的自动机，无限地优越于一切人
造的自动机。"因为"它们的无穷小的部分也还是机器""在精子中无疑地已
经有某种预存的形构，人们判定不仅有机的形体在受胎之前已经存在于其中，
而且还有一个灵魂在这个形体里面。总之，已经有了动物本身，而凭着受胎
的方法，这个动物仅仅是被安排来迎接一个巨大的变形作用，以便变成一个
完全另一种的动物"。他甚至进一步触及"开放系统"的概念，因为他写道：
"一切形体都在一个永恒的流之中，好像河流一样，继续不断地有些部分流
出和流进。"①

物质实体系统

有一种说法，认为 18 世纪法国唯物主义哲学发展了"自然"和"物质"
这两个范畴，接下来，在马克思主义的辩证唯物主义哲学中"物质"范畴几
乎完全取代了"实体"范畴。这基本上是历史事实，但笔者认为"物质"范
畴和"实体"范畴是可以并存的；因此，在系统哲学中它们都有一个恰当的
位置。亚里士多德在研究"质料"和"形式"范畴时，无意之中给出了哲学
史上第一个"物质"定义："一切都剥除了以后，剩下的就只是'物质'，它
'既不是个别事物，也不是某一定量'。"②

在近代西方哲学中，17 世纪，笛卡儿第一个从本体论给出物质的定义：
"物质的本性仅仅在于它是一个广延的东西，它把可能有这些其他世界存在
的一切可以想象的空间都占据了，我们无法在自己的心里发现任何别的物质

---

① 北京大学哲学系外国哲学史教研室编译：《西方哲学原著选读》上卷，商务印书馆 1982 年
版，第 476—493 页。

② ［古希腊］亚里士多德：《形而上学》，商务印书馆 1959 年版，第 127—128 页。

的观念。"① 18 世纪，法国唯物主义哲学家爱尔维修给出了进一步的定义："物质不是一个存在物，自然里只有被称为物体的个体，人们应该把物质这个词理解为一切物体的共有的属性的总和。"② 19 世纪，恩格斯给出了一个类似的定义："物质无非是各种实物的总和，而这个概念就是从这一总和中抽象出来的。"③

17 世纪，洛克给出了从认识论角度的"物质"定义："物质是许多影响我们感官的性质所寄托的某种东西。"④ 18 世纪，霍尔巴赫给出了进一步的定义："对于我们来说，物质一般地就是一切以任何一种方式刺激我们感官的东西；我们归之于不同的物质的那些特性，是以不同的物质在我们身上造成的不同的印象或变化为基础的。"⑤ 20 世纪初，列宁给出了一个更精确的定义："物质是标志客观实在的哲学范畴，这种客观实在是人通过感觉感知的，它不依赖于我们的感觉而存在，为我们的感觉所复写、摄影、反映。"

系统哲学依然承认和使用"物质"范畴，但在 20 世纪自然科学成就的基础上赋予它某些新的含义。

物质并不是宇宙中唯一的、绝对的和永恒的存在。相反，它是在宇宙整体的进化过程中创生出来的，并将在未来的进化过程中瓦解和消失，转化成辐射能量和场，从而失去其基本的属性——广延性和实在性。因此，"物质"已失去了在此前 300 年内那种至高无上的独尊的地位，安于同场、能量、信息和意识等范畴并列，一起来把握和描述宇宙的客观实在性。

物质具有进化的层级结构，在已发现的最低的层次上它是六种夸克，它们组成 300 多种不同的基本粒子，其中某些最稳定者又构成 110 多种化学元素的原子，然后再进化出更高等级的物质结构形式。

相应地，"实体"就变成特指每一单独的具体的物质性的建构的哲学范

① 北京大学哲学系外国哲学史教研室编译：《西方哲学原著选读》上卷，商务印书馆 1982 年版，第 381 页。
② 葛力：《十八世纪的法国唯物主义》，上海人民出版社 1982 年版，第 69—70 页。
③ ［德］恩格斯：《自然辩证法》，曹葆华等译，人民出版社 1957 年版，第 214 页。
④ 北京大学哲学系外国哲学史教研室编译：《十六—十八世纪西欧各国哲学》，生活·读书·新知三联书店 1958 年版，第 258 页。
⑤ 童浩：《哲学范畴史》上册，河南人民出版社 1987 年版，第 159 页。

畴。"物质"和"实体"的关系是一般与个别的关系。从另一方面看，场不是实体，辐射能量也不是实体；单纯的信息编码结构不具备实体形态，心灵更不具备实体形态。举例来说，一个生物细胞的染色体内包含的巨量的遗传信息不是实体，只有当它物化为一个新的细胞或一个生物机体时，后者才是实体。同理，一架机器的设计图或建立一家公司的计划均不是实体，只有当机器真生产出来了，公司真建成了，才成了实体。

如果我们把西方思想史上许多著名哲学家探讨了2000多年的"实体"和"物质"两个范畴结合在一起，就得到"物质实体"这个概念，再把系统科学的核心概念"系统"作为同位语与这个新概念放在一起，就得到物质实体系统。其所指是一个客观存在的既有物质实在性，又有系统性的对象，它是"系统"概念的第一种含义，以区别系统概念的第二种含义——观念模型系统和第三种含义——数学同构性。

站在当代自然科学和系统科学的高度鸟瞰宇宙进化的全景，在我们已知的范围内，物质实体系统可以分成三大类：一是自然系统；二是生命系统；三是人工系统。

自然系统指的是在宇宙进化过程中自然形成的具有物质实在性，但没有生命现象的系统，从最细微的夸克、基本粒子到最庞大的恒星、星系，它们构成了一个进化的阶梯。

生命系统指的是在地球这颗行星的特定条件下进化出来的具有生命现象的系统，其显著的特点是处于非平衡态。生物遗传基因（DNA）控制生长发育和生殖繁衍过程。它们也构成了从最低级的病毒到最高级的人类这样一个等级的阶梯。

人工系统指的是由人的大脑设计，并由人的双手制造出来的各种系统，它们以其功能满足人的各种需要。从最简单的人造物品（你可以把它当作系统看待，也可以不把它当作系统看待）到结构最复杂、功能最齐全的机器人，它们也构成了一个进化的阶梯。

质范畴的三重含义

这三大类依次进化出来的系统，就是本章要讨论的"质"和"质空间"的主要研究对象。我们的讨论还是从哲学家们对"质"这个范畴开始。

亚里士多德已经发现了"本质属性"和"偶有属性"的区别，例如，"人"和"动物"对于某一个别人就是本质属性，"白色"对于他就是偶有属性。[①] 本质属性被"规定为'对它的主体的每个例子都是真实的'的一种'本质的'属性以及一种'共同和普遍'的属性"。[②] 用属加种差来定义一个实体就是揭示它的本质属性；反之，偶有属性就不具备这种共同性和普遍性。

他的第二个发现是，虽然实体是不能容许有不同程度的，但是能容许有相反的性质。实体之容许有相反性质是因为它们本身起了变化，"因为变动""它已进入不同状态"。[③] 这就是说，亚里士多德已触及这样一个问题：实体在保持本质属性不变的一定范围内可以有状态的变化，从而引起其他属性的变化。

到了近代，伽利略在给物理学划界时，把物体的形状、大小、数目、位置和运动量等可用量来表示的质，叫作第一性的质，这是物体的客观性质，属于物理学的研究范围；而色、声、味、气等则只存在于感知主体的心中，属于第二性的质。这一观点为笛卡儿、洛克和牛顿所接受，并由洛克从认识论上加以发挥。[④]

洛克写道："物体中的性质，如果正确地加以考察，一共有三种：

第一种是物体的各个占体积的部分的大小、形状、数目、位置、运动和静止。这些性质，不论我们知觉到它们与否，都在物体里面；如果它们大到

① ［古希腊］亚里士多德：《工具论》，李匡武译，广东人民出版社1984年版，第13页。
② ［古希腊］亚里士多德：《工具论》，李匡武译，广东人民出版社1984年版，第164页。
③ ［古希腊］亚里士多德：《工具论》，李匡武译，广东人民出版社1984年版，第18页。
④ 谢庆绵：《西方哲学范畴史》，江西人民出版社1987年版，第164页。

足以被我们发现，我们就能借它们获得了事物本身的观念；在人工制造的东西方面，这是很显然的。这些性质我们称为第一性的质。

第二种是一个物体里面那种根据它的不可感觉的第一性的质以某种特殊的方式作用于我们的感官，从而在我们心中产生一些颜色、声音、气味、滋味的不同的观念的能力。这些性质通常称为可感觉的性质。

第三种是一个物体里面那种借自己的第一性的质的特殊构造而改变另一物体的大小、形状、组织和运动，使它以不同于以前的方式作用于我们感官的能力。例如，太阳有使蜡变白的能力，火有使铅熔化的能力。这些性质通常称为能力。"显然，洛克讲的第三种性质已触及行为或输出了。

在康德列出的新的范畴表里①，极为重要的三分公式，如黑格尔所说"只是形式上闪耀了一下。他没有把它应用到他的范畴的类（量、质等）上，就连三分法这个名称也只是被应用到范畴的种上。因此，他不可能为质与量找到第三者"。这是指在那个范畴表里，"量"在"质"之前，没有第三个范畴"度"；只是在"量"之下，有"一""多""全"三个范畴，露出了一点"正、反、合"的意思。完全以"三分法"来处理范畴，因而把它们安排在一个螺旋形的向上发展的系统里，是黑格尔的创造发明。在他那里"质、量、度"三个范畴得到充分的展开。

黑格尔写道，"作为有的规定性，就是质——是一个完全单纯的、直接的东西。……因为这种单纯性的缘故，关于质本身，无法进一步说出什么东西""某物却有一个质，在质中它不仅被规定，而且被界限着""当质在外在关系中显出自身是内在规定时，质在这种情况下才主要是特性"②"本质是在反思中建立起来的总念……本质乃是有之自我映现。……而为回复到自己的或内在的有。……事物之直接的存在，依此说来，就好像一个外壳或一个帷幕，在这里面或后面，尚蕴藏着本质。……须知事物中有其永远不变者在，此即事物的本质""凡现象所表现的，没有不在本质内的。凡在本质内没有

① ［德］黑格尔：《逻辑学》上卷，商务印书馆 2001 年版，第 355 页。
② ［德］黑格尔：《逻辑学》上卷，商务印书馆 2001 年版，第 103、107、125 页。

的，也就不会表现于外"。① 为找到本质有两种方法："或是由于凭借所谓分析作用，丢掉了一部分具体事物所具有的多种特性，而只举出一种特性；或是抹煞这些特性之不同处，而将多种的特性概括为一。"②

"量不是别的，只是扬弃了的质""量是纯粹的有""中立于任何确定性的有""形式的有"。③ 亚里士多德已加以区分的连续量和分离量、外延量和内涵量，在黑格尔这里都被认定是统一的，如他所说："就限度本身之为复多性言为外延之量（或广量），但就限度本身之为单纯性言，为内包之量（或深量），或等级。""比如一个体温表，我们可见得这温度的程度便有一水银柱的某种扩张与之相应。这种外延之量同时随温度或内包之量的变化而变化。"④ 他还把纯粹是量的无限进展称为恶的（或坏的）无限性，因为它并未超出自身有向上的质的推进。最后，"某一限量与另一限量的关系，形成比例的两端。……这种以数规定数的过程便是量的比例"。并正确地指出质是与它们所包含的元素之量有比例的关系。⑤ 以及作为质的规定性与量的规定性这两个环节的统一，就是比率。

进展到质与量两者的统一和真理，进展到有质的量或尺度。就尺度之为质与量的统一而言，因此也同时可以说是完成的有。⑥ 尺度是一种关系，但不是一般关系，而是质与量相互规定的关系。⑦ 但如果在某一质量统一体或尺度中之量超出了某种极限，则与它相应的质，也随之被扬弃了。但这里所否定的并不是一般的质，而只是否定了这种特定的质，而这一特定的质的地位立即被另一特定的质所代替了。⑧

"有"与"无"的统一是"变"。具体到"某物"，变又分为量变和质变；前者为状态的渐变，后者为渐进过程的中断和质的飞跃。

---

① ［德］黑格尔：《小逻辑》，商务印书馆 2019 年版，第 250、296 页。
② ［德］黑格尔：《小逻辑》，商务印书馆 2019 年版，第 256 页。
③ ［德］黑格尔：《小逻辑》，商务印书馆 2019 年版，第 226、227 页。
④ ［德］黑格尔：《小逻辑》，商务印书馆 2019 年版，第 234、236 页。
⑤ ［德］黑格尔：《小逻辑》，商务印书馆 2019 年版，第 242、244 页。
⑥ ［德］黑格尔：《小逻辑》，商务印书馆 2019 年版，第 242、243 页。
⑦ ［德］黑格尔：《逻辑学》上卷，商务印书馆 2001 年版，第 67 页。
⑧ ［德］黑格尔：《小逻辑》，商务印书馆 2019 年版，第 246 页。

对这个问题，黑格尔是这样论述的："这种规定也同样要过渡为状态。"某物的质，依靠外在性，有了状态。假如说某物变化，那么，变化是归在状态之内的；……某物本身在变化中仍然保持，变化只涉及其他有的不经久的外表，并不涉及它的规定。……但是规定又自为地过渡为状态，状态也过渡为规定。再者，状态也属于某物自身；某物随状态而改变自己。但是，在这种量变中，出现了一个点，在那点上，质也将改变……因而转化为一种新质、一个新的某物。因此，从质的方面来看，自身无任何界限的渐进性的单纯量的进展，被绝对地中断了；因为新生的质按其单纯的量的关系来说，对正在消失的质是不确定的另外一种质，是漠不相关的质，可以过渡就是一个飞跃；两者被建立为完全外在的。①

在当代的哲人中，苏联的马克思主义哲学家库兹明对"质"进行了深入、新颖的阐发：

"我们分出物质世界客体所固有的三种基本的质。第一种质是自然的、物质—结构的质。这一种质是指自然物质本身的属性，或更确切地说，是指自然物质的属性、状态，各种质上有别的形式的多样性。在这种质的范围内，任何一种自然现象——土地、水、铁、花等——都是从其物质构成或物质结构的特征的角度出发来规定的。"

"第二种质是功能的质。这种质的规定性，其基础是专门化或效用的原则。在这里，物质本身的质的规定性失去了它的主导意义，指称规定的作用为功能所代替。人们在自然界所观察到的这个现象，以这种或那种形式被用于确定实际上所有的社会的质。譬如，人造的'第二自然界'中的所有实物正是根据这一原则来确定的。譬如，许多家庭日用品可以用不同的材料制造，材料的质在这里没有决定意义；主要的要求在于这些实物应该同自己的用途和功能相符合。而这也就是它们的功能的质。"

"人类应该把第三种质——系统质（或宏观系统质）——的发现首

---

① ［德］黑格尔：《逻辑学》上卷，商务印书馆 2001 年版，第 110、119、120、401 页。

先归功于马克思。前两种质的规定性总是存在于物质现象中，与此不同，第三种质是总的或整体的质。因此，在具体的社会对象或现象中，这种质从结构上说可以是没有具体的物质形态的（如价值、无形损耗等），并且可能只是作为系统状态的某种一般特征或整体的'比例部分'而存在于其中。系统的质是最复杂的，往往是不能直接观察到的；只有借助科学分析才能揭示它，而这种分析是从整体上来把握全部系统的。"①

这一大段引文触及质的多层次性问题。由于所有的物质实体系统构成了多层次的层级结构，所以我们在谈论一个物质实体系统的质时，除了指它本身所在的那个层次上的结构和功能之外，往往还要涉及该系统赖以实现的下层系统的质地和该系统在上层系统中的职能。

在亚里士多德的《范畴篇》的结尾处，他谈到了运动形式在质上的不同和多样性。他写道："运动共有六种：生成、毁灭、增加、减少、变化以及位移。"

他接着写道："很明显：除了一种情况外，所有这些种类的运动都是各不相同的。产生不同于毁灭，增加及地点的改变不同于减少，等等。但关于变更，可能有人会争辩说，这个过程必然包含其他五种运动中的这一种或那一种。这不是真实的。"他接着分析了原因。亚里士多德的历史性功绩是提出了六种不同的运动形式，但他的列举并不完备，区分也未必恰当，更有一项失误，就是否认高级的运动形式可以包容低级的运动形式。

质学原理二十六条

我们积极吸收前人富于启发性的观点，也可以提出系统哲学关于质和质学的基本原理了。

---

① ［苏］B. П. 库兹明：《马克思的理论和方法论中的系统性原则》，贾泽林、王炳文译，社会科学文献出版社 1988 年版，第 53 页。

第一条，质是同对象的存在联系在一起的由它的质料和结构决定的功能和属性的组合。

单纯遵循西方哲学传统，我们可以把"质"定义为某物区别于他物的内在规定性。这"规定性"通常包含在我们对某物的命名及相应的定义中，回答"它是什么"的问题。但这个定义是从逻辑学角度作出的，具体来说，是由亚里士多德讨论他的形式逻辑的和黑格尔讨论他的辩证逻辑的范畴体系时作出的，其功能仅限于"限定"和"区分"；如黑格尔所说，"因为这种单纯性的缘故，关于质本身，无法进一步说出什么东西"。

既然什么都说不出来了，那怎么还能发展成一门学问呢？所以，我们工作的第一步就是要突破这个定义，吸收现代自然科学和系统科学的成果，给"质"范畴下一新的定义：质是同对象的存在联系在一起的由它的质料和结构决定的功能和属性的组合。

其实，我们这个新定义，在一定意义上，不过是老定义的扩大和具体化。"某物"扩大成具有"存在"（"存在"在前面的许多引文里都译成了"有"）这个基本属性的一切对象，"规定性"具体化为由质料和结构决定的功能和属性。这样一来，即便是场、能量、信息和意识，这些并非"某物"的对象，由于它们存在，并有特定的质料、结构、功能及相应的属性，也同样具有质的规定性。

不过，我们提出的质学原理所讨论的主要对象还是物质实体系统。我们最好是从当代物理学发现的最简单的物质实体系统来看，什么是它的质的规定性，以此来印证我们给出的新定义的正确性。

这就是说，物理学家们是怎样确定，迄今为止得到完全证实的最简物质实体系统——基本粒子的存在及质的规定性。

关于基本粒子，物理学家写道："它们在下述意义上是粒子：它们具有某些既不能分离也不能分割的确定性质。例如，电子具有约 10^{-27} 克的质量，约等于 10^{-10} 静电单位的电荷，1/2 的自旋等等，并且不可能把这些量互相分开。电荷不能与质量分离，不可能把粒子的自旋去掉，也不可能把电荷或者质量分成两半。其次，这个客体按照严格确定的规律，通过电力、引力或其他的力与世界的其他部分相互作用。因而我们可以说，基本客体——这是许多性质（电荷，质量，自旋和我们以后将讲到的其他性质）的一定的组合。

而这些性质总是在一起相应于某个客体。"[1]

当代物理学已接近完全证实，300 多种基本粒子大部分是由六种基本夸克的不同组合构成，因此我们可以假设它们有各不相同的质料、结构和功能——与世界的其他部分相互作用。相应地，它们就有各不相同的静止质量、自旋、电荷和平均寿命等属性。事实上，物理学家们仅仅是通过这四种属性的不同组合，来确定和命名所发现的这些粒子的存在，因此每种粒子的"质的规定性"不过是仪器测量到的这四种属性的量的组合。

第二条，质具有非加和性。

它充分体现在贝塔朗菲引用亚里士多德的一句话中："整体大于各部分之和。"把它表达成一个质学加法公式就是：$A > A_1 + A_2 + A_3 \cdots + A_n$。所大于者，就是几个部分形成系统后突现的质——整体的结构、功能和属性。

相应地，我们有质学的减法公式：$A - (A_1 + A_2 + A_3 \cdots + A_n - m) = 0$（$1 < m < n$）。这个公式的意义是：当整体去掉 1 部分，或 2 部分，或 3 部分，或 n - m 部分后，其质消失。换句话说，就是系统的整体的质要能维持，其组成部分总有一个最低限度，低于那个限度，整体就发生质变，不再是这个整体了。

质学的乘法公式是：$A = N\underline{A}$（$\underline{A}$ 的质量低于 A，$N > 1$）。这个公式的意义就是"质能以少胜多"，详见原理 11。

质学的除法公式是：$\dfrac{A}{N} = \dfrac{A_1 + A_2 + A_3 \cdots + A_n}{N} = 0$。这个公式的意义是，如果将系统 A 重新分成几个组成部分，各部分失去相互之间的关系，整体失去其结构，那么系统整体的质也就不复存在了。

第三条，质具有累积性。

一种高精尖的工业产品，必是高质量的原材料，优良的设计，高水平的工艺，严格的质量管理，一层层地累积起来的。放大来看，如果一个国家出产的工业产品质量水平都很高，毫无疑问，该国国民必具备优良的体质，相当高的道德水准，高水平的教育，良好的基础设施，强大的科技实力，健全

---

[1] ［美］库珀：《物理世界》下卷，杨基方、汲长松译，海洋出版社 1984 年版，第 334 页。

的市场机制等。一种文化的质的累积性便是学者们常提到的积淀和深层结构。质的累积性提供的教益是：提高质量永远要从基础抓起，深刻的变革则需触及深层结构。

第四条，质具有多维性。

多维性是指在三维和三维以上的多维空间中才能确定的一种质。上面提到，每一种基本粒子都须在四维空间中确定。人的素质至少要在德、智、体的三维空间中确定，中国明清时代以八股文取士，近些年又只凭文化课成绩决定谁入大学深造，都造成了人的畸形发展。同样的道理，在衡量各国经济的发展水平时，采用多维综合得出的人文发展指数，要比采用一维的国内生产总值（GDP）好得多。

第五条，质具有层次性。

物质实体系统的质有六个层次：一是物质基质（质料）的质；二是结构的质；三是功能的质；四是第一性属性的质；五是第二性属性的质；六是在高层次系统中的系统质。评判一个人，如果只看他在高层中处于什么职位，那就只看见了最表浅一层的质。鉴于此，我们应当要求任何商品的说明书都要有经过检测验证的头四个层次的质的准确数据。

第六条，状态和质是相互联系和相互过渡的。

状态可以定义为：系统经历的足够全面的瞬时代表。在质学中，状态是质的变动不居的外在表现。每种质都以状态演变终其一生。在一定的尺度内，状态变化并不危及系统经久不变的结构，被称为量变；到达一定的尺度（质量交错点），状态的变化就危及系统的结构，后者在极短的时间内突然全部改变了，出现了新的结构、功能和属性，被称为质变。量变是渐变，质变是突变。量变渐进过程的中断和质变突然发生是质的飞跃。

第七条，质变和状态变化（量变）有相对性，相对于某一层次是质变，相对于另一层次则仅仅是状态变化，反之亦然。

从黑格尔起，许多哲学家和哲学教科书在讲所谓"质量互变"这条规律时都以水为例。水的温度下降到 0 ℃，发生质变成了冰；上升到 100 ℃，又发生质变成了汽。可是，任何一本物理教科书都讲物质有三态：固态、液态和气态。因此上述三态之间的所谓"质变"，在一定层次上只是状态变化，

并不是水分子 H_2O 发生了质变，换句话说，冰、水和汽都是水分子 H_2O。

系统哲学的质学原理对此的解释是：物质实体系统是呈层级结构的层次，在每一层次上又有自己的结构和相应的质的规定性。因此，在很多情况下，宏观层次上的质变，相对于微观层次仅仅是状态变化；反之，在微观层次上局部已发生了质变（如癌变），表现在宏观层次上不过是状态变化。

第八条，人工控制可将某些质的飞跃转变成逐步渐进的过程。

在工程技术领域，人类已经成功地将某些造成质的飞跃的突变形式，转变成逐步推进的渐进过程。例如，用多次定向爆破来夷平一座高大建筑，用生物基因工程造成物种发生部分质变，还有在未来极有可能取得成功的受控核聚变。

在社会系统领域内，在较长时间内完成的有领导、有步骤的平稳改革，可以取代一场短时间内完成的破坏性很大的暴力革命。例如，日本的大化改新、明治维新和第二次世界大战后由美国占领者实施的和平改革。在中国则有商鞅变法等经济改革。

第九条，质是有程度的，即同一种质也有真假虚实的等差。

在亚里士多德的形式逻辑体系内，实体是不容许有不同程度的，但现实的情况是，许多物质实体系统名义上获得了标明其质的称谓，但实际上却名实不符，有名无实，徒具虚名，或华而不实，种种各不相同的情况。

造成质的虚假通常有两种原因：其一是自我标榜，自我吹嘘过度，或被媒体炒得过热，以致盛名之下，其实难副。其二是学习、练习、生产、建设等质过程推进过快，虚质冒进，结果基础不牢固，内部留下许多虚空、纰漏、瑕疵，或隐或显。虚而不实的质终会坍塌，失去它一时徒具的虚名。两种情况兼而有之者，其质就更虚，当今快速炒就的名人和神童之类，当属此列。

第十条，质有稳定性，它是同一种质水平高低的重要量度。

质的稳定性的尺度是相应的物质实体系统的功能，保持高水平状态的时间长度。两种电视机，其收视能力、画面色彩、音响效果等都一样，唯无故障工作时间的长度不一样，甲种平均为 3000 小时，乙种平均为 8000 小时，当然是乙种质的稳定性高，因而总的来说质优于甲。许多名优产品正是得力于此。例如，笔者曾使用过一块瑞士产罗马牌手表，在 35 年内仅开盖上油两次，无任何故障发生。

第十一条，质能以少胜多。

中国格言说："贪多嚼不烂。"还有一则捷克谚语："把一本好书读两遍，胜过把两本一般的书读一遍。"《荀子·劝学》也写道："故君子结于一也。"同理，一支训练有素、装备精良的军队能打败 10 倍于己的乌合之众。一只长寿的灯泡能顶 10 只短命的同类。质就是这样以少胜多，不讲道理。

第十二条，心灵和精神的质空间就是中国传统文化里讲的"境界"。

"真、善、美"等而上之，"假、恶、丑"等而下之，便是六种反对称的境界。庄子讲"至人无己，神人无功，圣人无名"是个人修养的境界。孔子讲"知之者不如好之者，好之者不如乐之者"是求学的境界。"立意高远""形神兼备""气韵生动"是中国绘画美的境界。

第十三条，质存在而无形，又有程度的等差，均须用量来表征。

在英文里"质"是"quality"，"量"是"quantity"。这两个英文词又可汉译为两个双音节词"质量"和"数量"。其中，"质量"通常是个偏义复词，意指偏在"质"上，但"质"又确实需要用"量"来做具体的描述。

经常采用的是对质做定量描述：

第一种方法是给出所含成分的百分数。例如，博士研究生、硕士研究生、本科、专科、高中/中专、初中、小学和文盲在全民当中所占的百分数，足以显示出国民的文化水平。许多滋补品只标出内含燕窝、人参、西洋参、鹿茸等质量成分，显得非常高级，当然就可以定高价；倘若被要求一律标明所含成分的百分含量，那它们就会显出原形。一般来说，这类东西 98% 以上的成分都是水、白糖、香精和防腐剂这类廉价的辅料。

第二种方法是给出系统多维属性的数据。例如，航空杂志介绍一款战斗机，总是给出机重、翼展、发动机推力、耗油量、起降跑道长度、空对空导弹及数量、空对地导弹及数量、最大速度、最高高度、最小转弯半径、最远航程等数据，综合起来就是该机种性能质量的定量描述。

第三种方法是打分。一般来说，分数不是纯量，不是量的尺度，而是质的尺度。学生每门功课所得分数，显然是他掌握这门功课达到的质的高度。更显见的例子是体操比赛和跳水比赛，裁判给运动员的一套动作打的分是质量分；把多项质量分加起来所得的是全能总分，体现出来的是运动员在体操或跳水运动中达到的质的高度。

第四种方法是评定等级。把同类的物质实体系统，天然的或人造的，放在一起，进行多方面的比较，再把比较的结果综合到一起，评定出等级，分出优良中差劣，或甲乙丙丁等，或干脆直呼特等品、一级品、二级品、三级品、等外品，这样做就是对质的相对水平进行量化的描述。

第十四条，进化和发展是质空间中质的上升运动。

在马克思主义的哲学教科书中，通常是引用恩格斯的话，把唯物辩证法定义为关于自然、社会和人类思维的运动、变化和发展的一般规律。这个定义充分满足了某些人把唯物辩证法当作包罗万象的宇宙的最高真理的愿望，可是，下定义的人显然没有对其中并列的概念进行认真的考虑。这里，我们可以把自然、社会和思维是否有共同遵守的一般规律这个问题悬置不论，单就"运动""变化""发展"三个并列概念来看，问题就很大。

当我们把这三个概念平列在一起时，它们显然必须是相互区分的，那么它们的不同之处是什么呢？笔者认为，在这种语境下，运动是指牛顿空间中质点相对于时间发生的位移，是连续的和可逆的过程，遵守牛顿三定律。变化分为量变和质变，其中，量变指在状态空间中状态的运动，质变在物理学中指相空间中的相变，它们有连续的或非连续的、可逆的或不可逆的种种各不相同的情况，目前有状态空间或相空间理论描述。发展一是指具有新质的物质实体系统数量的水平扩张，又叫增长；二是物质实体系统在质空间中质的上升运动，又叫进化。增长是连续的和可逆的，进化是非连续的和不可逆的。"运动""变化""发展"是三种有质的区别的过程，没有共同规律。所以，笔者倾向于采用列宁提出的唯物辩证法的第二个定义：唯物辩证法是"关于发展的学说"，而"发展"则特指在质空间中质的上升运动，在当代世界通用语言中被称为进化。

第十五条，变化是运动和发展的中介，没有变化就没有发展。

运动、变化和发展是相互联系和相互过渡的三种由低级到高级的运动形式。扬弃了的运动是变化，扬弃了的变化是发展。换句话说，变化是在运动的基础上产生的，它又超越并且包含运动；发展是在变化的基础上产生的，它又超越并且包含变化。没有运动就没有变化，没有变化就没有发展。

可见，变化是运动和发展的中介，是关键环节。世界是运动的，要停止一切运动，保持绝对静止，从而阻止变化和发展是做不到的。但是，控制、阻止、扼杀变化是能做到的，因为变化分量变和质变，个人或集团可以通过各种手段将一个系统的变化控制在单纯量变的范围内，或进行简单的循环运动，或进行单纯量的增长，再加上阻止发生任何革新性的变异，一旦发生，则立刻加以扼杀，这样就能阻止发展和进化。欧洲中世纪，社会发展停滞了很长时间，中国从秦朝到清朝，有长达 2000 年的停滞，社会发展极其缓慢。纵观历史，不难发现，不管是中世纪实际统治欧洲的基督教教会，还是统治中国的多位皇权官僚专制主义朝代，其阻止社会进化的手段都是扼杀变异。

所以，社会要求的发展和进化，就必须鼓励、宽容和保护变化。这里的"变化"特指质变。在生物界，具有新结构的变异体是通过生物遗传基因（DNA）的随机突变产生出来的；在社会系统内，任何具有新结构的变异体都是通过人脑内的文化遗传基因的随机突变产生的。一开始是灵感、顿悟，随后是新思想、新设计，最后是新作品、新产品、新流派、新运动和新的社会结构。可是，社会系统内具有新结构的变异体往往一开始都被认为是"胡思乱想""胡说八道""离经叛道""异端邪说"。所以上述命题的合理推论就是：社会要求的发展和进化，就必须鼓励、宽容和保护"胡思乱想""胡说八道、"离经叛道""异端邪说"，并且鼓励各个领域内的自由竞争，因为导致一种真正是质的上升的社会发展和进化的幼芽，最初都混杂在其中，要通过自由竞争才能脱颖而出，进而发展壮大。

第十六条，无形的质的最恰当的图形是一个圆，它表示从"无"到"有"再回到"无"的循环过程；其起点是亚里士多德讲的六种运动中的"产生"，终点是"毁灭"，其余的各点则是一个物质实体系统从产生到毁灭所历经的状态演化轨迹。

圆是最富包容性的最完美的图形，宇宙间万事万物都要走完自己的一个圆，这是它们无法逃脱的命运。凡是宇宙中的存在，要在有限空间中做无限的不可逆的运动，必然不断地要回到起点上来，于是就构成了循环，构成了圆，构成了螺旋形。同理，在质空间中占据有限时限的存在，最初从"无"

到"有"，最终从"有"到"无"，从而构成生命轨迹的圆。如果这一质过程要无限地做不可逆的运动，便必然不断重复，于是也构成循环，构成螺旋形的运动。

当代科学已经初步证明，整个宇宙经历着从"大爆炸"到"大坍塌"，然后再回到"爆炸"的大循环。宇宙中的有限存在——星系、恒星、行星、卫星——都在不停地做圆形的循环运动，由此形成时间的年月日的循环，季节的春夏秋冬的循环，星系的大循环。被包容和裹挟在时空的双重循环中的有限存在，小如病毒和细菌，大如人和社会，其生命周期无不采取圆形循环的形式，因为它们不可能超越或冲破那众多的循环圈。

对这大大小小的不可抗拒的圆形的循环圈，儒家称之为"天命"，道家称之为"道"，佛家称之为"轮回"，现代的辩证唯物主义哲学称之为"否定之否定"和"螺旋形"，系统哲学称之为"上升的循环"和"下降的循环"。

第十七条，无形的质在质空间中做圆形的循环运动，不管是上升的循环还是下降的循环，都将描绘出一个圆柱体，其高度被称为表征质的高度的"水平"。

在日常生活中，人们谈论某人的"文化水平""业务水平""学术水平"，或谈论人民的"生活水平"、社会的"道德水平"。此时，在他们的心目中潜在地都有一个表征所谈论对象的质的高低的圆柱体，其顶部圆面的高度就是他们直觉体验到的"水平"。感觉被谈论的对象质量高就说"水平高"，质量低就说"水平低"；感觉质量上升了就说"水平提高了"，质量下降了就说"水平降低了"；对最差的就说"水平太低"。这无形中就已经告诉我们，"质"的高低是以"水平"来表征的。

第十八条，质的水平不可能直接直线上升，只能在多次循环运动中通过渐变来间接地提高。质在无任何渐变的循环中保持水平，在有正渐变的良性循环中提高水平，在有负渐变的恶性循环中降低水平。

《孟子》中讲的揠苗助长的宋人，他犯的错误就是把质空间中的质过程当成牛顿空间中简单的运动过程来处理了，结果适得其反。原因是，植物的生长、开花和结果是一个生命系统的质的循环过程，人要想加速其生长或提高果实的质量，只能在耕耘、选种、浇水、施肥、光照等环节上去进行一些正面的、有利的改进工作，促使其一天一天长得更快一点儿，一代一代结出的果实更大一点儿。那位宋人不在耕耘、选种、浇水、施肥、光照等环节上下功夫，直接揠苗助长，当然适得其反。

现代工业生产的管理者对这个问题已认识得非常清楚了。他们深知任何产品都要经历设计、制造和使用的过程，产品质量就是在这个过程中产生、形成和实现的。这个质的循环圈，包括市场研究、研制、设计、制定产品规格、制定工艺、采购原材料、装配各种设备、生产、工序控制、检验、测试、销售和售后服务等环节，这被称为"朱兰质量螺旋"。朱兰质量螺旋每经过一次循环，就意味着产品质量有一次提高。循环不断，产品质量就不断提高。从这个意义上看，提高产品质量的工作是永远不会完结的。[①] 这实际是一个系统优化过程，利用负反馈信息造成正渐变显然是一种主要的手段。

第十九条，具有超循环结构的复杂系统的质的水平，随着所有下层系统良性的超循环而上升，恶性的超循环而下降。在这种复杂系统内，质的高低升降是有传递性的。

现代企业的管理者已经发现并总结出提高产品质量的"PDCA 超循环结构"。P 是计划阶段，以提高质量和降低消耗为目的，制定改进的目标、方法和措施；D 是执行阶段，按计划要求去做，以实现改进目标；C 是检查阶段，要检查、验证执行的效果，找出成功和不足之处；A 是总结阶段，肯定成功的经验，把它们固定成新的标准和规章制度，针对缺点和问题提出改进的建议。整个企业是一个大的 PDCA 循环，各个部门又都有各自的小的 PDCA 循环，依次又有更小的 PDCA 循环，直至具体落实到每个人。[②] 这些大大小小的 PDCA 循环要周而复始地运转，每一个运转都有新的内容和目标，整个企业及其产品的质的水平就如爬楼梯一样随着这些运转逐级上升。

达到现代文明高度的一个社会系统，至少有以下 12 个下层系统：A. 教育；B. 科技；C. 通信；D. 能源；E. 交通；F. 金融；G. 农业；H. 工业；

---

① 中国质量管理协会编：《全面质量管理基本知识》，科学普及出版社 1987 年版，第 42—44 页。

② 中国质量管理协会编：《全面质量管理基本知识》，科学普及出版社 1987 年版，第 224—226 页。

I. 商业；J. 服务行业；K. 环保；L. 外贸。它们相互耦合在一起构成一个超循环圈，任何一个下层循环圈的质的水平的高低升降，均会传递并影响其余 11 个下层循环圈的质的水平的高低升降。因此，整个社会系统发达程度的水平、经济生活的水平和各种产品总的质量水平都随着这 12 个循环圈的良性循环而上升，恶性循环而下降。改革就是对这些下层系统的结构和运行规则进行渐变，波普尔称之为"社会零星工程"。① 在全球范围内，只有一两次革命的英国和一次革命都没发生的日本，是以改良推进社会变革的最佳典范。

第二十条，质空间中，任一质循环在单位时间或单位圈数内造成的质水平上升或下降的距离叫质速度，质速度是进化或发展在质空间中的速度。

如果我们把任一系统的进化或发展过程图示为质空间中的螺旋圆柱体，那么螺纹的平均距离就是质水平的上升速度，也即质速度。在很多情况下，同运动速度和变化速度相比，进化或发展的质速度是非常慢的速度，比蜗牛的爬行速度还要慢得多。

试想一位体操运动员，在掌握了一套高难动作之后，半年的时间里，他反复练习过 1000 遍，然后他做这套动作的质水平才从 8.5 分提高到 9.5 分，那么质速度就是 0.001 分/遍，这确实是一个非常慢的速度。譬如，学习演奏一门乐器，或者学习一门外语，你在几年的时间内反复练习，最后水平提高多少，再除以时间或练习的次数，那就是你练习乐器或学习外语进步的质速度，肯定是一个非常慢的速度。还可以举一个例子，中国社会从秦朝到清朝经历了十几个朝代，换句话说，就是循环了十几圈，但由于常常是处在某种程度的内外封闭条件下进行简单循环，社会系统结构的变化很小，文明程度提升幅度不大，社会进化的质速度是很低的，也可以说是处在停滞状态，或者像某些最早到达中国的欧洲人感觉的那样："这个国家没有时间。"

第二十一条，"无欲速""欲速则不达"。这是在质空间中推进一种进化或发展时必须遵守的原则。

这是《论语·子路》中孔子讲的，笔者相信人人都有某种个人经验可证明

---

① 中国社会科学院世界历史研究所编、〔英〕卡·波普尔：《历史主义的贫困》，社会科学文献出版社 1987 年版，第 96 页。

其真理性；但是，这两句话只有在质空间中才是真理，在牛顿空间中它们肯定是错误的。譬如，我要到火车站去赶一趟车，慢慢走有迟到的危险，我想快点，于是改成跑步或搭乘出租车，结果肯定能到达，而且一定是提前到达。

人的学习活动，由不会到会，是形成一种知识或技能结构的过程；由低水平到高水平，是优化结构的过程。它们都是在质空间中推进的进化或发展过程。"欲速则不达"就是千真万确的真理了。年轻时读教育家徐特立的回忆录，记住了他讲的这样一个例子：他在某校任教，课余率一批青年学子学习许慎的《说文解字》。他设计的进度是一晚上学一个部首，可是不少学生嫌进度太慢，非要求一晚上学 3 个部首，结果学得一塌糊涂。

20 世纪初，马克思曾就俄国社会的发展道路问题，提出设想：俄国跨越资本主义"卡夫丁峡谷"问题的思考，最终以失败告终。

第二十二条，绝大多数进化或发展过程，在初始阶段，其质速度很缓慢，只要能坚持下去，就能从自身获得越来越大的加速度。

最清楚的是人类文明进化的曲线。在最初的几百万年里，曲线的坡度很小，接近水平线；在后来的几十万年里，曲线缓缓向上爬；在最近 5000 年里，它陡然上升；在第二次世界大战后的 50 年里，人类文明的进化简直是日新月异，其曲线真可谓扶摇直上。

汉语的格言说"万事开头难"，又说"不怕慢，只怕站"；英语的格言说"好的开始是成功的一半"，又说"坚持就是胜利"。它们讲的都是同一个道理：不管学什么东西，不管做什么事情，刚开始总是非常非常困难，推进的速度很慢，但只要能坚持一直学下去，渐渐地会变得容易，进步会越来越快。原因是，所有这些事情都是一个建构的过程，如同盖高楼，刚开始要打一个又深又宽又坚固的地基，当然是既困难又缓慢，可是地基打好之后，往上盖，就一层比一层快了。所以，无论是学习还是建设，开始都是宜慢不宜快。相传达·芬奇幼年学画，先对着一个鸡蛋素描一年。"达·芬奇画蛋"的故事，给所有学习者树立了最好的榜样。

第二十三条，同牛顿空间中的运动过程一样，质空间中的进化或发展过程也有惯性，即使遇到阻止的力量也不会戛然而止，而倾向于继续有所推进。

进化或发展的质过程，在获得了初始速度，特别是加速到相当高的速度之后，它总是倾向于走完自己的圆形的循环圈，这种倾向或趋势，就是惯性，当代的惯用语是"不可逆转"。

战争、革命、社会运动、社会思潮、政治事件，在启动之后总保持一种向前推进的势头，这势头就是事态发展的惯性。为什么万事开头难？原因就是开始时要克服保持静止的惰性。为什么到后来会有加速度，会推进得越来越快？原因就是自身已经有了惯性。

17 世纪近代工业文明从英国兴起，一直在迅猛地扩展，直抵最偏远的荒野。在垂直方向上它不断超越自身，将人类文明推向更高的水平。然而，这种文明的腾飞，一是依靠对超量的太阳能的急剧耗散，即大量消耗在远古时代物化下来的太阳能、煤、石油和天然气来维持的；二是依靠科学技术的推动，这当中难免有许多滥用。目前，尽管这两种推动力的负面效应已聚积到殃及人类生存的严重地步，有许多权威机构和有识之士在大声疾呼，但是没有任何力量能阻止这种文明在两个方向上加速推进的势头。我们所能做的，充其量不过是因势利导，将其对地球和人类造成的灾变性的破坏减小到最低程度，直到它失去推进的惯性而扬弃自身，让位于新的生态文明。

第二十四条，质空间兼有内在的无限性和外在的无限性。

内在的无限性指任何一个物质实体系统内部的质空间都有一个质的最优解法，即自身结构、功能和属性的优化极限，它可能被不断地接近，但永远不可能到达。由此得出的结论是中国哲学的一种传统精神——反求诸己。也可以叫"练内功"。用系统哲学的语言是"走内涵发展的道路"。国家机关、国有企业、事业单位都可以从稳定规模、深化改革、调整结构、挖掘潜力、提高质量闯出一条不断优化自身的发展道路，并且是没有止境的。

外在的无限性指任何一个质空间都拥有无限广阔的多样性变异域。就我们目前所知，在宇宙进化、地球上的生命进化和人工系统进化的阶梯的每一个层次上，质空间的多样性变异域都是无限的。迄今为止，基本粒子已发现300 多种，化学元素 110 多种，其质的多样性空间仍然是开放的。无机和有机分子的种类是一个无限增长的天文数字。每一种生命系统都拥有一个无限大的质空间，从病毒、细菌和藻类开始，经花鸟虫鱼，直到人类都是这样。以人为例，按现有遗传基因及组合规则计算，可能诞生出来的不同个体的数量超过了全宇宙的原子总数。因此，倘若人类能一直繁衍下去，也不会变出新花样了。宗教和哲学可以涌现出多少流派，科学还能有多少新发现，文学、音乐和绘画还能有什么新动向，答案是没有止境。由此得出的结论是给予个人创造的自由，鼓励创新，宽容变体，保护多样性。

第二十五条，质空间中竞争造成的压力是质水平上升的推动力。

凡竞争主要是比质而不是比量，只有在个别情况下质劣者得以凭数量而取胜。所谓比质，就是比谁的系统结构、功能和属性更优良。质优者得以存活和繁衍，质劣者则被淘汰而消失。所以，竞赛造成的压力是生存压力，在它的威胁和逼迫之下，参与竞赛者不断创新、优化和更新换代，朝更高水平提升。

生物进化是靠生存竞争和自然选择来推进的，这个道理已由达尔文进行了详尽的说明。在市场经济条件下，这套机制仍然在起作用。现在许多企业的大门口悬挂着这样的大标语：以质量求生存，以品种求发展。说明他们已深切地感受到这套机制所造成的压力，并且知道自己的出路在何方。

值得注意的是，积极参加竞争就能保持和提高水平，如果处在竞争之外，水平就难免停滞和下降。例如，冷战时代美苏在军备领域的竞争是最激烈的，苏联一直是个顽强的竞争者和强大的对手，所以各类武器及相关的技术始终能保持高水平，甚至处在领先地位；相反，它的轻工民用产品既不参加国际市场竞争，又没有国内市场竞争，结果"苏联造"就成了笨重的劣质品的代名词。

第二十六条，在社会系统内，任何一种没有足够的规则和监控的竞争，都会演变成作伪和欺诈的比赛。

竞争并不是万能的，也并非就是一切。尽管大自然有时会无意识地表现出假象，如海市蜃楼，但从不作伪。汉字中"伪"字造得很好——"伪"者，"人为"也。因此，质学原理不能没有辨伪和防伪这一条。

由于人会有意识地作伪，甚至挖空心思、不择手段地作伪，所以，社会系统内的任何竞争都要有足够的规则、严密的监控系统和无情的惩处手段；否则，任何一种竞争都会演变成投机取巧和坑蒙拐骗的比赛。结果，整体水平不但不能提高，反而会降低。

所有的研究引出的教益是：并不是把企业推向市场，让它们参与竞争就完事大吉。企业一定要有严格的管理制度，以及相关的法律法规对其行为进行约束，搞好同执法机关的协调配合，只有这样才能保证正常的市场竞争，通过高质量产品推动企业高质量的发展，不能朝作伪方向发展。

GDP 崇拜是农耕思维方式

"质"和"量"或者"数量"和"质量"，是哲学的基本范畴，是人类思维必然要运用的最具一般性的大概念。随着物质生产的发展、人类精神的成长，哲学范畴逐渐进化出来；然后，它们又会按照某种逻辑次序内化到哲学家们制定的范畴表中。在哲学史上，无论是最早的亚里士多德范畴表，还是晚近的康德范畴表，"量"都是排在第一位的范畴，"质"是紧随其后的范畴。可见，人类总是先认识"数量"，后认识"质量"；先重视"数量"，后重视"质量"。

农耕文明属于自然经济，人类在自然系统中进行生产，大自然是第一生产力，人力的投入只占第二位，科技的投入更是微乎其微，特别是在靠天吃饭的漫长历史时期。农业时代，在特定自然条件下，农产品数量的增加总还有一定的空间，而产品质量的提高空间很有限，且几乎全掌握在老天爷手中。因此，农业生产时代，形成了只重视数量的思维方式。以种地打粮食来说吧：地多，水多，肥多，播下的种子多，耕耘除草的遍数多，秋后打下的粮食就一定多，而粮食肯定是越多越好。因此，在农业生产时代，人类自然地就形成了一味追求数量和只统计数量的思维方式。农民也不是完全不考虑质量：秋后打场晾干后，他会抓一两把粮食粒儿咬一咬，检查粮食颗粒是否饱满，仅此而已。

工业是人工经济，人类在自己建造的人工系统中进行生产，科学技术是第一生产力，自然力退居第二位。工业生产是商品生产，产品都要拿到市场去销售和参与竞争；产品"质量"的重要性上升到第一位，"数量"退居第二位。可以说，工业生产是对"好"的追求，达到"好"以后再追求

"多";而这种追求的主动权几乎完全掌握在人的手中,全靠作为生产者的人开动脑筋搞创新,增加科技投入,在竞争中不断学习和改进。产品的质空间和多样性空间都是无限空间,可进行无限优化和无限追求。高质量的产品会赢得越来越广阔的市场空间,而低质量的产品则会被排挤出市场空间,失去生存权。正因为如此,人们才经常说"产品质量是企业的生命",因此绝不能盲目大量重复生产低质量的产品。

老牌工业国家和世界名牌企业早就明白这个道理,总是把"质量"摆在第一位,竞争比的是质量,而不是比数量。

钟表无疑是最早出现的工业产品。我们都知道瑞士的手表有世界第一的说法,不是靠它的产量大,而是靠它的质量高。我们知道的瑞士名表,光男士腕表就有几十个品牌,如罗马、浪琴、天梭、卡地亚、伯爵、欧米茄和劳力士,它们几百年来都是在比质量而不是比产量。劳力士是瑞士钟表品牌,其王者地位源于设计、造型、用料、工艺、准确性和耐用性,这些是手表的质量要素,与劳力士的产量无关。瑞士人也从来不吹牛说劳力士的年产量有多高,或者总产量有多大。这难道不值得我们醒悟吗?

日本人先是善于学习和仿制,后来变成善于改进和提高质量。20世纪中期以前,日本产品曾经是"低质量廉价商品"的代名词。可是从那之后,他们认真学习产品技术,形成了能对技术领域有竞争力的创新本领。比如,汽车、照相机、收录机、音响、电视机、冰箱、空调等,没有一样是日本人发明创造的。可是日本的企业对这些从欧美学来的产品不断改进和提高质量,不断推出设计更精美、外形更美观、性能更优越、省油又省电、造价更低的新产品,然后返销欧美,逐渐占据欧美乃至全球汽车和家电市场的最大份额。他们成功的经验难道不值得我们借鉴吗?

中华民族自古就是农耕民族,几千年的历史就是一个农业大国的历史,因此我们早已习惯于一味追求数量的农业生产的思维方式,并且影响深远。

中华人民共和国成立后,千疮百孔,百废待兴,几亿人处在缺衣少食的贫困状态,急待救治。在工业化初期,作为一个起步很晚的国家,急于追赶工业发达国家是正常心态。在当时的情况下,毛泽东提出"多、快、好、省地建设社会主义"的总路线，把数量和速度的追求放在第一位，这个方针政策肯定是正确的。新时期，改革开放，乡镇企业遍地开花，几亿农民转变身份搞工业，急于脱贫奔小康，大量生产低端廉价产品满足 13 亿人的生活需要，进而出口赚取外汇，也应当说是最佳发展战略。现在的问题是，经过几十年的努力，现在的中国已经成长为经济大国，按数量，2012 年我国有 1485 种工业产品的产量居世界第一；按质量，恐怕其中的绝大多数都要排到后面去了。这还不说明问题吗？

以钢铁生产为例。1958 年，我们相信，只要年产 1070 万吨钢，中国就赶上和超过英国了，所以发动了全民大炼钢铁的运动。这场运动的指导思想就是按单一指标只重数量的农业生产思维方式的典型。几十年过去了，由于钢铁工业不断大干快上，2009 年中国粗钢产量已占世界总产量的 46.56%，稳居世界第一，比排在后面的日本、俄罗斯、美国、印度等 7 国钢产量加起来还多。然而，中国是世界钢铁强国吗？恐怕未必，因为有很多优质钢和特种钢造不了，还得靠进口。相反，中国的钢铁行业倒有大量的过剩产能需要炸毁。在水泥、平板玻璃和光伏等许多工业部门，也都有大量过剩产能要淘汰。更严重的是因此带来的环境破坏。这样的教训还不严重吗？

曾有报道说，美国《商业周刊》杂志从 2006 年起，连续几年发布全球最佳品牌排行榜；中国拥有国内品牌 170 万个，却没有一个上榜。可见，中国工业产品数量大而质量低是普遍性问题。

笔者的目的，就是要把这个问题提到哲学高度，提到思维方式的高度，促使更多的人醒悟：我们必须抛弃一味追求数量的农耕思维方式，确立永远把质量放在第一位的工业思维方式。

在中国，这种同生产方式联系在一起的思维方式的转变，有着更广阔的普遍意义，因为传统的一味追求数量的农耕思维方式处处可见。

当前中国正在加速城镇化步伐，可是许多地方追求建大城市、修宽马路、建大广场。不少单位和领导热衷于搞形式主义，建大型办公楼，开大会，作长篇报告。学术界则喜欢搞大课题，出厚书，出多卷本，不管有没有人读，不管有多少书直接又回到造纸厂了。美国评学术职称重创新观点和社会反响，我们重篇数、本数和字数。某些地区送礼讲究送大礼，模糊了送礼和行贿的界线。吃饭讲究大吃大喝，要上十几道菜甚至几十道菜，既伤身体，又造成浪费……

现在，以习近平总书记为首的党中央明确地提出"不再以 GDP 论英雄"，在反腐肃贪的同时，大力反对形式主义和铺张浪费，提倡求真务实和勤俭节约，所颁布"八项规定"和"六项禁令"已初见成效。这些举措，不仅是干部和领导机关转变作风的问题，不仅是全民移风易俗的问题，在哲学层次上还是一个彻底转变思想方法的问题：从一味追求数量的农业生产思维方式，转变成把质量摆在第一位的工业生产思维方式。

笔者多年怀有一个僭妄，要创立跟研究"量"的数学对称的研究"质"的质学。然而志大才疏，马齿徒增。现已 80 有余，不知今生是否尚有时间真正开始这项工作，暂将多年考虑的"质学原理二十六条"罗列于此，冀希出现青年才俊，奋起立志，追随老朽脚步，完成此项大业，以利中国"高质量发展"有新创的质学相助。笔者曾经设想，如果天假吾年正式做建立质学的工作，第一步要钻研系统建模这门学问；第二步要钻研数学建模这门学问；第三步要考虑质学建模和形式化 – 符号化问题，要解决这个关键问题，则需要想象力和创造力。亦记于此，启发后人。

第七章
心灵系统

客体和主体，物质和精神，存在和意识，身体和心灵，这是传统哲学，特别是近代哲学习惯采用的两分法。系统哲学打破了这种两分法，但是并不抛弃这些范畴。这里，"主体""精神""意识""心灵"的所指是相同的，在讨论其所指时系统哲学特别钟爱"心灵"这个范畴，因为它能清楚地体现系统哲学在这方面的思想。

心乃宇宙之灵明

汉字"心"原指人体的器官心脏。《说文解字》："𢗓，人心，土藏，在身之中。象形。"从这个篆字还可以看出，古人造"心"字是照人的心脏的形状画一个微向左偏的桃形，外面还有心包，并且正确地把"心"确定为人体的中心，如几何图形圆的圆心。

《管子·心术上》："心也者，智之舍也。""耳目者，视听之官也。""心处其道，九窍循理。"《管子·内业》："心以藏心，心之中又有心焉。彼心之心，音以先言。音然后形，形然后言，言然后使，使然后治。"他把"心"看作智能活动的中心，且道出了"心"与外围的感觉器官和效应器之间的一些关系。

《孟子·告子上》："心之官则思。"《孟子·尽心上》："尽其心者，知其

性也。知其性，则知天矣。"他更明确地提出"心"的功能是思维，并且"心""性""天"三者连成一体。

董仲舒提出了"天人同类""天人感应""天人之际，合而为一"的思想。《春秋繁露·王道通三》："人生于天，而取化于天，喜气取诸春，乐气取诸夏，怒气取诸秋，哀气取诸冬，四气之心也。"他把人心喜怒哀乐的感情变化同天时春夏秋冬的寒暑交替联系在一起是很有见地的。

张载对"心"下了一个很了不起的定义："心，统性情者也。"（《张载集·语录》）并讲了"心"的起源："由太虚，有天之名；由气化，有道之名；合虚与气，有性之名；合性与知觉，有心之名。"（《正蒙·太和篇》）他的伟大贡献是说明"心"是由"性"与"情"（或"知觉"）合成的。

程颢、程颐秉承古文《尚书·大禹谟》中"人心惟危，道心惟微，惟精惟一，允执厥中"这则箴言，将"心"分为人心和道心："人心私欲，故危殆。道心天理，故精微。灭私欲则天理明矣。"（《二程集》卷二十四）这种区分，是笔者的觉解：体悟出由生物遗传基因（DNA）形成的自然人的"人心"同由社会文化－遗传基因（SC－DNA）形成的社会人的"道心"之间的区别。然而，二程进而从儒家道德价值观出发提出"存天理，去人欲"的过激主张，则差矣。笔者改为"存天理，抑人欲"，即"以社会道德之公心，抑制个人利欲之私心"，似乎较为稳妥。

朱熹又进一步阐发了张载的"心统性情"说，言："横渠心统性情之说甚善，性是静，情是动，心则兼动静而言。"《朱子语类》又将古文《尚书·大禹谟》"人心惟危，道心惟微，惟精惟一，允执厥中"提升为尧、舜、禹三圣垂传的道统真言，或如后儒言"十六字心传"，据此推进了二程"人心道心"说，他写道："此心之灵，其觉于理者，道心也；其觉于欲者，人心也。"（《答郑子上》）规定了二者的关系："道心常为一身之主，而人心每听命焉。"（《中庸章句·序》）朱熹确实较横渠与二程有高明的推进。

朱熹对"心"的主宰作用有新的界说："心，主宰之谓也。动静皆主宰。""言主宰，则混然体统，自在其中。"《朱子语类》："夫心者，人之所以主乎身者也，一而不二者也，为主而不为客者也，命物而不命于物者也。"（《观心说》）

陆九渊另创心学，言："人皆有是心，心皆具是理，心即理也。"《象山全集》卷十一又言："心，一心也；理，一理也。至当归一，精义无二，此心此理，实不容有二。"他最后的结论是："宇宙便是吾心，吾心即是宇宙。"（《象山年谱》）在心学大师王阳明看来，"心"已被确认为宇宙的主宰。他说："人者，天地万物之心也；心者，天地万物之主也。心即天，言心，则天地万物皆举之矣。"（《答李明德》）他对中国哲学中讲的"心"的具体所指进行了说明："心不是一块血肉，凡知觉处便是心。"又与弟子对话，进行了进一步的说明："先生曰：'你看这个天地中间，什么是天地的心？'对曰：'尝闻人是天地的心。'曰：'人又什么叫作心？'对曰：'只是一个灵明。'曰：'可知充天塞地，中间只有这个灵明。'"（《答李明德》）王阳明"人心乃宇宙天地万物之灵明"，是乃古代中国哲人对"心"终极的认识。

综上所述，在中国传统文化中，"心"原本是指方寸大小的一团血肉。历代哲人逐步地把性、情、欲、理归之于"心"，进而逐步推进成为知觉、道理和灵明，最后把"人心""灵明"看作是人乃至宇宙天地万物的主宰。

心主情欲说

从汉字的构成看古人对"心"的理解，并以此作为对哲人体悟的回应。在汉代许慎编的《说文解字》的"心"部，共录汉字 263 个。现举其常用者，按其字义可进行如下分类：表示感情的有：感、愉、快、悲、愤、恨、怒、憎、恢、恶、惨、宁、怡、怜、怨、愠。表示智能的有：想、悟、忆、惑、忘、怀、慧。表示其他心理：惧、怕、恐、惶、悸、忌、悔、怅、惴、患、急、忍、闷。表示意识活动：意、念、志、愿。表示道德态度：忠、恭、恕、慈、恩、悌、慢、怠。

值得注意的是，《说文解字》一书中没有"脑"字，但有脑的象形字"囟"，形象为幼儿头盖骨尚未封顶状。"思"字单立一部，作"思"，是个合体的会意字，表示"心"和"脑"结合在一起才能"思"。这说明古人对"心"和"脑"的关系及"脑"的功能已经有了认识。可是，尽管这样，古代的中国人为什么还是把人所有的本性、欲望、感情、智能、理性、意念、意志、愿望，以及其他心理活动和道德态度都归于"心"？为什么他们把"心脏"不仅看作肉体的中心，而且看作心灵、意识、精神、主体的中心？这种看法是不是有点道理，抑或完全没有道理，若真是完全没有道理，我们反过来就要问，难道我们祖先的内省体验和直觉能力就这么低下吗？

若按近代在西方兴起的解剖学、生理学和心理学，古代中国人把心脏看作人的精神活动的中心确实是有些说不过去。英国医生、生理学家哈维在对人的尸体和动物进行了许多解剖研究之后，在1628年出版了《动物心血运动的解剖研究》一书，证实心脏的作用犹如唧筒，即血泵，收缩时将血管里的血液压向全身，扩张时血液又流回心脏；心脏连同血管构成的是血液循环系统，其功能是输送养料和氧气，与人的精神活动不相干。

顺应这样的认识，近代生理学认为人的全部精神活动，或意识活动，或心理活动都是在以脑为中心的神经系统内完成的。神经系统分三部分：由作用相反的交感神经系统和副交感神经系统组成的植物性神经系统，永不停息地支配和调节人体内部各个脏器的工作，以保持人体系统的内稳态；周围神经系统遍布全身，支配肌肉的运动和传导各个部位的感觉；由脑和脊髓组成的中枢神经系统负责传导、处理和储存外部环境与人体内环境的信息，形成各种感觉、知觉和思维活动。以心脏为中心的血液循环系统管物质流和能量流，以脑为中心的神经系统管信息流。两套系统，两种功能，各不相干。这就是用分析分法得出的机械论的结论。

按照这样的结论，我们的先人没有在哈维之前把心脏的结构和功能研究清楚不足为怪，我们不必因此而羞愧。但他们误把心脏当成精神活动的中心就太奇怪了，足令后世中国人汗颜。

然而事情没有那么简单。上面那种分析的方法、解剖的方法、机械论的方法及其结论并不适合人体这种有机的复杂大系统，更不要说人的心灵和精神活动了。如果我们采用适合于这些研究对象的方法，即系统科学提供的整体论的、有机论的方法，就能得出完全不同的结论，将证明我们中国人的祖先有很高的内省体验和直觉能力，他们对"心脏"在人体内的地位和功能的认识在很大程度上是正确的，足令后世中国人扬眉吐气，颜面生辉。

西方有句名言："太阳底下没有新鲜的事物。"在我们人类生活的这个太阳系，太阳这颗巨大的恒星是它的中心，除九大行星外，还有难以计数的小行星、彗星都围绕它旋转。太阳永不停息地向它们辐射光和热，维持它们各自的稳定的温度和可能的生命进化过程。正是来自太阳的光和热使地球这颗行星得以保持远离宇宙热力学平衡的稳态，通过耗散传来的热量而维持生命的进化。太阳自身活动的涨落，以及照射地球角度周期性的改变，决定地球大气和地表有春夏秋冬、严寒酷暑和风霜雨雪的变化。生物圈的所有生物的生长发育和进化，人类所有个体的生理活动和精神活动，人类所有群体的社会进化和文化进化都直接或间接地依靠来自太阳的能量。在遥远的未来，地球上生命进化过程的结束，整个太阳系运动过程的终结，都会是受制于太阳这个中心逐渐失去昔日的辉煌、熄灭和坍塌。

地球上生命的进化在和煦的阳光下经历了几亿年的漫长过程。从最初形成耗散结构，进化出核酸、氨基酸和蛋白质，产生出最原始的生命形式病毒开始，逐步上升进化出单细胞和多细胞生物，各种各样由低级到高级形式排列的植物和动物，最后达到了现在的最高产物——人体。倘若你用系统科学模型和观点来透视人体，它同太阳系是多么相似！心脏是人体的中心，是人体内的太阳，它永不停息地跳动，将血液连同来自消化系统的养料，以及来自呼吸系统的氧气输送给全身的各个脏器，直至每一个微小的细胞，再将二氧化碳和其他废物输送到肺脏和肾脏排出，以此维持身体内环境恒定的温度，各种化学物质的平衡和整体的稳态，以及各种生命过程和生命现象。心脏活动的变化显然影响全身各个部位的活动，发烧就是非常明显的例子。人的生命的结束和机体的死亡，也取决于作为中心的心脏；心脏停止跳动了，生命就终止了。否则，即使人的脑停止工作了，只要心脏还在跳，生命就仍然以植物人的形式在延续，整个机体也就没有死亡。

我们前面征引过的汉朝董仲舒提出的"天人同类""天人感应""天人合一"三个命题，其实是相当空洞的。现在，让我们用现代科学，特别是系统科学的观点，对作为"天"的主要部分的太阳系同人体进行比较研究之后，这三个命题就有充实、具体和科学的内容了：（1）人得以维持生命的能量均来自太阳，太阳活动的改变在一定程度上影响人体内的生理活动；（2）人体系统和太阳系统是同构的；（3）作为两个系统中心的太阳和心脏在维持生命，及其进化过程方面都服从相同的非平衡态物理学定理。

心脏是人体的中心，是生命的中心，因而是人体的太阳，这是大家都能同意和接受的。但是，要进一步说心脏也是人的生理活动、心理活动，甚至精神活动的某种中心或中心之一，对很多人来说就难以接受了。原因仍然是对人体采用分析的方法形成的机械论的观点——"心脏是一个血泵""血液只输送养料和氧气""血液循环系统是人体的动力系统"这样一些有片面性的观点在作怪。其实，人体的诸系统是耦合的或整合的；心脏推动血液循环不止输送养料和氧气，还输送大量化学信息。心脏的功能远不只是一台血泵，它还是内分泌系统和血液循环系统耦合成的人体化学信息系统的输送中心，从而成为欲望和情感的中心。

人体内生产各种化学信息的系统是内分泌系统。《简明不列颠百科全书》中关于"人类的内分泌系统"是这样讲的：人体内的无导管的腺体组织系统，其分泌物（激素）直接进入血管，控制和协调机体的各种功能。常作用于远隔的组织器官（往往不止一个组织或器官）。内分泌系统的功能之一是控制生殖及有关现象，其他功能类似神经系统，以协助机体应对内外环境的变化。部分激素作用于其他内分泌器官，促使其他激素分泌……内分泌系统大部分受神经系统调节，内外环境的变化首先引起感觉器官的改变，来自感觉器官的冲动通过神经传向大脑，在这里与作为一种效应器官的内分泌腺发生联系。……内分泌腺的另一调节机制为反馈调节，以负反馈调节最主要……正反馈调节较少见，作用时间短，且有自限性。……对下丘脑的释放因子或抑制因子，垂体也产生反馈（短回路反馈）释放因子及抑制因子对自身的分泌也有抑制效应，这种现象称为"微反馈"。

我们要特别注意以下几点：（1）内分泌系统不同于外分泌系统。后者的分泌物，如唾液、胃液、精液、卵子等，是通过导管直接进入完成饮食行为及性和生殖行为的效应器官，而前者的分泌物则是无声无息、不知不觉地融入血液中，表面上消失得无影无踪，而实际上在背后隐秘地发挥控制和协调的作用。（2）内分泌系统和神经系统是两个平行地传递和处理信息并发挥控制和协调功能的人体系统，它们之间的关系是部分控制关系。如引文部分所说，内分泌系统大部分受神经系统调节，另有一部分是通过正负反馈、短回路反馈和微反馈自我调节，所以神经系统，特指中枢神经系统，即使要控制内分泌系统及它所调节的生理功能，也只能部分地奏效。例如，一个成年男性，在睡梦中的遗精和性交时出现的阳痿，都不受大脑发布指令的控制，——这就叫下意识。（3）内分泌系统和血液循环系统是耦合关系，即前者的输出恰好是后者的输入，而后者的输出也恰好是前者的输入。由于两大系统都遍及人体全身，到处都有耦合关系，我们就可以说内分泌系统和血液循环系统在某种意义上已经整合成一个系统了，因而，作为血液循环系统中心的心脏，也就成了内分泌系统的中心。

关于激素和激素调节，《简明不列颠百科全书》中是这样写的："激素（hormone）是植物和动物分泌的有机物质，其作用为调节生理活动和维持内环境稳定。极小量激素即可引起靶器官或组织的应答。""激素调节是生物体的一种化学调节机制。""激素调节与神经调节密切相关，两者的区别在于产生效应的速度、效应持续时间和作用范围的不同。激素调节效应发展缓慢，但影响持久，且作用范围可广及全身。神经调节则应答迅速，但持续时间短，作用范围较局限。神经细胞接受神经冲动后，产生神经元介质（如乙酰胆碱及去甲肾上腺素），自神经末梢释放，作用时间短。某些特化的神经细胞（神经分泌细胞）接受神经信号后，产生神经激素，沿轴索传递，并于神经血器官释放入血。有些神经分泌的细胞与靶细胞极为接近，所分泌的神经激素无须脉管之助即可达靶细胞。因此激素调节与神经调节的界限难以截然划分。"[1]

从以上引文可以看出：（1）神经调节是一种生物电调节机制，速度快、时间短，影响局部，而激素调节则是一种化学调节机制，速度慢、时间长，影响波及全身；（2）神经调节的电脉冲在到达神经末梢后也要转化为化学调节的物质，然后释放出去，更有一些神经细胞特化成神经分泌细胞了，分泌神经激素，释放入血循环系统以发挥激素调节功能；（3）神经系统发挥的神经调节机制和内分泌系统通过血液循环系统发挥的化学调节机制不但耦合在

---

[1] 《简明不列颠百科全书》第4卷，中国大百科全书出版社1985年版，第178页。

一起，而且整合在一起，达到水乳交融的程度，根本不可能找到一条界线将它们截然分开；（4）由此可以推论，分别作为这两套系统和两种调节机制的心脏和大脑，即"心"和"灵"，其实也是耦合甚至整合在一起的，其功能不能做机械的划分。

人类的内分泌系统包括 12 个腺体和组织，分泌约 60 种激素，肯定还包括有其他尚未发现或尚未研究清楚的腺体和激素。按其功能，我们可将这 60 种激素划分为四组。

第一组：作用于消化系统的激素，调节肠胃的蠕动和各种消化液的分泌，引发出食欲。

第二组：作用于生殖系统的激素，分雄性激素和雌性激素，调节生殖器官各部位的功能及生殖细胞的成熟和排出，引发出性欲。

第三组：作用于许多器官和组织进行稳态调节的激素，其功能是保证人体的热平衡和化学平衡，引发出追求和谐、舒适、安稳和健康的欲望。

第四组：作用于许多器官和组织调节人的生长发育的激素，其功能是保证人体按其遗传基因编制的程序生长和发育，引发出生存欲或成长欲。

食欲、性欲和生存欲是人的基本欲望，它们是同人的生命的维持、延续和延伸联系在一起的。我们可以把欲望定义为人体里需要满足的空虚或匮乏，食欲和性欲最为明显，生存欲则只在伤病和处境危及生命时才凸显出来。这三种欲望是内在的本能，这就是静态的性或人性。欲望在得到满足之后总是不断地又再生出来，因此永无厌足。欲望是人生的动力，推动人不断地追求。欲望的过分压制和过分满足（纵欲）都会引起身体的不适。

正如中国古人所言，食欲、性欲和生存欲是静态的本性，其动则生出情来。所谓"动"就是寻求满足的行动。凡获得满足就生出快乐来，凡不能获得满足就生出痛苦来。对那些能够满足人的欲望并使人快乐的对象，人就愿意接近，就喜爱；对那些不能够满足人的欲望并使人痛苦的对象，人就情愿远离，就痛恨。快乐和痛苦是人的基本感受和情绪，爱和恨是人的基本态度和感情，它们都是由欲望生出的情感，所以情和欲是紧紧联系在一起的。

感情是易变的，经常在爱与恨、快乐与痛苦间反复；感情是盲目的，不可过于信赖，凭借感情用事不可靠；感情是整体的，要小心爱护，否则容易破灭消亡。

自然系统都有激发态，从微小的量子到巨大的恒星。作为复杂的自然系统的人也是如此。当感情激动时，人就处于激发状态，比较容易冲动。冲动的人总是急于采取行动来平心静气。

宏观上，笔者相信每个人都有这样的主观体验：欲望是全身性的，它遍及全身而不只集中在大脑或有关的效应器官。人在饥饿的时候不仅会饥肠辘辘，而且会感到全身乏力，饿得心里发慌。人在熟睡中被"迷住了"或噩梦不断，此时大脑的意识活动仍然是关闭的，他为求生存而拼命挣扎和呼喊，都是从下意识的"心"中发出的。这些全身性的欲望有一个集中点，那就是心脏。成语"利欲熏心"实在是道出了中国人世世代代的真实体验。

既然欲望的集中点在心脏，那么由欲望的满足与否产生的情感也在心脏。汉语中描述心情的词，像"欢心""痛心""爱心""伤心""寒心""酸心""灰心""忍心""狠心"等，真是把心脏对体内正负感情的体验表达得淋漓尽致。

古今中外历史上的人物，有人天生就是铁石心肠、狠毒心肠，如希特勒、墨索里尼、秦始皇、朱元璋；也有人天生就是菩萨心肠、心慈手软，如甘地、托尔斯泰、李后主、孙中山。这其中，有生活经历的不同，有文化教育的不同，有社会环境的不同，无法否认的还是生物遗传基因不同，以及由生物遗传基因决定的心脏、心血的不同。

性欲有相应的生殖器官，食欲有相应的消化器官，由这两种人生大欲的满足与否引发出来快乐和痛苦，难道就没有一个相应的器官吗？感情是由内分泌系统通过以心脏为中心的血液循环系统调节的，它纯粹是全身性的体验。但是，感情有一个下意识的体验和调节的中心，那就是"心"，更明确地说，那就是心脏。

感情除了全身性之外，还有持久性。感情不是由神经系统里流动的生物电传送的快感或痛感倏忽即逝，而是由血液循环系统里的各种激素引发和调节的快乐或痛苦，因此感情能长时间地维持，甚至终生维持。在人遭受打击之后，极度悲痛的感情会令人痛心疾首，进而引起心绞痛和心肌梗死，直到个人机体死亡。这又反过来证明心脏是感情的中心，感情并非只存在于大脑中。

正如地球上春夏秋冬的四季变化和风霜雨雪的天气变化，最终是由太阳系的中心——太阳调节一样；人身上喜怒哀乐的情绪变化和爱恨情仇的感情变化，也是由人体的心脏来调节的。太阳调节了地球上天气的变化，以心脏为中心的血循环、内分泌系统调节了人的感情变化。前者是无意识的能量辐射调节，后者是无意识的化学调节。

1985 年，世界医学界的一项重大成就是证明心脏还分泌几种内分泌液，来调节人的情绪。这则消息虽语焉不详，但它足以证明心脏还主动分泌某些激素调节人的感情。如果科学家深入研究这个问题，肯定会有更进一步的重大发现。前不久又有报道，病人在植入人工心脏之后，其情绪和性格都发生了重大的改变。这也可以作为有力的旁证。

心脏对感情的调节并非完全不能意识到，因为心脏毕竟还是以大脑为中心的神经系统耦合在一起的，只不过它是同无意识的植物性神经系统相连接。我们说"心情不好""心绪不宁""心乱如麻""心灰意懒"，就是对心脏调节出来的负面情感的体验；又说"心平气和""心情快乐""心安理得""心花怒放"，就是对心脏调节出来的正面情感的体验。这时，如果有人带来了一则好消息，或者他说了一些令你感动的话，你的情绪顿时好转起来，也会体会到一股暖流传遍全身。

更进一步说，由情欲引起的冲动能让人清楚地体验到，或者意识到是以心脏为中心的心血管系统内爆发出来的。正面的小冲动让我们体验到心血来潮、强烈的激动让我们体验到心潮澎湃、兴奋的冲动让我们体验到心花怒放。相反，对负面的冲动一开始我们的体验是怒从心中起，恶向胆边生，更强烈的体验是怒火在心中燃烧，达到最强烈的体验是"怒不可遏""怒气冲天""怒发冲冠"。

在这两种极端冲动的情况下，如果我们取出各自心脏流出的血液来测量和化验，一定会发现其温度是不一样的，一种是暖流、热血，它令人脸色发红，身上发烫，手心和脚心冒热汗；另一种是寒流、冷血，它令人脸色发白，身上发凉，手心和脚心冒冷汗。这两种温度不同的血液里面的 60 种激素，甚至可能是 100 种激素的含量配置肯定是不一样的。

　　因此，我们常常说，爱，从心脏里面流出的是暖流；恨，从心脏里面流出的是恶血。

　　至此，笔者要大胆地提出一个哲学观点：心主情欲说。这"心"真是指那方寸大小的一团血肉，但这"主"却不是指能有意识地加以控制的神经调节，而是指下意识的或略有意识的化学调节。这些化学调节是人内在的本能，它们构成了相互调节的协调的网络，局限地受到内外环境变化的调节，局限地受到中枢神经的调节，在一定程度上是相互调节。

　　欲望、感情、冲动是由人的本能内在地发生的，在弗洛伊德的心理分析中属于"本我"，它们是真正的私心、私欲、私情，只是不断地产生出来，又不断地在外环境中寻求满足，由它们引起的冲动带有盲目性和破坏性，所以儒家的"十六字心传"才说"人心惟危"。在西方文化的主要意识形态基督教的经典《圣经》中，耶稣讲得更详细清楚："凡从外面进入的，不能污秽人。因为不是入他的心，乃是入他的肚腹，又落到茅厕里。这是说，各样的食物都是洁净的。又说，从人里面出来的，那才能污秽人。因为从里面，就是从人心里发出恶念、苟合、偷盗、凶杀、奸淫、贪婪、邪恶、诡诈、淫荡、嫉妒、谤渎、骄傲、狂妄，这一切的恶都是从里面出来，且能污秽人。"（《圣经·马可福音·第七章》）

　　系统哲学的认识论是透视论。贝塔朗菲是这样概括的：第一，我们的经验范畴和思维范畴看来是由生物的以及文化的因素决定的。第二，这种人为的束缚由我们的世界图景渐进的非人化过程来剥除。第三，即使有非人化过程，知识也只是反映实在的某些方面或某些侧面。第四，借用库萨的话说：每一个这样的方面都有真理，尽管只是相对的。质量和能量的对立被考虑了它们相互转化关系的爱因斯坦守恒定律所代替。粒子和波两者都是合法的，而且是物质实在互相补充的两个方面，在一定的现象和方面用一种方式来描写物质实在，在另一些现象和方面用第二种方式来描写；生命有机体的结构同时又表现为可持续的物质流和能量流的承担者。肉体和精神这个老问题或许也具有类似性质，一个同样的实在的不同方面被错误地实体化了。①

――――――――

　　①　笔者对照英文原文对这几句话的译文进行了重译。

贝塔朗菲进一步指出，系统概念和系统理论提供了既说明物理现象又说明心理现象的理论框架："系统概念提供了在心理－物理学上中立的理论框架。物理学和生理学的术语，如动作电位、神经元突触的化学传递、神经网络等不适用于心理现象，而心理学的概念更不能用于物理现象。前面所讨论的系统术语和系统原理能用于说明两个领域中每一个领域中的事实。"①

拉兹洛根据贝塔朗菲的思想，在《系统哲学引论：一种当代思想的新范式》一书中，尝试用透视论来解决身心问题。他提出了人的头脑是具有双透视——从内部和外部进行观察——能力的自然－认知系统的概念。他的根据和做法是："（1）承认物理事件和精神事件的相互不可还原性；（2）建立物理事件组和精神事件组各自的模型；（3）研究这些模型的同型性。……所以，心灵事件在自我分析的基础上揭示了自身，并作为有机体的某些肉体事件的相关事件出现。"②

心灵系统的结构

第一部分，笔者引述了中国古代哲学家们对"心"（心灵）的自我体验的描述。第二部分，用系统论的理论框架和整体论方法，着重从现代生理学的观点来谈，与心灵的非理性部分相应的以心脏为中心的内分泌、血液循环系统发挥的作用，用以证明中国古代哲学家们把性、欲、情等心理和精神事件，同人的心脏联系在一起是很高明的见解。第三部分，仍用系统论的方法，主要吸收西方哲学的成果，加上前面两部分对中国古代哲学心性学的科学印证，建立系统哲学的心灵系统理论。以下就是第三部分。

从外部透视来看，作为物理、化学、生理事件的心灵系统，正如我们前面分析和论证的，是由以心脏为中心的血液循环、内分泌系统和以脑为中心

① ［美］冯·贝塔朗菲：《一般系统论：基础、发展和应用》，林康义、魏宏森等译，清华大学出版社1987年版，第238页。

② Ervin Laszlo, *Introduction to Systems Philosophy*, Harper & Row, Publishers, New York, Evanston, San Franeisco, London, 1973, p. 163.

的神经系统耦合成的系统。若这个系统的结构抽象为几何图形，恰好是一个椭圆——到两个定点距离之和相等的点的轨迹。那两个定点就是椭圆的两个圆心，分别代表心和脑。请注意，这同传统的观点把"心"或"心灵"想象成一个以脑为圆心的圆大不相同。

椭圆这个图形更符合人体的实际情况，因为人体的躯干和头连在一起就接近于是个椭圆形。它是直立的椭圆形，有两个中心：居上的大脑和居下的心脏。人体的这种自然安排容易造成一种错觉，好像大脑是至高无上的君王，而心脏是绝对服从的士兵。可是，正如我们在前面分析的，以心脏为中心的系统是可以同以大脑为中心的系统分庭抗礼的。心脏是人体的太阳、是人体的中心、是维持生命的唯一中心。大脑根本不能直接控制它——既不能让它快，也不能让它慢；既不能命令它跳，也不能命令它停。自然进化出来的自然系统——人体并不是一个极权制度的 A 形社会，而是一个权力分散和权力制衡的 M 形社会。

为了把这个真实的情况体现出来，笔者宁愿把肉体的人想象成一个水平的椭圆：左边一个圆心是心脏，右边一个圆心是大脑。然后再从内部透视，尝试建立作为心理和精神事件的心灵系统的结构图。之所以一反传统的见解做这样一个水平转换，最初是受到莱布尼茨观点的启发。

莱布尼茨认为，正如我们已经发现的，精神生活本质上是知觉和欲望，即认知和意欲。欲望和知觉的结合叫作冲动或愿望。意志是有意识的冲动或追求，由清晰的观点指导的冲动。因此，意志从来不是无所谓的意愿，或恣意任性，而永远是由观念决定的。人不是外在决定的，而是内在地决定的，是由他自己的本性，由他自己的冲动和观念决定的。在这个意义上人是自由的。选择紧随最强烈的愿望。情愿随随便便地决定采取这样的而不是那样的行动，就是情愿做一个愚人。

笔者受到莱布尼茨观点的启发，随后查阅了叔本华、尼采、胡塞尔、萨特、弗洛伊德等非理性主义哲学家的有关论述，经过紧张思考和反复绘制、修改，终于完成了心灵系统结构图（见图1）。因此，它是笔者尝试将众多哲学家——西方的和中国的，对心灵的多元透视图整合起来，经过去伪之后得到的一张心灵的真相图。尽管如此，它仍然是一张多元透视图。

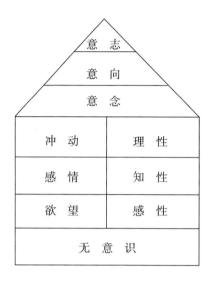

图1　心灵系统结构

　　人的头脑是宇宙进化过程在地球上展开的生物进化，以及社会文化演化到现阶段出现的最复杂和最特殊的系统。它具有双透视的特殊能力：一方面它能从外部透视，看到同自己一样的他人的头脑是一个以心脏为中心的血液循环、内分泌系统，同以大脑为中心的神经系统耦合成的复杂系统，并观察和研究其中由场、物质、能量和信息四种元素构成的流体和过程；另一方面它又能从内部透视，观察、内省地体验自己是一个由情欲、认知和自我意识三部分组成的心灵系统，看到内部各种各样的错综复杂的精神事件。我们将外部透视图设为A，内部透视图设为B，A和B的关系就是哲学，特别是近代哲学的基本问题。

　　对于A和B的关系，我们可以接受并采用贝塔朗菲和拉兹洛的双透视论的解释，但是不得不承认它们都是真实的存在。我们虽然摆脱了物质论或理念论的偏执，却仍摆脱不了笛卡儿的二元论。更进一步，我们还可以问：既然有透视，就一定有透视者，对外部的物理、化学事件的透视者是另一个心灵，对内部的心理、精神事件的透视者是谁？答曰：是自我意识。这自我意识是从哪里来？答曰：是我们现在还解释不了的，是我们的头脑具有双透视能力的特殊系统内部的一种涌现。

　　我们可以尝试将A和B的关系解释为系统的结构和功能的关系。电脑有物质硬件和信息软件，再加上电这种能量流，合在一起模拟出了人脑的一部分功能——运算、推理、记忆等。但是它没有模拟出自我意识、灵感、创造性思维。

在拉兹洛的书里，他提出了对自我意识的一种系统论的解释：我不但感觉，而且我知道我感觉；我不但思维，而且我知道我思维；我不但知道，而且我知道我知道。他说，只要在具有感觉、思维和记忆功能的系统上面再安装一个监控系统就行了。笔者认为，他这种系统论的解释太简单化了。例如，一辆卡车在倒车，它一面倒退，一面靠一个录放扩音装置在喊："请注意，倒车！请注意，倒车！"难道它已经有初步的自我意识了吗？如果在每一个机器人的电脑后面再安装一个监控器，不断报告它在"想什么和做什么"，那么它就有了完全的自我意识，并成为跟真人一样的机器人了吗？显然做不到。

目前，笔者将心灵，特别是它的自我意识看作是天地本无、唯人独具的一种涌现，是在场、能量、物质、信息这四种宇宙存在基础上，进化出来的第五种宇宙存在。它同人的肉体构成的那些系统之间有不可互相通约和不可互相还原的关系。

但是，它们之间（A 和 B 之间）有相互对应的关系，更具体地说是自相似全息对应关系。例如，在笔者绘制的心灵系统结构图中，与左边的欲望、感情和冲动相对应的是以心脏为中心的血循环、内分泌系统；与右边的感性、知性和理性相对应的是以大脑为中心的神经系统，包括各种感觉器官；与上面三角形内的意念、意向、意志相对应的是大脑皮层的最新部分——额叶。第一部分在前面已讨论过了；第二部分在已出版的许多哲学专著和教科书中有具体的论述，所以我们只对第三部分进行说明。

人的意识有狭义意识和广义意识的区分。狭义意识指人醒着时保持自我意识的精神状态，人睡着时它就暂时关闭了，人一死它就消失了。狭义意识能够对心灵的另外两部分进行监控，由此产生对自己内心世界的意识和外部世界的意识。前一部分是监控自身内在产生的欲望、感情和冲动；后一部分是监控自身外在世界的知觉、经验知识和理性活动。狭义意识对这两部分都能反思和纠正。在狭义意识内部还能无中生有地涌现出灵感，产生创新思维。

狭义意识的第一个层次是意念。当你练气功或打太极拳时，入静，四大皆空，便只剩下意念，它可以随意游走，监控身体的任何一个部位，甚至还能带动气血的运行。此外，意念还表现为萌芽状态的创新灵感和采取行动的念头。

第二个层次是意向。它是现象学大师胡塞尔提出的一个概念。他认为，思想不仅像笛卡儿说的那样"我思故我在"，而且还主动地、有目的地指向物理的对象或心理的对象，还主动地对主体世界和外部世界作出纠正和创新。意向将意念提升为方向明确的指向。

第三个层次是意志。它是指意识集中体现出的作出决定、发出指令和采取行动的那部分。意志是意志论哲学家叔本华、尼采的核心范畴。叔本华认为，对于人来说，外在的"世界就是我的表象"，内在的世界就是我维持生命和繁衍后代的意志。人的意志的任一活动都立即表现为他肢体的行动。尼采又把叔本华的生命意志推进为权力意志，人不仅谋生，而且谋权。叔本华还认为"一切客体，都是现象，唯有意志是自在之物"。[①]

在叔本华的《作为意志和表象的世界》一书中，他花了许多篇幅来论证，在各个等级——从低等的动植物一直到人的客体上有各个等级的生命意志。系统哲学赞赏他的观察和直觉发现，并用系统科学的自组织理论和广义进化论作出新的科学解释。生命意志是在太阳提供的持续的能量流的作用下，自组织系统表现出来的自更新、自复制、自创造的功能，也是它们抗拒热力学第二定律增熵和结构瓦解的向下退化的趋势，而表现出来增加秩序和向上建构的趋向和力量。

心灵内在的情欲和冲动要通过认知系统的各种"过滤器"——最终上升为意志。意志集中体现出生命系统具有目标定向的特性。在贝塔朗菲的《一般系统论：基础、发展和应用》中这个观点就已经被提出来了，到拉波波特的《一般系统论：基本概念和应用》[②] 中已正式将目标定向确定为一般系统（动态系统、生命系统）的三大特征之一。

---

① ［德］叔本华：《作为意志和表象的世界》，石冲白译，杨一之校，商务印书馆 1982 年版，第 164 页。

② ［加］A. 拉波波特：《一般系统论：基本概念和应用》，钱兆华译，闵家胤校，福建人民出版社 1993 年版。

广义意识包括狭义意识和它所监控的属"心"的部分，即欲望、感情和冲动，加上它所监控的属"灵"的部分，即感性、知性和理性。前一半是广义的自我意识，后一半是广义的对外部世界的意识。由于广义意识包罗万象，据此，贝克莱说"存在就是被感知"；叔本华说"世界就是我的意志和表象"；王阳明说"宇宙便是吾心，吾心即是宇宙"。系统哲学当然不会接受这种极端的观点。"心"到底是什么？"宇宙""世界"到底是什么？要整合人类世世代代从内部和外部透视的众多成果来回答。

人的心灵系统是有方向性的，正因为如此，笔者才把心灵系统结构图的上半部分画成类似箭头的三角形。心灵的方向是内中的意念、意向和意志所指的方向。在一个社会系统中，所有成员或大多数成员心灵的共同指向汇合成一种无形的推动力量。在卢梭的《社会契约论》中把它称为"公共意志"或"人民的意志"，它是最高的法律。应当由它来限制或撤销公民授予政府的权力；政府应当体现和执行"公共意志"。在中国传统文化中，它被称为"人心所向""众望所归"，并被认为是最终决定历史的力量。进一步引申出人心所向的结论：得人心者得天下，失人心者失天下。

当然，与此相关的中国格言是：大势所趋，人心所向。这就是说，人心的方向要符合宇宙进化的方向，社会系统进化的方向和历史前进的方向。中国哲学称为"与道相契合"；西方哲学称为"符合客观规律"，这样才能"天人合德"。

中国哲学认定的"天地之有人，犹人之有心"也有了现实的证明，天地就是要把人和人心作为进化的一种更高级的工具，让它与道相契合，按照宇宙进化的种种规律继续推动人类进化。人的"心"天生就被赋予这种感应能力，其或为直觉，或为本性，或为情欲者，按照当时所处的客观条件、人类积累的经验和客观规律，社会文化的法律条文、道德规范、价值系统，论证和申诉自己的可行性和合理性；然后再定出方向和形成意志，做到"天人合德"。

在人的心灵里又发现了一个多元的系统，或多种元素组成的系统，这些元素都是在生命系统进化过程中逐步进化出来的。通过动物和人的神经系统进化历史、儿童心理和行为发育史之类的书籍，我们都可以了解到。

从心灵系统结构图上可以看出，人的心灵是三足鼎立的，那就是情、理、意。往下面的一个层次看，人的心灵由欲望、感情、冲动，感性、知性、理性，意念、意向、意志构成。心灵犹如人体的政府，其政体是"虚君共和"民主制。在开会决定问题时，各位代表都有发言、提议和表决的权利。在不同的情况下，心灵拥戴不同的君王。有时它受欲望的驱使，有时它屈服感情的支配，有时它追随传统的惯性，有时它听从意志的决断，有时它服从理性的判断。

然而，人体虽以心灵为君王，但心灵里并没有一个固定的铁腕人物。一般来说，理智居上，情欲居下。可是理智的控制处处碰到情欲的反叛。大脑皮层里脆弱的理智要控制全身性的情欲是极其困难的，其困难程度犹如一个虚弱的国王要控制一个烽烟滚滚的王国。

"存天理，灭人欲"这个理学思想的重要观点之一，若用到科学家或哲学家身上，是十分合理的。因为，他们要尽量做到价值中立才能和上帝对话，或者说才能接近和发现客观规律。倘若把这个观点变成一种普遍的规范，去指导人生则大错特错。原因是被称为"天理"者多半不是天理，而是人理；被称为"人欲"者多半不是人欲，而是天欲——天然合理之欲。结果"天理"不存住，"人欲"灭不掉，还会把每个人都变成具有双重人格的人。

在心灵系统结构图上，可以对西方哲学的主要派别作出解释：弗洛伊德学注重的是无意识领域内的欲望，特别是性欲；意志主义强调的是感性的表象和意志；生命哲学宣扬的是"生命的冲动"；存在主义阐述的是自我的存在、意志和行动。总之，这些非理性主义的哲学派别重视的是心灵系统结构图上属"心"的那部分。

经验主义哲学重视的是直接的感性经验，实证主义和科学哲学强调的是知性，理性主义哲学和分析哲学高扬的是理性及其逻辑。总之，这些理性主义哲学派别重视的是心灵系统结构图上属于"灵"的一部分。

应当承认，这些各有偏执的诸多哲学派别均各有其独特的哲学价值和社会意义。它们互相反对、互相补充地镶嵌在一起，奏出了西方哲学交响乐般的音响效果，尽管不乏种种精神噪声，但这总比拿一种偏执的哲学当宗教信仰强得多。

20 世纪，从哲学中引发出来的社会思潮和运动又留下了非常沉痛的历史记录。具有代表性的就是以"擅长哲学思维"著称的德意志民族的意志主义和理性主义哲学中生发出来的两场波及全球的世界大战，它们造成了至少3000 万生灵涂炭，并且延缓了人类文明的进化过程。这是一对双胞胎：都是从德国古典哲学中诞生出来的，所以是同卵双胞胎；一个崇尚理性主义，一个崇尚非理性主义，所以又是异卵双胞胎。这对孪生兄弟在 20 世纪打碎了多少坛坛罐罐，碰倒了多少酱油瓶、花生油瓶和醋瓶子，你是知道的，笔者就不说了。

鉴于这样的历史教训，哲学家在建构一种哲学时不可不高度惊惧，不可不预计到它会给自己的民族和人类带来什么后果。本人在此创建系统哲学，正是要提供一种尽量消除各种哲学偏执的科学的哲学，希望它有助于中华文明和人类文明较为平稳地向上进化。

心灵系统结构图可以直观地告诉我们，怎样才能培养出完美健全的心灵。欲望、感情和冲动占据心灵主导地位的是典型的艺术家，知性和理性发达的是典型的科学家、哲学家和神职人员，感性经验丰富、行动果断的是典型的社会活动家。一般来说，这三种人并不具备完美而健全的心灵。如果社会里全是或绝大部分是这三类人，它将苦于缺乏良好的管理人员——从总统、总理、部长到企业家、经理、校长。因为一个良好的管理者既要有丰富的科学知识和理论素养，又要深知人的心理，还要有谋略、组织能力、决断和坚强的意志。系统哲学强调心灵系统的三大部分要均衡，这样才是健全而完美的心灵，这样的人适合做管理者——不再称他们为统治者。

第八章

透视论

　　系统哲学的认识论是透视论。贝塔朗菲在勾画他心目中的系统哲学蓝图时写道：

　　　　知觉不是（不管什么样的形而上学立场上的）"真实事物"的反映，知识不是"实情"或"实在"的简单近似物，它是认识者和被认识者之间的相互作用，这有赖于生物、心理、文化、语言等性质的因素的多样性。物理学本身告诉我们，不存在独立于观察者的终极实体，如微粒或波。这就导致"透视"哲学的产生，在这种哲学看来，尽管在其本身的和相关的领域中取得了公认的成就，但物理学不是垄断性的知识方式。同还原论及声称实在"只不过"（是一堆物理粒子、基因、反射、欲望或实际可能是的诸如此类的东西）的理论相反，我们把科学看成是人类带着它生物的、文化的和语言的禀赋和束缚，对它"被投入"的或更确切地说由于进化和历史它适应了宇宙，做了创造性的处理之后的多种透视中的一种。①

　　贝塔朗菲勾画的这张蓝图是由他的主要继承者之一的拉兹洛完成的，这就是后者的主要哲学著作《系统哲学引论：一种当代思想的新范式》。尽管

---

　　① Ludwig von Bertalanffy, *General System Theory*, Revised Edition, George Braziller, New York, Fourth Printing, April 1973, p. xxii. 这里是笔者翻译的新译文，可参阅此书由清华大学出版社出版的中文版，第6页，由社会科学文献出版社出版的中文版，第11页。

在这本书的序言中贝塔朗菲充分肯定了拉兹洛的研究工作，但笔者在这里要不无遗憾地指出，拉兹洛所做的研究工作，并不是按贝塔朗菲的本意来全面阐述一种新的认识论原理，而是发展他自己提出的"双透视"原理。借此用来破除在西方文化中占主导地位的笛卡儿二元论，坚持物质一元论。拉兹洛写道：

> 根据双透视原理，可以把我的自我体验，亦即我心灵所知的世界，同我理解的我的肉体、大脑中的那些过程，以及作用于我肉体和大脑的外部世界之间质的差异，解释为是作为自然认知系统的我自己的两种透视之间的差别。这两种透视中的一种是用自然系统的理论描摹的，而另一种是用认识系统的理论描摹的。由于这些理论代表一般系统论的特殊情况，所以它们的相关的结论可以整合为双透视定理：具有不可还原性差异的精神事件和物理事件的集合构成一个同一的心理物理系统（专业术语是"自然认知系统"）。①

所以，在这一章里，笔者准备就自己的研究心得，对透视论进行全面的阐述。

含透视论精神的哲理故事

"望洋兴叹"这个成语，出自战国时代的《庄子·秋水》，故事说：秋水时至，百川灌河，泾流之大，两涘渚崖之间，不辩牛马。于是焉河伯欣然自喜，以天下之美为尽在己。顺流而东行，至于北海，东面而视，不见水端，于是焉河伯始旋其面目，望洋向若而叹曰："野语有之曰，'闻道百以为莫己若者'，我之谓也。"

宋代诗人苏轼于神宗元丰七年（1084）与亲友遍游庐山，作诗十余首。

---

① Ervin Laszlo, *Introduction to Systems Philosophy*, Happer & Row, Publishers, New York, etc, 1972, p. 182.

"最后与总长老同游西林",言"仆庐山诗尽于此矣"。因作《题西林壁》曰:"横看成岭侧成峰,远近高低各不同。不识庐山真面目,只缘身在此山中。"

《列子·说符》一书中说,有人丢了斧头,疑心是邻居的儿子偷的,看他的步态、脸色、言语、动作,全都像是偷了斧头的样子;后来斧头找到了,再看他的举止、言行,竟没有偷斧头的样子了。

鲁迅谈《红楼梦》这部书时,说了一段含有透视论精神的话:"单是命意,就因读者的眼光而有种种:经学家看见《易》,道学家看见淫,才子看见缠绵,革命家看见排满,流言家看见宫闱秘事。"

安徒生的著名童话《皇帝的新装》说,从前,有一位皇帝酷爱新衣。来了两个骗子,为他缝制世界上"最美丽的新衣"。他们空忙了一阵,什么也没做出来,但却声言新衣已经做好,只有愚不可及和不称职的人才看不见这些最美丽的衣裳。大臣、百姓和皇帝本人都说看见了,并对这些衣服赞不绝口。于是皇帝换上了这些新衣,举行庆祝游行,只有一个小孩儿叫了出来:"可是皇帝什么衣服也没有穿呀!"大家这才如梦初醒,看清他们的皇帝确实是赤条条的。

透视论在西方哲学史上的源流

在西方哲学史上,柏拉图最早说明人类有混乱模糊的感官知觉洞见和条理清晰的理智洞见两种认识能力。一般人只有前一种认识能力,只看到万物流转的现象界;研究了哲学之后,在真理或善的阳光照耀下,方能看见形式常驻的理念界。他讲述了那著名的洞穴比喻:"没有哲学思想的人就像洞穴里的囚犯,他们戴着镣链,身子不能转动。他们后面是一堆火,前面是由空白的墙堵住的空荡荡的洞穴。在墙上,就像在屏幕上似的,他们看到自己的影子以及介乎他们与火之间的东西的影子。他们因为无法看到别的东西,就以为影子是真实的东西。终于有一个人挣开了镣链,爬到了洞口。他在那里初次看见了阳光,那阳光照耀在真实世界的真正的东西上。他回到洞穴向难友们述说了他的发现，并设法说明他们看见的无非是现实的模糊的反映，只是一个影子的世界而已。但是因为见过阳光，他被阳光的灿烂剌射得眼睛发花，现在很难分辨影子了。他想指点他们走向光明，但是在他们眼里他显得比以前更加愚蠢，因此要说服他们不是件容易的事。如果我们是哲学的陌路人，我们就无异于那囚犯，我们看到的只是些影子，事物的表象而已。一旦我们成了哲学家，我们就在理智与真理的阳光下看外界的事物，这才是真实。这种光明，给予我们真理以及认识能力的，就是代表着'善'的理念。"①

英国经验主义哲学家弗兰西斯·培根认为，扰乱人心的假象有四种。第一种是"种族假象"，它的基础就在于人的天性之中，就在于人类的种族之中。认为人的感觉是事物的尺度，乃是一种错误的论断；相反地，一切知觉，不论是感官的知觉或者是心灵的知觉，都是以人的尺度为根据的，而不是以宇宙的尺度为根据的。人的理智就好像一面不平的镜子，由于不规则地接受光线，因而把事物的性质和自己的性质搅混在一起，使事物的性质受到了歪曲，改变了颜色。第二种是"洞穴假象"，因为每一个人（在一般人性所共有的错误之外）都有他自己的洞穴，使自然之光发生曲折和改变颜色。这是由于每个人都有他自己所特有的天性，或者是读书和他所崇拜的那些人的权威；或者是由于印象产生于具有成见的人心中；或者产生于漠然无动于衷的人心中而有所不同；或者是由于其他类似的原因。因此，人的精神（按其分配于不同的个人而定）事实上是一种变化和富于动乱的东西，并且好像是受机会支配的。因此，赫拉克利特说得好，人在自己的小世界中，而不在更大的或公共的世界中去寻求科学。第三种是"市场假象"，这些假象是由于人们彼此交往而形成的，因为人们在那里交际会合。人们是通过言谈而结合的；而词语的意义是根据俗人的了解来确定的。因此如果语词选择得不好和不恰当，就会大大阻碍人的理解。学者们在某些事情上惯于用来保卫自己和为自己辩护的那些定义和解释，也决不能把事情改正过来。词语显然是强制和统治人的理智的。它使一切陷于混乱，并且使人陷于无数空洞的争辩和无聊的幻想。第四种是"剧场假象"，从各种哲学教条以及从错误的证明法则移植

---

① ［英］伯特兰·罗素：《西方的智慧》，世界知识出版社1992年版，第71页。

到人心中的假象。因为照我的判断，一切流行的体系都不过是许多舞台上的戏剧，根据一种不真实的布景方式来表现它们所创造的世界。我们说的不只是现在的时髦体系，也不只是古代的学派和哲学：因为还有更多同类的戏剧可以编出来，并且以同样人为的方式表演出来；因为我们看到，即便是最不相同的错误，极大部分也还是有着相同的原因的。我所指的也不只是完整的体系，也还有由于传说，轻信和疏忽而被接受下来的许多科学中的原理和公理。①

按照传统的马克思主义哲学史和哲学教科书，贝克莱被定性为主观唯心主义。可是，在英国哲学史中，贝克莱是从洛克开始的经验主义的极端。不管怎样，他的某些观点也是透视论发展过程中不可缺少的环节。贝克莱的主要观点是这样的："这样一个能感知的主动实体，就是我所谓的心灵、精神、灵魂或自我。我用这些词并不是指我的任何一个观念，而是指一个全然与观念不同的东西。观念只存在于这个东西之中，或者说，被这个东西所感知；因为一个观念的存在，就在于被感知。……因为所谓不思想的事物完全与它的被感知无关而有绝对的存在，那在我是完全不能了解的。它们的存在（esse）就是被感知（percipi），它们不可能在心灵或感知它们的能思维的东西以外有任何存在。"②

对贝克莱的思想，罗素公允而中肯地评论道："贝克莱说他的公式——存在的即被感知的，是无保留的或不妥协的。严格说来，这就是洛克经验主义的终极结果。……事实上，我们只要仔细考虑怎样正确使用我们的词汇，就看到他的公式显然是真实的。"③

罗素在《人类知识原理》一书中写道，贝克莱借费罗诺斯的话总结成："除各种神灵以外，我们所认识的或设想的一切都是我们自己的表象。"罗素评论说："他以为他是在证明一切实在都是属于心的；其实他所证明的是，

① ［英］培根：《新工具》第一卷，《西方哲学原著选读》上卷，北京大学哲学系外国哲学史教研室编译，商务印书馆1981年版，第350—351页。

② ［英］乔治·贝克莱：《人类知识原理》，《西方哲学原著选读》上卷，北京大学哲学系外国哲学史教研室编译，商务印书馆1981年版，第503页。

③ ［英］伯特兰·罗素：《西方的智慧》，马家驹、贺霖译，世界知识出版社1992年版，第294、296页。

我们感知的是种种性质，不是东西，而性质是相对于感知者讲的。"①

休谟更进一步否认了"精神实体""自我""因果联系"。他写道："简言之，所有的思想原料，如果不是来自我们的外部感觉，就是来自我们的内部感觉。心灵和意志只是将这些原料加以混合，加以组合而已。或者用哲学的语言来说，我们的一切观念或比较微弱的知觉，都是我们的印象或比较生动的知觉的摹本。"

他对人类的认识采取怀疑主义的态度，并认为"最投合怀疑主义的结论的，无过于揭发人的理性和能力的软弱和狭隘了"。在人生的各种事情上，我们还是应当一概保持怀疑主义的态度。②

在哲学史上，康德是把德国哲学的理性主义和英国哲学的经验主义综合在一起，并提出认识论原理的哲学家。康德一方面承认贝克莱和休谟议论中的合理性；另一方面又要回答他们的挑战。为此，他对人类的认知活动进行了全面而深入的考察，完成了"哥白尼式的革命"——像因果关系这样的经验判断，不是知觉表象中有的，而是人类的理性把概念同经验结合之后再放进去。康德的主要观点是："作为我们的感官对象而存在于我们之外的物是已有的，只是这些物本身可能是什么样子，我们一点也不知道，我们只知道它们的现象，也就是当它们作用于我们的感官时在我们之内所产生的表象。因此无论如何，我承认在我们之外有物体存在。"

"因为感性认识决不是按照物本身那样表象物，而是仅仅按照物感染我们的感官的样子表象物，因此它提供给理智去思考的只是现象而不是物本身。"

"现象什么时候用在经验里，什么时候就产生真相；然而一旦超出经验的界线，变成了超验的，它就只能产生假象。"

"一般说来，在给予感性直观的东西之外，还必须加上一些特殊的概念，这些概念完全是先天的，来源于纯粹理智，而每个知觉都必须首先被包摄在

---

① ［英］罗素：《西方哲学史》下卷，何北武、李约瑟译，商务印书馆 1976 年版，第 183、190 页。

② 以上均转引自《西方哲学原著选读》上卷，北京大学哲学系外国哲学史教研室编译，商务印书馆 1981 年版，第 519、531 页。

这些概念之下，然后才借助于这些概念而变为经验。

"经验的判断，在其有客观有效性时，就是经验判断；但是，那些只有在主观中才有效的判断，我仅仅把它们叫作知觉判断……既然一切感官对象都是如此，那么经验判断不是从对于对象的直接认识中（因为这是不可能的），而仅仅是从经验的判断的普遍有效性这一条件中取得它的客观有效性的。"

"意识的这种结合，如果由于同一性关系，就是分析的；如果由于各种不同表象的相互连接和补充，就是综合的。经验就是现象（知觉）在一个意识里的综合的连接，仅就这种连接是必然的而言。"

"而且，既然合乎法则性在这里是建筑在现象在一个经验里的这种必然连结之上（没有必然连结，我们就决不能认识感性世界的任何对象），从而是建筑在理智的原始法则之上的，那么如果我就后者说：理智的（先天）法则不是理智从自然界里得来的，而是理智给自然界规定的，这话初看起来当然会令人奇怪，然而却是千真万确的。"

"人类精神一劳永逸地放弃形而上学研究，这是一种因噎废食的办法，这种办法是不能采取的。世界上无论什么时候都要有形而上学；不仅如此，每人，尤其是每个善于思考的人，都要有形而上学，而且由于缺少一个公认的标准，每个人都要随心所欲地塑造他自己类型的形而上学。"

"形而上学，作为理性的一种自然趋向来说，是实在的；但是如果仅仅就形而上学本身来说，它又是辩证的、虚假的。如果继而想从形而上学里得出什么原则，并且在原则的使用上跟着虽然是自然的、不过却是错误的假象跑，那么产生的就决不能是科学，而只能是一种空虚的辩证艺术，在这上面，这一个学派在运气上可能胜过另一个学派，但是无论哪一个学派都决不会受到合理的、持久的赞成。"①

我国传统哲学教科书由于受苏联哲学教科书的影响，以及《实践论》的影响，哲学界乃至整个学术界都把人类的认识过程简单地分为"感性"和"理性"，全然不顾康德的感性、知性和理性。这样一来，最大的弊病就是把

---

① 以上均引自［德］康德：《任何一种能够作为科学出现的未来形而上学导论》，简称《导论》。需要附带指出的是，在上述引文中"理智"的另译是"悟性"，也即通常称谓的"知性"。

哲学同科学、科学同哲学混在一起统称"理性认识"。结果，某些哲学原理被当成科学定理直接应用于改造现实，而某些科学知识又被提升为哲学原理阻碍了对哲学的深入研究。此外，许多人忘记了康德在《纯粹理性批判》里讲的纯粹理性的局限，忘记了他提出的那四个二律背反，因而许多人热衷于搞思辨哲学，把辩证法当作范畴和概念游戏，写了很多空洞的哲学论文和哲学书籍。

马克思对哲学认识论的贡献。马克思把康德的"经验验证"推进为实践检验，他写道："人的思维是否具有客观的真理性，这不是一个理论的问题，而是一个实践的问题。人应该在实践中证明自己思维的真理性，即自己思维的现实性和力量，自己思维的此岸性。关于离开实践的思维是否具有现实性的争论，是一个纯粹经院哲学的问题。"①

马克思认为，人可以用多种认识方式把握世界，他写道，用政治经济学方式把握的"整体，当它在头脑中作为被思维的整体而出现时，是思维着的头脑的产物，这个头脑用它所专有的方式掌握世界，而这种方式是不同于对世界的艺术的、宗教的、实践—精神的掌握的"。可见，马克思也主张对世界有多种方式的认知把握。

尼采的透视论

在西方哲学史上，尼采是第一个明确地提出透视论（又译透视主义或视角主义）的哲学家，但他走得太远了，得出了不可知论和绝对的相对主义的结论。他在这方面的主要言论如下：

"假设主体也许是不必要的；也许，同样许可假设多个主体，这些主体的角逐和斗争乃是我们思维和全部意识的基础。"②

"世界，撇开我们在其中生活的条件来看，这个我们不曾把它归结为我

---

① 《马克思恩格斯选集》第一卷，人民出版社1972年版。
② ［德］弗里德里希·尼采：《权力意志：重估一切价值的尝试》，商务印书馆1991年版。

们的存在、我们的逻辑和心理偏见的世界，并非作为'自在'的世界存在的。它本质上是关系世界：如果可能，从每个点出发，它有其不同的面目；在每个点上，它的存在在本质上是不同的，它印在每个点上，它的每个点都承受了它——而在每一场合，其总和是完全不一致的。"

"不存在自在之物，也不存在绝对认识；透视的、制造幻觉的特性属于生存（existenz）本身。"

"不是'认识'，而是图解，——使混乱呈现规则和形式到这一程度，恰足以满足我们的实践需要。"

"就'认识'一词有任何意义的范围来说，世界是可知的；但它也可以用不同方式解释。它不是蕴含着一种意义，而是无数种意义。——'透视主义'。"

"我们的价值被解释进了事物之中。难道有自在的意义吗?！意义岂非必然是关系的意义和透视?"

"有许多眼睛，甚至斯芬克司也有眼睛；因而有许多种'真理'，因而也就不存在真理。"①

相对论和透视论

自洛克作出具有绝对性的第一性的质和只有相对性的第二性的质的区分之后，不断有人提出第一性的质也有相对性。例如，康德就曾写道："由于一些重要的原因，把物体的其他一些性质，也就是人们称之为第一性的质的东西，如广延、地位，以及总的来说，把空间和属于空间的一切东西（不可入性或物质性、形，等等）也放在现象之列，人们也找不出任何理由去加以否认的。"②

---

① 以上均转引自周国平：《尼采的透视主义》，罗嘉昌、郑家栋主编：《场与有——中外哲学的比较与融通》（一），东方出版社 1994 年版，第 193—204 页。

② ［德］康德：《任何一种能够作为科学出现的未来形而上学导论》，庞景仁译，商务印书馆 1978 年版，第 51 页。

但真正要证明这一点，却要等到爱因斯坦提出相对论才能完成。相对论的提出曾受到前人的某些实验和理论成果的启发，其中最重要的是为证实"以太"的存在而设计的寻找地球，相对于"以太"运动的迈克尔逊－莫雷实验的失败。它否定了"以太"的存在，从此再没有相对于"以太"的绝对运动或绝对静止，而只有一个参照系相对于另一个参照系的相对静止或相对运动。

运动和静止的相对性极易成为我们的日常经验察觉。当火车在车站停留时，乘客、车厢和车站是相对静止的。当火车开动起来，乘客和车厢依旧保持相对静止，可是他们同车站却是在相对运动之中——车站上的人看到自己同车站是静止的，列车正离车站远去；而乘客看到自己同车厢是静止的，是车站和送行的人在向后远去。我们在物理课上做运动物体的电磁感应实验时发现，磁体运动导体不动和导体运动磁体不动是一样的，电磁感应现象只同二者的相对运动有关。现代天文学家又告诉我们，尽管我们没有察觉，但实际上，在我们平静地坐着或躺着的时候，地球正带着我们以每秒30千米的速度在围绕太阳的轨道上运行，而太阳系又带着地球以每秒300千米的高速在围绕银河系的中心旋转，最后，我们所在银河系又以每秒200多千米的速度朝麒麟星座的方向去运动，如此等等。因此，我们要观察某一参照系（惯性系）是运动或静止，便只有参照另一参照系（惯性系）相对而言。

否定了"以太"的迈克尔逊－莫雷实验的一个更为重要的正面结果是发现光速不变，即光在真空中的速度同发射体的运动状态无关，它是各向同性的。这成为开启相对论的一把钥匙。由此我们可以证明，在接近于光速的高速运动的条件下，光速不变，相对于不同的参照系，时间和空间变成可变的了。时间和空间同参照系的运动状态有关，牛顿的绝对时空变成了爱因斯坦的相对时空。

相对论把原来认为最具客观绝对性的物体的静止和运动、时间和空间、质量和能量等都改变成具有主观相对性的了，也即它们都取决于作为认知客体的系统和作为认知主体的参照系统的相对运动状态。同时，它还把牛顿力学从宇宙的绝对真理的宝座上拉下来，证明牛顿运动定律只在物体运动速度远比光速低的场合才适用，万有引力定律也只有在引力强度弱的场所才成立，因而它们都是相对真理。总之，静止、运动、速度、时间、空间、质量、能量等均不可避免地有某种透视属性，或处在某种透视当中。

量子力学和透视论

20 世纪，物理学革命的另一项伟大成就是量子论和量子力学，它同相对论一样极大地改变了人类对自然和自身认知活动的认识。

量子力学在以下几个问题上极大地丰富了透视论。

波粒二象性原理　在古希腊的自然哲学中就有关于光的波动性或粒子性的猜测。17 世纪，牛顿曾假设光由粒子组成，而惠更斯则认为光是波动。1864 年，麦克斯韦从理论上推断出电磁波的存在，其速度与光速相同，因此光被认为是一种电磁波。1888 年，赫兹用实验证明了电磁波的存在，测量出电磁波的速度，又进一步证实电磁波与光波一样有衍射、折射、偏振等性质，最终确立了光的电磁波理论。如上所述，在量子力学创建过程中，普朗克又提出了光的量子理论，爱因斯坦用它成功地解释了光电效应，并进一步得出了计算光子的能量、运动质量和动量的数学公式。1916 年，密立根、康普顿又通过一系列实验证明爱因斯坦给出的公式都是正确的，因而最终确立了光的粒子理论。1923 年，德布罗意提出微观粒子具有波粒二象性的假说，认为像电子、原子这样的微观实体粒子也都有波动性和实体性这样两重属性，并给出了它们之间换算关系的数学公式。1927 年，由汤姆逊等人用实验证实了上述假说和数学公式的正确性，最终确立了量子力学中微观粒子波粒二象性的学说。这就是说，在一种试验、透视条件下光是粒子，在另外一种试验、透视条件下光是波。

测不准原理　在牛顿力学中，我们能同时精确地测量到一个宏观物质客体运动的位置和即时速度，但在量子力学中，我们却不可能对一个微观粒子同时做到这两点。海森伯把这种情形概括为测不准关系或测不准原理。他是这样说的："业已发现，想以任何事先规定的精确度来同时描述一个原子粒子的位置和速度，是不可能的。我们只能做到要么十分精确地测出原子的位

置，这时观测工具的作用模糊了我们对速度的认识，要么精确地测定速度而放弃对其位置的知识。这两个不确定数的乘积永远不小于普朗克常数。这个形式体系使这一点变得十分明确：运用牛顿力学的概念，我们不能获得更多的进展，因为在计算一个力学过程时，至关紧要的是同时知道物体在某一特定时刻的位置和速度，而这一点恰恰在量子论认为是不可能的。"①

　　互补原理　量子力学中微观粒子的波粒二象性原理和测不准原理都导致相互排斥的图景或相互矛盾的结论，这在经典物理学中是不允许的，可是在量子力学中却是不能不允许的，因为它们是不可克服的、颠扑不破的。为此玻尔提出了量子力学中特有的但又具有普遍意义的互补原理。

　　我们引几段话来说明这条原理：

　　"在确定的实验条件下，和原子客体的行动有关的报道，可以按照原子物理学中常用的术语说成是和有关同一客体的另一种报道互补的，这另一种报道要用和上述条件互相排斥的实验装置来得到。虽然这两种报道并不能利用普通的观念结合成单一的绘景，但是它们却代表着有关该客体的一切知识的同等重要的方面。"

　　"这一关键问题就在于，不能明确地区分原子客体的行动及其和测量仪器之间的相互作用，该仪器是用来确定现象发生时的条件的。……任何将现象加以细分的企图都将要求一种实验装置的改变，这种改变将引入在客体和测量仪器之间发生原则上不可控制的相互作用的新可能性，其结果就是，在不同实验条件下得到的证据，并不能在单独一个绘景中加以概括，而必须被认为是互补的；所谓互补，就表示只有这些现象的总体才能将关于客体的可能知识包罗馨尽。"②

　　玻尔在许多场合不厌其烦地论述，试图将他在量子力学中发现的互补原理外推成哲学上的一般认识论原理，他论述了生物学研究中"机械论"和"目的论"互补，心理学中"思想"和"感觉"互补，人类行为的"本能"和"理性"互补，社会学中"公正"和"仁慈"互补，艺术中"严肃性"

---

①　［德］W. 海森伯：《物理学家的自然观》，商务印书馆1990年版，第20页。
②　［丹麦］N. 玻尔：《原子物理学和人类知识》，商务印书馆1964年版，第28、29、44页。

和"幽默性"互补，以及各民族文化之间的互补关系。

系统科学是复杂系统的透视图

2003 年，笔者曾撰文①明言：我赞成"复杂性研究"却不赞成"复杂性科学"。其中的道理很简单，"复杂性研究"是可能的，"复杂性科学"是不可能的。在系统科学中，如果把"复杂性"定义为"复杂系统的动力学特征"，那么也应当设法对这种特征加以界定、加以描述、加以分析、加以区别，这就是"复杂性研究"。可是，通过对"复杂性"进行科学研究并建立起"复杂性科学"却是不可能的。迄今为止，科学仅限于研究实体、运动和关系，从未通过研究一种属性建立起一门科学来。

譬如，"美"是一种属性，人类研究"美"至少几千年了，但美学始终属于哲学而不是科学。我们无法对"美"进行客观的研究，总是陷入"美是客观的""美是主观的""美是主客观的统一"这类哲学争论。我们也不可能对"美"建一个科学模型进行定量的研究，更不可能对"美"得出统一的科学的标准。如果坚持直接对"复杂性"这一属性进行类似的研究，我们就一定会陷入同样的哲学争论的困境。

在那篇文章中，笔者指出，"系统论"或"系统科学"从一开始提出来就是研究"复杂系统"，而不是研究"简单系统"，"简单系统"是传统科学研究的对象。贝塔朗菲在《一般系统论：基础、发展和应用》中写道："我们被迫在一切知识领域中运用'整体'或'系统'思想来处理复杂性问题。"这就是说，系统科学起步的地方恰恰是传统科学止步的地方，在那里出现了非叠加性或非加和性，传统科学的还原论方法失效了。我们不得不采用系统分析方法、结构—功能方法、计算机仿真方法、系统工程方法去研究和解决复杂系统问题，特别是整体的结构、功能、优化、涌现和演化问题。因此，系统科学就是"关于复杂系统的科学"，"系统"这个概念本身就蕴含"复

---

① 闵家胤：《关于"复杂性研究"和"复杂性科学"》，《系统辩证学学报》2003 年第 3 期。

杂"，若再添加"复杂"这个修饰语就是添加冗余码。

10多年过去了，笔者在这一论题上的见解又有了新的推进，故在此进一步申言：系统科学是复杂系统的透视图，或者说系统科学是人类面对复杂系统作出的许多张透视图。

20世纪70年代末，笔者阅读贝塔朗菲《一般系统论：基础、发展和应用》和拉兹洛《系统哲学引论：一种当代思想的新范式》，了解他们提倡的系统哲学的认识论叫"透视论"。

当科学面临研究生物机体、人体、大脑、社会复杂系统的时候，原先研究简单系统的还原论方法失效了，科学家不得不发展新的整体论的方法。可是，在现实世界中，作为实体存在的生物机体、人体、大脑、社会都太复杂，人脑及其智力不可能设计出理想的万能模型，即能解释所有复杂系统的结构、功能、属性、行为，并预言其演化的理想的万能模型。于是，只得退而求其次。暂时满足于设计出复杂系统的一张张透视图，即关于复杂系统的预先决定属性的某一种关系的模型，于是一门一门系统科学学科诞生了。

最先诞生的是贝塔朗菲的一般系统论。他从"有机论"推进到"整体论"，再到"一般系统论"。这些理论抽象出来的是开放动态系统"一般性"的关系，即系统与环境的关系、结构与功能的关系、动态同稳态的关系，以及数学同型性等。维纳等人创立的控制论则是关于复杂系统通过反馈信息追寻外部目标和内部内稳态的透视图。申农创立的信息论是复杂系统通过信息传输完成自复制的透视图。层级结构系统理论则是复杂内部组织关系、系统结构，以及层级控制的透视图。耗散结构理论是远离平衡的非平衡态热力学系统通过耗散热量维持结构，朝更高组织性和复杂性进化的透视图。超循环理论则是复杂系统内部物质、能量和信息三种流体循环套循环形成超循环的透视图。

系统哲学的透视论

透视是在绘画中表现景物的空间关系和立体感的方法。它源于人类视觉的天然的感知特征。它使人对画中空间位置和物体的体积产生一种从特定时间和固定位置去观察的感觉。一种是直线透视法，又称中心透视，近大远小，各物体平行线和平面都会聚到无穷远的一个消失点上；另一种是有两个消失点的角透视，又称斜透视；还有一种空中透视，它是与俯视观察点相结合的平行透视。总之，透视强调的是整个画面，连同画中每一个物体的形象、明暗、大小、高矮，都随画家选取的视角不同而改变。

医学上的透视是指在 20 世纪发展起来的医学成像技术。最初，仅是利用 X 射线对不同物质有不同程度的穿透能力这一性质，令 X 射线管发出的 X 射线穿透病人的躯体，形成 X 射线影像，然后由 X 射线影像转换器转换成可见光影像。医生能从这种影像中看到病人身体内部骨骼和内脏的二维图像，并凭借经验对病变作出判断。

20 世纪后半期，在高度发达的现代科学和技术的基础上，发展出了计算机断层图像、同位素图像、超声图像、热图像和核磁图像等更先进的透视技术，在技术层次上，体现出多角度透视整合以寻求真相透视论原理。

计算机断层图像技术又称 CT 扫描，其基本原理是把病人置于 X 射线管和水平放置的感光胶片之间，令射线管发出的 X 射线束与水平胶片成斜角，如斜角 20°。开动射线管，射线管与胶片围绕病人直立的身体进行同步旋转运动，如旋转 180°或 360°，对病人身体纵轴垂直的横截面进行扫描。一台现代的 CT 扫描机可在很短的时间内，从几百个视角（在不同方位以不同斜角）对人体的某一脏器做扫描，然后重建并显示出数十张相邻的横截面的图像。最后，再将这一套二维图像迭加在一起，消除由于内外噪声和迭加过程造成的各种虚像，逐步构成接近该脏器真相的三维图像。①

把系统哲学的认识论定名为透视论，正是从绘画和医学的透视取喻，强调人类认识的非直观性、主动性、穿透性、超越性、相对性，但同时又承认可以通过多元透视整合获取真相，进而可以从认识论角度对自由、民主和人权作出一些新的诠释。

系统哲学的透视论是综合哲学的宏观认识论，相比之下，分析哲学的认

---

① ［英］P. N. T. 威尔斯主编：《医学成像的科学基础》，科学出版社 1986 年版，第53—88 页。

识论似乎可以叫作微观认识论。微观认识论着重于解决概念和命题的真伪问题，而宏观认识论则着重于解决认识活动整体的真伪，具体来说，就是所获得的整个图像，所作出的整个解释、评价，乃至整个理论的真伪问题。

透视论认为，人的认识活动是在认知系统中实现的。认知系统是由主体和客体组成的通信系统，把它们连接起来的是信道。不管你怎么言说，主体是感知者而客体是被感知者，或者主体是反映者而客体是被反映者，或者主体是透视者而客体是被透视者，它们之间总有不可逾越的鸿沟或不可打破的间隔。主客体之间的距离可以缩短，但不会消失。因此，主客体之间永远只能达到相对的统一而不能达到绝对的同一。换句话说，透视论拥护康德的观点，承认"自在之物"的彼岸性和"为我之物"的此岸性，承认人的认识能力总是有局限性的。

透视论认为，在认知系统中，作为主体的人的头脑是一个极其特殊的复杂系统；作为客体的认识对象在许多情况下也是一个系统，甚至是一个复杂系统。认识活动实际是这两个系统相互作用的过程。这种相互作用，在马克思主义哲学中叫作实践，在皮亚杰的发生认识论中叫作动作，总之是主体相对于客体的有目的的行为。为达到目的，主体要主动地获取关于客体的信息。从前面对信息的研究可知，这里起决定作用的是作为信宿或接收系统的主体。人认识到什么、怎样认识，主要不在于客体系统发出了什么信息，而在于主体系统收到了什么信息，而主体系统收到了什么信息，又取决于主体系统里内存什么信息。总之，按原先我们讲的"反映论"那种比喻性的说法，客体成了主动者，主体反而成了被动者；而按这里讲的"透视论"这种比喻性的说法，主体是主动者，客体是被动者。显然，后者比前者正确和深刻。

人的头脑是自然系统进化的最高产物，它至今仍是一个黑箱或灰箱：我们知道其输入是物质、能量、信息，输出是意识。但意识究竟是什么？是怎样产生的，我们至今仍不能确切地知道。我们无法将头脑打开来研究意识，因为头脑一打开人就死亡了，意识活动也就停止了。所以，我们只能将自己头脑中的意识作为"直接地给予"接收下来，或如笛卡儿所言"我思故我在"；还可以换一种说法，我醒着意识存在，我睡着意识暂时消失。也许等未来的 X 代电脑产生人造意识后，我们才能完全揭开意识的秘密。

人的意识有双透视的能力。一方面，它能透视自己的内心世界，这是自我意识。它是心灵系统内部的通信过程，这里主客体的距离近乎消失了：主体就是客体，客体就是主体。自我意识就是自己的参照系，由此造成了人人都有的"自知之明假象"：我最知道自己是怎么回事，我之所知都是真实的，我之所想都是正确的。这是缩短了的单一信道造成的主观主义的假象，是人在认识和行为两方面犯错误的直接根源。其实，自我封闭的主体意识是最无自知之明：无知者不知道自己无知，迷信者不知道自己迷信，骄狂者不知道自己骄狂，残暴者不知道自己残暴，贪婪者不知道自己贪婪，吝啬者不知道自己吝啬，有错误的人不知道自己有错误，犯错误的人不知道自己正在犯错误。

相传古希腊德尔斐的阿波罗神殿的入口处镌刻着一句神谕："认识你自己！"中国古代的哲人孔子说："人贵有自知之明。"基督教的经典《圣经》上写道："宽宥他们吧，——他们不知道自己在做什么。"这些至理名言都在告诉我们一个道理：认识自己最难，倘能正确地认识自己，则近乎达到伟大哲人的高度了，必将受益无穷。

怎样才能"认识你自己"，并做到"贵有自知之明"？唯一的办法是净化自己的心灵，走出自我意识的洞穴，借助其他外在的参照系。俗话说"当局者迷，旁观者清"。《战国策·邹忌讽齐王纳谏》一文为我们提供了深刻的教益。邹忌不能确切地知道自己的外貌，因而不能比较出自己同城北徐公谁比谁更美。他借助妻、妾和宾客三个参照系的观察和评论，又仔细比较徐公的长相和自己的镜像，整合到一起，战胜自我，消除伪像，终于获得了自己与徐公谁更美的真相。然后，他还能讽喻齐威王主动地广泛征求批评性的意见，以解自我翳蔽，遂能不战而胜于朝廷之上，实在是非常难能可贵的。

另一方面，人头脑中的意识还能透视外部环境，形成和保持对外部世界的感知状态。当代科学的最新研究成果证明，即便是最简单、最直接的外部意识形成——视觉或听觉，也是一种复杂的信息加工过程，主体接收系统要对光波或声波进行选择、加工，并把它们转化成神经脉冲，经神经通道传送到大脑相应部位，同那里储存的信息进行对比、识别、分析，最后才能整合成视觉或听觉的形象。主体一开始就是主动的接收者、识别者、分析者、整合者，是主动的透视者，而不是被动的反映者。

尽人皆知，水面、镜面照相机的镜头是被动的反映者，可惜人不是水面、镜面照相机的镜头，人是主动的透视者、建构者。人的认知系统和认知过程非常复杂。人对外部世界的感性认识的完整形式是知觉，它是视觉、听觉、肤觉、动觉等感觉形式整合出来的对外部世界的整体体验。按系统论的先行理论之一格式塔心理学所主张的，知觉是按最简单原则主动进行的组织过程。人脑倾向于从众多感觉中把具有图式特征的部分选出来，构成完整的形象，而把其余部分减降为背景知觉——这就是透视！

根据皮亚杰的发生认识论，人的知觉能力是逐渐形成的。婴儿只有先天遗传的反应形式，经过经常性的动作（主体同客体的相互作用），逐渐能够协调感觉、动作和效果，将自己同环境区分开来（主体同客体分离）。这以后，在适应环境的过程中，那些反应形式发展成多种图式；动作内化为运算，即在头脑中思维而不失去动作原有的特征。从根据实物进行的形象思维，过渡到符号取代实物的逻辑思维，这是一个在主客体相互作用的过程中主体接收系统不断进行建构的过程。在知觉活动中，主体总是把客体同化到自己原有的图式中，同时又经常顺应变化多端的外部世界改变原有的图式和形成新的图式，最终建立同化和顺应的稳定平衡。

皮亚杰写道："认识既不是起因于一个有自我意识的主体，也不是起因于业已形成的（从主体的角度来看），会把自己烙印在主体之上的客体；认识起因于主客体之间的相互作用，这种作用发生在主体和客体之间的中途，因而同时既包含着主体又包含着客体。""认识既不能看作是在主体内部结构中预先决定了的——它们起因于有效地和不断地建构；也不能看作是在客体的预先存在着的特性中预先决定了的，因为客体只是通过这些内容结构的中介作用才被认识的。""我们可以越过那些观察到的东西尝试着建构结构，并不是从主体有意识地说的或想的什么来形成结构，而是从当他解决对他来说是新的问题时，他依靠他的运演所'做'的什么来建构结构。""我们就可以把逻辑看作是这些结构的形式化，以及随后的超越这些结构。""全部数学都可以按照结构的建构来考虑。""物理学总是这样那样地与一些起结构作用的运演有关。"①

系统哲学采用康德的观点，把人的认识分为感性、知性和理性三个阶段。在感性认识过程中，我们获得了作为自在之物的客体的存在、属性和动态的信息，构成了知觉表象。感性是属于现象界的认识。知性则要运用我们头脑中已有的认识形式——概念和判断——对客体下断语，这些逻辑形式仿佛是天生的，或先验的，其实是人经历许多操作，在头脑中通过归纳、概括等方法构成的，然后又由社会系统内的文化遗传机制（教育）世代相传；因此，对个人来说，是后天习得的。

知性判断分为分析判断和综合判断。分析判断如"一切物体都是有广延的"，不提供新知识，因为"广延性"原本就包含在"物体"这个概念里面了。唯综合判断提供新知识，如"氢原子是有广延性的"，综合判断乃是感性同知性相结合构造成的，科学就是由这类判断构成的知识体系。如康德所言："没有感性，我们就不会感知任何一个对象，而没有知性，则不能思维任何一个对象。没有直观的思维是空洞的，没有概念的直观是盲目的。"科学使我们获得对客体的更一般、更确定的规律性的认识，可是，如康德又言："在我们自己并未进行联系以前，我们就不能把任何东西都想象为在客体中是联系着的。""知性不是从自然界获得自己的规律，而是给自然界规定规律。"② 更正确的说法应当是，经过主客体之间复杂的反复的相互作用，主体在知性层次上获得了对自然界的规律性的认识，然后把它加到自然界之上；以后这规律还要不断地接受实践的检验，不断地证伪、修正和重新构造，因此显得像是主体在不断地给自然界规定规律。这个过程最生动地体现出透视论所强调的认知活动中主体的能动性。

理性是处于知性之上的最高一级的综合能力，它要对经验做更一般和更抽象的综合。理性使用超越经验的概念，即范畴，其特点是外延广而内涵少。因此，理性认识属于形而上学，即哲学。理性要对世界（自然、社会、人、

① ［瑞士］皮亚杰：《发生认识论原理》，王宪钿等译，商务印书馆1985年版，第6页。引文中"运演"（operation）宜译为"操作"。
② ［苏］阿尔森·古留加：《康德传》，贾泽林、侯鸿勋、王炳文译，商务印书馆1981年版，第110、111页。

人生等）作整体的把握，这是难以做到的；又由于世界在整体上是复杂的，有多面性、多样性和矛盾性，所以理性常常陷于矛盾，如康德提出的四对二律背反的命题。更大的困难是理性的命题无法经由直接的经验或者实践获得检验，所以不同的人可以（甚至是随心所欲地）构造出截然不同的形而上学体系。从透视论的观点看，任一形而上学体系，只要能自圆其说，就应有立足的一席之地，我们应对它保持宽容的态度；可是，从另一方面看，形而上学体系要由采用它的千百万人较长时间的社会实践来检验，一种错误的选择常常会造成社会的停滞、毁灭，以及历史的弯路和千百万生灵涂炭，所以在构造和选择一种形而上学的时候，我们不可不高度惊惧和谨慎。就系统哲学而言，它相信把自己的形而上学建立在获得全人类公认的 20 世纪的科学成就的基础之上，就目前而言是最可靠而稳妥的选择。

透视论承认直觉，并认为它是人的头脑禀赋透视能力的集中体现，在英文里"直觉"的英文是"intuition"，来自拉丁文"intueri"，本义为"观看"。在中国古典哲学中，道家称直觉为"涤除玄览"，也即排除杂念的干扰，保持心境的清静平和，直接参透事物的玄妙机理。佛教禅宗一派强调高度专一的直接领悟或顿悟。在现代西方哲学中柏格森认为，唯有本能的直觉才能体验世界的本质。现象学宗师胡塞尔又认为，把一切以外部世界的感觉为基础的东西都用括号"括起来"，把所有经验的、自然科学的、符号的、思辨的东西都"悬置"起来，本质就作为"直接的观念"显现出来了。这些观点都承认人能够不经明显区分的感性、知性和理性的认识阶段，不经步骤严密的逻辑推理而直接把握某些复杂事物、人、事件或抽象概念的内在本质。我们用"洞察""洞悉"这两个词来形容直觉是很恰当的，因为"洞"这个词素绝妙地形容出了直觉的纵深穿透力，所以，用透视论来解释直觉是相得益彰的。

透视论承认人能够通过各种仪器、设备和科学方法，延伸和超越自身的认识能力，透视宏观和微观世界。目前，人类既能利用大型的天文望远镜、射电望远镜、人造卫星和宇宙飞船上的设备看到几十亿光年之外的超新星爆发，又能借助电子显微镜之类的高精尖测量工具捕捉数百种微观粒子及更下一层次的夸克的踪影。当然，透视论也承认人类对微观和宏观世界的认识能力是有局限性的，如前所述量子力学中的测不准原理。

透视论认为，人还有对未来的透视能力。这不仅指人能按掌握的规律和天生的直觉能力预见未来，更重要的指人能创造未来。换句话说，人不仅能认识已有的，而且能创造尚无的。作为万物之灵的人，一方面是自然进化的最高产物；另一方面又是社会文化进化的起点。我们说人脑是社会系统内的原始变异点，就是指人脑是高阶的负熵流——文化信息流的发生器。它通过推理、直觉或突发的灵感产生出这种信息流，然后个人动手或有组织地集体动手生产，把它实现为各种人造物品或人造系统，从而推动社会文化的演进。

由前面的论证可知，从积极的一面讲，作为主体的人既有对过去、现在和未来的透视能力，又有对微观和宏观的透视能力，在认知系统中他始终是主动者；从消极的一面讲，主体多方面的状态都会影响，甚至扭曲人的认识。相对论告诉我们，作为参照系的不同主体由于处在不同的运动状态中，对同一客体的动静、速度、质量，直至它占据的空间和历经的时间的长短，都会有不同的认识。信息学又告诉我们，作为信宿的不同主体原有的先验信息不同，也将决定性地改变他们从同一信源获得的实得信息。因此，不同的主体，在社会系统内的地位不同，接受的文化传统不同，教育程度不同，个人的阅历和人生经验不同，他们对同一认知对象——一物、一人或一事，会有各不相同的认识。作为存储的先验信息，即便是公认的常识，也是不可靠的。诚如爱因斯坦所言："常识是18岁以前敷设在思想上的一层偏见。"最后，主体不可能是孤立地生活在真空中，科学标榜的"价值中立"也远非人人都能做到，结果或者是有意识的，或者是无意识的，个人或集团的利益或价值总是在左右着，甚至歪曲着人的认识。

透视论之所以受到系统哲学的青睐在于"系统"概念和"系统科学"的诸学科都不是直观的、现象的、经验的结果，而是透视的结果。人对外部世界直观的、现象的、经验的认识看到的是有形的实体，唯透视的认识才看到无形的关系，而"系统"正是具有某种属性的关系。所以，透视论的另一层含义是透过各种实体的外在表象看到它们内部的，以及它们之间的关系，也即深入到事物的内部结构，从表层结构到深层结构。

在《庄子·庖丁解牛》一文中，庖丁从只见浑然一体的全牛，逐渐达到对牛全身肌肤筋骨纹理的心领神会，即是一例。在当代学术中的例子有：瑞士语言学家 F. 索绪尔的"共时态"语法研究，专门研究某一语言届时的内部结构；法国人类学家 C. 列维－斯特劳斯对神话的"原型论"研究，即透视神话表现出的当时人的心智结构原型和文化的基本框架；奥地利心理学家 S. 弗洛伊德从梦境和日常生活表现透视人的复杂的无意识结构；法国哲学家 L. 阿尔都塞提出用"依据症候的阅读"方法去解读马克思的著作，不仅要看书上的原文，还要看到看不见的、没说出来的深层次的无意识的理论框架。

系统科学还进一步要求要有一种打通学科界线的跨学科透视能力。传统科学按研究对象性质的不同做了学科的划分，其大类如自然科学、社会科学、工程技术等。系统科学则要求看出这些异质的研究对象内部结构和过程的同型性。如维纳看到生物机体、人、社会组织和火炮这类自动机，在通信和利用反馈信息追寻目标方面的结构同型性，创建了控制论。贝塔朗菲则以更宽广的透视眼光看到所有千奇百怪的生物体在组织、过程和行为方面的结构同型性，然后用类比方法建立了关于开放系统的一般系统理论。以它们提供的这些范式为榜样，进一步发展出了十几种跨越科学界线的系统科学学科。但是，系统概念及系统科学的每一学科，连同它们实际应用时建立的模型，都只不过是把握住了实在的对象上的某种关系的一张透视图像。

然而，在认知系统的另一端，作为客体的实在的对象，即便是极其微小和简单的微观粒子，也是多样性的统一。诚如量子力学所揭示的：同一微观粒子，相对于一种实验条件，换句话说，就是从一个参照系或一个视角出发来看，它显示出粒子属性；相对于另一种实验条件，它又显示出波动属性。人类的认识能力和手段是有局限的，我们不可能同时既测得它的位置而又测得它的速度；换句话说，就是不可能同时获得这个微观粒子系统的全面准确的信息。对更复杂的客体，如人类社会、政治事件和历史人物等，情况就更是这样；不同的认知主体，也即不同的参照系或不同的视角，会得出不同的透视图像，甚至正相反对的（矛盾的）图像。透视论认为，针对同一对象的不同透视图像（判断、描述、解释、理论等）都有单独存在的价值，因为它们都有可能包含着对象部分的真相，所以它们之间是互补关系。

需要说明的是，我们应当区分三种性质不同的矛盾。第一种是客体，或说客观世界，本身固有的矛盾，这在毛泽东《矛盾论》"矛盾的普遍性"一节有详尽的讲述；第二种是反映那些客观存在的矛盾的不同，甚至是正相反对的判断、描述、解释和理论等构成的矛盾，如光的波动说和光的粒子说；第三种是在同一话语系统中出现的概念、判断的矛盾，这在任何一本逻辑教科书中都有许多举例。系统哲学认为，对第一种矛盾要承认，对第二种矛盾要宽容，对第三种矛盾要避免。在同一话语系统中的逻辑矛盾往往会使信息湮灭为零，如正负电子湮灭为光量子。举例来说，你从外面进屋说："外面正在下雨。"又说："外面没有下雨。"如果两个判断同时成立，那么室内的人将不知外面是下雨还是没下雨；室内的人从你的相互矛盾的言说中获得的信息是零。

除了强调认识的主观性、能动性和穿透力之外，透视论还强调认识的相对性，但与相对主义、不可知论和虚无主义有不同。不同之处在于透视论承认客体作为自在之物的存在，它的真相的存在；相信人能够认识它，认识的方法就是多元透视（亦称多维透视、多参照系透视或多角度透视）整合以获取真相。试以"盲人摸象"寓言为例。透视论承认象的客观存在，还承认盲人们是能够认识它的，尽管他们不能通过视觉，但是能通过触觉获取信息，再同自己头脑中的先验信息（漆筒、扫帚、墙壁、簸箕、绳索）参照比较、选择，就能进行某种综合判断，从而得出带有主观性的部分的真相。如果他们一直摸下去，同时不断改换方位、交换信息，讨论、辩论，不断地消除假象、伪像、虚像、幻象，逐渐地他们各自得出越来越接近象的原形的真相。我们还可以对这则寓言进行补充，设想还有第六个盲人坐在远处，他很少亲自去摸，但那五个盲人总是不断地把自己摸得的印象告诉他，由他在脑子里开展整合工作信息。天长日久，他肯定能整合出一个更接近象的原形的真相。那五个亲自摸象的盲人就相当于科学家，而第六个盲人就相当于哲学家。

《尚书·洪范》载自周灭殷后，周武王向箕子询问治国方略，箕子依据大禹时代的《洛书》阐述了九种方法，其中第七法就是多元透视，现引今译如下："假若您有重大的疑难，先要自己考虑，再与卿士商量，然后再与庶民商量，最后问卜占卦。假若您赞成，龟卜赞成，蓍筮赞成，卿士赞成，庶民赞成，这就叫作大同。这样，您一定会安康强健，子孙也一定兴旺发达，这是吉利的。假若您赞成，龟卜赞成，蓍筮赞成，而卿士反对，庶民反对，也是吉利的。假若卿士赞成，龟卜赞成，蓍筮赞成，您反对，庶民反对，也是吉利的。假若庶民赞成，龟卜赞成，蓍筮赞成，您反对，卿士反对，也是吉利的。假若您赞成，龟卜赞成，蓍筮反对，卿士反对，庶民反对，那么，做国内的事就吉利，做国外的事就不吉利。假若龟卜蓍筮都不合人意，那么，不做事就吉利，做事就有凶险。"

用多元透视获取的真相，不过是概率的统计结果。那么，什么是统计结果呢？如抛一枚硬币，我们不能准确判断正面或反面一定朝上，但是，不断地抛和不断地记录，统计最终会显示每种花纹朝上的概率在 0.5 左右，这就是一个统计结果。在建造一道堤坝时，工程师总是把多年记录的年降雨量的平均值作为设计的主要依据。美国心理学家说："最漂亮的面孔并不是那些长相特别的面孔，而是那些反映一种人种中许多人的面孔的数学平均值的面孔。"这是他们用电脑合成法研究得出的结论。其实，类似的美学原理早在战国时代就由文学家宋玉提出过。

透视论不承认绝对真理和绝对权威，甚至更进一步不承认任何人把自己发现或发明的真理僭妄地称为"客观真理"，把自己打扮成客观真理的化身要别人全都服从。我们习惯常说的"客观真理"常常被人用成了"绝对真理"的替换词。事实上，在客观世界存在的真理是看不见摸不着的，所以根本不会直观地反映到天才人物的头脑中。真理都是天才人物从客观世界获取信息，经过加工，然后构建出来的。因此，凡真理都有客观性，但又不可避免地有主观性和局限性，也即相对性。即便是算术运算法则，也是十进制算术中的真理，在二进制算术中就不灵了。我们在中学掌握的欧几里得几何的某些公理和定理，到非欧几何里就站不住脚了。甚至人类一度当成宇宙真理接受的牛顿力学，也被爱因斯坦证明只适用于光速的低速运动。

T. S. 库恩在《科学革命的结构》一书中深刻地揭示了人类知识体系中最接近客观真理的部分——自然科学的透视论本质，不过是遵循同一范式的科学共同体的概念、符号、模型、规律和范例的集合体，解答某些疑难问题；范式变了，科学的内容、方法、标准、视界等也随之改变。他写道："看一张等高线地图，学生看到的是纸上的线条，制图学家看到的是一张地形图。

看一张气泡室照片，学生看到的是混乱而曲折的线条，物理学家看到的是熟悉的亚核事件的记录。"所以，在发生科学革命（范式转换）之后，"科学家们在新范式的指引下采用新工具观察新领域，甚至更重要的是，科学家们在革命期间用熟悉的工具观察他们以前已经观察过的领域时看到了新的不同的东西。……在革命以前的科学界中的鸭子在革命以后成了兔子。这个人第一次从上面看到了匣子的外部，后来则从下面看到了它的内部。"①

许多种哲学的认识论都热衷于研究真理，而系统哲学的认识论透视论却安于研究真相。一个人一生能知道几条真理，这当然是够幸福的了。但我相信，对绝大多数人来说，能知道几件重大事情的真相就很不容易了。

对远古时代的人类来说，万物有灵及相应的神话就是集体信奉的真理，今天看来却是人类自己制造的最幼稚的假象。代之兴起的多种一神教教义又被尊为神圣的真理，但在科学的阳光下却成了冰消雪融的假象。科学本身又总是处在不断破除假象和确立真相的过程中。伽利略破除了亚里士多德《物理学》中的若干假象，确立了惯性和加速度等力学概念；拉瓦锡破除了燃素假象，确立了燃烧的氧化理论；哥白尼破除了地心说假象，确立了日心说理论；达尔文破除了上帝创造人类的假象，确立了生物进化论；迈克尔逊－莫雷实验破除了以太假象，然后麦克斯韦提出了电磁波理论；爱因斯坦把牛顿力学从绝对真理的宝座上拉了下来，论证了运动的相对性理论。黑格尔把哲学史说成是人类连续不断的觉醒的历史，马克思说人类总是笑着同过去告别，科学史何尝不是这样？

透视论完全拥护并移用科学的两条基本精神：第一，始终对人类建立的任何知识体系保持怀疑、批判、创新和超越的态度；第二，坚持对一切结论都要实行公开检验。这样做，即便发现不了真理，也检验不出真理，但至少能发现和破除假象。用更简洁的话说就是：实践不能检验出真理，但能检验出假象；不能证实，但能证伪。那始终不能被证伪和破除的部分就是真相，它们处在人类知识体系的核心位置，名字叫科学。

---

① ［美］T. S. 库恩：《科学革命的结构》，李宝恒、纪树立译，上海科学技术出版社1980年版，第91页。

由此看来，从否定的方面说，透视论要求要不断地消除假象、伪像、虚像和幻象。狭义的假象指自然界呈现给我们的虚假的现象，如太阳绕地球运行、月亮盈亏和海市蜃楼之类；又指人类囿于自身认知能力的局限误以为真而实假之象，如前引培根提出的"种族假象""洞穴假象""市场假象""剧场假象"。假象的共同特点是人被蒙蔽而不能意识到它们是假象。伪像是指一部分人有意识地制造出来蒙蔽别人的假象，蒙者有意而被蒙者无知，如被神化的宗教领袖和帝王，被抹黑和丑化的敌国和敌人，粉饰太平的文艺作品。虚像指仅靠点点滴滴的或残缺不全的信息构成的像，或在传输过程中严重失真的像，它们是模糊的或朦胧的。如按考古发掘物品构想的远古文明，宇宙中的超新星爆发，还有环绕原子核的电子云花纹。幻象则指依靠不切实际的想象、幻想和梦想构成的图像，它们如水月镜花，可望而不可即，根本实现不了。

透视论认为，狭义的假象，还有伪像、虚像和幻象，可以统归为假象。由此看来，各式各样的假象实在是太多了！更严重的是，在人类的社会生活中，制造和依靠假象维持的人和事太多了，传播和扩大假象的渠道太多了，维持假象和盲目相信假象的人也太多了。特别是现代社会，更可以借助传播信息的工具——广播、电视、电影、报纸、书刊、网络等，大规模地、合理地制造假象。这样制造出来的现代假象可以称为理论假象、文学假象、影视假象、报刊假象、广告假象、网络假象等。结果是占社会大多数的芸芸众生一辈子都生活在重重叠叠的假象之中，而少数先知先觉者要破除假象，获取真相和讲出真相，则要付出沉重的代价，直至牺牲生命。这就是社会虚伪、黑暗和不进步的根源。在那些至今还在搞极权主义、专制主义和内外封闭的社会系统中，这种情况特别严重。

透视论给了我们破除假象和获取真相的方法，叫多元透视整合以获取真相。其关键的一点是承认主体的多元化和认识的相对性，在任何问题上都要求从多信道获取信息，然后放到一起，经过考证、论证、讨论、辩论和实验检验这一系列证伪的工作，竭尽一切可能消除假象，最后剩下的就是所能获得的真相了。

主体的多元化和认识的相对性我们已进行了详细的论证，所以剩下需要说明的只有为什么要从多信道获取信息，以及怎样从多信道获取信息。

1994 年 2 月 20 日《北京晚报》刊登张中行先生一篇文章《砚台意象》，最后引用老师马衡先生的话来道出了真与假的辩证关系：知道了什么是真，才知道了什么是假；知道了什么是假，才知道了什么是真。这是一个朴素的真理。真相永远是在同假象、伪像、虚像、幻象比较的过程中显现出来的。大自然给人的头脑配上五官七窍，就为了让人能够从视觉、听觉、嗅觉、味觉和触觉这五条性质不同的信道获取信息。耳朵在头的两边各长一只，这就是兼听则明的意思。中医的望闻问切，也是从多信道获取信息。按现代医学，则还要加上验血、验尿、B 超、核磁共振、CT 扫描、活检等手段，最后合到一起才下确诊的断语。比如，法庭办案，在广泛取证之后，还要由公诉人、原告、被告、双方律师、双方证人、陪审团多方辩论。然后，合议庭根据案件的具体情况，进行必要的调查，为开庭审判或进行判决做准备。这些都是从多信道获取信息以保证获得真相的实例。

要保证社会系统的每一个成员在每件事情上都能从多信道获得信息，通过自己的头脑整合，去伪存真，获得真相。然后，不讲套话、不讲假话，而是无顾虑、无保留地讲真话，把自己的意见、观点、创见贡献给他人和社会。从而使社会系统内的每个人和每件事都处在多元透视整合的聚焦点上，整个社会要想成为真实的社会而不是虚伪的社会，光明的社会而不是黑暗的社会，就必须保证社会系统是内外开放的，是有自由、民主、人权和法制保障的。

社会系统要对来自自然环境的信息流保持开放是不成问题的，唯要对来自社会环境的信息流保持开放就成问题了。至今，还有不少国家采取更为严格的新闻管制措施和进出口书报检查，对境外广播、电视节目和网络视频进行封锁、干扰和删除，对人员和文化交流管、卡、压。他们这样做的原因是害怕真话而不是假话。历史事实证明，在某些国度中，假话不可怕，真话可怕；说假话很少挨批，说真话却被整。当然，人类文明已进化到很高的程度，任何社会的每个成员都有可能便捷地获得各种信息流，继续对境外信息流进行外封闭会变得越来越困难的，甚至不可能了。

自由诚然有多方面的内涵，但最重要的是精神方面的自由，包括思想自由、言论自由、出版自由、集会自由、结社自由、信仰自由等。法国作家雨果说："比陆地广阔的是海洋，比海洋广阔的是天空，比天空还广阔的是人的胸怀。"《世界人权宣言》第一条："人人生而自由，在尊严和权利上一律平等。他们富有理性和良心，并应以兄弟关系的精神相对待。"这些话讲的自由指的就是思想自由。系统哲学认为心灵是社会系统进化的原始变异点。历史上有无数的事实可以证明，人在心灵中自由地思想出来的东西，尤其是那些在开始阶段会被许多人认为是异想天开、离经叛道、异端邪说的东西，往往正是革新性变异的萌芽。它们是社会最宝贵的财富，一定要保护它们被自由地说出来、写出来、发表出来，再通过在群体中的自由讨论提炼升华，成为推动社会进化的新的信息流。这就是社会系统的内开放——开放心灵和开放言路——它是社会系统能够在每件事情上都做到多元透视寻求真相的首要条件，也是社会系统能向上进化的首要条件。

各种各样的意见、观点、理论都自由地发表出来了，如何在群体中进行多元透视整合，形成真相和统一意志及统一行动呢？答案是要用民主的方法。民主是一种政治制度，但它的根基是民主文化和民主精神。现代民主制度的一条根是古希腊雅典城邦的居民民主参与政治生活的文化传统；另一条根是基督教《圣经》中上帝创造了人，人人在上帝面前平等的观念继续推进就是人人在真理面前平等，人人在法律面前平等。民主制把公民作为权利平等的个体都包容进来，使他们能平等地分享权力和参与决策；尊重个人，宽容异己，是容许反对派合法的存在；采用对话、讨论、辩论的方式求同存异；在不能取得一致的情况下采用表决的方式作决定，少数服从多数；社会成员公开地、直接地选举他们的领导人，有权监督和罢免他们；最后，民主制要求掌权者要严格约束自己，不掩盖自己的错误和丑闻，欢迎对自己不利的追究和提问，直至引咎辞职。显然，民主制是实现多元透视整合以寻求真相这条透视论原理的理想的社会制度。民主是社会系统内部的最佳选择机制，它能保证社会的持续稳定、繁荣和进化。民主制并非完美无缺，可是暂时还没见有人设计出更完美的制度。

有关自由和民主的上述内容是最重要的人权，应当以法律形式固定下来，从而建立一个保障人权的法治社会。在这样的社会中，任何人都不会因为自己的思想、言论、行动而受到迫害，当然也不能用自己的言论和著述去诬陷和迫害别人。在这样的社会中，讲真话受保护，讲假话要被追究法律责任。人人都把自己的真话讲出来，自然在任何事情上都能做到多元透视整合以求得真相，这样就能做到实事求是，而且只有在这样的社会条件下才能做到"实事求是"。

第九章
社会系统的新模型

在人类认识史上，马克思创立的历史唯物主义第一次建立了一个比较完整的社会系统模型，尽管由于时代的局限他还没有明确地把社会称为"系统"，然而他实际是构建了一个社会系统模型。这个模型在理论和社会历史进程两方面都产生了巨大的影响，但同时在经历了一个半世纪的考验之后，从 20 世纪科学所达到的高度再来看，也有不足之处，所以我们的讨论就从这里开始。

马克思的社会系统模型

马克思创立的历史唯物主义的社会系统模型原始的权威表述记录在他 1859 年出版的《政治经济学批判》的序言中：

> 我所得到的、并且一经得到就用于指导我的研究工作的总的结果，可以简要地表述如下：人们在自己生活的社会生产中发生一定的、必然的、不以他们的意志为转移的关系，即同他们的物质生产力的一定发展阶段相适合的生产关系。这些生产关系的总和构成社会的经济结构，即有法律的和政治的上层建筑竖立其上并有一定的社会意识形式与之相适应的现实基础。物质生活的生产方式制约着整个社会生活、政治生活和精神生活的过程。不是人们的意识决定人们的存在，相反，是人们的社

会存在决定人们的意识。社会的物质生产力发展到一定阶段，便同它们一直在其中运动的现存生产关系或财产关系（这只是生产关系的法律用语）发生矛盾。于是这些关系便由生产力的发展形式变成生产力的桎梏。那时社会革命的时代就到来了。随着经济基础的变更，全部庞大的上层建筑也或慢或快地发生变革。①

这段话在人类认识史上的重要性，即便是对马克思主义持敌视态度的当代西方学者也是承认的。他们写道，马克思"在创造一个对待社会和历史问题的全新态度，从而打开了人类知识的新途径方面的重要性却是丝毫不会受损的"。②

然而，在过了一个半世纪后的今天，站在20世纪自然科学、社会科学和系统科学的高度上，系统哲学可以指出马克思建立的社会系统模型至少有三个方面的不足，或者说我们可以对它进行三点重要的补充。

第一，马克思的社会系统模型没有环境，用现代科学观点来看，社会系统就成孤立系统了；只能不断增熵走向衰败，不会有任何发展。此外，"环境"的缺失会在社会实践中造成灾难，比如雾霾。

如果补充上"环境"这个空缺的因素，我们可以说，社会系统是在被称为生态系统的自然环境的基础上进化出来的由人组成的系统，它要持续不断地从环境中汲取负熵流——能量流、物质流和信息流，才能够存在和继续向上进化。社会系统始终对自然环境保持开放，否则它自己很快就趋向瓦解。社会系统可以对它的社会环境即其他社会系统保持开放，也可以保持封闭，在开放情况下它进化得更快，在封闭情况下它进化得很慢，甚至停滞。

第二，有的学者认为，马克思的社会系统模型没有人，特别是没有个人，或者至少是把人的位置摆得很低，成了"关系总和"。没有人来谈论社会，恰如没有原子来谈论物质，没有细胞来谈论生物。

在当代系统科学看来，人是迄今所知的宇宙进化过程的最高产物，是最复杂的系统。人是地球上自然系统进化（生物进化）的终点，又是人工系统

---

① 《马克思恩格斯选集》第二卷，人民出版社1995年版，第82—83页。

② ［英］以赛亚·伯林：《卡尔·马克思》第7版，牛津大学出版社1978年版，第116页；［英］阿伦·布洛克：《西方人文主义传统》，董乐山译，生活·读书·新知三联书店1997年版，第144页。

进化（社会进化）的起点。诚然，人是社会系统的基本元件，但他却不是像齿轮和螺丝钉那样简单的、被动的和微不足道的元件，而是结构和功能极其复杂的、主动地进行创造的最伟大的元件。人身上最高贵、最独特、最复杂的部分就是心灵系统，它是由以心脏为中心的血液循环和内分泌系统，以大脑为中心的神经系统耦合而成的复杂系统。从根本上说，输入社会系统的能量流、物质流和信息流都集中输入到每个人的心灵系统，再由它生产出智能信息流——高阶负熵流来推动社会系统的进化。由此可以提出一个新的论点：人的心灵是社会系统内部的负熵源和原始变异点，是推动社会进化的原点。

第三，马克思的社会系统模型中没有"文化"，更没有"文化信息库"，当然更谈不上"文化遗传"，而现在国际和国内学术界都越来越深刻地认识到文化才真正是社会系统内的决定因素。

20 世纪中期分子生物学诞生，生物遗传基因在生命系统中的决定性作用被发现，这种新的理论像一束强光照进社会系统，让我们立刻看清了文化的本质，文化在社会系统内的决定作用，以及同生物遗传机制相似的社会文化遗传机制。文化是人的心灵生产的智能信息流，文化被记录和保存下来就成了社会文化 – 遗传基因（SC – DNA），其总汇就是在社会系统内占据核心地位的文化信息库。从此，从自然人到社会人，每个人都要接受两种遗传：生物遗传和社会文化遗传。社会系统通过生产过程创造文明，而文明不过是文化信息库里的文化遗传信息的表现型。文化革命总是政治革命的前导，然后才有科技进步和经济发展。

社会系统的拉兹洛模型和钱学森模型

系统哲学家 E. 拉兹洛在其《进化——广义综合理论》中展示了一张很复杂的被他称为"社会文化系统中的自催化和交叉催化环"的示意图，[①] 而

---

① ［美］E. 拉兹洛：《进化——广义综合理论》，闵家胤译，社会科学文献出版社 1988 年版，第 103 页。

实际上也可以看作是他建构的一个社会系统模型。

这个模型的缺点是显而易见的：它不够抽象，太具象了，似乎是想要包罗万象。尽管作者说他省略了大量的次要流体和循环，以便能比较容易地掌握那些最基本的过程，但这个模型还是包含有几十个元素和几十种流体和过程，使读者很难把握社会系统的主要元素和结构。

然而，如果你仔细观察这个模型，耐心阅读所附的说明文字，就会发现它有许多优点和可取之处。

第一，拉兹洛社会系统模型清楚地标明，人类社会系统是建立在自然生态系统基础之上的一个远离平衡态的非平衡态热力系统，是一个靠太阳辐射能量和变相存储的太阳辐射能量维持和推动着的系统。在社会系统的下面有一个巨大的"生命供养系统"，它供给社会系统氧气、水、矿物，以及矿物性食物、植物性食物和动物性食物等，同社会系统保持物质、能量和信息的交换。

第二，拉兹洛社会系统模型清楚地标明，人类社会系统的核心是文化信息库，这是人类世世代代不断创造和保存下来的文化信息的总汇，包括知识、技术、蓝图、法律、准则等，人们不断地从这个信息库提取信息去从事各种生产、交换和消费活动。

第三，拉兹洛社会系统模型清楚地标明，在社会系统的顶部有一个"管理系统"，包括政府的官方机构和许多非官方的机构，它们制定法规，监督和控制各种下层系统以及个人，保证各种流体正常运转，各种活动正常进行，实现人类社会系统的总目标——人类的生存和繁衍，社会系统的稳定和进化。

此外，在魏宏森、曾国屏合著的《系统论：系统科学哲学》一书中，我们发现他们转述了钱学森设想的一个社会系统模型；两位作者还把它做成了一张图，称为"钱学森的社会结构体系设想"。钱学森认为，社会系统是世界上最复杂的系统，其复杂性主要表现为：（1）以社会关系的总和为整体性的基本内容；（2）种类数量巨大；（3）构成社会系统的要素不仅包括实体，而且也包括思想意识形态；（4）是天然系统和人工系统的复合物；（5）有序和优化过程是以物质生产为基础，按等级、分层次、开放式地排列和演进；（6）概率性、开放性最大。"在钱学森的框架中，社会系统的中心是人，人处于社会系统最重要、最中心位置，是其中最活跃的因素。人类社会系统要由三个子系统组成，即由经济的社会形态系统、意识的社会形态系统和政治的社会形态系统组成。这三个子系统是相互联系、相互制约和相互适应的，如何正确处理社会系统的三个子系统建设的关系问题，研究它们的持续协调发展，以取得最好的整体效益，就是具有根本意义的问题"。"从实践角度看，与三大文明系统相联系的是人类社会发展的三大建设，即物质文明、政治文明和精神文明的建设"。[①]

钱学森社会系统的优点和可取之处，在于把"人"放在社会系统的核心地位，这是非常正确和非常重要的。此外，这个模型除了在社会系统结构的外面标出"生态环境"，还在社会系统结构里面标出"经济环境"和"文化环境"。换句话说，社会系统除了有自然生态环境之外，还有社会环境，这也是钱学森的高明之处。

社会系统的新模型

以马克思的社会系统模型为基础，吸收拉兹洛社会系统模型和钱学森社会系统模型的优点和可取之处，再加上自己对社会系统的理解和思考，笔者设计出了一个"最简社会系统模型"。它最初出现在笔者1999年出版的《进化的多元论——系统哲学的新体系》一书中。[②] 在这里，笔者进行了改进并提出合理的阐释，命名为"社会系统的新模型"（见图1）。

从社会系统的新模型上看，社会系统是在太阳辐射能量推动下，在地球自然生态系统基础上进化出来的由人组成的进行人的生产、文化信息生产和物质生产及远离平衡的自复制－自创造系统。

---

① 魏宏森、曾国屏：《系统论：系统科学哲学》，清华大学出版社1995年版，第182页。
② 闵家胤：《进化的多元论——系统哲学的新体系》，中国社会科学出版社1999年版，第383页。

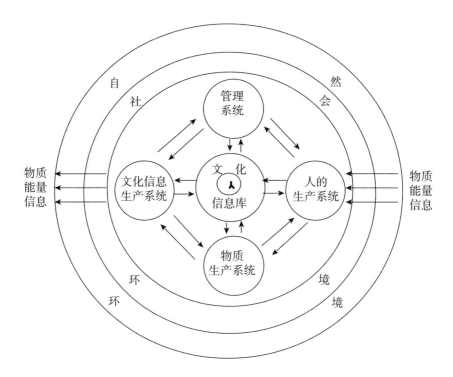

图1　社会系统的新模型

　　人是社会系统的基本元素，人不是孤立的，在其现实意义上人是社会系统内一切社会关系的总和或交会点。天地本无心，以人为心；或曰人"为天地立心"。自打有了人心，进化过程就有了一个新起点，开始了一个新阶段——文化进化和社会进化的阶段。自那以后，一切人化自然、人造物品和人工系统，追根溯源，都是人心的产物。恰如马克思所说，最蹩脚的建筑师从一开始就有比灵巧蜜蜂高明的地方，那就是他在用蜂蜡建筑蜂房以前，已经在头脑中把它建成了。用系统论的语言来说，人是社会系统内唯一的负熵源，在这个意义上，社会系统是靠人的大脑生产和输出的智能信息流来维持和推动的。人是社会系统内一切活动的出发点和归宿。人是社会系统内的认知主体、创造主体、生产主体和消费主体。社会应当以人为本——把人作为目的，而不是手段。天赋人权不可全部剥夺，人人都应享有最低限度的最基本的人权。最终是人心向背在决定社会系统进化的方向。

　　在生物细胞内，保存生物遗传信息的染色体看似不起眼，可实际却是生命之所系；与此相仿佛，保存社会文化－遗传基因（SC－DNA）的文化信息库在社会系统中也不那么显眼，但实际是社会的命脉。文化是社会系统成员世世代代生产的智能信息的记录，它为个体成员的心态和行为编码，为社会的结构和运作编码，为社会的生产活动编码，以确保他们创造的文明的连续性、同一性和进化性。相对来说，文化是最稳定的，是慢弛豫变量，因而是决定社会系统结构的序参量。然而，文化信息库仍然是一个动态系统，它在缓慢地进化，按文化进化可以把人类社会划分为神话时代、信仰时代和理性时代。我们现在生活在理性时代，现代科技文化的推进正在全球化。

物质生产系统是社会系统存在的社会物质基础，劳动是从猿进化到人过程的决定因素，原始的社会系统是在类人猿组织起来制造工具并进行集体劳动的时候形成的。特定的物质生产系统被马克思正确地界定为一个时代的生产方式，它由生产力和生产关系两部分组成。生产力是物质生产系统作为实体系统的内容，生产关系则是实体系统的结构。生产力由作为生产者的人和生产资料的生产知识、工具、原料、土地、设备等组成。人始终是生产力当中起决定作用的最活跃的因素，但人类社会进化到现代科技时代，科学技术已经上升为第一生产力。生产关系则是生产者在生产过程中形成的人与人、人与物之间的关系，生产资料所有制是生产关系中的首要因素。生产力是生产方式中发展最快，也是生产中最活跃、最革命的因素。生产关系要适应和促进生产力的发展，社会才能进步；生产关系落后于生产力的发展，起桎梏和阻碍的作用，就需要进行改革，否则就可能出现暴力革命，改变生产关系，解放生产力，推动社会前进。若按生产方式划分，人类社会经历了采集－狩猎社会、农耕－游牧社会、工业－信息社会三个阶段。在工业社会里，物质生产系统已经进化成包括生产、流通和消费三大子系统的经济系统。

人的生产系统完成的是作为社会系统基本元素的人的复制或再生产，是种族繁衍和社会延续所必需的。在原始社会的最初阶段，人的生产系统是基本的和唯一的生产系统，物质的生产和文化信息的生产包含其中，尚未分化出来。在进化到成熟阶段的社会系统里，这三种生产系统分化开了，这时人的生产包括生物遗传和社会遗传两个过程。前一个是动物性的生育的自然过程，后一个是人类特有的社会性的教育过程。广义的教育包括家庭教育、学校教育和社会教育，当代社会则发展出了终身教育的新概念。更重要的是，在当代社会里，教育已经进化成包括幼儿教育、小学教育、中学教育、大学教育、研究生教育和成人教育的大系统，成为全社会的基础产业之一，其培养目标是社会需要的既全面发展又有各种专门知识和技能的人才。当然，也有社会仍然把教育看作上层建筑，看作统治工具，把灌输教义放在传授知识和技能之上，目的是培养出为维持既得利益集团统治地位所需要的大批片面畸形发展的人。人类社会若按人的生产系统的属性划分，有群婚制的母系社会和一夫一妻制的父系社会。

劳动是从猿进化到人过程的决定因素。"动物仅仅利用外部自然界，单纯地以自己的存在来使自然界改变；而人则通过他所作出的改变来使自然界为自己的目的服务，来支配自然界。这便是人同其他动物的最后的本质的区别，而造成这一区别的还是劳动。"① 人类的劳动从始至终都是手脑并用的，但是到一定阶段便出现了体力劳动同脑力劳动的分工，出现了主要从事脑力劳动的知识分子——巫师、宗教领袖、神学家、哲学家、教师、诗人、作家、音乐家、画家、记者、编辑、科学家、工程师、技术员、电脑编程和操作人员等，他们构成了相对独立的文化信息生产系统。在当代信息社会里，由于微电脑的普及和因特网的出现，在某些国家，信息产业已经发展成社会的支柱产业，在产业规模、从业人员和产值各方面都已超过传统工业和农业。随着机械化、电气化、自动化的不断推进和机器人逐步取代某些工作岗位上的工人，人类体力劳动者的总数肯定还会不断减少，而脑力劳动者的总数肯定还会不断增加。人们就会越来越清楚地认识到，除太阳辐射的能量流之外，人类社会系统还靠人脑生产的信息流（负熵流）在支撑着。

社会上层建筑构成社会系统的管理系统，它随着体脑分工、阶级分化、统治者和被统治者的区分而出现。由统治者或管理者组成社会管理系统，其作用是建立健全机构，制定法律和规章制度，抵御外敌和维持社会秩序，保障人权和保护合法收入的私有财产，组织社会生活和各种活动，保证社会系统内部的各种流体能正常运行，维持社会系统的稳定和发展。统治者或管理

---

① 《马克思恩格斯选集》第三卷，人民出版社 1972 年版，第 517 页。

者采用的工具包括政府机构、军队、警察、司法机构、法律、规章制度、道德、媒体，以及从文化信息库中提升出来当作意识形态统治工具使用的巫术、神话、宗教、哲学等。社会管理系统权力结构，以至整个社会系统结构的进化次序是：O→A→M→W，即从 O 型——仅有一个权力核心的系统，进化到 A 型——集权的层级控制系统，再进化到 M 型——分权和权力制衡的层级控制系统，再进化到 W 型——权力分散成网络状的层级控制系统。依此可以把社会划分为群体社会、专制社会、民主社会、网络社会。相应地，就有周有光先生提出的神权政治、君权政治和民权政治这三种政体形式。

社会系统的环境分为社会环境和自然环境。社会环境由任一社会系统之外的其他社会系统组成。不光社会系统的元素人是社会环境的产物，而且任一社会系统本身也是它的社会环境的产物。开放的社会系统通过同组成它的环境的其他社会系统进行广义的文化交流——人员、物资、能源、文化信息等方面的交流而加速自身的发展；封闭的社会系统则由于缺少这种交流而发生不同程度的停滞以致落后。社会系统的自然环境指支撑社会系统的生态环境，由生物圈、地质圈、水圈、大气圈和太阳系组成，它们同人类社会系统有物质、能量和信息的交换，在这个过程中，它们将熵值低的生物、矿物、水分、氧气和热量供给社会系统，并吸纳社会系统产生的熵值高的废弃物和能量。换句话说，社会系统是一个远离平衡的耗散结构，它靠从自然环境中吸收负熵流和向自然系统排泄熵流来维持和进化。近代以来，由于工业化的不断推进和人口的持续增长，地球生态系统承受的负担越来越重，已经接近它所能承受的最大限度，结果就出现了威胁人类生存的全球问题——当代人类社会系统面临全球性的生态灾难。这种情况迫使人类提出科学发展观——拟制人口增长，降低发展速度，发展循环经济，保护生态环境。如果人类社会系统不朝这个方向进化，那么自然环境肯定会以生态灾难迫使它朝这个方向进化。

社会系统是一个自复制 - 自创生的动态系统，是一个有很大随机性的非决定论的复杂系统。社会系统的基本元素是人，作为社会成员的每一个人都是一个具有主体性的自创生元，或者说是一个自创生主体。任何一个人都不可能随心所欲地创造历史，可是，任何一个人在任何一个方面的自创造（革新性变异）都可能通过竞争和复制而传播开来，形成微涨落（小思潮）；通过竞争，如果众多微涨落当中的某一个被放大成巨涨落（大思潮），那就可能形成社会运动，改变整个社会系统的结构，进而创造历史——社会系统就是这样进化的，历史就是这样在人民群众的创造中前进的。

如果一个社会系统是外封闭的——处在封闭的社会环境之中，而统治者又想方设法实行内封闭——封闭人的心灵的创造力，那么该社会系统就会丧失动态系统的这种进化功能，变成僵化的决定论的系统，陷入简单的自复制循环，长期停顿。中世纪基督教政教合一统治的欧洲和儒教政教合一专制统治的中国，都曾经陷入这种状态；在欧洲是 1000 年，在中国是 2000 年。改变这种状况一方面要靠外力打破社会环境的外封闭；另一方面要靠社会成员从内部爆发革命——文化革命、宗教革命、科学革命、技术革命、工业革命、政治革命，解放个人，解放生产力。我们应当永远记住，社会解放最终是解放个人，解放个人的文化 - 信息生产力；社会革命最终是要改变社会系统的结构，改变那些束缚人的精神的社会关系。换句话说，个人精神解放是社会解放的尺度，社会系统结构的改变是社会革命成功的标准。当然，这个过程也可以由明智的领导通过自上而下的改革来完成，日本的大化革新和明治维新，中国正在进行的改革开放，就是成功的范例。

这个社会系统新模型当中的每个元素（子系统）同它自身，以及同其他元素（子系统）之间都有双向的交流，它们是人员、物资、能量、信息和资金的流体，是自催化和交叉催化循环圈，是正反馈和负反馈环，它们共同构成一个复杂巨系统。这些元素（子系统）都相互作用：互相适应、互相影响、互相决定、互相改变、共同进化。如果一定要找出一个起决定作用的元素（子系统）的话，直接的是文化信息库，是文化信息库当中发挥显功能的主流文化决定社会系统的结构、性状和功能；间接的是人，是人心，特别是进行文化创造的那些知识分子的心。所以，我们可以简单说，社会的决定因素是文化，社会的主体是人，是人民群众。因此，一个先进政党要保持先进性，不但要代表先进生产力的发展要求，而且要代表先进文化的前进方向，代表最广大人民的根本利益。这就是"三个代表"的哲学意义。

社会管理系统权力结构的进化

社会系统的管理系统是一种权力结构，它也是进化的。要分析社会管理系统权力结构的进化，首先需要讲清楚什么是"权力"。

英国哲学家伯特兰·罗素在 1938 年撰写的《权力论》。他正确地指出，权力欲是人的主要欲望，"权力"是社会科学的基本概念，犹如"能量"是物理学的基本概念。他分析了权力的形态：教权、王权、暴力的权力、革命的权力、经济权力和支配舆论的权力。他把颂扬自我和权力的费希特哲学、实用主义哲学的某些形态，柏格森的《创造进化论》和尼采的权力意志及超人哲学统统归为权力哲学，并且指责这些哲学都是荒谬的。遗憾的是，作为研究权力的一本专著，通篇竟未对"权力"作出一个一般性的界说。

正如笔者在前一节的结尾处指出，系统哲学主要是从信息关系来透视社会，而信息是比能量和物质更晚进化出来的高级元素，在信息流、物质流和能量流当中，信息流总是在起支配、控制和组织的作用。由此可知，社会系统的信息结构就是社会系统的权力结构。这样我们就可以给"权力"下定义了：权力是由社会系统结构决定的各个角色位置的支配可能性，处在那些位置上的社会角色得以获得信息，作出决策，并按自己的意志发出指令进行支配。中文成语"一朝权在手，便把令来行"就是讲这样一种情况。

根据这个定义，我们首先会想到，社会系统内任何一个人都至少处在一种权力位置上，他有权获得自身内外环境的信息，有权在自己的心灵里处理这些信息，然后形成指令以支配他自己的思想、言论和行动。这就是"天赋人权""人人生而自由"的理由。由此可知，人权的原始含义应当是个人按自己的意志支配自己的思想、言论和行为的权利，统称为表达权。

其次我们就会想到，如果我们把社会系统最简单地定义为以人为基本元素组织起来的系统，那么他们组织起来就必定有共同的目的、共同的利益和共同的活动。而为了要共同行动以达到共同目的，他们就一定要按一个指令来行动，而不能各行其是；结果他们就必然要部分地或全部地放弃自己，来决定自己的思想、言论和行动的权利。这样我们就得到了社会系统的另一条基本法则：尽管"天赋人权""人人生而自由"，但他要生活在社会系统中就不可能绝对自由，他必得或多或少地放弃支配自己的权利而接受别人的支配，或多或少地放弃自己的利益而追求整体的利益，或多或少地放弃自己的意志而服从别人的意志。这就是所有社会系统内部的基本矛盾造成的张力，社会系统就是在这种矛盾状态和张力的抻拉当中形成和进化出各种结构。

我们这里讨论的社会系统，小到核心家庭、小组、社团，大到民族、国家、全球社会。但总的来说，我们多是在以"社会"为"国家"的替换词的意义上来讨论问题。在古往今来、四面八方、大大小小、各式各样的社会系统中，从信息和权力的视角来看，可以抽象出 4 种基本的结构模式，它们恰巧可以用 4 个英文字母来象征：O、A、M、W。它们是一个一个先后进化出来的，所以，社会系统结构进化的公式可以写成：O→A→M→W。

人类社会的第一种生产方式是采集和狩猎。采集－狩猎社会的典型结构是 O 型。它可以是无中心的松散的群体，但更典型的是有核心和有领导的原始人类的群体。所以，我们可以把有 O 型结构的社会系统命名为"仅有一个核心的系统"（a system with a center only）。

我们所在的这个宇宙是否有一个核心，至今不得而知。我们确切地知道，我们所在的银河系是一个饼状的银盘，它有一个核心叫银心，或许是一个质量极其巨大的黑洞，包括我们的太阳系在内的上千亿颗恒星都围绕着它旋转。我们更清楚地知道我们所在的太阳系有一个核心，那就是太阳，它占总质量的 99.8%，占总质量 0.2% 的九大行星和难以计数的彗星、流星、尘埃都围绕着它旋转。在微观世界，我们知道，所有的原子都有一个原子核作为核心，99.9% 以上的质量都集中在原子核上，其余不足总质量 0.1% 的电子都围绕原子核运动。可见，有中心的系统，即这种带一个核心的 O 型结构，在无机界中，从微观世界到宏观世界都有普遍性，不过其核心都是质量和引力的中心。

在"进化的多元论"一章里，已经详细论证了信息的起源和进化，并且提出一个论点：信息的起点就是生命的起点，生命的起点就是信息的起点。生命系统又经历了漫长的进化过程，到进化出真核细胞才算进化出了具有完整结构和功能的生命系统。如前所述，真核细胞作为一个系统的最大特点是有一个作为信息中心的细胞核。

人和由人组成的社会系统经历了漫长的进化过程，到形成母系氏族制这种社会系统才算有了一种稳定的社会组织形式。这种同真核细胞系统结构相似的社会系统是典型的 O 型社会系统，它也有一个信息和权力的中心，那就是一位年长的女性。群体的所有成员都是她的子孙后代，他们"但知其母，不知其父"，所以这位女性首领是发出生物遗传信息的中心；同时，她又传授神话和传说，主持祭祀和占卜，分配劳动和食物，当然又是原始文化信息的中心和发号施令的中心。

具有 O 型结构的母系氏族制社会的经济基础是采集 – 狩猎生产方式。在这种所有成员都围绕一个中心的圆形结构内部，信息的流向是从圆上的各个点到圆心，又从圆心到圆上的各个点，所以是双向交流。起凝聚和威慑作用的意识形态是神话、传说和巫术，那时的上帝是一位慈爱的女神。没有私有财产，也就没有剥削；没有等级制度，也就没有压迫。人人基本上是平等的，包括两性关系在内，都是伙伴关系（partnership）。既没有相互争夺土地、资源和人口的外部战争，也没有钩心斗角、争权夺利的内部战争，所以没有武器仓库。

它的优点是人人都感到平等和自由，整个社会生活安静平和。缺点是生产力低下，缺乏抵御自然灾害和外部敌人的能力，成员的生命和生活没有足够的保障，由于缺乏竞争机制整个系统的进化非常缓慢。总体来说，O 型结构的社会系统的缺点是过于松散。

A 型社会系统的正式学名叫层级结构系统（hierarchical system）。本来在无机的自然界，从微观到宏观，凡经由进化创造的自然系统都有某种形式的层级结构，就是说它们是逐级累积而成，每一层次上的系统相对上一层次是下层系统，相对下一层次是上层系统，形成金字塔形的结构。它们成序的参量是物质世界的四种作用力。在生物界，生命系统进化的全部历程就是形成越来越复杂、越来越高级的层级结构，直到在人体内达到了它最高级、最完美的形式，但成序的参量却是信息，就是说随着信息量的增大和信息质的多样性的增加，只能分层次进行处理和分层次进行控制。因此，生物领域内的

A 型系统又被称为层级控制系统。在社会领域中，进化在更高层次上重复了类似的过程，并且在军队和集权主义的国家内进化出了这种系统的最典型的形式。按照拉兹洛的说法，只有从上到下逐级传递的信息流，没有从下到上和同一层次上横向的信息流，所以它称为多层次命令系统。

A 型社会系统起源的第一个原型在人体系统内可以找到：人又开双腿站立就是个天然的 A 型，大脑处在 A 型的顶点，是处理信息和发出指令的最高司令部。在人类历史上进化出来的第一个 A 型社会系统是把血缘关系作为成序参量的父系氏族；所谓的"血缘系统"，恰恰又是生物遗传信息的传递系统。

根据理安·艾斯勒的著作《圣杯与剑》① 中讲述的欧洲考古新发现，欧洲的男性氏族制是公元前 5000 年在欧亚大陆腹地的游牧民族中繁衍的，他们凭借武力争战。从公元前 5000 年到公元前 3000 年，征服了母系氏族制社会及其文化。征服南欧的是库尔干人，征服中东的是闪米特人（其中的一支是后来创立犹太教的希伯来人），征服印度的是雅利安人。这些地区的文化和社会模式完成了一次转型：威严的男性上帝代替了慈爱的女神，剑击碎了圣杯，男性统治关系的社会模式代替了女性和男性伙伴关系的社会模式。艾斯勒在书中所讲的"统治关系社会模式"（domination model）就是我们所讲的"层级结构系统"。在欧洲，从 O 型社会到 A 型社会是以长达 2000 年的征战和"随着女性世界历史性的败北"才完成的；在其他地区，情况也都是这样。

确实，类似的文化和社会结构的进化过程在欧亚大陆东部也发生了，在《阳刚与阴柔的变奏》一书中有详细的讲述。② 在中国的夏商两朝，父系氏族制的社会模式已放大成具有层级结构的父权制的国家模式。到周朝，以父系血缘关系为纽带的宗法制度已臻完善：天子是上天的儿子，秉承上天的意志统治全国；庶子及功臣武将则按公、侯、伯、子、男五等爵位封邦建国。上至天子下至庶民，家国同构，统治的权位和占有的财产均由长子世袭。并且，

---

① ［美］理安·艾斯勒：《圣杯与剑》，程志民译，社会科学文献出版社 1993 年版。
② 闵家胤主编：《阳刚与阴柔的变奏》，中国社会科学出版社 1995 年版。

还衍生出了维护父权制等级结构的阴阳五行学说和周礼。

A 型社会系统结构起源的第二个原型是军事组织的建制。古今中外的军队，一概采用的是单一的层级结构。通俗地讲，古代军队有千人长、百人长、十人长等建制，现代军队有军、师、旅、团、营、连、排、班的编制。这种逐级嵌套的 A 型结构最后集权于部队最高统帅，通常叫总司令。所有的军事情报（信息）都集中到总司令（部），由他（们）分析、判断、下决心和制订作战计划，然后军令层层下达。俗话说，军令如山。下级只能服从上级，执行上级的命令。

问题是一旦军队把仗打完了，特别是经过长期浴血奋战把江山打下来了，下一步会怎么样呢？一种常见的情况是，兵士解甲归田，各级军事长官脱下军装，换上便装，自然地就成为各级地方长官。高级将领成了朝廷的大臣或中央政府的高官，原来的总司令当然也就自封为国王、天子、皇帝、总统、主席，原军队的层级结构系统转化和扩大为国家的中央集权制官僚层级结构系统。最典型的例子是中国的秦朝。当我们在西安参观秦始皇陵墓陪葬的兵马俑时，在赞叹他们栩栩如生的形象和腾腾杀气的阵势之余，我们不得不闭目追思和想象，那些站在排头显得像是千人长、百人长和十人长的军官，当年曾转瞬就成为秦始皇推行新的郡县制的郡长、县长和乡长，而那些士兵自然就成为他们在乡村里的依靠力量。——中国历朝历代等级森严的铁桶江山都是这样建立起来的。

让我们放眼亚非拉辽阔的"第三世界"，为什么 20 世纪新独立的国家，鲜有例外地都采用了 A 型的社会结构？其中有传统的原因、文化的原因、民众觉悟程度的原因，但最主要、最直接的原因，是他们的政权都是靠枪杆子打出来的，或是通过革命战争，或是通过反殖民主义战争，或是通过政变。当然，我们也看到社会系统结构的发展过程，一个个独裁者被推翻，一个个民主的 M 型社会系统建立并稳固下来。

A 型社会系统结构起源的第三个原型是宗教的教阶，其中最有代表性、最有影响力的是天主教神职人员的教阶制度。称呼这种系统的英文词"hierarchy"（层级结构）本义就是罗马天主教的教阶。位于梵蒂冈的罗马教廷是全世界所有天主教机构的最高中心，其首脑称为教皇，掌管世界各地的传教事业，并有权任命各地的主教。罗马教廷的神职人员有七个神品，品位越高地位越高：司祭为七品、助祭为六品、副助祭为五品、襄礼员为四品，驱魔员为三品，诵经员为二品，司门员为一品。主教又分四个等级，依次为：枢机主教（又称红衣主教）、都主教、大主教、主教。各地的主教再任命自己管辖区域内的教堂的神父（又称司铎）和修道院的院长。当然，教堂和修道院内部又有低级神职人员的层级。教皇由枢机主教选举产生，终身任职。

由于有这样严格的教阶等级制度和坚定的宗教信仰，自公元 313 年君士坦丁大帝宣布基督教为罗马帝国国教以来，基督教内天主教这一最大的正统派别，历经无数的教权更迭，以及政权战争、宗教战争、宗教改革和科技革命的冲击，却始终显示它是世界上最强固的 A 型社会系统。

以上我们对人类社会中父系家族的 A 型系统、军队的 A 型系统、官僚体制的 A 型系统和宗教的 A 型系统进行了分析。如果这四种 A 型系统集中为一个 A 型系统，亦即父权、军权、政权和教权合而为一，就会产生一个上承天意、下统万民和黎庶的专制主义君王，他的国家就是一个中央集权的专制主义的国家。这种类型的国家，就像英国学者艾什比在《控制论导论》一书中引入的一个概念说的那样，其社会系统的结构具有超稳定性。无论在中国还是欧洲，这种社会系统的结构都经历数十次的兴盛、衰败、危机、瓦解和重建的循环，一次又一次地把自己再生产出来。但这也是欧亚大陆两边长达 2000 年的农业社会发展缓慢和停滞的原因。简言之，那就是社会无法冲破这道钢筋混凝土式的封闭的社会结构，只是一而再、再而三地在原地做简单的循环。

中世纪的 A 型社会的经济基础是农业生产，所以 A 型是农业社会的典型结构。农业生产仍是一种自然经济，一半靠天时地利，一半靠人力畜力，按一年四季的周期循环。农业生产是一种自给自足的简单再生产，商品经济的发展迟缓，扩大再生产困难。经济的停滞是社会停滞的根本原因。农业生产要求绝大多数人都要在土地上劳作，以家庭和家族为单位占有生产资料和组织生产劳动，这就是父权制家庭和父系家族制度这种小的 A 型社会系统作为社会建构长期稳固存在的基础。封邦建国、自给自足、交通不便、通信落后，这种 A 型社会系统的绝大多数都是相互封闭的。在这种社会里，工商业尚处在分散的萌芽状态，但它已有能力用强制手段和临时征召的方法组织起庞大的劳动大军（依然是 A 型结构），完成某些至今令人惊叹的宏伟工程——帝王陵墓、防御工事和水利设施。

　　A 型社会的上层建筑的主体是官僚机构，由于权力过分集中，注定要出现不断膨胀和腐败的官僚机构。司法机构只是官僚机构的陪衬，而且主要是用来对付老百姓的，"礼不下庶人，刑不上大夫"讲的就是这种情况。这是人治社会而不是法治社会。官府衙门既深又黑，"衙门口朝南开，有理无钱莫进来"。由于权大于法，贪赃枉法、草菅人命是常有的事。意识形态的主要部分是某种宗教或充当宗教教义的某种哲学，文化基因库的主要部分也是这种宗教或哲学的经典及浩瀚的解经文字。这种意识形态的主要服务功能就是让人惧怕地狱，梦想天堂，因而安于现状。其典型的伦理就是"君为臣纲，父为子纲，夫为妻纲"，以及"忠、孝、节、义"这四个范畴。在理想情况下，军权、政权和神权集中成王权，统领这王权的君王在欧洲称为国王，在中国称为皇帝。君权神授、君王神化，彻底把他们捧到至高无上的位置。在非理想情况下，政权和神权是分离的，有时军权被分离了出去，它们之间的对抗和争夺在历史舞台上，演绎了许多凶残和血腥的戏剧。集权和世袭是减缓这类争夺的办法，可是绝对的权力又导致绝对的腐败，而世袭的君王往往又是一代不如一代。所以这类 A 型社会系统总是在兴盛—危机—崩溃—重建的周期中循环。

　　A 型社会系统让极少数人掌权进行统治，绝大多数人因无权而被统治。君王对臣民有生杀予夺的大权，"朕即国家""君要臣死，臣不能不死"。为此，一定要实行愚民政策。"民可使由之，不可使知之""唯上智与下愚不移"是其经典格言。它的教育重在灌输作为意识形态的宗教或哲学的教条，而不在开启民智。1792 年，英使马戛尔尼率团谒见乾隆皇帝之后，被恩准从北京穿过中国内陆由广州出境。把中国看遍了之后，他得出的结论是："清政府的政策跟自负有关，它很想凌驾各国，但目光如豆，只知道防止人民智力进步。"他真算是把中国社会看透了！当时的中国，在父权、族权、夫权、教权、政权、兵权、神权这些重重叠叠的 A 型结构压制之下，绝大多数人都有着扭曲的人性、萎缩的人格和僵化的头脑。当时，读书科举做官是最好的出路；其次就是安于做顺民、良民。A 型社会很少出现天才，因为它容不得天才发挥才能，于是，通过 A 型的教育系统把大部分天才都扼杀在摇篮里了。总之，具有 A 型结构的社会系统只让一个或几个人发挥才能，不允许绝大多数人发挥才能。在这种系统里是没有自由、民主、人权可言的。

具有 A 型等级结构的社会系统与没有等级结构的 O 型社会系统比较，其优点是非常明显的：它更强固、更稳定、更能抗拒来自自然环境和社会环境的干扰和破坏，因而有更高的进化速率。曾获诺贝尔经济学奖的系统学家赫伯特·A. 西蒙在《人工科学》一书中，举例说明这一点：有两个钟表匠，都用 1000 个零件组装表出售。甲每接一次顾客订货电话，已组装好的零件就全部散开，他又得从头组装。乙把每 10 个零件装成一个大组件，再用 10 个大组件组装成一只表，所以他每接一次电话散掉的只是一个大组件。结果当然是乙的工作效率要比甲的工作效率高得多。①

A 型社会系统的另一个特点就是一个人说了算，容易形成一个铁拳头，统一意志、统一指挥和统一行动，所以古今中外的军队都是采用 A 型结构。准军事组织的社会系统，如进行政治斗争的政党、兴修水利工程的民工等，也宜采用这种结构。总之，A 型结构确实有利于发起战争、搞阶级斗争和抗拒自然灾害，却极不利于发展科学技术，极不利于进行文化建设和经济建设。

A 型社会系统最后一个"优点"就是便于处在权势顶峰上的一个人、一个家族或一个集团为所欲为、聚敛财富和穷奢极欲；不受舆论监督，不受法律制裁，而且还能够把这一套系统传给后代。许多英雄豪杰、革命志士，不管他们起事之初怀有多么高尚的动机，满怀多么伟大的革命理想，向民众立下多少庄严承诺，待到事成之后，总是难以超越利己本性，难以割舍权势利欲的扩张和世袭的结构。

从前面的分析可以得知，A 型社会系统有许多不可克服的结构性弊病，诸如封闭和保守、权威性递减、结构僵化、庞大的官僚机构日益腐败。君王虽强悍但未必开明，决策的随机性很大；君王的智愚贤暴和喜怒哀乐，造成社会的兴衰成败和百姓的悲欢离合。终身制使昏君佞臣肆意指挥，世袭制又

---

① ［美］赫伯特·A. 西蒙：《人工科学》，武夷山译，商务印书馆 1987 年版，第 172 页。

令后继者一代不如一代。对个人的压制会造成社会发展缓慢甚至停滞。因此，这种社会系统注定了要周期性地发生动乱、崩溃和重建。如鲁迅所言，中国的历史就是做稳了奴隶的时代和想做奴隶不得的时代的循环过程。就是"吃人"和"被吃"的轮回。

M 型社会系统可以定名为权力分散和权力制衡的系统（a system with decentralization and checks and balances of power）。这种系统内有多个权力中心，它们分掌的权力相互制约、监督。提到具有 M 型结构的社会系统，自然会想到英、美、法等国革命成功后建立的三权分立的共和国，将在 A 型社会里君王独享的三种权力——立法权、行政权和司法权分归三个独立的政府部门管理，以避免滥用权力。它还指教权（神权）同政权分离，党权同政权分离，军队只效忠于宪法且不得干政；同时还指举凡经济基础、上层建筑和意识形态各部门形成的下层系统，如企业、公司、商业集团、银行、学校、新闻机构、出版机构、体育组织等全都相对独立，自主经营。

M 型社会系统本可以从人体系统取喻：心灵系统情、理、意的三元结构可喻"三权分立"，中枢神经系统内多个中枢的相对独立性可喻广泛的权力分散。在欧洲文艺复兴运动重新唤醒了在神权的重压之下人的精神创造力。宗教改革运动大大削弱了罗马天主教及教皇的权威，与之对立的新教诸教派率先造成教权（神权）的分散。随后政教分离、教会自立、宗教信仰自由三项原则日渐深入人心。接着，在西欧各国知识界广泛开展的启蒙运动，以物质主义、无神论、怀疑论、科学、理性、人性、人道主义、自然法，以及崇尚自由竞争的经济学等新学说削弱了基督教神学的权威。罗马帝国大一统的 A 型社会终于分崩离析。新的哲学思想、政治思想、法律思想和经济思想设计出 M 型的社会结构。

英国哲学家洛克在《政府论》一书中指出，政府的权力来源于人民的信托，以换取政府保障他们人身和财产的安全，以及根据自然法享有的自然权力，如果政府侵犯人民的自然权力，人民就有撤回信托和进行反抗的权力。他还提出，为了防止暴政应把立法权、执行权和对外权分属不同部门掌握。英国哲学家霍布斯提出了较为明确的社会契约说，但远不如洛克的思想先进。法国思想家卢梭撰写的著作《社会契约论》中，他认为人生而自由平等，任何人都不能强使他人服从天然权威。强力不能成为政治结合的合法基础，只有基于人民自由意志订立的社会契约才能成为国家和法的合法根据。它规定君主和臣民相互的权利和义务，强调议员要从公益而不是从私利出发来表达普遍的意愿。法国思想家孟德斯鸠发现中国的官员集立法、行政和司法于一身，弊病很大，然后以他们为反面教员，在《法的精神》一书中完成了三权分立学说。他将政权分为立法、行政和司法三权，认为三权应分授不同的个人或团体，独立行使，才能最有效地保证法治和促进自由。

这几位启蒙思想家都深受英国革命和随后建立的君主立宪制政权的影响，并从理论上进行论证和总结。在法国大革命时期颁布的纲领性文件《人权宣言》中，在美国革命之后发表的《独立宣言》及制定的《美国宪法》中，上述思想和政体设计得以用宪法确立下来。特别是在美洲这块新大陆上，这里没有世袭君主政体或贵族政体，没有势力稳固的国教，没有严格的等级制度，真正是一张白纸。所以在立国之初，得以按上述启蒙思想家的设计建立一个最典型的 M 型的权力分散和权力制衡的社会系统。完成这一伟业的革命家和思想家有华盛顿、杰斐逊、亚当斯、富兰克林、汉弥尔顿等人，又恰巧是有崇高精神教养的人士。他们的政权也是用枪杆子打出来的，但崇高的精神使他们能用公益战胜私利，并还政于民，建立起有严格任期制和普选制的 M 型政体。正因为有这种合于理性的社会结构，美国才获得了 200 多年的稳定发展，成为世界第一强国。所以，几位开国元勋的头像被雕刻在拉什莫尔山的花岗石上，良有以也。他们确实为各国的政治家们树立了一种新型的榜样，值得永远纪念和学习。

M 型是工业社会的典型结构。在这种社会系统内，几乎一切都呈多元状态：工业、农业、商业、服务行业、新闻、教育、科研、学术部门取得了相对独立的平等地位。各行业的所有制形式也是多元并存的。多党政治、议会民主和三权分立使权力结构多元化，彼此相互制约。相对独立的司法系统一方面有宪法和最高法院体现出 A 型的结构；另一方面又有立法的议会，公安机关、检察院和法院等部门体现出 M 型的结构。文化也多元化了：发挥意识形态功能的宗教同旨在净化心灵和培养道德的多种宗教并存，代表理性诉求和精神探索的多种哲学并存，科学无禁区，科学无国界。教育挣脱了神学与古典主义的束缚，获得了多元的发展。例如，大学就有隶属于国家、州、教会、企业、基金会、个人等多元形式。随着传媒技术的不断进步，出现了报纸、杂志、广播、电视和网络构成的私人多元媒体，"言论自由"是公认的准则，新闻发挥着反映民意和舆论监督的作用。政府和任何政党都不允许拥有报纸、电台、电视台、出版社和网络平台。

M 型社会系统优点是显而易见的。权力分散和权力制衡增加了政治透明度，减少了专权、独断和各种腐败行为。废除了君主的终身制、世袭制和不成文的内定制，改行任期制和公开竞选制，就能避免个人、集团或家族长期擅权，以及靠政变和阴谋篡权。经过全体成员的自由选举，一般来说，会把最合适的人选到最恰当的位置上。选出来的当权者首先要对选民负责，倘若严重失职会遭弹劾而下台。权力总能按公平竞争的规则平稳过渡就能保证社会的长治久安。另一个很大的优点就是，在 M 型社会系统内个人在很大程度上获得了解放，其潜能和创造力得以发挥。每个成员都是合法的公民，他的权利和安全均有法律的保障，再也没有特权阶层，公民在法律面前人人平等，都享有言论、出版、结社和宗教信仰的自由，因此有利于文化创新和文化发展。对任何人来说，未经按照"国家法律的合法判决，不得予以逮捕、监禁、流放和处死"。（英国《大宪章》第 29 条）这就再没有"异端""离经叛道""思想犯""政治犯""反党分子"这些罪名了，因此，有利于培养独立思考和有个性的人，有利于优秀人才脱颖而出。由于 M 型的结构能保证一个社会系统长期的稳定和发展，所以同 A 型结构的社会系统进行和平竞赛必然会稳操胜券。

M 型社会系统的第一个缺点是，权力的分散和权力的制衡不易形成高度统一的意志和统一的指挥。这可以说明为什么像军队这样的社会系统永远不可能采用 M 型的结构；国家一旦进入战时状态，必然紧缩成 A 型社会。第二个缺点是，M 型社会显然还包含着许多 A 型结构，层次很多和整体很高的 A 型结构，对占人口大多数的处在中层和下层的人来说，仍然感到压抑，他们在获取信息、金钱和物质享受方面同上层的差距仍然太大。再加上 M 型结构的社会实行崇尚自由竞争的市场经济，增加了经济活动的自由度和活力，但也会周期性地或突然地出现经济危机。

　　"集权和专制可以出高效率。"这句话出自《剑桥插图德国史》①，俾斯麦德国和希特勒德国是显例。被称为"斯大林模式"的苏联社会，把 A 型结构社会的这种优点发挥到极致。在卫国战争中，苏联表现得如钢铁般坚强，打败了法西斯德国；在内部搞阶级斗争也强有力。可是，它把 A 型社会系统的缺点也发挥到了极致，在消灭剥削阶级的同时，相当庞大的一个特权阶层又生产出来了；更有甚者是把普通人都降低成了"革命机器上的齿轮和螺丝钉"，或者笔者可以换一种说法，降低成了晶格点阵中的原子，被紧紧地束缚起来，只能在原地振动，而整个社会就因过度僵化而显得像金刚石那样的晶体。最终，这种社会系统因为在发展经济、提高人民生活水平和发挥个人的创造力方面的失败而灾难性地坍塌，是毫不奇怪的。

　　我们再来看另一种社会模式，那就是亚非拉在最近几十年内获得独立的众多国家建立的社会模式。其结构特点是：上半截是 A 型的上层建筑和意识形态，下半截是 M 型的经济基础。也就是说，这些社会系统一直是由一个人、一个家族、一个教派、一个政党在上面专政，并且进行变相的世袭，而下面又在追赶工业化的进程，深化认识市场经济。在一段时间内，某些这种类型的社会系统把 A 和 M 两种结构的优点都表现出来了，即上层的政治统治显得很稳定，下层的经济增长又很迅速。于是，就有像马来西亚总理马哈蒂尔这样的政治家站出来，对这种类型的社会模式及由"儒家价值观"代表的"亚洲价值观"进行了过度的吹嘘。对马哈蒂尔等人反对新老殖民主义的勇气素怀钦佩，但又对他们没有足够的科学精神深表遗憾。这种两截式结构的社会系统有四个方面的问题。

　　一是"儒家价值观"非常典型的是为农业社会的 A 型社会系统的稳固服务的，它同 M 型社会系统是抵触的，而现代科技、文化、经济只有在 M 型结构的社会系统内才能健康发展。二是时代不同了，人心不同了，一个人、一个家族等的专政在一代人的时限内是做得到的，以亚洲已有的经验来看，传两代也有勉强成功的，但是，传第三代至今只有朝鲜一国成功。三是 A 和 M

　　① ［加］马丁·基钦：《剑桥插图德国史》，赵辉、徐芳译，世界知识出版社 2005 年版，第 6、253 页。

两种结构的缺点终究是要暴露出来的，A 型的缺点是上层的裙带关系、滥用职权和腐化堕落；M 型的缺点是它会爆发经济危机。而且在 A 型和 M 型的接合部必然发生权钱交易和腐败，一旦经济危机引发政治危机将造成专制统治的垮台。四是即便这种两截式的社会系统长期维持下去了，由于没有充分解放个人的潜能和创造力，它就注定缺少科技和文化的原创机制，它将一直是一个信息寄生社会，总是靠输入人家创造出来的科学、技术和文化滋养自己，甚至还靠输入人家的资本来发展经济，因而在最好的情况下也只能是个二流强国，要想成为一流强国，非进行根本性的结构改革不可。

W 型社会系统是正在进化出来的一种新型的社会系统，像是 M 型的结构倒过来了，恰巧暗合中国战国时期儒家哲学家孟子留下的命题："民为贵，社稷次之，君为轻。"

W 型社会系统的英文名称是"holorachical system"，这是一个英文新词，是拉兹洛同几位系统学家于 1989 年夏天在纽约创造出来的。随后，他立即飞到北京，把这个新词带到了笔者在中国社会科学院为他举办的一个高级研讨班上。从构词法上分析，这是把"hierarchical"（层级结构的）的词头换成了"holo –"，意为"全""整"，笔者体会"holo"颇有中国成语"囫囵吞枣"里双声词"囫囵"的意味。按他当时的解释，"hierachical system"又可译作"多层次命令系统"，与它对立的"holorachical system"可译作"多层次参与系统"；前者内部只有从上向下一个方向的信息流，而后者内部则有各个方向的信息流。他相信，未来的国际社会将演变成多层次参与系统，而不会进化成多层次命令系统。也就是说，未来的国际社会不会进化成 A 型结构，不会有一个集权的发号施令的中心，而会进化成像生态系统那样没有中心、没有最高当局的 W 型结构。其特点是共同参与，平等分享，相互依存，相互协调。质言之，就是多极的均势。

就现实情况看，冷战后的世界已从两极走向多极。虽然美国是超级大国，但是它绝无颐指气使和发号施令的地位。中国、俄罗斯、日本、印度、巴西等国已经成为或正在成为它的平等的伙伴。还有许多平等参与的国家共同体，如欧盟、东盟、阿拉伯国家联盟、加勒比联盟、美洲国家组织等，纷纷加入全球层次的多极系统中来。国界在淡化，国家的很大一部分权力在上交和下放。联合国、联合国教科文组织、世界贸易组织、世界卫生组织、国际金融组织、国际航运组织、国际民用航空组织、国际奥林匹克委员会、国际足球联合会等，如雨后春笋般涌现出来，构成了全球层次上的另一批参与系统成员。环顾全球，除 200 多个国家的政府之外，还有大约一万个国际或政府间组织，1000 多家跨国公司都成了管理全球事务的重要角色。有这么多全球层次上的参与系统，形成了类似生态系统的网络状结构。

理论上看，在文化各个领域内兴起的越来越强劲的后现代主义思潮，也预示着 W 型的文化模式和社会模式将取代 A 型的模式。后现代主义的概念"基础的陷落"和"解构"，注解了"A 型等级结构"的瓦解或降低高度；"非中心化""无中心""无权威"指的就是不再存在"O 型结构"的圆心和"A 型结构"的顶点，取而代之的是以圆桌会议式的"参与系统"。"秩序的颠覆"指的正是"M 型结构"颠倒成"W 型结构"。"平面模式"指的正是"像生态系统那样的网状结构"，以及全球治理系统的扁平化。如果我们坚持前面提出的观点，坚持文化与社会的关系就是基因和表型的关系，那么我们就有充分理由相信，后现代社会的结构一定酷似 M 型结构颠倒过来的 W 型结构。

从信息的角度看，W 型结构是后工业社会，即信息社会的结构。如果从 B. 帕斯卡发明加法器算起，信息技术的发展已经有 300 多年的历史，但真正飞跃式地发展则是近 100 年的事。20 世纪初，电报和电话的发明和推广应用使远距离快速通信得到了发展。从 20 世纪 50 年代起，数学家 J. V. 纽曼发明的数字数据处理技术同晶体管结合起来，出现了计算机制作使用的量子跃迁式的发展。到 20 世纪 90 年代，个人计算机已相当普及，它们同主机、数据库、搜索引擎、电子网络等联系起来，世界进入了互联网时代。在不久的将来，电脑的数量将超过人脑的数量，它们将联网形成一个全球社会的神经系统，正如拉兹洛所说"全球脑"。① 到那时，信息部门将占据 50% 以上的劳动力和 50% 以上的产值。在这种情况下，各国政府的 A 型结构肯定还存在，还

---

① ［美］欧文·拉兹洛：《全球脑的量子跃迁：新科学如何能够改变我们及我们的世界》，刘刚等译，金城出版社 2010 年版。

在发挥作用，但它们处理的信息量，也就是它们的权力和重要性，将大大下降，机构和人数也将缩减，从而塌陷成大社会和小政府。

W 型社会最大的优点就是个人的解放、地位的提高、自由度的扩大，以及个人进行创造的潜在能力得到更充分的发挥。

在具有 W 型结构的社会系统里，个人能非常便捷地获得各方面的大量信息，并使用多元透视整合的方法了解事实的真相，形成自己的观点和判断。这就是在 A 型社会里完全异化，在 M 型社会里部分异化的"人人生而自由平等"的人性的复归。如马克思和恩格斯所说，"每个人的自由发展是一切人的自由发展的条件"。[①] 在 A 型社会里，人的自由度最小，如晶体中的原子；在 M 型社会里，人的自由度提高，如液体中的分子；在 W 型社会里，人的自由度最高，如气体中的分子。肯定还有阶级、阶层的区分，但差别缩小了，界线淡化了。社会更着重的是个人的创造能力，并为各种创造力的发挥敞开大门，为作出创造性贡献的人提供上升的阶梯。

如前所述，以上主要是在国家层次上讨论"社会系统的进化 O→A→M→W"。其实这条原理对各个层次的社会系统都是适用的。任何层次上大大小小的社会系统的组织者和管理者们，必须重视这条原理，选对自己需要采用的系统结构。

人类社会发展的自然段

按照苏联人编写的历史唯物论教科书，人类社会按五种社会形态单线发展：原始社会→奴隶社会→封建社会→资本主义社会→共产主义社会。按照初等逻辑的常识，凡分类必先定下一个分类标准，并始终采用这同一标准。譬如，我们问某大学一间教室里听讲的都是什么人，若回答"听讲的有本科生、硕士生、博士生，还有几位教师"，这答案就是符合逻辑的，思维清楚。若回答"听讲的有本科生、党员、女人，还有戴眼镜的"，这答案就不符合

[①] 《马克思恩格斯选集》第一卷，人民出版社 1972 年版，第 273 页。

逻辑，思维混乱。遗憾的是五种社会形态单线发展历史观，从逻辑上看，就属于后一类。

若以"时间"来划分标准，就应当划分为："原始社会→古代社会→中世纪社会→近代社会→现代社会→未来社会"。若改用"主要劳动者"作为标准，就应当划分成"部落成员社会→奴隶社会→农民社会→工人社会→职员社会"。若用"生产力主要要素"为标准，就应当划分为"森林社会→草原社会→农田社会→资本社会→信息社会"。

这样一来，我们就碰到一个尖锐且难以解决的问题：人类社会的发展阶段究竟怎样划分才是科学的？

我们在马克思《资本论》第一卷第一版序言中，找到了解决这个问题的钥匙。马克思写道："本书的最终目的就是揭示现代社会的经济运动规律，——它还是既不能跳过也不能用法令取消自然的发展阶段。……不过这里涉及的人，只是经济范畴的人格化，是一定的阶级关系和利益的承担者。我的观点是把经济的社会形态的发展理解为一种自然史的过程。不管个人在主观上怎样超脱这种关系，他在社会意义上总是这些关系的产物。……现在的社会不是坚实的结晶体，而是一个能够变化并且经常处于变化过程中的有机体。"

我们得出结论：人类社会是"经常处于变化过程中的有机体"，它有任何一个民族或一个国家都必然经历的"自然的发展阶段"。这些阶段不能以人划分（如"奴隶"），不能以阶级关系划分（如"封建"关系），也不能以经济范畴划分（如"资本"），只能以"社会经济形态"划分，而"社会经济形态的发展是一种自然历史过程"。

马克思晚年完成对"现代社会的经济运动规律"的详尽考察，即《资本论》第一卷之后，得出"人类社会的历史发展过程"的比较成熟的观点。这里马克思所说的"社会经济形态"就是他早年提出的"生产方式"，在马克思主义社会学中，它是处于第一位的关于社会整体的概念。

因此，如果我们放弃"五种社会形态单线发展的历史观"，就应当用不同的"社会经济形态"，或者不同的"生产方式"，来划分人类社会发展的自然段。我们就会得出这样一个结论：迄今为止，人类社会经历了采集－狩猎社会→农耕－游牧社会→工业－信息社会几个进化的自然阶段。

采集－狩猎社会　社会发展的幼年阶段，人类生活在大自然的襁褓中。自然是第一生产力，人则靠天吃饭。天人合一，无为而治。开始使用火和吃熟食，有旧石器时代、新石器时代和青铜时代的划分，制陶业兴盛。文化的主要成分是万物有灵观念、多神教和原始艺术。主要意识形态是神话、传说、图腾崇拜和巫术。文化传承的主要方式是口口相授。社会按母系血缘关系构成部落，典型的结构是"O"型。有采集为主的社会和狩猎为主的社会的长期对垒。若按文化划分，这个时代也称图腾时代或神话－巫术时代。

农耕－游牧社会　人类社会发展的童年阶段，一半靠天吃饭，一半靠自身力量吃饭。人力和畜力成为第一生产力，在某些时代和某些社会，一部分人被当作奴隶使用。出现了天人相分，制天命而用之和人定胜天的思想。冶铁业被用以打制工具和锻造兵器，进化出作坊手工业和家庭手工业。由多神教进化出一神教，宗教是文化的主体和作为统治工具的社会意识形态。有用文字记载的宗教经典，进化出历史、哲学、文学、艺术等文化形式，出现前科学形式的天文学、地学、医学、农技、炼金术等文化形式。教育担负起文化传承的使命。社会宏观结构是按地域和文化结合的民族国家，微观结构是按血缘结合的父系家庭，有一夫一妻、一夫多妻、一夫一妻多妾、一妻多夫等多种家庭形式。社会的典型结构是"A"型，政教合一，军政合一，有王权封建专制主义、皇权贵族专制主义、皇权官僚专制主义等多种政体。农耕民族与游牧民族的长期对垒，游牧民族对农耕民族的入侵和统治，贯穿整个时代。若按文化划分，这个时代也称宗教信仰时代。

工业－信息社会　人类社会发展的少年阶段，减少了对自然的依赖，更多依靠自身的智力认识自然、征服自然、改造自然和创造人工世界。个人解放，政教分离，理性压倒信仰，思想自由，人权保障。进化出由古典文化、现代科技、人文学科组成的完整文化体系。科学技术成为第一生产力，热能、电能、核能和太阳能相继成为社会生产的推动力。社会按照科学发现→技术创新→工业革命→商品生产→市场经济→民主政治和法治国家次第发展。农业人口减少，日渐城市化。母系和父系血缘关系全都淡化，利益关系（金钱关系）上升为社会结构的主要关系。意识形态淡化，教育产业化，实行素质教育，培养全面发展的个人。典型的社会结构是"M"型：三权分立，多党议会民主制。男女平等，一夫一妻，辅之以多种形式的家庭，多种形式的两性关系和人工生育方式。交通便捷，信息和计算机技术发达，信息产业成为最大产业，传媒控制舆论，跨国公司和经济全球化不断推进，工业社会逐渐进化为信息社会，即"W"型的网络社会。全球化扩展，民族国家逐渐淡化。工业－信息社会必然造成人口膨胀、资源短缺和环境污染，威胁人类生存，因而人类不得不向生态文明进化。若按文化划分，这个时代亦称理性时代或科技时代。

值得注意的是，人类社会是远离平衡的非平衡态复杂系统，又各不相同的文化传统 SC－DNA，因而从来没有按单一轨线和单一模式做单线发展，而且多种社会结构和多种文化形式不断扬弃、内化并保存下来，文化变得越来越复杂，社会也变得越来越复杂、越来越多样性。

构建社会综合评价指数

让我们来讨论一个非常现实的问题：社会系统的评价标准，或更现实地说，是一个国家社会制度优越性的评价标准。

目前世界最流行的评价标准，或者说某些国家竞相攀比的评价标准是GDP 标准。GDP 的英文全称是"Gross Domestic Product"，汉译是"国内生产总值"，指的是一个国家或地区一年以内在其境内生产出的全部最终产品和提供劳务的市场价值的总值。它是一个能体现经济发展的指标，但又是一个有缺陷和副作用很大的指标。

首先要讲清楚的是 GDP 在一定程度上是假象：它不能真实体现一个国家一年实际的经济收益。现在是一个全球化的时代，许多跨国公司在全球范围内追逐利润，哪里劳动力廉价就到哪里开办企业，建厂生产。这种外资企业"两头在外"：资金和技术在外，产品和利润也在外。换句话说，就是外资企业的投资和技术流进你的国家，由你国家的廉价劳动力为外资企业生产，生产出来的产品和获取的利润又流回外资企业自己的国家。可是企业总产值计算在你国家的 GDP 里了。这不是一种假象是什么？

其次要讲清楚的是 GDP 的片面性：它作为诸多经济指标当中的一个就已经有片面性了，再作为社会系统和社会制度优越性的评价指标就更片面了，因为社会是复杂系统，在经济活动之外还有许多其他活动。GDP 没有将正面的建设性活动和负面的破坏性活动区别开来，忽略了生产造成的环境破坏、资源消耗，以及环境污染导致的居民生活质量下降和健康问题。现实的情况是，一些热衷于追逐 GDP 的国家，其国民的收入和生活质量提高不多，可是环境污染、贫富分化、官场腐败和道德滑坡已经接近危机点了。

鉴于此，我们建议构建"社会综合评价指数"，取代 GDP 作为国际上社会系统的评价标准和国家社会制度优劣的评价标准。其理论根据就是社会系统是复杂系统，而复杂系统的评价标准一定是复杂的。

请看，同样是复杂系统，人们在做体检的时候，人体健康标准就是由十几个甚至几十个数据表征：身高、体重、视力、握力、肺活量、心电图、心率、血压、血糖、血小板、甘油三酯、胆固醇、高密度蛋白、低密度蛋白、肌酐、尿素氮等，再加上十几种微量元素含量。把这么多指标的数值综合到一起，才能得出一个人身体健康程度的最终判断。如果采用单一指标，光看体重行吗？肯定不行。同理，社会也是复杂系统，要科学地评价社会发展、社会系统和社会制度优劣，显然也不能只用一个单一指标如 GDP，而要用十几个甚至几十个数据来表征，然后把它们综合到一起构成社会评价综合指数 SECI（Social Evaluation Composite Index）。

目前，已经有不同国度和不同机构，定期或不定期地发布关于各个国家的各种指数以及排名，人文发展指数、GDP 排名、人均 GNP 排名、二氧化碳排放量排名、两性平等指数、竞争力排名、腐败指数、廉洁指数、幸福指数、繁荣指数、和平指数等。接下来，还可以发展出环境指数、军备指数、人权指数、诚信指数、自由指数、民主指数、信息自由流动指数、政务公开指数、治安指数、贫富差距指数、城乡差别指数、教育普及指数、国民体质指数、创新能力指数、社会保障体系指数等。

如果联合国将上述几十种指数综合到一起，就能得出各国社会评价综合指数及其世界排名。每年评定发布 SECI 指数，通过多种信道使各国首脑、政府和民众都能便捷地获得，它就会成为各国社会发展的参照系，帮助形成促使各国政府纠偏的舆论压力，并最终淡化各国的 GDP 竞争而强化 SECI 竞争。那将是一种全面的和良性的竞争，帮助这个失衡的世界恢复平衡。

第十章
人性的系统模型

　　1981 年，笔者完成研究生毕业论文《对系统论的哲学考察》之后，开始在中国社会科学院做研究工作，独立钻研撰写的第一篇哲学论文就是《人性的系统模型》。此文于 1986 年春提交在井冈山举行的"全国中青年哲学论文评选大会"，获优秀论文奖。会后，中国社会科学院文学研究所邀请笔者去作学术报告和参加研讨活动。1987 年，笔者在荷兰自由大学哲学系做访问学者时，将此文翻译成英文，在系里又做过一次研讨。同年，笔者带着这篇英文论文，渡过英吉利海峡，到伦敦。在帝国理工大学参加控制论第七届世界大会。后来，会议出版的论文集收录了这篇论文。

　　自那以后，笔者没有停止过对人性的思考，也没有停止过对《人性的系统模型》这篇论文的修改。有一天，笔者才恍然大悟人和社会的关系：原子是物质的最小单位，物质的全部秘密都潜藏在原子里面，只有到 20 世纪把原子研究透了，人类才真正懂得物质。细胞是生物的最小单位，生命的全部秘密都潜藏在生物细胞里面，只有到 20 世纪把细胞——特别是细胞染色体里面的生物遗传基因（DNA）研究透了，人类才真正懂得生命。同理，人是社会的最小单位，是社会的原子，是社会的细胞，社会的全部秘密都潜藏在人身上和人心里，只有未来把人研究透了，人类才会真正懂得社会及其历史。笔者相信，这是一个非常重要的道理。在《庄子》中，庄周曾借他人之口抨击仲尼，曰：儒者"明乎礼义，而陋于知人心"。[①] 这对儒家真是"一剑封喉"，对当代各种乌托邦社会理论何尝不是这样？

因此，笔者认为，从现在起，历史哲学家、社会哲学家和社会科学家都应当重新把研究的重点放到人身上，重点研究人，研究人性，发展人学。只有把人研究透了，建立起科学的人学，然后才可能建立科学的社会哲学和历史哲学。人类才可能真正懂得自己身处的社会和自己懵懵懂懂创造出来的历史。

本着这样一种新的基本认识，笔者再次修改和增补了《人性的系统模型》，希望能为科学的人学奠定一块基石。

建立模型的理论根据

人性是一个永恒的哲学论题，似乎永远也得不到满意的解答。原因是人太复杂了，人性太复杂了，用研究简单物质客体的直观方法、归纳方法、分析方法、线性因果关系的方法、原子论（还原论）的方法，是不可能把人性搞清楚的。此外，意识形态束缚科学思维，狭隘利益歪曲主体认识，这在人们对人性的研究和阐述方面表现得尤为突出。针对这三重困难，我准备采用最适宜研究具有有机组织复杂性客体的系统方法，以科学的态度从客观的立场来透视人和人性。具体来说，笔者准备建立一个具有层级结构的"人性系统模型"，在这个模型上讨论人性。然后，我国理论界长期争论不休的一些问题，有可能在这个模型上得到解答；哲学家各执一端的宏论，有可能作为互补成分在这个模型上得到显示。此外，我们还有可能推导出若干新的有价值的结论。

人性是人所共有的那些类属性，是人这个概念的全部内涵，是人内在的质，是人的规定性。因此，人性非感性的直观所能把握，只能经理性的抽象才能达到。对人性的任何抽象都有片面性，也有待上升到理性的具体，达到

---

① 《庄子今注今译》，陈鼓应注译，中华书局 1983 年版，第 532 页。

理性具体的人性是一种复杂的质。

质和量有许多不同。其一，量在数学上被表象为连续的点，而质在质学（如果我们创立这样一门学问的话）中将只能被表象为间断的球形。是的，人性这种复杂的质不是一个点，不是一条线，不是一个平面，只能是一个立体的球形结构，我们可以尝试把它称为"人性系统模型"。

一个受精的卵必不具备全面的人性，这是人人都会同意的；一个呱呱坠地的婴儿也不具备完全的人性，这大概也不会遭人反对。人是地球上长达约50亿年的生物（生命）进化的产物，现代人又是百万年人类社会进化的产物，不管人具有什么质，必是在这两种进化过程中累积形成的，不断内化积淀的。从受精卵到婴儿，从婴儿到长大成人并具备完全的人性，就是这两种进化史的快速反演。马克思主义辩证发展观有一条基本原理，那就是逻辑的和历史的统一：凡发展过程中的历时结构在最终形态中紧缩成共时结构。因此，从理论上我们就有把握断定完整的人性结构内部必有合乎逻辑的共时结构，也就是说，它是一个长期进化和发展成的系统的结构。

L. 冯·贝塔朗菲认为形成层级秩序是系统的基本属性，他写道："这种层级结构①并通过组合造成更高层级的系统是整个现实的特点，在生物学、心理学和社会学中更是带根本重要性的特点。"② E. 拉兹洛进一步把它总结成自然系统的发展规律：系统的发展都表现为系统之上再叠加系统，形成连续的层级结构。我们碰到的非常复杂的系统都是按层级结构组织起来的。③作为生物机体的人是一个具有层级结构的复杂系统，这在解剖学和生理学上讲得清清楚楚。我们有理由推断人性这个复杂系统也有层级结构。我们从理论上推断人性是一个结构，又推断它是一个有层级结构的系统，于是我们从理论上得出一个结论：质可以是有层级结构的，有层次的。这同苏联哲学家B. П. 库兹明对质的论述是一致的。

---

① Hierarchy 究竟翻译为"等级"还是"层级"，笔者推敲了30年最后拿定主意翻译为"层级"。Hierarchy 本义是 A 型的天主教"教阶等级"。基督教新教宗教改革首要举措就是取消 Hierarchy，实现基督徒在上帝和《圣经》面前平等，不再承认罗马教皇的权威。待贝塔朗菲把这个专名借用到一般系统论，它成为系统科学的术语，似翻译成"层级结构"为佳。（2012 年 10 月补注）

② L. V. Bertalanffy, *General System Theory*, New York, 1968, p. 74.

③ E. Laszlo, *The Systems View of World*, New York, 1978, p. 97.

B. П. 库兹明认为物质客体系统可以有三种质：第一种是构成系统的物质基质的质；第二种是系统结构决定的表现为系统功能的质；第三种是系统质，它是一种无形的质，没有相应的物质形态，只是因为物质客体系统成了社会系统的元素并处在社会系统的各种关系中才被赋予这种质。他认为，"系统质"是马克思发现的，因为马克思论证说，一件物品只有进入流通领域才获得一种被称为"商品"的质。① 因此，我们从理论上知道，人性这种质的复杂系统大致也是这么三个层次的质。马克思说："黑人就是黑人，只有在一定的关系下，他才成为奴隶。"

那么，人的生理系统层级结构和人性结构系统层级结构怎样统一在同一个机体上呢？加拿大系统哲学家 M. 邦格提供了理论根据。他认为，一个系统的构成就是该系统组成部分的集合，该系统的整体属性（整体功能，或质）非其组成部分所具有，因而被称为该系统的"涌现"②。他说："质量和能量就不具有涌现性，而具有组合性。"③ 我们可以接着论述：因此质量和能量的整体等于其各部分的总和；相反，质只有涌现性而没有组合性，因此"整体大于它各部分的总和"（这句话是系统论的信条，贝塔朗菲说是亚里士多德讲的）。由此可知，人体机体层级结构各个层次上的涌现（整体属性，整体功能，或质），就形成了人性系统模型的层级结构。

理论上看，人性系统各层级层次之间的关系是怎样的呢？苏联学者B. C.弗列依斯曼对复杂系统的研究成果告诉我们：系统结构的复杂性，对环境反应的多样性和行为（功能，或质）的复杂性三者密切相关，并朝同一方向增长。总的目的就是在越来越复杂的环境中生存。在每一个层次上涌现的行为（功能，或质）对该层次来说是首要的、主导的，它在更高层次中依然存在，但降低为次要的、从属的。这就是说，复杂系统各个层次涌现的质不断被扬弃，不断被内化，不断被包容，不断地沉淀④。从结构、行为和对环境的反

① ［苏］B. П. 库兹明：《马克思理论和方法论中的系统性原则》，王炳文、贾泽林译，生活·读书·新知三联书店1980年版，第4—110页。
② Emergence 在系统科学界仍有两种译法"突现"或"涌现"，为强调"无中生有"，笔者倾向翻译为"涌现"。（2012年10月补注）
③ ［加］M. 邦格：《今天的唯物主义》，《哲学译丛》1986年第1期。
④ 李天民：《论复杂系统》（打印稿），华中理工学院1985年5月。

应这三方面看，人是地球上最复杂的系统，人性就是这个复杂系统各层次涌现的质（功能、行为和属性）不断扬弃、内化、包容和沉淀而形成的最复杂的一种质。人性的每一层次对该层次来说是首要的、主导的，它在更高层次中依然存在，但依次被降低为次要的、从属的。通过说明在各个层次上涌现的质（功能、行为和属性），我们就有可能揭示出人性的全部复杂性。

最后，需要指出的是，我们把人同时抽象成不同的系统，建立一个人性整体的层级结构模型，那么，一个单一的完整的血肉之躯可以同时是多种系统，其理论根据是什么呢？按照苏联系统学家 A. И. 乌约莫夫的一般系统理论和系统定义，系统是一个有相对性的概念，相对于各种"预先确定属性的关系"可以把同一块基质抽象为不同名称的系统。[①] 一个显例就是，在人体血肉之躯的同一块物质基质上，实际同时存在骨骼系统、肌肉筋腱系统、神经系统、消化系统、呼吸系统、血液循环系统、泌尿系统、生殖系统、内分泌系统、免疫系统等。我们还要进一步指出，由于系统元素之间的关系丰度可以趋向于无限大，因此理论上讲，同一块基质上可以实现无限多种系统。这些系统叠加在一起，作为涌现的质也叠加在一起。我们的人性系统模型就是把叠加的主要层次和主要的质抽象出来而建立起来的。

人性的系统模型

我们所要建立的不是表示数量关系的数学模型，而是表示人性各个层次之间关系的质模型；不是流程或反馈环路之类的动态模型，而是人性共时空间结构的静态模型，虽然它也体现出稳定性变化和发展动态。

这样一个人性质的抽象模型，不是一下子就能建立起来的。我们将遵循上述理论根据分步走。第一步我们设法找出人的类属性的几个主要层次；第二步我们找出在每个层次上形成了什么系统；第三步我们看看作为每个层次

① ［苏］A. И. 乌约莫夫：《系统方式和一般系统论》，闵家胤译，吉林人民出版社1983年版，第125—129页。

上的系统的涌现的质是什么。相应地，我们将建立三种抽象性递增的人性的系统模型。

既然人性是人所共有的类属性，那么我们就来寻找一下人的类归属。

环顾我们周围的人，你会发现没有任何一个人是绝对孤立的存在，他总要隶属于一定的家庭、家族、朋友圈子，行业、阶层、阶级，党派、民族、种族、国家等，也就是说，他是各种社会组织或社会系统的成员，或者说各种社会关系的总和，或者说处在关系的罗网之中。当你同每一个人有了密切的接触和更多地了解，你会发现，每一个人都是一个独一无二的个体，没有任何两个人是完全一样的——除非极其罕见的同卵双胞胎。进一步看，尽管不同社会组织的成员是形形色色的、千差万别的，但他们都属于一个最大的社会组织——人类大家庭，我们总可以说他们都是人。人是由动物进化来的，尽管在某些方面人已远远超出了动物，但人的肉体的生理构造和功能，同高等哺乳动物基本上是一样的。所以哲学家们历来把人定义为"社会动物""理性动物""使用符号的动物"等。所以我们可以说人是一种特殊的高等动物，作为动物，他同植物、微生物一起又归属于一个更大的类——生物。地球上所有的生物个体都是开放系统，但许多非生物的存在物，如河流、火焰、蒸汽机也是开放系统，它们组成了一个更大的类。

这样我们就找到了外延逐层扩大的人的类归属：第一人是多种社会组织的成员；第二人是独特的个体；第三人是人；第四人是动物；第五人是生物；第六人是开放系统。后三个层次就是马克思讲的"人直接地是自然存在物"。[①]

于是，我们就建立了"人性系统模型之一"。这个模型仅仅告诉我们人性结构的内部大致是这样六个层次。至于在每个层次上具体形成了什么系统，具体有什么涌现的质。我们还是一无所知的。

第二步我们就来研究在每个层次上出现了或叠加了什么系统。换句话说，就是要把"人性系统模型之一"系统科学化，即进行系统论的抽象，建立由六种系统构成的人性系统模型（见图1）。

---

① 《马克思恩格斯全集》第四十二卷，人民出版社1972年版，第167页。

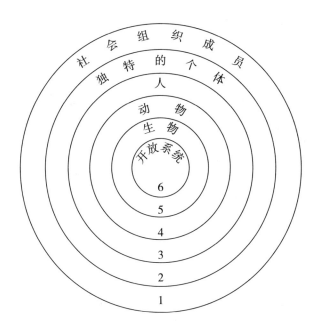

图1 人性系统模型之一

科学抽象总是要寻找对象差异中的共同性和变异性中的不变性，以建立简单化的模型。近代兴起的原子论（还原论）的方法是寻找组成对象的相同的物质实体（如同样的分子、原子），把它们作为差异的共同基础。反之，现代系统论的方法则是寻求对象不同组织结构和过程中的组织性的不变性，然后为这些异质同型（同构）的对象建立某种系统模型。

采用系统方法，用系统论的观点来看所有的人，他们同一匹马、一棵树、一团火焰、一辆机动车一样，全都是系统，全都是同环境有物质、能量、信息交换的开放系统——这是它们的异质同型性。具体地说，人是一个要保持稳态和进行内稳态调节的开放系统；他还朝增加组织性和结构复杂性的方向演化，因而是一个远离平衡的处在热力学非平衡态的耗散结构系统，简称耗散结构。现代科学已证明，作为生命进化起点和人个体发育起点的正是这种开放的非平衡态热力学系统——耗散结构。

进一步来讲，把人同一个细菌、一棵大树、一头大象摆在一起，最初一看，它们相互的差别真是太大了；可是仔细研究就会发现它们的生命过程是同型的，它们的单个细胞的构造是相似的。现代分子生物学的成就已证明，所有的生物的生命过程都受细胞中的脱氧核糖核酸（DNA）大分子的控制。DNA 中的生物遗传基因信息编码结构决定它们将由哪些蛋白质组成，它们的机体构造和性状怎样，它们在其生命周期的各阶段上要发生什么生理变化。上述四个物种的四种细胞的差别仅在 DNA 大分子双螺旋链的长短、信息量的大小和具体程序上，所以我们说，作为一个生物机体的人，他同所有生物体一样，是生物遗传基因程序控制系统。

生物的进化出现了动物和植物的分野。植物是生产者，通过光合作用自养。它们固定生长在一个地方，随遇而安。这就是说，植物处在变化不大的环境中，被动地接受生存竞争。动物是消费者，通过吞噬活动异养。它们处在复杂的变幻莫测的环境中，主动投入生存竞争；环境选择它们，它们也选择环境。它们要寻找吞噬对象，又要避免被吞噬，还要在种内进行性选择。同时，高等动物的躯体已发展成细胞、组织、器官组成的具有层级结构的复杂系统，主要的下层子系统有运动系统、消化系统、呼吸系统、血液循环系统、泌尿系统、生殖系统、神经系统等。其中，最重要的是由神经末梢、植物性神经、多种感觉器官和中枢神经组成的神经系统。它不断获取内外环境的信息，在中枢神经汇集并处理这些信息，不断发出统摄各下层子系统的活动，进行复杂的内稳态调节的信息，还要发出在外环境中采取行动的指令。由于动物的神经系统只能处理声、光、电、化学信号，只能发出信号语言指令。所以我们说，作为一个高等动物的人的机体，在动物层次上，人是一个信号语言指令控制系统。

在达尔文证明人是从猿进化来的之后，人们自然就要进一步研究人同高等动物的根本差别。起初人们注意到人直立行走，有一双灵巧的会劳动的手，因此人被定义为会制造和使用工具的动物。这种见解有待深化，特别是到了使用机器人的现时代。从猿进化到人历经的时间长达几百万年，在此期间人身上形成了一套最复杂、最重要的系统，其核心部位是人体的大脑皮层，而双手只是这套系统的终端效应器。人的大脑在显得狭小的颅腔内形成许多褶皱，完全盖住了脑的其余部分。正是在这由 20 亿神经细胞组成的皮层灰质中进行的活动，"造成人与兽之间的根本差别"。[①] 动物的脑只能处理物理、化

---

① ［美］汤普森：《生理心理学》，孙晔等编译，科学出版社 1981 年版，第 3 页。

学信号，而人脑内叠加的部位却能处理信号的信号——符号。它运用人类特有的符号语言思维，并将思维的结果通过双手外化，实现为物质性产品。因此，人就成了符号语言控制系统。

我们现在制造的机器人往往就是这个层次上的人，它是某些理论家不承认的那种抽象的一般的人。其关键部位不是手，而是有类似人大脑皮层功能的电子计算机及其内部用符号语言编码的软件内存。

在第二个层次上，每一个到 25 岁发育完成的具体的人，由于秉承的遗传基因（DNA）的不同，他或她的长相、体质、心理、气质、能力和性格都是独一无二的。对 DNA 配子的多样性的数学计算告诉我们，人类个体，作为自然人（生理人）的独特性或多样性，接近于是一个无限大的数。同时，每一个接受完成广义社会文化教育的具体的人，即便是同卵双胞胎——DNA 完全一样，由于他俩或她俩接受的社会文化 - 遗传基因（SC - DNA）不同，生活经历不同，其知识结构、世界观、价值观、道德品质和行为方式也仍然是不尽相同的。这两种独一无二的独特性叠加在一起，他或她就成为一个独特的复杂大系统。

在完成两种遗传发育过程之后，人体内部的系统发育过程就让位给人体外部的系统发育过程——走向社会，进行社会化过程。人生下来就属于家庭和家族系统，在接受教育的过程中又先后属于不同的学校系统，这些系统都给他或她终生难以消除的影响。在走向社会后，他或她成为所在国家的公民，接受相应的道德和法律约束。作为生产单位或公司的成员，隶属特定的阶级和阶层，于是又被"打上阶级的烙印"。他或她信奉某种宗教，成为遵守教规的教徒。他或她迟早要建立自己的家庭，要生儿育女，成为孩子的父亲或母亲。他或她逐渐建立和扩大个人的朋友圈子，并成为这些圈子中的成员，受到这些圈子的影响。在所有这些大大小小、重重叠叠的社会系统中，人都是基本元素。因此每一个人都处在十几种，甚至几十种社会系统中；并受到十几种，甚至几十种无形的社会关系的束缚。正如卢梭所言，"人是生而自由的，但却无往不在枷锁之中"；或如马克思所说，"人的本质并不是单个人所固有的抽象物。在其现实性上，它是一切社会关系的总和"。所以我们说，在第一个层次上，人成了多种社会系统的元素（见图 2）。

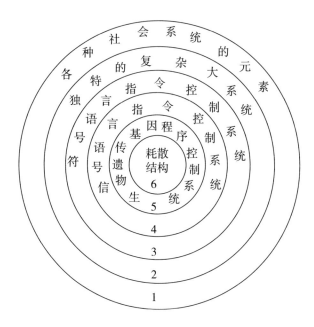

图2　人性系统模型之二

现在我们完成了建立"人性系统模型之二"的任务。这个模型告诉我们，从整体上看人身上叠加着哪些系统，又告诉我们在人性结构里向外的六个层次上各是一个什么系统在发挥功能。下面我们就可以进行第三步工作了。

在模型上讨论人性

我们在"人性系统模型"的基础上讨论人性，由具有六个层次的"人性的系统模型之二"上进行讨论：从六到一，从内向外；由深到浅，由隐到显。在每个层次上，可以从系统的结构和功能上发现其属性，从而得出由最稳定到最不稳定的六个层次的人性。

我们从第六个层次开始讨论人性。人作为一个"非平衡态动力学系统"即"耗散结构"。其中有什么功能和属性，从而得出最深刻和最稳定的人性，亦即人的根本属性。

系统都是有边界的，有内和外的分界。一个系统的其他系统就是环境。

即系统与环境的关系——"我"和"你"、"己"和"他"的关系，是"利己"还是"利他"就成了一个问题。按照"导论"部分讲的系统科学原理，"利己"或"利他"的标准是"熵判据"：系统自己减熵，维持稳定并向上建构，是"利己"；相反，系统自己增熵，失稳并向下衰败，可见促进环境稳定和向上建构，则是"利他"。

封闭系统同环境没有物质、能量和信息的交换。它关起门来任自己内部的熵值按照热力学第二定律的增熵规律增长，即趋向概率增大、无序和组织瓦解的状态，并且是不可逆的过程。我们用 ds 表示系统的熵值，则 ds≥0。可见封闭系统的属性是自相戕贼，损己不利人。

如图 3 所示的是一个具有耗散结构的开放系统。我们用双向的箭头表示该系统同环境有物质、能量和信息的交换过程。开放系统熵值总的变化 ds 可用方程式表达：ds = des + dis，dis 是系统中不可逆过程造成的熵增加量，des 代表由输入带来的熵值变化，二者之和等于系统熵总量 ds 的变化。按照热力学第二定律，dis 只能是正的，所以我们恒有 dis > 0，而作为系统同环境进行交换所取得的 des 则可正可负。设 des 是正的，即 des > 0，那就是说，系统不但内部不断增熵，而且从外部不断吸入熵，因而系统绝不可能保持稳定，一定会迅速瓦解。我们已经知道，一切生物都是处于稳定状态的开放系统，因而它们绝不可能是这样一种系统。

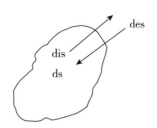

图 3 耗散结构熵流示意

诺贝尔物理学奖获得者薛定谔有一句名言："有机体是靠负熵来养活自己的。"因此，对于包括人在内的一切生物来说，只能有一种情况，那就是 des < 0。为了清楚起见，我们把它明确写成恒小于零的 - | des | 。于是，我们有公式 ds = - | des | + dis。按照 | des | 的值等于、大于和小于 dis 这样三

种可能性，我们就得到下面三种情况。

（1）ds = - ｜des｜ + dis，dis > 0，当 ｜des｜ > dis，则 ds < 0

（2）ds = - ｜des｜ + dis，dis > 0，当 ｜des｜ = dis，则 ds = 0

（3）ds = - ｜des｜ + dis，dis > 0，当 ｜des｜ < dis，则 ds > 0

由情况（1）说明，系统从环境取得的负熵超过了系统的增熵。因此，系统不但能保持稳定状态，而且能朝增加有序性和组织化程度的方向发展，即出现自组织行为；作为一种生物体来说，就是能生长发育。由情况（2）说明，系统从环境取得的负熵刚好能抵消系统的增熵。因此，系统仅仅保持稳定状态，生物体一生很长时间是处于这样一种状态。由情况（3）说明，系统从环境取得的负熵不足以抵消系统的增熵，为保持稳定状态，系统不得不降低自身的有序性和组织性，这就是生物体缓慢的自然衰老过程。由此可见，作为开放系统，任何生物体在同环境的交往中始终要赢得一个负熵值（- ｜des｜），其做法就是把组织化程度高的物质和能量吸收进来，把组织化程度降低的物质和能量排泄出去。这是系统自己减熵而令环境增熵的行为，因而是损人利己的行为。利己性是包括人在内的一切生物体的一种本质属性，其最深刻的根源就在于此。

换句话说，人的利己性隐含在描述作为开放系统的耗散结构行为的微分方程式 ds = des + dis 中，推不倒这个微分方程，你就改变不了人性。其实"私心"是内心深处最隐秘的根源，原因就在我们人人都不可能不遵守的同个人的存在联系在一起的这个微分方程中。

进一步说，作为耗散结构的开放系统的这种利己本性，不但为人人秉有，而且还是社会系统共同的本质属性。人类建立的家庭、工厂、国家，以致整个人类生态圈，作为开放系统，它们无不无情地损耗环境以求得自身的生存和发展。单就这种利己行为本身来看，无可指责，因为这些系统只能如此，非此它不能存在和进化。相对于在我们这个星球上发生的上升的进化过程来看，这种利己本性始终是进化最根本的推动力量。因此，它就是推动我们这个星球上人类进化和人类历史的"恶"。

可是，就这些开放系统的这种利己行为的后果来看，却不是无可指责的。一个人或一个家庭对地球环境造成的损害是微不足道的，但汇拢在一起，经过逐级放大，整个人类生态系统对大气圈、水圈、生物圈的损害却早已达到惊人的程度。森林乱砍滥伐，大批动植物灭绝，河湖海洋被污染，高空的二氧化碳层增厚产生温室效应，臭氧层被破坏，西伯利亚冻土地带在解冻，南极和北极的冰原在融化。于是，大自然就用日益加剧的风暴、水灾、旱灾、土地沙漠化、缺少饮用水等狂怒的表现来报复人类。人类正在自食其果！

于是，我们得出人性结论（1）：我们在人性系统模型最深层次上发现的人的最深刻、最稳定的本质属性是利己性，这是运用熵判据从描述耗散结构行为的微分方程式 ds = des + dis 中推导出来的——吸收负熵，排出熵；损害环境，建构自己；损害各处，建造一处。这种利己性既是进化的动力，又是人性恶的根源。

现在，我们从第五个层次上讨论人性。人是地球上 100 亿年生物进化的最高成果，这成果被大自然用分子 - 原子语言记录下来，编成生物遗传基因程序，储存在精子、卵子或配子细胞中。单个配子细胞的物质量微乎其微，全世界现有 70 亿人，若把作为起点的 70 亿个配子放在一起，其物质量才相当一片阿司匹林。但每个配子中那 23 条 DNA 分子双螺旋链包容的信息量却是惊人的。父母在生理、外表、个性、能力各方面的特点都被记录保存在这个配子细胞中了。因此，除了同卵双胞胎，地球上没有两个人的生物遗传基因是一样的。结果，每个人都是由他独特的生物遗传基因 DNA 决定的独一无二的个体。

在人体的每个细胞里含有的 DNA，正是亚里士多德猜测到的"隐德来希"（希腊语 entelecheia 的音译，意为"完成"），正是绝大多数宗教都认为有的人的灵魂，它是转世的和不朽的，规定人体结构和生命过程。生物遗传基因不停地转录复制，不停地翻译成氨基酸语言，不停地外化成蛋白质、组织和器官，实现为一个高大的活生生的人体表型，并推动这个表型走完生命的全过程，竭力要把潜在的能力即个体生命的光和热都发挥出来。人是生物遗传基因 DNA 程序控制系统，古希腊哲学家津津乐道的"潜能的外化"和现代哲学家谈论的"自我实现"，正是遗传基因程序控制系统涌现的属性。

于是，我们得出人性结论（2）：人是生物遗传基因 DNA 程序控制系统，其行为属性是自复制、潜能的外化，以及自我实现。

在第四个层次上，人是高等哺乳动物。所有动物都是凭感知而生活的，这是大多数生物学家都同意的一个观点。[①] 动物学家经过大量研究认为：动物时常主动地活动着，但它们表现出的行为"不是作为对外界特殊刺激的反应而产生，而是由于内部状态的变化而产生的"。[②] 原因是，在高等动物身上有一套由神经系统和内分泌系统组成的非常复杂的内稳态调节机制。身体状态中任何一个方面出现的比较大的偏离，连同各器官、各腺体下层子系统的状况，都以反映内部状况的各种信号的形式传入中枢神经，形成饥饿感、干渴感、寒冷感、性感、疲劳感、疼痛感。这些信息再经过加工变换，就形成了食欲、饮水欲、性欲、戏耍欲、栖息欲等。由动物身上叠加的各下层子系统产生的种种欲望无法在内环境中得到满足，只能到外环境中去寻求满足。

与此同时，动物的触觉、视觉、听觉、嗅觉、味觉器官又把反映外环境状况的各种信号输入中枢神经。这些信号在中枢神经内汇合，形成了对外环境的知觉。于是，动物就在外环境中选择能满足内环境欲望的目标，然后就出现了觅食行为、进犯行为、进食和饮水行为、性爱和交配行为、养育和亲子行为、戏耍行为、构筑巢穴行为、栖息行为，等等。达到目标，欲望得到满足，体内各下层系统都处在良好的稳定状态，它们就感到舒适、快乐、安全，反之则感到不适、痛苦、恐惧。这就是说，对于内外环境的状况和欲望的满足与否，动物的神经系统是有体验的，这种体验就是感受和情绪。它们总是采取行动摆脱饥渴、痛苦、危险，寻求温饱、快乐、安全。达尔文写道："人和很高级的动物的心智差别当然只是程度而非种属的差别。"[③] 总之，从动物的神经系统涌现出初级形式的意识，那就是各种欲望、感受和情绪，不过它们在人身上得到升华。

于是，我们得出人性结论（3）：在第四个层次上，人是高等哺乳动物。人体拥有哺乳动物身上所有的器官、腺体、神经系统和相应的信号刺激，当

---

① ［美］P. 亨德莱主编：《生物学与人类的未来》，上海生物化学所等译，科学出版社 1979 年版，第 243 页。

② ［美］P. 亨德莱主编：《生物学与人类的未来》，上海生物化学所等译，科学出版社 1979 年版，第 249 页。

③ 《西方大观念》第一卷，陈嘉映等译，华夏出版社 2008 年版，第 843 页。

然也就有从这些系统中涌现出来的功能、属性及其主观体验——欲望、感受和情绪。在人身上，欲望、感受和情绪得到升华，成为推动人行动的内在力量。人寻求欲望和感情的满足是人性使然，是天然合理的。

在第三个层次上，人是"符号语言指令控制系统"。动物学家的最新研究成果告诉我们，很多动物都有交换信息以达到共同行动的信号语言。在进化的初期，人类同动物一样，也是只有信号语言。随着群体扩大，行为多样，活动复杂，相应地，信息交流也增多而且语义变得复杂，于是人类进化出语音同语义结合的语音语言，或者说口头语言。可是，那仍然不过是动物信号语言的高级形式。接下来社会进化到"结绳记事"的阶段，人类创造出了比信号语言更高级的形式——记号语言。最后，到原始社会的末期，人类终于进化出完全超出动物界的符号语言。符号是人工发明、约定俗成和自成系统的记录语音－语义的代码。信号属于物理世界，符号构成意义世界。有了文字符号系统，有了书面语言，人生活在意义世界，成为符号动物，成为真正的人。可以说，使用符号是人超越动物的最可靠的标记。

在只有语音语言的历史阶段，人类群体同伴和代际之间通过口语交流经验和积累知识，开始了口头文化积累和口头文化遗传。但是，风流云散很不稳定，局限性很大。进化出符号语言之后，人类又一步一步发明出文字、纸张、笔墨，以及印刷术和书报杂志。然后，在当代发明出广播、电影和电视，以及数字化的电子语言和网络传媒。用符号语言即文字记录下来的经验、知识、技能和各种形式的创作可以长期保存，非常稳定。不受群体和代际的局限，可以超越空间和时间的传播。通过长期积累，社会系统有了文化信息库和文化遗传机制。从此，一个真正的人，文明的人，社会化的人，就要接受两种遗传——生物遗传基因（DNA）遗传和社会文化－遗传基因（SC－DNA）遗传。生物遗传在精子和卵子结合成配子那一瞬间就完成了，而文化遗传则要在降生后经过长达几年、十几年甚至二十几年的教育过程才能完成。

现在，在一个接受了良好教育的人身上，有两套遗传信息编码结构在发挥作用：一套是遍布全身的生物遗传基因（DNA），其作用表现为欲望和感情；另一套是内存在大脑里面的社会文化－遗传基因（SC－DNA），其作用表现为知性和理性。如在第七章"心灵系统"里讲的，心灵健全的人总是知性和理性居上，欲望和感情居下，人成为符号语言指令控制系统，成为符号动物、理性动物。

这套系统涌现出两种功能：一是产生自我意识、理性以自律；二是生产文化信息流以创新。正因为人的头脑中有了符号语言文化内存，他成了远远超越生物界的认知主体和创新主体。运用这套系统，一方面，人能够有意识地和主动地进行逻辑思维，使用运算和推理从而得出新的知识；另一方面，又能通过无意识的突发灵感，发生文化基因突变，生产出新观念、新思想、新设计、新计划。最后，还能够通过双手著书立说，记录和传播新知识和新思想，实现新设计和新计划，从而创造和推动文明，创造和推动社会。在文化是社会系统内部的高阶负熵流的意义上，人是社会系统内唯一的负熵源。人的头脑是社会进化的原始变异点，使用工具的双手只不过是终端效应器。人的最高使命——宇宙使命，是精神生产和文化创新，所以他要求进行这种生产以继续推动进化所必须要有的自由。

于是，我们得出人性结论（4）：在第三个层次上人是"符号语言指令控制系统"，是符号动物、文化动物、理性动物，是社会系统内唯一的负熵源，是具有社会意识的认知主体和创新主体，是文化、文明和社会进化的推动者。社会文化遗传将利他性、善良、服从理性、控制情欲和遵纪守法注入人的心灵。

在第二个层次上人性完成了、丰富了、具体化了，表现为是一个独特的个体。每个人都是父母双方生物遗传基因（DNA）分裂组合构成的配子（受精卵）外化的表型，所以，不同男女结合生育的后代肯定是各不相同的。即使是同一对夫妻，他们每次生育提供的两对染色体及携带的基因组是相同的，可是每次结合成配子是随机性很强的过程，遵守遗传学三大定律：分离定律、自由组合定律和连锁、互换定律。每次生育，父母双方提供的实际参与生育的显性基因组数目不同，它们组合—连锁的配位不同，结果配子染色体基因组的组合就具有多样性，正是配子的多样性决定同一对夫妇生育的子女的多样性，相像而不相同。根据现有的人类生物遗传基因组的数量及其组合方式的多样性，生物数学家们计算的结果证明可能产生的有差异的个体数，超过了宇宙中可能存在的原子的总数。这是一个接近无限大的数字，它告诉我们人类几乎可以无限繁殖下去而不会出现两个人必得是一模一样的。这样，我们就严格证明了生殖配子的多样性决定人类个体表型的多样性，个体表型的多样性决定个人性格的多样性。性格决定命运，性格在很大程度上决定每个人一生的轨迹和归宿。

如前所述，每个人都接受两种遗传：生物遗传和社会遗传。十月怀胎接受生物遗传，一生经历接受社会遗传。狭义的社会遗传专指在学校接受教育的过程，包括幼儿教育、小学教育、中学教育、大学教育、研究生教育，最长可达 30 年。这是把社会文化 – 遗传基因（SC – DNA）中最基础的和所学专业的部分转录到受教育者头脑中的过程。同生物遗传过程一样，在转录过程中可能发生"打字错误"和基因突变，也即受教者可能对教育内容产生怀疑、抵制、否定，以及突发灵感，另创生新知。广义的社会遗传还要包括家庭养育、生活经历、工作经历、朋友交往、书报阅读、影视观赏、旅行参观、网上浏览等是终身过程。从狭义教育和广义教育的各方面看，可以说，没有任何两个人接受的社会文化 – 遗传基因（SC – DNA）遗传是一样的，即便是同卵双胞胎。

可以说，人先天就是从不同的模子里倒出来的，而且后天又接受不同的雕琢，被涂上千奇百怪的彩釉，当然每个人都是一件个性十足的艺术品。

于是，我们得出人性结论（5）：在第二个层次上人是独特的个体。所有的人都是由各不相同的生物遗传基因（DNA）外化出来的各不相同的个体表型，又在各不相同的社会环境中接受各不相同的社会文化遗传，于是形成各不相同的独特个性。这就是说，每个人都有自己独特的长相、独特的性格、独特的气质、独特的天赋、独特的知识结构、独特的世界观，以及独特的人生价值观。每个人都是一件个性十足的艺术品。

按照我们在前面介绍过的库兹明的"系统质"理论，在第一个层次——最表浅和最直观的层次上，人是社会存在物，是各种社会系统的元素，是各种社会关系的总和；每种社会系统都赋予它一种社会关系及相应的系统质。

人降生进入的第一个社会系统就是家庭，每个人身上都有很深的家庭烙印；第二个是学校和班级，不同学校和班级的学生往往有细微的差别；第三个是生活的地域：国度、方位、省份、城市、村庄都会赋予人特定的言谈举止甚或心理特征；第四个是行业和职业，一个终生从事某种职业的人，你多半一眼就能看出来；第五个是阶级和党派，在马克思主义的理论中有充分的阐述，无产阶级革命文学有大量的描写；第六是宗教，人信仰宗教与不信仰宗教大不相同，不同宗教的教徒信仰和行为各异；第七是民族，民族文化，特别是民族心理和风俗习惯给予人的深刻影响；第八是国家，同属白种人的美国人、英国人和法国人，同属黄种人的中国人、日本人和韩国人，同属黑种人的肯尼亚人、津巴布韦人和南非人在某些方面迥异。我们平常所说的家族性、地区性、职业性、阶级性、党性、宗教性、民族性、国民性等就是各种社会系统赋予人的相应的社会系统质或社会属性。

上述社会系统的八种社会下层子系统，结构稳定，个人于其中历时长久，因而赋予个人较深刻的系统质。其实，现实中的人常常同时处在十几种，甚至几十种社会子系统中。因此，任何人身上的社会性都是多种社会关系的叠加。按照我们的系统定义，任何人都处在多种系统中，那么他就一定处在多种预先确定属性的关系之中。因此，在社会现实中，人性就成了像马克思说的那样："人的本质并不是单个人所固有的抽象物，在其现实性上，它是一切社会关系的总和。"[①]

于是，我们得出人性结论（6）：在第一个层次上人是各种社会系统的元素，是各种社会关系的总和；每种社会系统都赋予他一种社会关系，以及相应的社会系统质。它们分别是家族性、地区性、职业性、阶级性、党性、教派性、民族性、国民性等。相比之下，这些都是相对表浅和相对容易发生改变的人性。

至此，我们就可以建立"人性系统模型之三"（见图4）。它告诉我们在人性系统模型的各个层次上主要有哪些具体的人性。

在具有等级结构的人性系统模型上，所列举出来的这些人人都具有的属性，在深浅和稳定性方面是有等差的。具体来说，从这六个层次可以看出，越向里越深越稳定，越向外越浅越不稳定。首先，在人性中最深、最稳定、最不易改变的是利己性和已进入生物遗传信息编码结构的那些本能，或者说

[①] 《马克思恩格斯选集》第一卷，人民出版社1972年版，第18页。

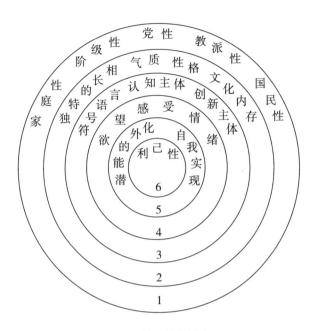

图4 人性系统模型之三

人性的下意识部分。其次,是意识部分。在人性中最浅、最不稳定、最容易改变的是人的各种社会性。最后,人的阶级性容易改变。据《史记·陈涉世家》记载:"陈涉少时,尝与人佣耕,辍耕之垄上,怅恨久之,曰:'苟富贵,无相忘。'"可是,没过几年,待他称王住到宫殿里之后,那几个跟他一起做雇农的穷哥们儿满怀希望来见他。他们惊讶地用如今安徽地方土话惊呼:"夥颐!涉之为王沈沈者!"陈涉却嫌人家粗俗无礼,要杀那几个家伙。经左右求情,才从轻发落,让他们自己滚出去。这就是阶级性随地位改变而改变的真实记录。

人性和伦理

利己和利他 "利己和利他"是伦理学讨论的首要问题。我们说利己性是人性中最深刻、最稳固的基本属性,是从保持稳态、自组织建构和向上进化的耗散结构的物理学定义中推导出来的,更具体地说,是从描述这类系统行为的微分方程式 ds = des + dis 推导出来的。这则断言以环境为参照系，以熵为判据，既具有物理学的客观性，又具有数学的严密性。从生命的起点到生命的结束，人始终是这种系统，始终遵守这个微分方程，因而始终具有这种客观利己性；而这种利己性又是同人的存在、生长和能力的发挥联系在一起的。天然合理，无可厚非。我们还可以进一步论证，举凡人组成的社会系统，家庭、公司、企业、国家、国家联盟乃至人类社会都具有这种利己性。正如 19 世纪英国首相帕默斯顿所说，英国没有永久的朋友，没有永久的敌人，只有永久的利益。可以作为这个判断的注脚。这样，我们就为具有科学性的伦理学奠定了一块坚实可靠的基础。

由此可知，司马迁《史记·货殖列传》所引民谚"天下熙熙，皆为利来；天下攘攘，皆为利往"乃是中国古人老早就悟出的一条平凡的真理。同为古谚，"人不为己，天诛地灭"则背了千年骂名。因为它讲的是"人不为己"，而不是"人不自私"。"天诛地灭"意为"天地诛灭"或"天地不容"，总之是"在天地间无法存在"。比如，呼吸、饮水、吃饭是系统输入，拉屎、撒尿、交媾是系统输出。试想，人的这六种最基本的利己行为都没有了，人作为一个开放系统还能存在吗？孔孟代表的儒家告诫世人不可"见利忘义"是正确的，但是儒家的"羞于言利"却把中国人害苦了。

人性善恶　　心性论是中国古代哲学最发达的部分，其中"人性善恶"又是争论最激烈的议题；两千多年众说纷纭，诉讼不决。

人性讨论始于孔子，"子曰：性相近也，习相远也。"（《论语·阳货》）是孔子把人性划分为"与生俱来的天性"和"后天学习培养出来的习性"。

孟子继承孔子力主"性善论"，此说流布最广，影响最大。《三字经》开篇词："人之初，性本善；性相近，习相远"，即宪章孟孔。然细考孟子所谓"人性"，实则并非人之本性，乃人异于禽兽之特殊性，被称为"端"。

孟子曰："人之所以异于禽兽者几希，庶民去之，君子存之。"（《孟子·离娄下》）"恻隐之心，人皆有之；羞恶之心，人皆有之；恭敬之心，人皆有之；是非之心，人皆有之。恻隐之心，仁也；羞恶之心，义也；恭敬之心，礼也；是非之心，智也。仁义礼智，非由外铄我也，我固有之也，弗思耳矣。"（《孟子·告子》）"恻隐之心，仁之端也；羞恶之心，义之端也；辞让之心，礼之端也；是非之心，智之端也。人之有四端也，犹其有四体也。"
(《孟子·公孙丑》)

概括以上几段引文，孟子的"性善论"是说：人心中天生就有区别于动物的恻隐之心、羞恶之心、辞让之心、是非之心。这四端是善的萌芽，经后天学习扩充，就能生发出仁义理智四善，所以人性善而兽性不善。

荀子反对孟子，力主"性恶论"。然细品发现荀子之"性"并非孟子之"性"。荀子曰："生之所以（已）然者谓之性。"(《荀子·正名》)继而又言："不可学、不可事而在人者谓之性，可学而能、可事而成之在人者谓之伪。是性、伪之分也。"(《荀子·性恶》)

然后，荀子开宗明义提出他的"性恶论"："人之性恶，其善者伪也。今人之性，生而有好利焉，顺是，故争夺生而辞让亡焉；生而有疾（嫉妒）恶（厌恶）焉，顺是，故残贼生而忠信亡焉；生而有耳目之欲，有好声色焉，顺是，故淫乱生而礼义文理亡焉。然则从人之性，顺人之情，必出于争夺，合于犯分乱理而归于暴。故必将有师法之化，礼义之道，然后出于辞让，合于文理，而归于治。用此观之，然则人之性恶明矣，其善者伪也。"（《荀子·性恶》)

概括以上几段引文，荀子的"性恶论"是说：遵循孔子最初对人性的两分，"性"是"与生俱来的天性"，而"伪"则是"后天学习来的习性"，是"人为"（伪）。"凡人之性者，尧舜之与桀跖，其性一也。君子之与小人，其性一也。"(《荀子·性恶》)

荀子提出自己的主张"化性起伪"，也即用后天"人为"的道德规范和法制去超越人性，促使人性改变而趋善。他写道："故圣人化性而起伪，伪起而生礼义，礼义生而制法度。"(《荀子·性恶》)

除孟荀两家互相反对的观点外，还有《孟子》书中论敌告子的"性无善恶"论，善恶均为后天养成；王充《论衡》一书中讲的是周人世硕的"性有善恶论"，后天养善则善长，后天养恶则恶长；以及董仲舒、王充、韩愈发展的"性情三品"说，把性与情分为上、中、下三品。

由此可知，由于仅限于采用直观和内省的方法，中国古代哲学家说人性善恶恰似"盲人摸象"，各执一端，各持己见；均持之有故，言之有理，然难以取得公认。由此反观，借助 20 世纪人类达到的科学成就，我们用系统科学方法建立的"人性系统模型"，可以欣慰地说，得出的结论是有科学依据的。

仅就人性善恶而言，荀子的持论同我们的结论最为接近：人性在其最深刻的意义上，是恶而不是善。因为在人性系统模型最深的三个层次上，在人的自然属性上，几乎没有善而只有恶。耗散结构的利己性，生物遗传基因的无限自我复制，动物不断追求欲望和感受的满足，都是利己、自私和潜在的恶。只有到浅近的属人的三个层次上，经过家庭、学校和社会教育，灌输进社会文化遗传基因，人被培养利他和爱，有了伦理和道德律内存，他才从善。

所以我们说，在人身上的恶是天生的，而善则需要培植。试看各种宗教的经文，大多数都是劝善的；各类文艺作品，多宣传善有善报，恶有恶报；家长和教师们总是在对下一代进行助人为乐和克己奉公的品德教育。有人说，元明清三朝留下几百出传统剧目，终不离"忠孝节义"四个字，而这四个字的内涵都是利他。再从反面看，在印度曾有人找到从小被叼进狼穴并由母狼养大的狼孩儿：浑身是毛，尖牙利爪，吱哇乱叫；见人就咬，抓到扔过去的活鸡就茹毛饮血。哪有一点点善？这就用变相的科学实验证明了我们的结论。

由此我们也能更好地理解恩格斯以赞赏的态度引述的黑格尔的观点："人们以为，当他们说人的本性是善的这句话时，他们就说出了一种很伟大的思想；但是他们忘记了，当人们说人本性是恶的这句话时，是说出了一种更伟大得多的思想。"而且，正如恩格斯进一步阐述的那样，"恶是历史发展的动力借以表现出来的形式。"①

利己但不自私 伦理是社会制定的个人行为规范，而道德则是个人内心的行为准则。伦理外在于个人，从外面对人的行为构成非强制性的限制；道德内在于心灵，从里面对人的行为选择做良心约束。伦理内化于心就成道德，道德外化进入社会就成伦理。实则"伦理"和"道德"有一而二、二而一的同一性。

"利己和利他"，偏重于伦理问题，我们以系统为"己"，以环境为

---

① 《马克思恩格斯选集》第四卷，人民出版社 1972 年版，第 233、243、244 页。

"他"，找到具有物理客观性的熵判据作为"利己"还是"利他"的标准，最终证明了人的利己本性。我们讨论"自私"，偏重于是个道德问题，怎么也找不到客观标准。我们只能说，自私是个人在应当履行道德义务且有能力履行的情况下没有履行，他人或社会反过来对个人做的道德评价或道德谴责。

举例来说，个人有义务赡养父母，也有能力赡养，可是他不尽赡养义务，或对父母非常吝啬，他的父母和亲友就会骂他"自私"。个人有义务照顾弟妹，有义务帮助邻居，有义务提携同学，可是他却不管不顾，会被人说成"太自私"。个人有义务救济穷人，有义务捐资救灾，他完全有能力做可却不做，众人就会谴责他"自私"。

如此看来，"利己"同"自私"确实不同。笔者还可以补充说，在英文里面它们也是两个词：利己是 self – interest，自私是 selfishness；前一个词的含义是"自己的利益"，后一个词的含义是"只顾自己"。然而，我们必须指出，"利己"同"自私"又是相互联系的：利己无可指责，可是"利己"超过一定限度达到不尽"利他"义务时，达到中国先秦杨朱"拔一毛利天下而不为"的程度就过渡成"自私"了。

总结以上论述，我们提出系统哲学的道德律令：利己但不自私。这个命题的意思是说，利己是天然合理的，既是个人生存和活动所必需，又是社会进化的动力。因此，人可以且应当追求个人利益，但同时还要履行个人对他人和对社会的道德义务。这个命题虽不那么伟大，但切合实际。

英国学者 R. 道金斯把人的"自私"追溯到生物遗传基因这个层次。[①] 笔者则向前推进了一步，证明它是从耗散结构系统的物理本性和描述这种系统的微分方程式中产生出来的。他用"自私"完全取代了"利己"，笔者则指出二者既有联系又有区别。

最高道德和基本道德　当代中国经济上去了，可是道德下来了。有识之士都在叹息全社会"诚信丧失，道德滑坡"。造成这种情况当然有多方面的原因，真要治理肯定是一个社会系统工程。笔者仅从"人性系统模型"上得出的某些结论出发，贡献一孔之见和一己之得。

---

① ［英］R. 道金斯：《自私的基因》，卢允中、张岱云译，科学出版社 1983 年版。

道德可以划分为基本道德和最高道德。前者是人类社会几千年来形成的，各种文化都承认的做人的最低道德，后者是共产党领导的马克思主义的社会主义国家一贯宣传和灌输的共产主义的最高道德。做人的基本道德是什么？笔者相信你不会反对，那就是"诚信"；共产主义的最高道德大家都知道，那就是"毫不利己，专门利人"，在中国就是"雷锋精神"。

然而，倘若把最高道德的信条"毫不利己，专门利人"放到我们的"人性系统模型"上看，你就会发现这是一种绝对的利他主义，是一般人难以做到的；如果有人一定朝这个方向做，那肯定早衰早逝。不信你回忆我们这些年宣传过的英模，一个接一个，总共好几十，好几百，好多都是英年早逝。如果全世界每一个人真的都奉行"毫不利己，专门利人"的道德信条，笔者敢跟任何人打赌，不出一个月，人类就灭绝了。道理很简单，人是开放系统，是耗散结构，既有输入又有输出才能维持，输入大于输出才能生长。现在你让他"毫不利己，专门利人"，就是光输出不输入，或至少是输出大于输入，那就叫透支。

如果以科学的态度反思"毫不利己，专门利人"这条最高道德，不难发现，在整个太阳系范围内，只有太阳这颗恒星能完全做到，其余任何系统都不可能完全做到。其实太阳也是股份有限公司，到一定时日，它会耗尽辐射能量，坍塌成黑洞，什么光和热都发不出来了；并且绝对自私，把一切能量和物质都吞噬进去。

说到这里，你就会明白，"毫不利己，专门利人"这条最高道德标准定得太高了，在革命战争时期作为号召大家为革命牺牲的口号可以，但在和平时期作为人人都应当奉行的道德标准就不太合适，无异于要每个人都成为太阳这样的恒星，这怎么能做得到？如果有人一时做到了，也是荀子说的那种"其善者伪也"。

"诚信"是做人的基本准则。其实，"诚信"拆开了就是"诚实"和"守信"。"诚实"自然就是"不撒谎"和"讲真话"，"守信"就是说话算数和"守信用"。一个人，如果连"不撒谎""讲真话"和"守信用"都做不到，那我们可以怀疑他"学雷锋"和"毫不利己，专门利人"是在作秀；一旦他进入党内当上领导干部，很可能就会原形毕露、无恶不作——党内贪官和腐败分子都是这么回事。孔子说，"有君子儒，有小人儒"。

要扭转当前世风和重建社会诚信，当然需要做多方面工作，其中可做的一件事是向世界上最有诚信的国家学习。目前欧美国家，"诚信"是基本道德也是摆在第一位的道德。失去信誉，就没人跟你做生意了；一旦造假被拆穿，官员要丢官位；即便是总统，撒谎也会被轰下台。德国的国防部长被揭发博士论文抄袭，立刻就得引咎辞职。美国总统尼克松被弹劾下台最主要的不是他曾下令窃听其竞选对手，而是事情暴露之后他还在电视上撒谎企图掩盖真相。美国总统克林顿与莱温斯基的婚外情被揭露后，他在电视上公开承认错误和诚恳道歉，就被民众原谅了。为什么会这样？因为美国是市场经济国家，商业运作，诚信第一。

人格的意义　"人性系统模型"告诉我们，人不只是肉体存在，还是精神存在；不仅是认知主体，还是道德主体。人格是精神的人和道德的人，人的精神达到的境界和道德达到的高度就是人格。

基督教《圣经》中讲：上帝是照着自己的形象造人，便赋予人神性；现代科学证明世间没有上帝，那么人就是上帝。不是上帝照着自己的形象造人，而是人照着自己的现象造上帝。现代科学又告诉我们，事实上人是宇宙大系统137亿年自进化的最高产物，是太阳—地球系统100亿年自组织—自创造的最高产物。借助哈勃望远镜这样的仪器，人类已经把自己的目力拓展到亿万光年；借助好奇号火星探测器，人类已经把手伸到火星的地表。可是，外地生命还是无影无踪。所以，人格的第一意义是宇宙学意义：人是宇宙中最高的造物。人生而尊贵，其尊严不容冒犯，其人格不容侮辱。

冯友兰提出人生四境界说，这是他对哲学的一大贡献。我们可以尝试对此说稍加拓展：一是生物境界：最低的境界，温饱食色而已，是乃凡人；二是功利境界：名誉、金钱、地位和权力，是乃常人；三是道德境界：道德完美，所作所为不愧怍天地，不辱没先人，不违背良心，是乃完人；四是宇宙境界：超越凡俗，融入宇宙，不图得失，不计生死，是乃伟人。所以，人格的第二意义是人生境界意义——人生价值追求达到的境界决定人格的高低。

人格培养有赖社会环境。宽松的社会环境才有精神自由，精神自由才能独立思考，独立思考才有独立人格。精神束缚，人格扭曲；精神压抑，人格萎缩。萎缩的人格不会有优秀的精神发扬和文化创新。在高压的社会环境中生活的人，绝大部分都会变得像深海中生长的比目鱼：为了保护自己，扁平的身体朝上的一面是白的，朝下的一面是黑的，两只眼睛都长到朝上那面去了。当代士林敬重陈寅恪是因为他在高压的环境下保持了"独立之人格，自由之精神"，实在不容易。所以，人格的第三个意义是精神意义：精神即人格。精神的原则是自由。独立思考，自由意志，则人格独立，人格高尚。

"人性系统模型"又告诉我们，人是利欲的载体，同时又是道德的载体。利欲是利己，为人所共有；道德是利他，有高有低。道德高人格高，道德低人格低，没有道德则没有人格。世间有"道德金律"一说，笔者愿借题发挥，做一种新的排列——道德铜律、道德银律和道德金律。孔子要人"己所不欲，勿施于人"，是消极道德，不损害他人而已，是以为道德铜律。耶稣要人"你们愿意人怎样待你们，你们也要怎样待人""爱邻人如爱自己"，并非只不损害他人，还要爱他人，兼有消极道德和积极道德，是以为道德银律。孔子又言，"夫仁者，己欲立而立人，己欲达而达人"，是积极道德，孔子认为，做到这条就是"圣人"了，尧舜也未必完全做到了，是以为道德金律。所以，人格的第四个意义是道德意义：可以按做到道德铜律、道德银律和道德金律区分人格的高低。当然，还有人这三条哪一条都做不到，自然属于人格低下。

人性和社会

以人为本　如何正确理解这四个字所包含的意思，是一个值得讨论的问题，特别是还牵扯如何正确英译的问题。

到目前为止，在中国媒体和学术刊物上已经出现了十来种不同的英译，下面是有代表性的几种，由此可看出，不同的人对这个翻译有不同的理解：

Put the people at first.　　　　（把人民放在第一位）

Put the people foundation.　　　（把人民放在基础）

Put the people in priority.　　 （把人民放在优先位置）

Put the human first.　　　　　 （把人放在第一位）

Put the human foundation.　　　（把人放在基础）

Human – Orientation.　　　　　（以人取向）

People – being – the – first – cause.　（人民是第一动因）

这些译法显然都不能令人满意。基于本文建立的"人性系统模型"和我们对人与社会的关系的理解，笔者尝试给出一个全然不同的新的英译。

我们同意和赞赏德国古典哲学家康德的伟大哲学命题"人是目的而不是工具"。我们进一步论证，人是社会的原子，人是社会的细胞，人是社会系统的元素。因此，人是社会一切活动的出发点和归宿；人是社会系统的唯一负熵源，一切社会存在都是人的创造，追根溯源都会重新回到人身上。一切为了人，一切为了人的幸福，是当下对社会的要求。"以人为本"恰好可以体现出上面这些意思；如果把它英译成下面这个样子，正好能把这样的意思传达出来：

Take human as the start point and the end.（把人作为出发点和归宿）

（补充说明：此处英文"end"兼有"终点"和"目的"的意思）

"以人为本"按语源是中国古代哲学中宝贵的人本主义思想。战国时代法家先驱管仲《管子·霸言》说："夫霸王之所始也，以人为本。本治则国固，本乱则国危。"《管子·牧民》又说："政之所兴，在顺民心；政之所废，在逆民心。"

《后汉书·皇甫规传》注引《孔子家语》："孔子曰：'夫君者舟也，人者水也。水可载舟，亦可覆舟。君以此思危，则可知也。'"生活在战国时代的孟子，比欧洲人早2000年就提出了"民为贵，社稷次之，君为轻"的伟大命题。中国古代社会历史理论一直把"人心"看作决定因素，言曰："得人心者得天下，失人心者失天下。"可见，采纳"以人为本"作为执政理念，是对中国古代人本主义思想的继承和发扬。

"以人为本"按语义接近欧洲人文主义和人道主义。人文主义（humanism）又译作人本主义，它是14世纪下半期发源于意大利的文艺复兴运动的主要思想。文艺复兴（renaissance）的本意就是"人的再生"，从统治欧洲近千年的基督教教会和神学的重压下再生。当时一批学者和艺术家以复兴古希腊罗马文化为己任，重新把人看作万物的尺度，高扬人的价值和尊严；以人学对抗神学，用人性反对神性；提倡人权以反对神权，提倡个性解放以反对压制个性。人文主义思潮在随后几个世界扩展到整个西欧，推动宗教改革和启蒙运动，终于完成人的解放。人获得解放后，人的精神和创造力获得解放，才有后来的科学创新、技术发明、工业生产、市场经济、民主政治，才有今天现代科技文化的全球化。

所以，中国共产党采用"以人为本"作为执政理念，不但是理论创新，而且是同全球化接轨的重要步骤。

人的解放和人民的解放　值得注意的是，欧洲文艺复兴、宗教改革和启蒙运动的口号除"以人为本"外，还有"人的解放"和"个性解放"。他们解放的是"human"（人），是"human being"（人），是"individual"（个体），是"person"（个人），是"personality"（个性），总之，是个体的人和个人的个性。相反，以后几个世纪一直到今天，亚非拉国家闹革命和搞政变，大多数不怎么提"人的解放"，而是高喊"人民的解放"。其实，真正要解放的是"人"，人是社会系统内的第一生产力，解放生产力就是要解放人，解放人就是给人自由，而不是笼统地说"解放人民"。

"人的解放"和"人民的解放"究竟有什么不同？

"人"是具体概念，类概念，它指称的是属于"人"这一类的具体的单个的人，意即使用符号语言和有理性的社会动物。"人的解放"所指的就是社会系统解放作为自己元素的每一个人，承认和保护他（她）的独立人格、自由思想和自由意志。相反，"人民"是抽象概念，集合概念，它指称的是一个国家内部同"统治者"相对的由所有被统治者构成的集合体。"人民的解放"所指的仅仅是把原来的统治者及其政权推翻了，"人民"这个集合体就从原来的统治者的统治下解放了。这原来的统治者是专制帝王，是军事独裁者，还是民选总统都无所谓。只要被推翻了，被打倒了，新上台的革命者、政变者甚至外来的入侵者，就可以高调宣布"人民解放了"，大张旗鼓地动员大家欢呼和庆祝"人民的解放"。

至于"人民的解放"是不是带来"人的解放"，其实完全是另外一回事，它取决于新统治者加到人民头上的是什么性质的政权，以及采用何种文化政策。如果是民主政权，那就可能实现"人的解放"；如果是专制政权，那么人就不但不可能解放，相反，还可能受到更沉重的压制。如果采用自由主义的文化政策，人就可能解放；如果采用专制主义的文化政策，人就根本不可能解放。因此，从英文的构词上看，"自由"是 liberty，"解放"是 liberation，"自由化"是 liberalization，"自由主义"是 liberalism；可以从中看出它们是同根词。这就是说，英文"解放"就是给人"自由"；没给人自由，人就没有解放。可是翻译成汉语"解放"同"自由"却成了两个不搭界的词，"解放"是解放，"自由"是自由。

一个有趣的实例是：欧洲波罗的海沿岸的三个小国——立陶宛、拉脱维亚和爱沙尼亚。三个国家人口加起来还不到 700 万，才跟中国香港的人口数量差不多。这三个国家国小力薄，历史上多次被德国、瑞典、波兰等国占领或吞并。也就是说，其人民不知道被"解放"过多少次。2008 年，已经获得独立多年的爱沙尼亚决定把"苏军解放纪念碑"从首都的市中心迁到郊外，俄罗斯还提出抗议。据报道，该国解释说，在苏军解放后被苏联统治的几十年，要比被纳粹统治的 3 年还要痛苦。

由以上的分析和讲述我们知道，"人民的解放"是一句政治口号，而"人的解放"则要求有丰富的社会的和文化的实际内容。

人权和动物权　我们可以说，人的解放是人民解放的尺度，人的解放是社会进步的尺度。进一步我们可以问，什么是"人的解放"的尺度呢？答：人权。

"人权"在政治层面正式提出是 1776 年美国的《独立宣言》："人人生而平等，造物者赋予他们若干不可剥夺的权利，其中包括生命权、自由权和追求幸福的权利。"在其影响下，1789 年法国大革命成功后颁布人类历史上第一部人权宣言《人权和公民权宣言》（简称《人权宣言》），采用 18 世纪的启蒙学说和自然权论，维护基本人权、人民主权、分权和法治原则。1948 年，联合国大会通过并颁布《世界人权宣言》，提出"人人生而自由，在尊严和权利上一律平等；人人都有资格享受本宣言所载的一切权利和自由"，接着宣言列举了人人应当享有的人身、社会、政治、经济、文化等方面的几十种权利。这些权利，笔者认为大致可以归为三类。

平等权：生命、人格、教育、工作、报酬、财产、休假、司法的平等权利；

自由权：信仰、思想、言论、出版、婚姻、结社、集会、游行的自由权利；

民主权：参政、议政、选举、被选举的民主权利。

审视这些权利，我们必须承认，保障人权是任何一个现代文明国家的基本职责。1948 年，联合国大会表决通过《世界人权宣言》时，零票反对，八票弃权，可见世界各国一致接受这项宣言，而且中国当时也是投了赞成票的。

早在 20 世纪 50 年代，世界上就出现了动物保护联盟和动物保护国际联合会。这两个组织在 1981 年合并，成立世界动物保护协会，总部设在伦敦。这是一个国际性组织，包括 350 多个成员协会，它推动许多国家的议会通过一系列保护动物的法规。例如，全国人大常委会于 2004 年发布的《中华人民共和国野生动物保护法》。上述这些组织和法规都是旨在保护野生动物的"生存权"，生殖繁衍的"发展权"，以及所有动物不受虐待的"温饱权"。所以，"生存权、温饱权和发展权"不是"最基本的人权"，而是动物权；或者说，人同动物都应当享有的基本权利。

从我们建立的"人性系统模型"上看，在第四个层次上，人之为人超越动物的是"符号语言，认知主体，创新主体"，即人超越动物成为一种精神性的存在。所以笔者认为，人运用符号语言思维、推理和表达的自由，交流思想和传播信息的自由，写作和发表的自由，理论创新和科技创新的自由，才是最基本的人权——超出动物权利的最基本的人权。维护人权最要维护的就是人特有的这些精神文化性的权利。这些最基本的人权得到承认和保护的程度才是"人的解放"的尺度，从而也是社会进步的尺度。凡不承认和不保护这部分人权的国家，就还没有进入或没有完全进入现代文明社会的行列。

社会的人性基础　我们说人是社会的最小单位，是社会的原子，是社会的细胞，社会系统是以人为元素建立起来的复杂系统。我们又把系统定义为"具有某种属性的关系"。这样看来，社会系统就是建立在人的属性基础上的关系、动态过程和静态结构。这里讲的"关系"是一般称谓，"过程"是实现和维持"关系"的流变，"结构"是固定下来的静态的"过程"。

承认社会系统就是建立在人性基础上的关系，接下来必然涌现出两个问题："人性系统模型"有六个层次，社会把自己的基础建立在人性的哪个层次上呢？进一步还可以问，建立在哪个层次上更为稳固呢？

总体来说，六个层次的人性及其发展出来的关系都起作用，并且，在社会进化过程中，这是一个不断被扬弃和包容的过程。不过，不同的社会主要建立在人性的某个层次上。在人类社会进化的初期，采集－狩猎社会距动物群体不远，它主要建立在"人性系统模型"的第五个层次上，即生物遗传基因（DNA）决定的血缘关系的基础上，当然，依靠图腾、神话和巫术维持的社会关系也在起辅助的维系作用。

到人类社会进化的第二个阶段，农耕－游牧社会早期依然建立在血缘关系上。譬如，中国西周封建－宗法制社会（前1046—前771）。可是，"君子之泽五世而斩"，血缘－宗法关系不足以长期维系一个农业大国，陷入了混战。这种混乱的局面延续500多年，直到西汉武帝（前156—前87），才找到一个新的办法，把儒学上升为宗教信仰作为立国基础。这就是说，在以后2000年的中国皇权官僚专制社会主要是建立在人性的第三个层次上，儒学代表的宗教信仰成为凝聚人心和维系社会的主要关系，社会文化－遗传基因（SC－DNA）成为中国社会系统的序参量。在欧洲，公元313年罗马皇帝君士坦丁大帝颁布《米兰敕令》，基督教成为罗马帝国所允许的宗教，以及罗马皇帝狄奥多西一世宣布它为国教，是同样的社会转变过程。

近代以来，不断在全球扩展的工业和信息社会是建立在人性的哪个层次上呢？马克思在《共产党宣言》中写下的两段话最能说明问题："资产阶级在它已经取得了统治的地方把一切封建的、宗法的和田园诗般的关系都破坏了。它无情地斩断了把人们束缚于天然尊长的形形色色的封建羁绊，它使人和人之间除了赤裸裸的利害关系，除了冷酷无情的'现金交易'，就再也没有任何别的联系了。它把宗教虔诚、骑士热忱、小市民伤感这些情感的神圣激励，淹没在利己主义打算的冰水之中。""资产阶级撕下了罩在家庭关系上的温情脉脉的面纱，把这种关系变成了纯粹的金钱关系。"① 在克林顿总统时期担任美联储主席的经济学家格林斯潘有一句话，"市场是人性最深切的表达"，它更能说明问题。显然，采用市场经济的资本主义社会或者说工业和信息社会是植根于人性的第六个层次，把人的根本属性——利己性作为社会的人性基础。因此，这是一个逐利的社会、金钱的社会，然而又是能不断进化的社会，稳固的社会。

那么，苏联采用斯大林模式的社会主义社会的人性基础是哪个层次呢？答：是第一个层次和第三个层次。因为这种社会是"以马克思列宁主义为指导思想，共产党领导下的以工人阶级为领导，以工农联盟为基础的无产阶级专政的社会主义社会"。显然，这种社会的人性基础是工人阶级为代表的无产阶级的阶级性，共产党员的党性和马克思列宁主义理论的真理性。按照马克思列宁主义理论，工人阶级是最先进的阶级，无产阶级无私产就无私心。共产党是工人阶级的先锋队，斯大林说，"共产党员是特殊材料铸成的"，当然个个都是大公无私。在共产党领导下的社会主义社会消灭私有财产，消灭私有制，消灭剥削阶级，就能消灭私心，并且能把每个人都改造成大公无私的社会主义新人。人人无私奉献，生产大发展，经济大繁荣。可是实际情况什么样？实际做到了吗？

行文至此，若要问第二个问题"建立在哪个层次上的社会更为稳固"的答案，笔者愿在此提供一个直观的实际例子，启发你自己找到答案。

设想我们同时建六座高楼，第一座建在流沙上，第二座建在黄土层上，第三座建在黏土层上，第四座建在鹅卵石上，第五座建在页岩层上，第六座建在花岗岩层上，你说哪座楼最稳固、哪座楼最不稳固呢？你肯定能答对这个问题，当然也就一定能答对上面那个问题。

把人当人使用　这句话是控制论创始人维纳讲的。继《控制论——或关

---

① 《马克思恩格斯选集》第一卷，人民出版社 1972 年版，第 253、254 页。

于在动物和机器中控制和通信的科学》于 1949 年发表之后，维纳在 1954 年
出版了另一本名著《人有人的用处：控制论和社会》，讨论"控制论与社
会"。这个英文书名，笔者认为中文正确的译法应当是"对人的合乎人性的
使用"，直译则应当是"把人当人使用"。这本书中文版由陈步翻译，商务印
书馆于 1978 年出版。当时，禁谈"人性"的极"左"思潮尚未得到清除，
该书的译者和出版社可能都还心有余悸，故不敢直译书名，被曲译为《人有
人的用处：控制论和社会》——同语反复，毫无意义。

　　在人类历史上，在不同时期、不同国度，曾经有过"把人当祭品使用"
"把人当会说话的牲口使用""把人当愚昧无知的劳动力使用""把人当商品
使用""把人当齿轮和螺丝钉使用"的种种情况，总之是不把人当人使用。
当然，也有社会"把人当人使用"的情况。

　　20 世纪，计划经济同市场经济竞争了几十年，为什么结果是计划经济落
败而市场经济获胜呢？笔者认为，最深刻的原因就是计划经济逆人性而市场
经济顺人性。当今世界有另外两个文化基因在竞争，一个是民主；另一个是
专制。我们天天看到民主在步步推进，专制在节节败退。

　　许多拥护专制主义或至今还在拼命维护专制主义的人不明白，专制主义
是古代和中世纪农业社会成功的社会模式。由于生产力低下，教育不普及，
智力未开化，交通不发达，通信不发达，于是行专制主义可以把人固定在土
地上，年复一年，四季循环，做简单再生产就行了。当今世界，工业社会和
市场经济不断推进，科学技术日新月异，教育普及智力开化，交通和通信高
度发达，社会变成一个充满活力的动态系统，人不再是"会说话的牲口"，
不再是"愚昧无知的劳动力"。要继续蒙住人的眼，堵住人的耳，封住人的
口，继续坚持专制主义，实在是太难了，简直是做不到了。越来越多的人觉
醒，要求思想自由、表达自由、选择自由、迁徙自由、创新自由、创业自由
和竞争自由，当然拥护和要求民主政体，因为只有民主政体才能"把人当人
使用"，保证他们享有这些自由。

　　中国传统社会中的历史哲学讲"势"，笔者愿把顺人性治理称为顺势治
理，把逆人性治理称为逆势治理。顺势治理如水之就下，无须强加外力而效
果颇佳；相反，逆势治理如逆流而上，必须强加外力而效果不好。

是啊，人性利己，可始终是推动生物进化和社会进步的根本动力。

人有无穷潜力，可是这潜力既是动力也是破坏力。恰如元素中的铀 235：既可以用来造原子弹，也可以用来发电。把铀 235 用来发电提供动力，而又不让它的放射性外泄造成破坏，就要建造安全可靠的核反应堆，社会"把人当人使用"也得是这样。核反应堆需要设多层防护，对人的使用也需要设多层防护。第一层防护是道德；第二层防护是政策；第三层防护是法律。

道德是心防，是隐形防护层，靠从小养成习惯和个人内心自律，它给人性提供的释放空间最小。某些社会倚重道德，对人性束缚过紧，结果培养出许多人格萎缩的伪君子，有时甚至上演"礼教吃人"和宗教戒律杀人的悲剧。政策是执政党和政府为实现特定的社会目标制定的临时性规范，是柔性防护层，它给人性释放提供中等大小的空间。政策便于动态调节，然而政策多变又令执行者无所适从，直至"上有政策，下有对策"而失去效用。法律是国家制定和颁布的社会普遍规范，由司法机构强力实施；既规定权利，又规定义务；既规定行为模式，又规定法律后果，因此是刚性防护层，它为人性释放提供了最大空间。法律是社会的恶，对人实行法治就是以恶治恶。

亚里士多德写道："法治比任何一个人的统治来得更好。"① 洛克在《政府论》中提出法治的原则：个人可以做任何事情，除非法律禁止；政府不能做任何事情，除非法律许可。因此法治，也只有法治能实现维纳的愿景：令个人得以"最大限度自由地去发展体现在他身上的种种可能性"，而又不对社会造成破坏；② 国家则得以"把人当人使用"，实现对人性的可控核裂变。现代社会是立法、行政和司法三权分立的法治社会，一切活动都有法可依，法制健全程度是现代社会成熟程度的尺度。

值得注意的是，一个世俗社会，没有宗教从小培养个人私德，成人就容易不遵守社会公德。集权主义，政策多变，可总有空子可钻；违反也好，不执行也好，都没什么大不了的。再加上司法不独立，还搞"礼不下庶人，刑不上大夫"，法制被操控成柔性的了。三个防护层都稀松，其总的结果当然

① ［古希腊］亚里士多德：《政治学》，吴寿彭译，商务印书馆 1997 年版，第 167 页。
② ［美］N. 维纳：《人有人的用处：控制论和社会》，陈步译，商务印书馆 1978 年版，第 83 页。

是道德滑坡，物欲横流，乱象丛生，腐败透顶。

人性和文学

人们常说"文学即人学"，此言非妄，"人"的确是文学的中心；又说"文学要表现人性"，此言不假，"人性"确实是文学描写的重点。然而，我们在这里建立起"人性系统模型"。人性有六个层次，不同的文学描写人性的不同层次。笔者可以提供一个新的视角，就是按描写人性深度的不同来划分文学高低的次第。最浅的文学只描写人物的社会性，满足于写人性的第一个层次，如宣传画；次浅的文学刻画人物性格，达到人性的第二个层次，如肖像画；深刻的文学深入人物的内心，进入人性的第三个层次，如油画；最深刻的文学直达人物心灵隐秘的深处，直达人性的第四、五、六个层次，如有立体感和内心深度的油画。

描写人物社会性的文学，可以列举歌颂英雄和树立模范的报告文学，还有不计其数的人物公式化、概念化的革命文学，其人物个个高大全，完美无瑕，但可惜是平面的概念式的人。刻画人物性格非常成功的文学作品可以推举《水浒传》和《三国演义》，每部小说中有几十个主要人物，个个性格鲜明突出，如浮雕、京剧脸谱。肖洛霍夫的《静静的顿河》是一部写出人物复杂内心世界的文学作品，梵高的油画《加谢医生的肖像》也达到同样的高度。直达人物心灵隐秘的动物性和利己性的文学，如托尔斯泰的《复活》；油画《英诺森三世》，也达到了一定的深度，真把这位教皇内心深处的阴狠、奸诈、狡猾和恶毒都表现在脸上，特别是眼神里。

凭借长篇小说《静静的顿河》，苏联作家肖洛霍夫于 1965 年获诺贝尔文学奖。小说的男主人公葛利高里是个非常复杂的人物，在 20 世纪初叶，他被迫卷入第一次世界大战、布尔什维克革命和苏联内战，始终徘徊于白军与红军之间，两次参加红军，三次投身反革命叛乱。在个人生活中，他动摇于妻子娜塔莉亚与情人阿克西妮亚之间；两次回到妻子身边，三次投入情人怀抱，又眼睁睁地看着两个女人悲惨死去。

葛利高里原本是顿河草原上年轻的哥萨克，心地善良，富有良知，渴望独立、自由和找到生活的意义。热爱家乡的自然风光，痛恨战争，可是他不能不履行哥萨克的天职走上战场。他厌恶白军的反动和腐败，又不能容忍红军的过激行为。徘徊于两军之间他都无可奈何地参战，勇猛地挥刀砍杀，可在杀死敌人之后又趴在地上大哭起来："我杀死的是什么人呀？为了上帝，砍死我吧！"他既履行丈夫的职责，同情和照顾妻子，又始终难以割舍同情人的生死恋情。在小说的最后描写到，葛利高里年纪不到 30 岁却已鬓发斑白，成了身处绝境的散兵游勇。穷途末路之际，他长时间呆呆地注视着冰窟窿里被风吹着漂来荡去的一个马粪球，最终把武器丢进顿河的冰水之中，回到家破人亡的故居。此时，他与巨大的、冰冷的世界的唯一联系只有他幸存的儿子。

历史吊诡，令人感叹唏嘘。在苏联和俄罗斯一直有强烈的质疑声音，说肖洛霍夫不是原创作者。理由是他不是哥萨克族人，只读过四年书，此前当过红军的"余粮征集员"，仅写过 20 篇"顿河故事"。可是，他于 1928 年令人惊奇地出版了《静静的顿河》第一卷，接下来的三卷也顺利地在其 36 岁前出版了。更令人不解的是，随后几十年他的写作总是难产且平庸。对此的解释有两个版本：一个版本是，余粮征集员肖洛霍夫在审讯一个白匪军官时，发现他是个文学奇才，并且在手提箱里有一部未出版的手稿；他当即下令枪毙了这个白匪军官，并把手稿据为己有。另一个版本是，1924 年，肖洛霍夫结婚，新娘是刚刚去世的作家克里乌科夫的密友的女儿。在新娘的嫁妆中，有一个绿灰色的军用手提箱，是作家原先存放在他家的，里面放着一部尚未出版的小说手稿。《静静的顿河》就是以这部手稿为底本再创作出来的。

不管事实真相究竟怎样，单凭小说本身笔者就赞同质疑的声音。《静静的顿河》选取的视角是白军而不是红军。小说既不是在写革命者，也不是在写反革命，而是在写"人"，是从"人"的角度来审视革命、战争和那段历史。现实主义与人道主义完美地结合在一起，不粉饰现实，不拔高人物，还原历史的本来面目。24 岁的红军余粮征集员不可能把握白匪军官葛利高里那样复杂的内心世界。所以，笔者始终确信肖洛霍夫是在占据别人书稿后的重新编写者。再者，《静静的顿河》第一卷出版那年，作者肖洛霍夫才 24 岁，有人测算了一下，他应当是 16 岁就开始写作，而这是不可能的。

《复活》是列夫·托尔斯泰的创作高峰，晚年 10 年时间六易其稿完成。可以说，这是一部专门写人性的小说：人性——人性的丧失——人性的复活。

大学三年级暑假，俄国贵族青年聂赫留朵夫到姑妈家住了一个月，同她家既是养女又是婢女的马斯洛娃产生了最纯洁无瑕的初恋。大学毕业后，聂赫留朵夫到近卫军团服役，沾染恶习，灵魂堕落。3 年后，已是一位青年军官的他，在赴前线之前，又到姑妈家小住几天。在临开拔的前一晚，聂赫留朵夫起了歹意，诱奸了马斯洛娃，还塞给她 100 卢布。聂赫留朵夫没想到自己肉欲得到满足后竟导致马斯洛娃后来怀孕、出走、堕落和沉沦为妓女，以至于 6 年后因毒死人命案被捕入狱成了法庭上的被告。

作为贵族的退役军官，聂赫留朵夫坐在法庭陪审员位子上，他认出了马斯洛娃，后者遭受的苦难和现在的处境震动和惊醒了他的灵魂，他认识到自己可耻而又丑恶、丑恶而又可耻，精神性的人又回到他身上。聂赫留朵夫复活了的灵魂在痛苦的挣扎中涌现出赎罪的念头。他三次去探监，忏悔，请求原谅，甚至提出要和她结婚。为了给马斯洛娃上诉，他到处奔波，四处求人。在这种种努力都失败之后，他毅然跟随马斯洛娃一行罪犯踏上到西伯利亚服苦役的征程。一路上，聂赫留朵夫的真心实意重新感动了马斯洛娃，把她从看破人世的空虚中解救出来，帮助她复活重新生活的勇气，并最终同政治犯西蒙松结合。两个人的灵魂都在经历失落、煎熬、挣扎、痛苦和净化之后复活了。

同我们在上述"人性系统模型"得出的结论一样，托尔斯泰在书中讲："每个人身上都有一切人性的胚胎，有的时候表现这样一些人性，有的时候又表现那样一些人性。""这些变化之所以发生，既有生理方面的原因，又有精神方面的原因。""在聂赫留朵夫身上就跟在一切人身上一样，有两个人。一个是精神的人，他为自己所寻求的幸福对别人同样也是幸福；另一个是兽性的人，他所寻求的仅仅是他自己的幸福，为此不惜牺牲世界上一切人的幸福。在目前这个时期，彼得堡生活和军队生活已经使他成了利己主义狂，兽性的人在他身上占着上风，完全压倒了精神的人。"

春天的夜晚，整个空中弥漫着白茫茫的大雾。当聂赫留朵夫轻手轻脚去敲马斯洛娃卧室的玻璃窗的时候，一个声音正在对他述说她，述说着她的感情，述说她的生活。然而，另外一个声音却在说：注意，你要错过自己的享乐、自己的幸福了。这第二个声音淹没了第一个声音。他果断地走到她跟前。压制不住的、可怕的兽性感情已经控制了他。在这里，我们读到作家细致而真实地写出人性最深层次的利己性，如何推动动物性层次上的兽性欲望，驱使聂赫留朵夫做出诱奸行为。

　　"人性与文学"是一个很大、很深和很复杂的问题。此处，笔者仅就个人的阅读记忆抛出两块引玉之砖，希望能启发后来人做更开阔和深入地研究。

第十一章
社会文化－遗传基因（SC－DNA）学说

　　本文哲学本体论的承诺，是笔者倡导的进化的多元论：场→能量→物质→信息→意识，它们是依次进化出来的。它们是我们现在认识到的宇宙的五种元素，地球人类至少是生活在这五种元素的多元世界上；或者说，当代的科学思维和科学的哲学思维，必得采用这样五个本体论范畴。① 本文重点研究生命系统的生物遗传基因 DNA 和社会系统的文化遗传基因（SC－DNA）。在信息问题上，本文信奉控制论创始人维纳的名言："信息就是信息，不是物质也不是能量。不承认这一点的唯物论，在今天就不能存在下去。"② 信息同能量和物质在基本属性上是相反的：能量和物质是守恒的，信息是不守恒的。能量和物质只能转化形态，但不能自我复制和扩张；信息则不但可以转化形态——转录、翻译和物化，而且能无限地自我复制和自我扩张，并且在这个过程中可能发生变异，从而为进化提供选择对象。地球生物界和人类社会与无机自然界的根本不同之处，就在于信息的不守恒属性。人类在这个问题上达到一种科学的认识，走过了漫长、复杂和曲折的道路。

----

① 闵家胤：《进化的多元论——系统哲学的新体系》，中国社会科学出版社 1999 年版。
② ［美］N. 维纳：《控制论——或关于在动物和机器中控制和通信的科学》第二版，郝季仁译，科学出版社 1985 年版，第 133 页。

引　言

　　"文化遗传基因"这个概念，多年来一直有学者在用。1986 年，笔者在荷兰做访问学者时，应邀到欧洲哲学学校去做一次讲座。这所设在森林里的学校面向全欧洲一期一期招收学员，到这里半休闲半听哲学讲座。那次，笔者的英文演讲题目就是《中国文化的遗传基因》。为了让欧洲普通听众也能听明白什么是"文化基因"，笔者举了很多实际例子。

　　第一个例子是写信封。英语国家的人写信封的顺序是个人的名字（given name），姓（family name），门牌，街道，区，市，省，国家；而中国人写信封的顺序相反，是国家，省，市，区，街道，门牌，姓，个人的名字。这是两种不同的文化基因在起作用：英语文化把个人放在首位，一写到"我"就大写"I"；而汉语传统文化把个人放在末尾，放在皇权、国家和家庭的后面，一提到"我"就谦称"不佞""鄙人""在下"之类。

　　第二个例子是绘画。欧洲的油画大都是以人为对象，大特写的人，个性鲜明的人；而中国传统的山水画总是日或月在最高处，然后是远山大，近石小，飞瀑流泉，茂林修竹，在最低处才有如蚁如豆的人，或徒步，或骑驴，没有面貌，没有个性。究其原因，是中国儒家文化基因把人设计得非常渺小，在天地、日月、山川、君父之下。

　　第三个例子是象棋。欧洲人下国际象棋，王（king）和后或女王（queen）最厉害，长驱直入，带头冲锋陷阵；而中国象棋里的将（或帅）则待在后面的小方块里，几乎不动，恰如中国的皇帝稳坐在故宫的金銮殿上。然而，其他士相、车马炮、兵卒都围着他转。这就是游牧文化和农耕文化各不相同的文化基因在起作用。

　　第四个例子是狮子的雕塑造型。天安门前的一对大石狮子是明清时代留下来的，北京城许多深宅大院的门前也有同样的两个石狮子。它们的造型处处都是圆的——背是圆的，头是圆的，头上的鬃毛是圆的，甚至鼻、口、舌、牙、爪这些细部也是圆润的，脚下还按着一个圆球——活像一位处事圆滑的

"满大人"（mandarin）。我们在它身上能读出五个文化基因：老于世故，老态龙钟，老气横秋，老成持重，老奸巨猾。笔者在意大利罗马古城旅游，发现那里也有若干古代遗存的石狮雕像，跟北京城的完全不同。罗马的石狮处处都是尖的——头是尖的，头上的鬃毛是尖的，甚至鼻、口、舌、牙、爪这些细部也是尖的，最惊人之处是眼神——发出尖利的光，咄咄逼人。在那些石狮子身上，能够读出古罗马尚武嗜血的文化基因。我们再看法国标致汽车公司，从 1850 年起，标致车一直以狮子作为品牌形象，其造型不断演进，但始终保持流畅柔和的线条。最具代表性的是安装在标致车车尾的那个不锈钢的浮雕狮子，它后腿叉开站立，两只前腿举起，尾巴上扬舞动，张嘴莞尔一笑，似与路人嬉戏，体现出拉丁民族热情浪漫的文化基因。

当然，以上所举的四个例子，都是民族文化的基因在物化的文化产品上的自然体现，是荣格讲的"社会集体无意识"的体现。这就是说，民族文化的遗传基因代代相传，作为文化心态潜结构，深藏在社会成员心灵的无意识领域，个人意识不到，感觉不到，可是它实际支配着他们的文化－信息生产和文明行为。

那么，什么是文化遗传基因呢？要讲清楚这个问题，当然需要首先讲清楚什么是生物遗传基因。在这个问题上，人类在过去的 2500 年里，走过了漫长而曲折的道路。

认识生物遗传基因 DNA 的道路

希腊人是早慧的民族，最早突破信仰进入理性。追问世界的本原，泰勒斯说是水，阿那克西美尼说是气，赫拉克利特说是火，恩培多克勒说是水、火、气、土四大元素还有爱和恨，巴门尼德说是存在，留基伯和德谟克里特说是原子，阿那克萨戈拉说是种子和努斯（心灵），毕达哥拉斯说是数。这种追问到柏拉图达到一个新的深度和高度，他说是理念——形式或模式。

西方哲学界说，整个西方哲学都是在为柏拉图作注。我们现在回溯西方哲人和科学家认识生物遗传基因 DNA 的道路，或者说认识生命的本质，或者说寻找生命系统的决定因素的历程，也应当从柏拉图开始。在今天看来，柏拉图的理念——形式或模式，触及生命的本质了。

　　要正确理解柏拉图，须首先知道柏拉图哲学的认识论有一个"线段比喻"，将全部世界分为"可见的现象世界"和"可知的理念世界"两部分；前者又分为最低级的"影像"和次低的"实物"，后者则分为"理智"和最高的"理性"。如下图：①

　　人类的认识是从左向右，从可见的"影像"和"实物"到不可见的"理智"和"理性"。②

　　在柏拉图哲学的理念论中，核心范畴是"理念"，它是一种客观的实在。"理念"这个范畴，希腊文是 idea 与 eidos；它源自动词"看"的名词化，指"所看到的东西"。对这两个词，中国哲学界长期追随英美哲学界的理解和译法，翻译成"观念"和"理念"。在笔者重点征引的由中国学者集体撰著的最新的多卷本《西方哲学史》中，虽然仍然翻译成"理念"，但是加了一句重要的说明"现在的英文翻译和著作一般都将柏拉图的 idea 和 eidos 译为 form（形式）"。

　　新版《牛津现代英汉双解词典》第1006页"idea"词条中，果然将其词源注为"Greek idea 'form, pattern' from stem id－'see'"，用中文可翻译成：源自希腊文 idea，意为"形式""模式"，构词来自词干"id－"（"看见"）。对"idea"在哲学上的含义，该词条有这样一句英文解释"（in Platonism）an eternally existing pattern of which individual things in an class are imperfect copies"。用中文可翻译成"在柏拉图哲学中，idea 是一种永恒存在

---

　　① 叶秀山、王树人总主编：《西方哲学史》第二卷，凤凰出版社、江苏人民出版社2005年版，第593页。本小节多引用此书，不再一一加注。

　　② ［英］尼古拉斯·布宁，余纪元编著：《西方哲学英汉对照辞典》，人民出版社2001年版，第555页。

的模式，同种的个别的东西都是它不完美的复制品"。

这样我们就完全明白了，在柏拉图哲学中，"idea"不是人们头脑中的"观念"或"理念"，而是客观的实在；"idea"是看不见而又有永恒同一性的"形式"或"模式"，各种实物性的可见物品都是由它决定而产生出来的复制品。

亚里士多德有句名言"吾爱吾师，吾更爱真理"。他认为，柏拉图的理念论错误地将世界二重化，造成不可感知的理念世界和可感知的现实世界的分离。因此，他说理念不过是与个体对象同名的类，是不真实的存在，进而提出存在于个别实物本身之中的形式（form）是本体的本质成因，是第一位的。

亚里士多德有著名的"四因说"，认为自然是在运动中生成变化的，起推动作用的是质料因、形式因、动力因和目的因。在"四因"中他突出形式因，认为形式先于和高于质料，形式兼为动力和目的，因此"四因"可归结为二因——形式和质料。自然物的质料是消极和无活力的，只有接受作用的潜能，要受到赋予动因和目的的形式的作用才会变成现实，即隐德来希（entelechy）——内在目的实现。他说："推动者总是形式。"在《形而上学》后期篇章第7卷、第8卷中，基本上又回归了他最初要否定的柏拉图"二重化"。因为他主张：就本体性而言，形式先于质料，形式就是本质；而变中不变的形式是可分离性和个体性是本体的主要特征。

亚里士多德被认为是"动物学之父"，他观察过540多种动物，亲手解剖过50多种，完成了《动物志》一书。他发现每一种动物的生成都具有"一种美妙的形式"。在有性生殖问题上，亚里士多德认为雌性提供的质料只具潜能，雄性提供的精子是形式因，赋予形式、活力和运动。这被认为是生物遗传基因（DNA）学说的滥觞。[①]

由亚里士多德开启的生物发生学模式叫渐成论，认为有机体在开始形成时是一团没有分化的物质，经过不同发育阶段，逐渐长出新的部分，最终发

---

① ［美］洛伊斯·N. 玛格纳：《生命科学史》，李难、崔极谦、王水平译，董纪龙校，百花文艺出版社2002年版，第50页。

育成完整的个体。渐成论一直是主流观点，到近代，放大镜和显微镜发明之后，得到胚胎学家沃尔夫的证实。他发现植物的叶和花，小鸡的血管和肠子，都同样是由未分化的"小泡囊"，进而是"胚层"，逐渐发育成的。[①] 在发现了哺乳动物的卵子和精子之后，胚胎学家贝尔等人按照沃尔夫的建议确立了胚层理论：哺乳动物的受精卵先发育为三个胚层。然后，外胚层发育成皮肤和神经；中胚层发育成肌肉、骨骼和排泄系统；内胚层发育成脊索、消化系统和腺体。贝尔还发现了"生物发生律"或"相应阶段律"，后来海克尔简略成一句名言："个体发育重演系统发育。"赫胥黎更具体地说："在子宫里，人类经历了系统发生的各个阶段。"[②]

与渐成论相对的是预成论，古希腊哲学家阿那克萨戈拉、恩培多克勒和德谟克里特是最初的预成论者。古罗马哲学家塞涅卡（Seneca，约公元前4—公元65年）非常清楚地表达了这个观点："精子里面包含着将要形成的人体的每一部分。"[③] 近代哲学家莱布尼茨在《单子论》里写道："今天精确地研究了植物、昆虫和动物，已揭示出自然界的有机体决不可能从混乱或腐烂中产生，而总是从种子产生的，在种子里无疑地有某种预先形成的东西。我们断言，不仅在受孕前就已经存在有机体，而且身体里有一个灵魂。"[④] 总之，预成论者都认为，在雄性精子或雌性卵子里早已包含着发育齐全的新个体，他们称之为"胚芽"。

那么，孕育着下一代新生命的精子和卵子又是从哪里来的呢？一种广为流传的观点叫泛生论。古希腊最伟大的医生希波克拉底就持这种观点，认为生殖物质来自身体的每一部分，"男性精液是由体内所有体液形成的"。16世纪瑞士医生、炼金术士和哲学家帕拉塞尔苏斯（Paracelsus，1493—1541）发

---

① ［德］亨斯·斯多倍：《遗传学史——从史前期到孟德尔定律的重新发现》，赵寿元译，上海科学技术出版社1981年版，第95页。
② ［德］亨斯·斯多倍：《遗传学史——从史前期到孟德尔定律的重新发现》，赵寿元译，上海科学技术出版社1981年版，第288页。
③ ［德］亨斯·斯多倍：《遗传学史——从史前期到孟德尔定律的重新发现》，赵寿元译，上海科学技术出版社1981年版，第264页。
④ ［德］亨斯·斯多倍：《遗传学史——从史前期到孟德尔定律的重新发现》，赵寿元译，上海科学技术出版社1981年版，第86页。

展出一种泛生论观点，认为身体每个器官、能量和能力都参与形成生命液，生命液中最纯洁、最完美的部分是胚种灵气，胚种灵气包含在精子中，在胚胎中胚种灵气形成器官和能力。法国哲学家莫泊丢（Pierre Louis de Maupertuis，1698—1759）提出"要素"说，认为父母双方身体各部分都提供"要素"，子代个体各部分性状特征取决于父母提供的"要素"的比例。在他的影响下，近代伟大的植物学家布丰也认为，人的生长是吸收了每一器官的特殊生命粒子的结果，这些生命粒子来自身体的每一部分。在遗传问题上，进化论创始人达尔文则持"暂定的泛生论"，认为"胚芽""在整个身体内循环"。①

这样我们就看到，从古代、中世纪到近代的几千年，欧洲人在追问生命的本质，或者说搜寻生命系统的决定因素方面做过持续不断的努力，走过了漫长的道路，一步一步地在深入，但是始终还没有找到一个确实的答案。在此过程中，他们提出和采用的都是些形而上学的、直觉的、笼统的、模糊的，甚至虚假的概念，如理念、形式、构型、隐德来希、胚芽、灵气、胚种灵气、要素、精华、泛生子。到力学时代则有生命力、活力，还要加上笛卡儿提出的动物力、理性力，林奈提出的本质的力、内部的力。现代生命科学的进步需要更深入地观察、试验、计算和建模，同时也需要逐步淘汰这些模糊的玄学概念。顺便说一句，这个发展的过程对我们中国立志要搞科学创新的学人是颇有教益的。

生物遗传信息流向的中心法则

生物遗传基因 DNA 这一划时代发现导致分子遗传学的诞生。这门新学科在随后几十年突飞猛进地发展，搞清楚了生命系统、遗传过程和生物进化的许多复杂的具体问题。其中，意义最重大的，是搞清楚了生物遗传信息流向

①　[德] 亨斯·斯多倍：《遗传学史——从史前期到孟德尔定律的重新发现》，赵寿元译，上海科学技术出版社1981年版，第37、75、88、93页。

的中心法则，它是所有生命系统的核心秘密。

这条中心法则克里克早就猜到了，1953 年，他开始与沃森研究构造 DNA 双螺旋结构模型时，墙上就挂着一张纸，上面写着"DNA→RNA→蛋白质"。1961 年，"RNA"找到了，是 mRNA。生物遗传信息流向的中心法则就具体化为：

$$DNA \xrightarrow{\text{转录}} mRNA \xrightarrow{\text{翻译}} 蛋白质$$
$$（自复制）\qquad （自复制）$$

按照分子遗传学，生物遗传信息指的是记录生物细胞结构、性状和行为的信息，它们构成生物遗传的基因型（genotype）。生物遗传信息的载体是位于细胞核内的脱氧核糖核酸（简称 DNA）。它是一种很长的核苷酸多聚体，由碱基、核酸和磷酸三种成分组成。其中的碱基有 4 种，分别是腺嘌呤（A）、胸腺嘧啶（T）、鸟嘌呤（G）和胞嘧啶（C）；排列次序不同的每三种，构成一个三联密码子，一共是 64 个密码子，它们就是记录生物遗传信息的核苷酸"文字"。DNA 分子由两条平行的链组成，有双螺旋结构。在细胞分裂繁殖时，两条链分开，每条链都可以作为模板，形成新的互补链；在有性繁殖时，则是精细胞的一条 DNA 链同卵细胞的一条 DNA 链结合，形成受精卵细胞内的 DNA 双链。这种复制方式保证在亲子两代细胞之间生物遗传信息能准确地传递。

按照生物遗传信息流向的中心法则：DNA→mRNA→蛋白质，遗传信息传递的第一步是位于细胞核内的 DNA 一条单链（副链）的自我复制；第二步是 DNA 另一条单链（正链）记录的遗传信息转录到被称为信使的 mRNA 的核糖核酸的单链序列上；第三步是信使 mRNA 经过"掐头去尾，穿衣戴帽"的修饰后从细胞核出来，进到细胞质，把所携带的遗传信息再转录到被称为转移 tRNA 的模板上；第四步是由于转移 mRNA "既懂核苷酸语言，又懂氨基酸语言"，所以由它牵引，即每三个特定序列的核苷酸牵引一种氨基酸分子到达特定的排列位置，于是遗传信息从核苷酸语言翻译成氨基酸语言了；第五步是若干种氨基酸分子按遗传信息规定的次序排列起来构成一种具有特定生命功能的蛋白质大分子。生物界总共有 20 种氨基酸，由若干种氨基酸排列在一起构成一种蛋白质，总共至少有 10 万种蛋白质，各有各的生命功能。细胞繁殖过程中，在每种生物细胞内，不同种类蛋白质再按照 tRNA 转移的生物遗传信息复制出新的细胞，它们是生物遗传信息的表现型（phenotype）。

生物遗传基因 DNA 的发现和生物遗传信息流向中心法则的阐明，使我们对生命本质有了全新的认识。我们发现 19 世纪的观念，把生命解释为"蛋白质的存在方式"太过表浅，在更深刻的意义上，目前可以给生命下一个新的定义：生命是由通信导致的系统的自复制过程。生命不单单是一个物质变化过程，也不单单是一个能量转换过程，它还是一个信息通信过程，确切地说，生命是物质流、能量流、信息流的综合过程，信息流在其中起支配性的主导作用。显然，生命的新定义不仅使我们加深了对生命本质的认识，而且对人类未来到宇宙中寻找地外生命有重要意义。譬如，在有希望最先被发现有生命现象的火星上，其生命就可能是以甲烷为中心的系统自复制过程。

通信是一个过程，即信息在通信系统中转换和传输的过程，因此通信首先要有信息。我们在谈论信息时，应当首先区分潜在信息和真实信息。潜在信息是静态的自在的存在，是系统内部存在的组织性或有序性，正是柏拉图所讲的"form"（形式或模式）。当我们在"form"前面加一个前缀"in－"（注入），就得到"inform"（通知，通信），它是动词，其构词意思是"注入形式或模式"，这就变成一个动态过程了。这个动态的过程就是通信过程，其中传输的是从"inform"这个动词变来的名词"information"（信息）。因此，真实信息是动态的自为的存在，仅存在于某种通信活动或通信过程中。其功能是消除信宿相对信源的不确定性。所以，信息的定义是：信息是在通信系统中信源经由信道传输给信宿的组织性或有序性，它减少或消除了信宿相对于信源的不确定性。

按照当代的信息和通信理论，通信系统的最简模型为：

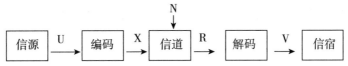

按照前面讲的生物遗传信息流向的中心法则，生物细胞的遗传、复制、分裂和繁殖过程恰好就是一个完整的通信过程，这个过程使细胞作为一个复杂的动态系统完成了自复制。比照最简通信系统模型，我们可以把中心法则扩大，转换成生命的通信系统模型导致细胞的自复制：

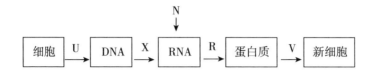

左边的"细胞"相当于"信源"，它的结构、性状和行为的信息（U）要"编码"成为"DNA"中用核苷酸的 4 个字母的碱基语言（ATGC）记录的信息（X），然后转录到"RNA"上面。"RNA"包括信使 mRNA、rRNA 和 tRNA，它们将信息逐步翻译成 20 个字母的氨基酸语言编码的信息（Y），其功能相当于"信道"。最后"蛋白质"记录的信息（V）要"解码"，反变换，还原，生成一个"新细胞"，它相当于"信宿"。N 代表的是来自环境的干扰，在任何一个环节上它都可能引起编码变异，导致信息语义的变异，并最终导致新细胞（表型）变异。通过这个通信过程，最简单的生命系统细胞完成了自复制。这个导致系统自复制的通信过程就是生命过程，就是地球上存在的生命；这个过程停止了，生命就消失了。

为了更好地理解生命，理论生物学告诉我们，生命通信过程导致的蛋白质和细胞的新陈代谢，在生物体的每一个细胞中都不停地进行着，从而导致构成生物体组织和器官的细胞不断更新。我们每个人都看得见的，是自己指甲和头发的不断更新；看不到甚至难以想象的，是你自己全身的蛋白质在不到 100 天的时间内全部更新一次。构成你消化道和呼吸道的细胞每隔几天或几十天就全部更新一次。就连新陈代谢速度最慢的骨骼，其细胞每隔 7 年也全部更新一次。[①]

生命要有灵魂，从古至今地球上所有民族和文明都这样认为。生物遗传

---

① ［美］冯·贝塔朗菲：《一般系统论：基础、发展和应用》，林康义、魏宏森等译，清华大学出版社 1987 年版，第 137 页。

信息流向的中心法则的阐明和生命本质的重新定义，使我们对灵魂的认识达到科学的高度。简洁地说，生物遗传基因 DNA 就是灵魂；更准确地说，DNA 记录的生物遗传基因信息就是生物体的灵魂。如果把 DNA 同灵魂进行一个比较，你就会理解并进而接受这个观点。

人类历来把灵魂看作各种生物体内的决定因素。灵魂是非物质的存在，是无形的。灵魂赋予生物个体以生命，并且从始至终控制个体的生命。生物个体按生老病死的周期走向死亡和腐朽，而灵魂是永生的。在生物个体死亡的一瞬间，灵魂离开尸体，附着到一个新的个体上，开始一个新的生命周期。我们再来看 DNA 记录的生物遗传基因信息，它恰好是非物质的无形的存在。由它启动和贯穿的通信过程开始了生命。它从始至终控制着生物个体的结构、性状和行为。DNA 记录的生物遗传基因信息是不会死亡的，在生物个体表型衰老、死亡和消失之前，它早已转录到一代又一代的新生个体上了，并开启了一代又一代的新生命。二者唯一的不同是，DNA 不是存在于个体，而是存在于个体的每一个细胞中；因而我们可以说，每个细胞中都有灵魂。

DNA 语言的语法、功能和调控

在发现生物遗传基因信息 DNA 及中心法则之后，人类对生物遗传基因信息的认识继续深化，不断有新的发现。在这些新发现当中，令我们惊奇的是生物界记录遗传信息的 DNA 语言的统一性，也可以说是单一性。

我们现在知道，地球的年龄为 50 亿年。在地球诞生 8 亿年后出现生命。在生物进化史上出现过的生物大约为 50 亿种，99.96% 都灭绝了。目前还生活在地球上的不到总数 1% 的物种，其数量超过 150 万种，其中，动物 100 多万种，植物 30 多万种，微生物 10 多万种。可是，至今我们知道的地球上曾经出现过的生物，现在还活着的生物，它们的遗传基因都采用单一的 DNA 语言。

DNA 语言的字母表由四个字母组成，它们是组成 DNA 的核苷酸的分子结构中记录遗传信息的四种碱基腺嘌呤（A）、胸腺嘧啶（T）、鸟嘌呤（G）、胞嘧啶（C）的英文字母代码 ATGC。由于 ATGC 当中每 3 个决定一种氨基酸的位置，按 4 中取 3 的排列计算，（4×3×2）×3＝64，所以就有 64 个核苷酸三联密码子。由此可知，DNA 语言的单词是 64 个。这 64 个单词自由地按不同长度线性排列，记录一个一个的基因，简单地说，每一个基因就是一个意义相对完整的句子。理论上讲，可以构造出无限多个句子。所以，DNA 语言记录的基因句子的总数可以是无限大。假定每一个基因句子决定一种蛋白质，翻译成由 20 种氨基酸组成的字母表构造出来的蛋白质。理论上讲，其数量也是无限大。事实上，现代生物学已经发现的蛋白质多达 100 亿种以上，即 10^{10}—10^{12} 种，目前生物学顶多只认识其中的 1%，就是说最多不过 100 万种蛋白质的结构和功能被搞清楚了。

生命 DNA 语言的单一性昭示给我们的是生命起源的单一性。这首先让我们想到的是目前在科学界人气颇高的地球生命外星起源假说。其说假定，是一块携带有外星生命物质的陨石开启了地球生命的大门。这个假说有待证实。

另一个被越来越多的人采用的假说，是生命起源的海底温泉假说。近年来发现，在某些深海底部的岩石裂缝中，有海底温泉冒出来。在其周围维持着一片温度较高且相对稳定的水域，那里生命物质相当丰富，它们就是地球生命起源的"原始汤"。构成细胞内通信系统的信源、信道和信宿的几种生化大分子——脱氧核糖核酸（DNA）、核糖核酸（RNA）、氨基酸都能独立地进化出来。合成蛋白质需要的多种酶（多肽链）催化剂，也可以进化出来。这许许多多各式各样的生化大分子在"原始汤"中长期互相碰撞、识别、连锁和会聚，最初是一个无序的、没有对称性破缺的随机过程。渐渐地，它们形成了多种多样的自催化循环圈、交叉催化循环圈和超循环圈，处于一种长期的激烈竞争状态。终于出现了对称性破缺——正像时间起源于宇宙热力学不可逆过程的对称性破缺，物质起源于基本粒子及其反粒子的对称性破缺，地球上的生命信息也起源于多种生化分子排列的空间秩序的对称性破缺。这就是说，终于有一类超循环圈表现出最高的选择价值，即有最快的复制速率、比较慢的分解速率和适中的复制错误发生率。这一类超循环圈的结构就是 DNA→RNA→蛋白质。它们构成了一个通信系统，并进化出了生命 DNA 语言。合理的推断是，同时还进化出了许多种其他生命语言，因而地球上有一个时期是多种生命语言竞争，最后是生命 DNA 语言胜出，其他生命语言消失。1979 年，在三个实验室中分别发现遗传密码的统一性不适用于线粒体基因，这一事实说明线粒体的密码体系是比较原始的状态。[①] 可以推断，生命 DNA 语言进化应当是经历了亿万年，人类及其文化进化的时间长度同它相比，短得只相当于一瞬间。

另一个有趣的发现是 DNA 语言有标点符号——起始号、句号、逗号和惊叹号。[②] 1960 年，有三位科学家分别独立地发现了 DNA 转录的起始号——RNA 多聚酶。这种酶要在 DNA 链上经过就位、识别和打开密码匣三道工序，然后 DNA 正链才开始转录并生成 mRNA。后来又发现，在 64 个三联密码子中，有 3 个无意义密码子 UAA、UAG、UGA，20 种氨基酸中没有任何一种去认领它们。深入的研究证明，它们在 DNA 语言链中相当于空格，起句号的作用，终结一个基因句子。这就是说，每一个意义相对完整的基因句子，在结尾处都有一个无意义密码子。真核生物细胞的 DNA 基因句子很长，有几万个核苷酸对，内中有许多处负责转录后加工的剪接酶的识别位点，它们在长句中间起逗号的作用。近年来，还发现在起始符号前和终止符号后，还有许多 DNA 顺序起惊叹号的作用，它们好像在提醒转录和翻译系统："句子将要开始！""句子已经结束！"

从编码的数量研究，总的来说，各种生物细胞 DNA 编码数量随进化阶梯不断增长。例如，PSTV 类病毒的核酸分子量 2.3×10^5 编码 1 个基因，MS2 噬菌体的核酸分子量 1.1×10^6 编码 3 个基因，T4 噬菌体的核酸分子量 1.3×10^8 编码 70 个基因，大肠杆菌的核酸分子量 2.5×10^9 编码约 10^3 个基因，哺乳动物的核酸分子量 2.1×10^{12} 编码约 10^6 个基因[③]。这表明生物进化的复杂性增长不断被扬弃和包容到更高等级生物的遗传基因 DNA 中，地球上的生物遗传基因库则是生命进化成果的汇集。

---

① 中国大百科全书总编辑委员会《生物学》编辑委员会编：《中国大百科全书·生物学》卷 Ⅰ，中国大百科全书出版社 1991 年版，第 355 页。

② 宣建武编著：《认识基因之路》，科学出版社 1989 年版，第 178、257 页。

③ 中国大百科全书总编辑委员会《生物学》编辑委员会编：《中国大百科全书·生物学》卷 Ⅰ，中国大百科全书出版社 1991 年版，第 354 页。

可是，我们又发现，各种生物细胞 DNA 编码数量又不完全随进化呈线性增长，许多编码中包含大量的冗余码（redundancy）①。例如，高等生物的 DNA 编码总量并不一定都随着进化等级升高而增高，例如，某些两栖类和鱼类细胞 DNA 编码数量要比鼠、牛、羊甚至人高出 20—30 倍。同时我们也发现，譬如，人类的细胞大约有 2.8×10^9 个核苷酸，以 1000 个核苷酸编码一个基因计，人类应该有 280 万个基因，可是我们已经确知人类只有 10 万个遗传基因。也就是说，在高等动物的细胞染色体中，只有总数的 5% 左右是发挥功能的有效基因，其余 95% 都是不发挥功能的无效基因——沉默基因。这是怎么回事呢？原来 DNA 编码中有大量的冗余码。在这种冗余码中，少的是同一个基因重复几个复制，多的重复百万个复制，表面看来这是巨大的浪费，可这究竟是为什么？这真是密码中的密码，谜中的谜；至今分子生物学家们还不能给出一个满意的解释。只是说，这是保证转录可靠性所需要的。

从古希腊原子论提出，到 19 世纪末，人们一直认为原子是物质的不可划分的最小单位。这个观念直到 20 世纪初被打破的——原子是由质子、中子和电子这三种基本粒子组成的；现已发现几百种基本粒子。同样，从摩尔根正式提出基因论以来，到染色体发现，到 DNA→RNA→蛋白质中心法则发现，人们一直想象基因是不可划分的最小单位，在 DNA 大分子上一个挨一个地排列起来。后来，经过几十年的研究，这个观念也被打破了——基因是可以进一步划分的，基因有复杂的精细结构。

首先，基因可以划分成显性基因和隐性基因。在精子和卵子结合形成的配子杂合体（二倍体）中，两个不同的等位基因往往只表现一个基因的性状，这个基因是显性基因，另一个是隐性基因。但是，在隔代或隔数代配子杂合体中，它们的地位可能交换，于是有隔代遗传的现象。基因又可分为结构基因和调控基因。凡编码形成表型细胞的蛋白质的基因，亦即为生物表型的结构、性状和行为编码的基因，就是结构基因。凡编码阻遏或激活结构基因转录活动的那些多肽链（酶）的基因，就是调控基因。调控基因中包括操纵基因（操纵子）、时序基因、格局基因、选择基因等。这样看来，DNA 语

---

① 在通信系统中，为确保和提高信息传输的质量和可靠性而重复发送的多余码。

言显然有实词和虚词的区别，功能基因是实词，有实际的遗传意义；调控基因是虚词，没有实际的遗传意义，只有语法功能。

在基因内部结构和功能的精细划分方面作出最大贡献的是遗传学家本泽尔（S. Benzer）。他发现基因突变大多是点突变，是碱基水平上的微小变化。在一个基因内可以有许多个突变点，被称为突变子。在基因内还有许多个可以进行内部交换和重组的片段，被称为交换子。突变子分顺式和反式两群，进行杂交时，在所形成的杂合子中，一个顺式突变子和一个反式突变子互补，形成顺反子，才能转录出一条成熟 mRNA，翻译生产出一种蛋白质，于是杂交成功。进一步的发现证明，在顺反子内部又分外显子片段和内含子片段，在真正进行转录时，经常是内含子（沉默 DNA）被剪切酶剪除了，若干个外显子组合成一条成熟 mRNA。这样看来，基因是遗传功能单位，但不是突变单位和交换单位；是一个自然段，而不是一个句子。

DNA 在生命系统中的决定作用

生物遗传基因 DNA 是生命系统中的决定因素，或者说生物遗传基因 DNA 在生命系统中起决定作用。提出这个论点是基于这样的事实：地球上生命系统的起点就是 DNA 的起点，DNA 的起点就是生命的起点。这就是说，在地球上，当且仅当出现 DNA 大分子，以及由 DNA 主导的按照中心法则进行的通信过程导致复杂动态系统的自复制时，我们才说地球上出现了生命系统。

更具体地说，地球上的生命系统首先必须是处于非平衡态的热力学系统、复杂的动态系统。也可以说，它们首先必须是在远离平衡的区域，通过不断耗散物质和能量维持着的耗散结构。这类系统得以维持的条件是同外部环境的物质和能量交换过程，以及内部的物质和能量转化过程。然而，这类热力学复杂动态系统还不是生命系统，因为它没有自复制能力。同外部环境的物质和能量交换过程，内部的物质和能量转化过程，是生命系统的必要条件，但不是充分条件。相反，由 DNA 主导的内部通信导致的自复制过程，则既是生命系统的必要条件，又是生命系统的充分条件，因而是生命系统的充分必要条件。所以，从逻辑上讲，作为充分必要条件的 DNA 在生命系统中起决定作用。[①]

宏观上看，DNA 在生命系统中的决定作用体现在它奇迹般的稳定性上，DNA 不变，则生命系统的表型不变。DNA 记录了巨量的遗传信息，是生命系统中的保守因素，它可以决定已经适应于环境的表型长期不变。分子遗传学家们发现，在 DNA 编码中确实有占位多达 85% 的保守区，轻易不发生改变；这就在分子层次上解释了物种表型个体基本结构和性状的高度稳定性。[②] 薛定谔 1943 年在英国发表的著名演讲《生命是什么?》是现代分子遗传学的启示录，因为他预言遗传可以在分子层次上找得到解释。在那篇讲演中，他举例说，哈布斯堡王朝的王室成员都长得有一种特别难看的外翻下嘴唇，这一特征竟然保持 400 多年不变。20 世纪 60 年代，中国考古学家在唐代古墓中发现了几颗还没有腐烂的莲子。把它们栽培到水里，1500 年前的几颗莲子，竟然长出了跟现在的一模一样的莲叶，开出一模一样的莲花。此外，现代生物学家还告诉我们，蚂蚁、蜻蜓、苍蝇、蚊子这类生物，已经有上亿年没发生大的变化了。

DNA 在生命系统中的决定作用还体现在人类的遗传性疾病上，人的 DNA 先天带有微小差错，降生后就会有后天不可避免和难以根治的疾病。人类遗传性疾病分染色体疾病和基因疾病两大类。染色体疾病是由于先天性的染色体数目异常（单体、三体、部分片段三体）或染色体畸变（在正常二倍体内有缺失、重复、倒位、易位）而引起的具有一系列临床症状的遗传性综合征。常见的共同特征是先天身体发育不正常和智力低下。基因疾病是人的 23 对染色体记录的大约 3 万个基因中，有一个或相关的多个基因不正常引起的遗传性疾病。像最早发现的具有遗传性的镰刀型贫血症，仅仅是因为 DNA 一个词的差错——β-多肽链第六个氨基酸正常是谷氨酸，而患者在这个位置上是缬氨酸。值得注意的是，这一个病态基因深深地隐藏在分子层次上，却在表型上出现了 11 种病症。"患者除了血红细胞呈异常的镰刀型外，在细胞、

---

① 金岳霖主编:《形式逻辑》，人民出版社 1979 年版，第 111 页。
② 中国大百科全书总编辑委员会《生物学》编辑委员会编:《中国大百科全书·生物学》卷 I，中国大百科全书出版社 1991 年版，第 354 页。

组织、器官和系统等各个层次上还有许多病变表现"。① 另一种，黑尿症患者则是因为某个基因上的缺失造成细胞中缺少一种能分解苯环的酶。除上述典型的单基因遗传疾病外，还有许多多基因遗传疾病。现代病理研究发现，原发性高血压、冠心病、哮喘、糖尿病、精神分裂症、唇裂、腭裂、先天性幽门狭窄等疾病，遗传因素在易患性中起主要作用，均为多基因病。癌症的最新研究成果认为，人的细胞中都有原癌基因，平常它们被抑制；一旦由于环境、生理、心理等方面的因素引起机体功能混乱，人的原癌基因被激活就患癌，而且有许多种癌有家族遗传性。所以，人类最终战胜癌症，恐怕还得靠从分子遗传学上突破。②

　　DNA 在生命系统中的决定作用还体现在新近发展出来的生物克隆技术。1997 年克隆羊多莉在英国出生之后，许多国家的科学家已经用多种体细胞克隆出了猪、猫、狗、牛、马等。生物学家相信，克隆任何生物所需要的遗传信息都记录在该生物细胞的 DNA 里。2008 年 11 月，利用冻死在西伯利亚冻土带的猛犸象遗骸做研究，猛犸象基因组公布了灭绝已久的猛犸象几近完美的 DNA 序列，人们开始猜测是否能使这种远古巨兽复活。2009 年初，利用从这三块出土于克罗地亚人化石中提取的 DNA 片段，通过对 30 亿个 DNA 碱基进行排序，德国马克斯·普朗克进化人类学研究所绘制出穴居人 60% 的基因组图谱，科学家们又开始谈论复活在 2.8 万年前灭绝的穴居人的可能性了。

　　从生物进化的历史上看，DNA 在生命系统中起决定作用则是因为它是生物进化的原始变异点。DNA 以及生物遗传信息流向的中心法则的发现，揭示出生物进化的原始突变是发生在分子层次上：记录生物遗传信息的 DNA 大分子，在转录和翻译的各个环节上发生的"打字错误"，以及在环境因素作用下发生的突变，为自然选择提供了具有差异性的选择对象。达尔文进化论发展成现代综合进化论，在肯定自然选择进化机制和进化的渐进性的同时，突出强调进化不是个体行为而是群体行为。1968 年，日本分子生物学家木村资生提出"中性突变——随机漂变"学说。其学说认为，发生在分子层次的突

---

　　① 宣建武编著：《认识基因之路》，科学出版社 1989 年版，第 116 页。
　　② 中国大百科全书总编辑委员会《生物学》编辑委员会编：《中国大百科全书·生物学》卷Ⅱ，中国大百科全书出版社 1991 年版，第 1191、1212 页。

变主要是 DNA 三联密码子中核苷酸字母替换，这类突变是中性的，全凭机遇，有的消失，有的在群体内固定下来从而造成物种进化，这就是遗传漂变。精确计算变化频率和进化速度，同古生物学发现的生物进化速度是吻合的。1972 年，美国古生物学家 N. 埃尔德雷奇和 S. J. 古尔德提出间断平衡论，他们发现，在古生物史上有多次新物种大爆发（最著名的是寒武纪大爆发），还有多次物种的大灭绝。因而，他们在承认中性遗传漂变和自然选择造成的渐进进化的同时，强调突变和渐变交替而以突变为主。大进化是突变，突变在短时期内造成新门类和新种属的出现，随后其性状长期稳定；其间，小进化是渐变，渐变造成新门类和新种属内部缓慢的进化。基因突变是生物进化突变的根据，隔绝的地理环境，孤立的小种群，则是个别突变体保留下来并扩散形成新种的条件。①

最后，让我们来谈一谈获得性遗传问题，这是一桩基本定案但又诉讼不绝的问题。获得性遗传是同拉马克（J. B. Lamarck，1744—1829）的名字联系在一起的。这位法国科学家是进化论的先驱，还创造了 Biology（生物学）这个名称。他认为，由于器官的"用进废退"和获得性遗传，微小的变化逐渐积累，终于使生物发生了进化。他用这个理论解释说，干旱迫使非洲的一种鹿不断伸长脖子去吃高处的树叶，结果进化成了长颈鹿。马的祖先是三趾，因快速奔跑时重力总是落在中趾上，时间长了就进化成了单趾，而旁边两脚趾退化成骨苞了。人和猿都属于哺乳动物的一个科，人长期直立，并不断运用自己的体力和智力，结果就进化成人。拉马克有句名言："不是器官创造活动，而是活动创造器官。"获得性遗传始终没能获得实验证明或微观解释；相反，它不断被否定。

有人用小鼠做实验，连续 22 代剪断了小鼠的尾巴，可是降生出来的仍然是长尾小鼠。如果说上述实验带有玩笑性质，并且用的是不完全归纳法，其结果不足以推翻获得性遗传，那么生物遗传信息流向的中心法则可是给了获得性遗传致命一击。因为，遗传信息总是沿着"DNA→RNA→蛋白质"的方

① 中国大百科全书总编辑委员会《生物学》编辑委员会编：《中国大百科全书·生物学》卷Ⅰ、Ⅱ，中国大百科全书出版社 1991 年版，第 352、711、746、1183 页。

向流动，至今没有发现遗传信息倒流——从蛋白质流向 DNA。1970 年反向转
录酶的发现曾使生物学界哗然，但很快就平息了，因为它仅仅是使病毒的
RNA 转变为 DNA。这以后，获得性遗传几乎不再被提起。

　　那么，由苏联时代的"科学界沙皇"李森科支持的米丘林遗传学是怎么
回事呢？那可是完全建立在获得性遗传基础上的呀！米丘林认为，生物是在
环境的直接影响下能够定向变异，并且获得性能够遗传。在冷战背景下的米
丘林遗传学，被李森科推崇为唯物主义的，是唯一正确的；而主张基因说的
摩尔根遗传学，被批判为资产阶级的唯心主义学说，是绝对错误的。当时苏
联人按米丘林学说确实培养出了若干能大大提高产量的优良品种，可是现在
看来，那不过是在生物的基因型和基因表现型之间的差距上做文章。这是什
么意思呢？DNA 记录的是物种的基因型，它按照中心法则外化发育成基因表
现型，这当然有赖于作为必要条件的外环境——阳光、空气、土质、水分、
营养和人的照料等。在环境条件是最佳搭配时，基因型获得绝佳表达；在环
境条件一般时，基因型获得正常表达；在环境条件恶劣时，基因型只获得糟
糕的表达。然而，表现型在环境作用下被表达得好或坏，并不能反过来改变
遗传的基因型；所以，当摩尔根的基因论在 1953 年获得实证后，米丘林遗传
学就逐渐被人淡忘了。可是，它留下的教训是深刻的。

　　20 世纪 30 年代，以瓦维洛夫院士为代表的苏联基因遗传学派在世界上
处于领先地位。可是，由于政治投机分子和"科学骗子"李森科爬上全苏农
业科学院院长的位置，在斯大林、莫洛托夫、日丹诺夫，还有后来的赫鲁晓
夫的支持下，把孟德尔、魏斯曼、摩尔根代表的基因遗传学打成了"伪科
学"，瓦维洛夫学派不断遭到解散、撤销、撤职、流放、监禁，甚至枪毙。
1939 年在伦敦召开的有 300 多名科学家参加的世界遗传学大会推选瓦维洛夫
为主席，苏联政府不批准他出席，结果大会就一直空着那把椅子以示抗议。
这样一位享有世界声誉的遗产学家，最后是在劳改营里被饿死的，苏联原来
处于领先地位的基因遗传学派全军覆灭。其后果不仅是遗传学研究错失良机，
而且还有农业生产落后和全民经常性挨饿。①

---

　　① 陈敏：《背上十字架的科学——苏联遗传学劫难纪实》，广东人民出版社 2003 年版。

可是，话又说回来，还需要站在科学的立场上讲一句公道话：尽管经过2500年曲折的推进，生物遗传基因学说在20世纪取得伟大胜利，但是，应该如实地承认，生物遗传基因DNA并不能圆满解释所有的生命现象和生物进化的历史，也就是说，它并没有穷尽真理。科学界理应为"获得性遗传"保留一个继续研究的空间，某一天此说另辟蹊径被证实也未可知。须知，恩格斯的《劳动在从猿到人转变过程中的作用》一文，以及我们下面要论述的社会文化－遗传基因（SC－DNA）都是建立在获得性遗传的基础上。

笔者愿在这里为"获得性遗传"留下一个继续研究的猜想：尽管在细胞内部的生命通信系统中获得性遗传几乎是完全被否定了，可是在拥有体液调节系统和神经通信系统的高等动物身上，我们仍然有可能发现存在获得性遗传的机体内部的通信途径，至于人类的文化和社会进化则完全是获得性遗传。

人类认识文化的道路

比照以上对生物遗传基因（DNA）的研究，我们进行社会文化－遗传基因（SC－DNA）的研究。首先来考察人类认识"文化"的道路。

与"文化"相应的英文是"culture"。英国伯明翰大学于1964年率先成立当代文化研究中心，英国人类学家雷蒙·威廉斯在该中心对文化进行专门的研究。他在《文化与社会：1780—1950》一书中指出，在18世纪后期和19世纪上半叶，有五个单词在英语中变成了常用词：Industry（工业），Democracy（民主）、Class（阶级）、Art（艺术）和Culture（文化）。他认为"文化可能是上面提到的所有词汇中最引人注目的"。[①] 在进行了几十年研究之后，他又发现："英语中有两三个最为难解的词，culture即是其中之一。"[②] 欧美多个文化学学者对"culture"的定义进行过精细的统计研究，发现有160多个定义。既然"culture"（文化）这个词这么重要，这个概念的歧义又

[①] ［法］维克多·埃尔：《文化概念》，康新文、晓文译，上海人民出版社1988年版，第18页。
[②] 萧俊明：《文化转向的由来》，社会科学文献出版社2004年版，第1页。

这么多，而本文旨在 20 世纪科学成就的基础上对它作出新的定义和提出新的学说，便不可不首先对西方学者对"culture"（文化）的认识历程进行一个简要的回顾，然后找出问题的症结所在，设法加以突破。

从词源学上讲，英文"culture"是从法文移植来的，而法文词"Culture"又来自拉丁文"Cultura"。笔者能查到的最早使用"Cultura"这个词的是古罗马哲学家西塞罗（Cicero，前 106—前 43），他讲过一句拉丁文句子"cultura animi philosophia est"，译成英文是"culture is the philosophy or cultivation of the mind"，译成中文是"文化是心灵的哲学或修养"。① 这就告诉我们，他意识到：文化产生和存在于人的心灵。

"Culture"的本义是耕种，法国人安托万·菲雷蒂埃于 1690 年编撰的《通用词典》这样定义"culture"："人类为使土地肥沃、种植树木和栽培植物所采取的耕耘和改良措施。"② 由此可知，文化的一个起源是农业劳动知识的积累，而且，事实上，用文字符号记录的较为完整的文化积累，确实是在进化出农业文明之后。

意大利思想家维柯（G. Vico，1668—1744）被认为是第一个社会科学家。他的《新科学》一书旨在寻找出"各民族共同性的原则"。他发现民族世界是人类创造的，真理是人类创造的，各民族有共同的三种习俗：某种宗教、结婚仪式和葬礼。他的新科学的基础原则就是：天神意旨、情欲节制和灵魂不朽。相应地，各民族的历史就有：神的时代、英雄时代和人的时代。他就用这种公理方法展开他的社会－历史新科学。③ 这告诉我们：尽管表现形式不同，诸民族社会有共同的文化习俗。

法国思想家孟德斯鸠（B. Montesquieu，1689—1755）找寻的是法律与社会演进的规律，结果他发现，"人，作为一个'物理的存在物'来说，是和一切物体一样，受不变的规律的支配。作为一个'智能的存在物'来说，人是不断地违背上帝所制定的规律的，并且更改自己所制定的规律"；"作为有感觉的动物，他受到千百种的情欲的支配"；"上帝通过宗教的规律让他记起

① D. Paul Schafer：*The Concept of Cultural*，Canada，1988.（Manuscript）
② ［法］维克多·埃尔：《文化概念》，康新文、晓文译，上海人民出版社 1988 年版，第 5 页。
③ ［意］维柯：《新科学》，朱光潜译，人民文学出版社 1986 年版，第 26、38、138 页。

上帝来";"哲学家们通过道德的规律劝告了他";"立法者通过政治和民事的法律使他们尽他们的责任"。① 可以看出,他的研究已经触及一个深刻的问题:人创造的文化,至少法律,是与人性相反的,或至少是约束人的天性的。

法国思想家卢梭(J. Rousseau,1712—1778)写道,人类在达到自然状态的终点以前,需要已经有了很大的进步,获得很多的技巧和知识,并把这些技巧和知识一代一代地传授下去,使它们不断增加起来。② 可见,他认为:文化起源于人类文明社会的开端,并且是社会获得性的遗传。

法国思想家孔多塞(M. Condorcet,1743—1794)写道,人们形成了一个阶级,他们掌握着科学原理或工艺方法、宗教的秘密和仪式、迷信的操作,甚至往往还有立法和政治的奥秘。这样一来,人类就分裂成了两部分:一部分人注定了是来教导别人的;另一部分人则注定了是来接受信仰的。他们放弃理性思维,被动地接受别人灌输的信仰和传授的知识。③ 他触及这样一点:一个社会的文化主要是从事脑力劳动的统治阶级生产的,从事体力劳动的被统治阶级没有自己的文化;他们被动地接受统治阶级的文化,而且往往接受的是糟粕,还甘之如饴。

德国语言学家洪堡特(W. Humboldt,1767—1835)开创语言差异和文化发展的研究。他提出,语言既是一种统一的人类现象,又是一种分散的民族现象。"语言"这个词应包含两种相互关联的含义,一是指"语言"(die Sprache,单数),即人类语言;二是指"语言"(die Sprachen,复数),即民族语言。"在每一个人身上都必然存在着整个语言。就像人类的一个民族始终具有人类性一样,人也始终是人"。④ 他留下了悬念:人类文化进化会走向单一语言吗?

法国实证主义哲学家孔德(A. Comte,1798—1857)开创了"社会学"这个学科。他提出人类知识发展三阶段定律:"我们的每一种主要观点,每

---

① 〔法〕孟德斯鸠:《论法的精神》上册,张雁深译,商务印书馆1963年版,第3页。
② 〔法〕卢梭:《论人类不平等的起源和基础》,商务印书馆1982年版,第112页。
③ 〔法〕孔多塞:《人类精神进步史表纲要》,何兆武、何冰译,生活·读书·新知三联书店1998年版,第15页。
④ 韩震主编:《历史观念大学读本》,中国人民大学出版社2008年版,第422页。

一个知识部门，都先后经过三个不同的理论阶段：神学阶段，又名虚构阶段；形而上学阶段，又名抽象阶段；科学阶段，又名实证阶段。"科学就是要"精确地发现这些规律，并把它们的数目压缩到最低限度"。①孔德发现文化是进化的，有规律的，并趋向精确和简化。

德国哲学家康德（I. Kant，1724—1804）认为，人有非社会的自然本性，一方面，"有这种不合群性，有这种竞相猜忌的虚荣心，有这种贪得无厌的占有欲和统治欲"，这些是进化的动力；另一方面，"人有一种要使自己社会化的倾向"，因为只有结成社会，人的各种潜能才能得到充分发挥。为在人结成的社会中解决这个矛盾，"于是就出现了由野蛮进入文化的真正的第一步，而文化本来就是人类的社会价值之所在"。康德自己解释说，这"文化"特指"实践原则""道德的整体"。②康德其实是讲了这样一个原理：道德为社会人的行为编码，约束人的行为。

德国哲学家黑格尔（F. Hegel，1770—1831）认为，世界的本原是广义绝对精神或绝对理念，整个世界是绝对理念自我实现、自我认识的过程。绝对理念经历主观精神、客观精神、绝对精神三个大的阶段。在客观精神阶段，国家、民族和个人都是"世界精神的工具和机关"。"'精神'的主要的本质便是活动"，"一个民族的'精神'便是如此，它是具有严格规定的一种特殊的精神，它把自己建筑在一个客观的世界里，它生存和持续在一种特殊方式的信仰、风俗、宪法和政治法律里——它的全部制度的范围里——以及构成历史的许多事变和行动里"，这客观的世界就是国家。"'文化'是一种形式上的东西"，艺术、科学等都是"在精神形态发展的每一个阶段上的形式文化"，"那个确定的内容就是'民族精神'本身"。国家的民族精神的最高形式是哲学，绝对理念达到对自己的认识而表现为狭义绝对精神。平心静气地想一想，你或许会同意我的看法：尽管语言晦涩，这位伟大哲学家把握到信息（负熵）演化的历程（Entropy→DNA→SC－DNA），而文化则是在这一历程的一个阶段。③

---

① 韩震主编：《历史观念大学读本》，中国人民大学出版社2008年版，第413、414页。
② 韩震主编：《历史观念大学读本》，中国人民大学出版社2008年版，第349页。
③ ［德］黑格尔：《历史哲学》，王造时译，商务印书馆1963年版，第89—115页。

德国历史哲学家斯宾格勒（O. Spengler，1880—1936）完成了一次哥白尼式的革命：历史的主体和基本单位不是民族或国家，而是文化。他写道，世界历史是各伟大文化的历史，民族只是这些文化中的人们借以履行他们的宿命的象征形式和容器。文化是"生命有机体""每一种文化都有它的自我表现的新的可能，从发生到成熟，再到衰落，永不复返"。他区分了"文化"和"文明"："文明是文化的不可避免的归宿""最表面和最人为的状态"。他创造了"文化形态学"，在《西方的没落》一书中，他区分和研究人类八种伟大文化的生命史。①

英国历史学家汤因比（A. Toynbee，1889—1975），可以说是从历史哲学角度继续了斯宾格勒的工作；他写出 12 卷本的《历史研究》，创造了"文明形态学"。他认为，应当从文明的角度研究历史，"国家正是在文明的怀抱中诞生和消亡的"。他比较研究人类历史上的 21 个文明的诞生－消亡史。他认为，文化是文明的核心，而宗教又是文化的核心；一种文明毁灭了，作为核心的宗教还会继续下去，"充当从蝴蝶到蝴蝶之间的卵、幼虫和蛹体"。文明的运动看来似乎是呈周期性循环的，而宗教运动可能是一根单向连续上升的曲线。"每一个历史的文化模式都是一个有机的整体，其中各个部分都是相互依存的"；如果一块裂片输入外国社会，它有把其他成分拖进去的趋势。②文化创造"都是个别的创造者的工作，或至多也不过是少数创造者的工作"，然后再传播开为多数人接受，犹如酵母之于面团。③ 他还发现了两个有规律性的历史现象：一是发达文明的周边，往往有武力强大的蛮族；他们只学发达文明的技术，特别是只学军事技术，反过来把发达文明灭了。二是人类总共进化出来 21 个文明。到 20 世纪，只剩盎格鲁－撒克逊文明还存在着。应当说只有盎格鲁－撒克逊文明进化出了工业文明。此外，纵观全书，汤因比已经发现文化有同生物遗传基因一样的个体突变、基因连锁、遗传漂变，以

① ［德］奥斯瓦尔德·斯宾格勒：《西方的没落》上册，齐世荣等译，商务印书馆 1963 年版，第 39、54、306 页。

② ［英］A. J. 汤因比：《文明经受着考验》，浙江人民出版社 1988 年版，第 191、201、276 页。

③ ［英］汤因比：《历史研究》中册，曹未风等译，上海人民出版社 1966 年版，第 262、272 页。

及核心部分稳定而外围部分易变的属性。

德国哲学家雅斯贝斯（K. Jaspers，1883—1969）提出文化发展的轴心期学说：从公元前800年到公元前200年，以公元前500年为中心，出现人类精神提升和文化飞跃式发展。在三个轴心地带——巴勒斯坦和希腊，印度和波斯，中国——独立而又同时进化出高级文化。至今还在发挥重要作用的世界性宗教，伟大的哲学、文学、历史学，思维的基本范畴，人类的精神冲突，都在短时间内进化出来了。在这三个轴心地带以外的民族，则在后来逐步接受它们的文化辐射。不过，"当这一时代丧失其创造力时，三个文化区就都出现了教条化和水平下降"。[①] 人类文化进化的非线性，使我们不由自主想起生物进化史上神秘的寒武纪物种大爆发。

德国哲学家文德尔班（W. Windelband，1848—1915）写道，人类的文化生活是一种世代相承愈积愈厚的历史联系，可是，"只要一旦发生了某种带根本性的事变，我们今天的文化就会烟消云散"。[②] 以今天的眼光看，前一句话说出了文化的累积性，后一句话说出了文化作为信息的负面不守恒属性——一旦消失，就永远消失。

英国历史哲学家柯林武德（R. Colingwood，1889—1943）写道，历史的过程不是单纯事件的过程而是行动的过程，它有一个由思想的过程所构成的内在方面；而历史学家所要寻求的正是这些思想过程。一切历史都是思想史。[③] 我们可以补充说：诚然思想支配行动，可是文化又支配思想，所以，归根结底，一切历史都是文化史。

德国哲学家卡西尔（E. Cassirer，1874—1945）论述说，动物仅能对信号做出反应，而人将信号改造成有意义的符号。与其说像其他哲学家那样把人定义为"制造和使用工具的动物""人是社会动物""人是政治动物（应译为'城邦动物'）""人是理性动物"，不如说"人是符号动物"。人用符号创

---

① ［德］卡尔·雅斯贝斯：《历史的起源与目标》，魏楚雄、俞新天译，华夏出版社1989年版，第12页。

② 韩震主编：《历史观念大学读本》，中国人民大学出版社2008年版，第502页。

③ ［英］R. G. 柯林武德：《历史的观念》，何兆武、张文杰译，中国社会科学出版社1986年版，第244页。

造自己的理想世界，自己的宇宙——"符号的宇宙"。作为一个整体的人类文化，可以被称为人不断自我解放的历程。语言、艺术、宗教、科学，是这一历程中的不同阶段。在所有这些阶段中，人都发现并且证实了一种新的力量——建设一个人自己的世界、一个"理想"世界的力量。① 笔者认为，把人定义为"制造和使用工具的动物"定低了，因为黑猩猩有时也把石头、木棒作为工具使用；定义为"人是理性动物"定高了，因为许多人是人，但不具备理性。唯有卡西尔给人下的定义是最适中的——使用符号是人同动物的根本区别，符号语言与文化进化开启人类社会的历史。

奥地利精神分析学家弗洛伊德（S. Freud，1856—1939）提出前意识、意识和无意识的划分，提出本我、自我和超我的三重结构，拓宽了人的心灵空间和相应的文化空间。鉴于德语中的两个词"Bildung"（教化，文明）和"Kultur"（文化）翻译成法语都是"culture"，他在《一个幻觉的未来》一书中写道："人类文化——我所说的是人类生活赖以超脱其动物性并区别于动物生活的一切（我不同意把文化和文明加以区分）——在观察家看来具有两重性。"② 它把"文化"和"文明"看成同一事物的两个方面可能是高明的见解。

瑞士心理学家荣格（C. Jung，1875—1961）继续推进弗洛伊德的工作，把人格结构分为三个层次：意识、个人无意识、集体无意识。他写道，个人无意识"仅限于指那种受到压抑的或遗忘的内容状态"，其"内容主要由名为带感情色彩的情结组成"。但是，"个人无意识"有赖于集体无意识，后者"非来源于个人经验，非来源于后天获得，而是先天就存在的"。"由于它在所有人身上都是相同的，因此它组成了一种超个性的共同心理基础"，其"内容则是所说的原型"，它包含人类和一个民族世世代代进化的集体经验。对集体无意识，个人意识不到，但却支配他精神的先天倾向。③ 荣格无疑将社会的文化空间拓展得更宽更深了。

_____

① ［德］恩斯特·卡西尔：《人论》，甘阳译，上海译文出版社1985年版，第4、6、288页。
② ［法］维克多·埃尔：《文化概念》，康新文、晓文译，上海人民出版社1988年版，第3页。
③ 庄锡昌、顾晓鸣、顾云深等编：《多维视野中的文化理论》，浙江人民出版社1987年版，第314、317页。

德国法兰克福学派哲学家哈贝马斯（J. Harbermas，1929— ）提出了在当代社会条件下用"交往理论"重建历史唯物论的纲要。他说，"这种人类发展史，是由生物的和文化的发展机制的相互交织决定的"。生物混杂是异族通婚，"文化混杂清楚地表现在多种多样的社会学习过程中"，"我们可以把社会系统理解成交往行为的网络系统"，"人们借助于对话取得的共识，最终推动社会进步"，"只有两个互补的成分——社会系统和个性系统——结合在一起，才能构成一个有进化能力的系统"。他认为，在当代，"当科技进步成了生产力的发展的真正动力之后"，"进化的优先地位将从经济系统转移到教育和科学系统上去"[1]。其实，哈贝马斯讲的"交往"，就是双向的文化信息流。这也是他对社会文化继承和发展问题的当代阐释。

英国文化学家约翰逊（R. Johnson）于 1979 年担任英国伯明翰大学当代文化研究中心主任，并提出"文化循环"（circuit of culture）图式。比照马克思提出的物质生产的连续循环"生产—分配—消费—生产"，他提出"文化－信息生产—文本化—个人阅读—生活文化"的图式。他将这个图式用以分析媒体生产文化信息，信息流通，公众使用媒体信息，解码以及创造新的意义。[2] 他的贡献在于，初步揭示文化是在社会系统的广义通信中流动的信息。

法兰克福学派的霍克海默（M. Horkheimer）和阿多诺（T. Adorno）在 20 世纪 90 年代提出"文化工业"理论。其含义是，在第二次世界大战之后，在发达国家，大众媒体和文化娱乐变成了工业，变成了巨型产业。文化产品日益商品化，其生产、销售和消费都受市场价值支配。文化产品的集体－计划生产者们，在推销文化商品逐利的同时，欺骗消费者，操纵大众意识，把大众变成意识形态奴隶。[3] 他提出文化－信息生产进化成"文化产业"是对马克思主义的创造性发展。

英国生物学家道金斯（R. Dawkins，1941— ）因写作《自私的基因》而蜚声全球。他在该书中写道："我们人类的独特之处，主要可以归结为一

① ［德］哈贝马斯：《重建历史唯物主义》，郭官义译，社会科学文献出版社 2000 年版，第 8、14、49、127、142、155 页。
② 萧俊明：《文化转向的由来》，社会科学文献出版社 2004 年版，第 259、261 页。
③ 萧俊明：《文化转向的由来》，社会科学文献出版社 2004 年版，第 134—145 页。

个词：'文化'。"他将"文化"与"基因"类比，创造"meme"（觅母），用以指代"文化"。他继续写道："我们死后可以遗留给后代的东西有两种：基因和觅母。"个人对世界文化的真正贡献，即思想、创作和发明"都能完整无损地流传下去"。"传播的媒介是人的各种影响，口头的语言，书面的语言和人的榜样等等""觅母的传播受到连续发生的突变以及相互混合的影响""文化的传播有一点和遗传相类似，即它能导致某种形式的进化"。由于有同"等位基因竞争"类似的现象，"我们同样可以把觅母视为具有目的性的行为者"。可是，我们人类能培植利他主义的觅母，"反抗自私的复制基因的暴政"。作为一个研究生物遗传基因的专家，道金斯最早触及"社会文化遗传基因"概念，但眼界狭窄，没能拓展开，认为仅仅是类比而已。[①]

现在，让我们转而考察中国人认识"文化"的道路。中国是东方的文明古国，中国人向来以"有最悠久的连续的文化传承"而骄傲，可是，当我们阅遍中国古籍关于文化的记录和近现代中国学者为文化问题所写的论战文章之后，发现对文化做形而上学界定和深入思考的文字却不多。然而，对"文化"的本义，中国人却有最原始的记载和最明确无误的认识，远胜其他任何民族。此外，中国历史上有多次文化论争，它们从不同侧面反映出文化的本质。

中文里"文化"这个词，是由"文"和"化"两个字或两个文言词以主谓关系构成的。"文"字的本义是各色交错的纹理。《周易·系辞下》："物相杂，故曰文。"疏："正义曰：言万物递相错杂，若玄黄相间，故谓之文也。"引申为文字这类象形符号。《说文解字》："文，错画也，象交文。"王注："错者，交错也，错而画之，乃成文。"段注："黄帝之史仓颉，见鸟兽蹄远之迹，知分理之可相别异也。初造书契，依类象形，故谓之文。"第二步引申为文籍（书籍）。《尚书·序》："古者伏羲氏之王天下也，始画八卦，造书契，以代结绳之政，由是文籍生焉。"近人章太炎亦有言："以有文字著于竹帛，故谓之文。"[②] 第三步引申为美、善、文德和教化。《礼记·乐记》：

---

① 萧俊明：《文化转向的由来》，社会科学文献出版社 2004 年版，第 135—151 页。
② 章太炎：《论文学》，见于《国学讲习会略说》。

"以进为文。"注："文犹美也，善也。"《尚书·大禹谟》："大禹曰：文命敷于四海，祗承于帝。"进而指在生物遗传造成的质地上社会文化遗传递加上去的文饰。《论语·颜渊》："棘子成曰：'君子质而已矣，何以文为？'子贡曰：'惜乎，夫子之说君子也！驷不及舌。文犹质也，质犹文也。虎豹之鞟，犹犬羊之鞟。'"最后四句可译解为：质地和文饰是同等重要的；若把虎豹和犬羊两类兽皮表面花纹不同的毛都拔掉，下面无毛的光板皮革本是一样的。

在中文里"化"这个字，按《说文解字》从"匕"（𠤎）是一个倒置的人（𠂆）。《庄子·外篇·缮性》说："丧己于物，失性于俗者，谓之倒置之民。"许慎《说文解字》："匕，变也，从到人。""到人"，按段玉裁《说文解字注》训为"反人"；朱骏声《说文通训定声》训为"倒人"。所以，"化"字，按《说文解字》说："化，教行也。"朱注："教成于上，而俗易于下，谓之化。"段注："教行于上，则化成于下。"又《荀子·正名》之《注》说："化者，改旧形之名。"总起来说，"化"的意思就是改变另一个人。

"文化"合用最早见于《易·贲卦·象传》："观乎天文，以察时变；观乎人文，以化成天下。"又《说苑·指武》："凡武之兴，为不服也。文化不改，然后加诛。"魏晋诗人束皙《补亡诗·由仪》："文化内辑，武功外悠。"晋人王融《〈曲水诗〉序》："设神理以景俗，敷文化以柔远。"以上引文告诉我们，在中国文化史上，最早"文化"一词确实是一个主谓结构的合成词，表达的是一个过程，而且重点放在谓语动词"化"上面，所以合起来有动词的词性，如"文化不改，然后加诛"。逐渐地，这个词转化而有了名词性，如"文化内辑，武功外悠"和"敷文化以柔远"两句引文中的用法。今人有言"以文教化"①，或"文而化之"②，即以文字、书契、典籍所载之伦理、道德、知识教育人，使他发生变化，超越自然的人，变成文明的人，是言最得"文化"之本义。

且看，陈寅恪论王国维自沉颐和园昆明湖的原因言："凡一种文化值衰

① 冯天瑜、何晓明、周积明：《中华文化史》，上海人民出版社1990年版，第12页。
② 牛龙菲：《人文进化学：一个元文化学的研究札记》，甘肃科学技术出版社1989年版。

落之时，为此文化所化之人，必感苦痛，其表现此文化之程量愈宏，则其所受之苦痛亦愈甚，迨既达极深之度，殆非出于自杀无以求一己之心安而义尽也。"（《陈寅恪诗集》）此言被公认为是对王氏自沉的最深刻的揣测，同时亦从一个侧面传达给我们：一种文化对其文化人所化之深——达及骨髓、脑浆、心脏和灵魂，以致他宁愿以生命的灵魂祭奠他灵魂中的文化。

除此之外，由于中国长期是一个相对封闭的社会系统，一直采用象形文字，其文化单线积累传递，只受到有限的几次外来文化冲击，因而中国人对自己文化的认识也能提供给我们特有的宝贵启发。

我们现在见到的中国最原始的用文字记载的文化，是殷商甲骨书契上的卜辞，如《周易·系辞传》言："上古结绳而治，后世圣人易之以书契"。这两句引文记录了中国文化从记号到符号的进化。中国又有多种古书记载"仓颉造字"和"伏羲画卦"，说明中国古人在创造文字符号和原始文化时，确如西方学者所言，采用的是"象征"的方法。"天垂象，见吉凶，圣人象之"。（《周易·系辞传》）中国人耽于这样的认识，设象取喻，创造出"八卦"和"阴阳五行"为中心的意象文化，绵延两三千年。① 更令人称奇的是，中国地域辽阔，相当于整个西欧，有几十个民族和几百种方言，语音相差之大几如外语，他们竟然靠统一的汉字一直保持文化的认同和中华民族国家的统一。这不能不让我们惊叹用象征符号文字记录的文化在社会系统中作为序参量的强大凝聚力。

孔子曰："殷因于夏礼，所损益可知也；周因于殷礼，所损益可知也；其或继周者，虽百世，可知也。"（《论语·为政》）他最早认识到，文化是在减损增益的过程中逐渐积累和遗传的。中国最正统的文化经典，是春秋时代孔子整理遗存下来的儒家典籍《诗》《书》《礼》《易》《乐》《春秋》六经；所以儒家代表的中国文化又称"礼乐文化"和"诗书文化"。儒家文化的核心是"君君、臣臣、父父、子子"的社会等级结构和仁、义、礼、智、信五个道德范畴。以老子和庄子代表的道家为中国文化添加了道与德、有与无、气与物这样一些哲学范畴。墨家则贡献了兼爱和非攻的宝贵思想。在战国时

---

① 刘长林：《中国象科学观：易、道与兵、医》，社会科学文献出版社2007年版。

代，以商鞅、韩非为代表的法家，为中国文化增添了"法"的范畴。韩非提供法（政令）、术（策略）、势（权威）三结合的政治学说。总之，在西人所谓"轴心期"的春秋战国时代，诸子共同奠定中国文化的基础，中国文化信息库初步形成。

中国文化又称"史官文化"。从周朝开创，历朝均设内史、太史，掌管典籍和文书；左史和右史，记录帝王的言行。历朝史官编撰了《二十四史》和《资治通鉴》等大量史书，留下了最完整的历史记录。此外，中国的史书还兼负教化的作用，这也是孔子开创的，所谓"孔子作《春秋》而乱臣贼子惧"。（《孟子·滕文公下》）总之，中国人有修官史以传承文化，树正统以警示后人的文化传统；民间又有汗牛充栋的野史著述，可资参照，以获取事件和人物的真相。唐宋两朝是中国古代文化的高峰，文人墨客大量创作诗、赋、文、词，留下众多个人的文集。这样就形成了中国文化系统特有的经、史、子、集四个子系统。从元代有了戏曲，到明清增添了小说。再加上兵、医、农、工四个子系统组成的实学文化系统。社会下层民众，则主要靠上万条成语、格言、谚语构成的风俗习惯生活。可见，在东亚独立进化出来的中国文化系统，确实异常完整和庞大。就数量而言，历经十几个朝代积累起来的中国文化，在商朝只有刻在龟甲上的几行卜辞，在周朝也只有 6 本经书，到明朝永乐大典收录图书 22877 卷，清朝《四库全书》收录和存目图书总计 10289 种，信息量肯定有一万倍以上的增长。这就是当时中国社会系统内部的文化信息库。

这层层累积的中国文化，被大陆学者李泽厚称为"文化积淀"，被中国台湾学者柏杨称为"酱缸"。这些学者的意思就是说，中国的传统文化最为厚重，文化遗传力量也最为强大。正面效果是保持中国社会系统结构和中国人文化心态结构长期稳定，负面效果是作为社会保守的习惯势力（国情）长期拖累中国的改革和现代化，并令立志社会改革的仁人志士要付出更多的鲜血和头颅。

中国历史上最早出现的文化论争是"古今之争"——"法先王"还是"法后王"。战国时代，法家代表人物商鞅提出"三代不同礼而王，五伯不同法而霸"。（《商君书·更法》）慎到补充说，"故治国无其法则乱，守法而不变则衰"。(《慎子·君臣》)商鞅任秦相主持变法获得成功，秦国国富兵强，进而统一中国，但商鞅本人却遭车裂和灭族。宋朝王安石变法失败后抑郁而死，后来还被保守派从坟墓里挖出来鞭尸，而宋朝则为蒙元所灭。清末以康梁为代表的戊戌变法失败，六君子在北京菜市口被砍头，而次年八国联军就打进了北京。总之，中国历史上的"变法更礼"，其实就是用文化变革推进社会系统进化。如果变革成功了，社会就进步；如果变革失败了，社会就继续落后。这从一个侧面显示文化在社会系统中的决定作用。

汉朝董仲舒认识到，文化有边缘成分和核心成分的区别；新王朝建立后，改文化的边缘而不改文化的核心。他写道，新王朝建立之后"故必徙居处、更称号、改正朔、易服色者""若夫大纲、人伦、道理、政治、教化、习俗、文义，尽如故"。(《春秋繁露·精华》)这称为后世历朝更迭时的惯例，自汉武帝重用董仲舒，"罢黜百家，独尊儒术"，中国文化走向单一和封闭。唐宋以降，元明清三朝以儒家的"四书"和"五经"为不变的"天理"，以科举钳制思想，以"文字狱"清除异端；中国士人的创造能力或被摧毁、或被抑制，结果是600年文化停滞造成600年社会停滞。这又从另一个侧面表明文化在社会系统中的决定作用。

在中国历史上一直存在的文化论争是"华夷之辨"。华夏民族3000年前就在富庶的黄河和长江流域定居，进化出农耕生产方式和农耕文化，而周边几十个游牧民族则保持游牧、渔猎、征战和掠夺的生活方式。在游牧民族和农耕民族的长期对垒中，被称为"华夏"的汉族多采取守势，而被称为"胡人""南蛮""东夷""西南夷"的游牧民族多采取攻势。"以夏化胡"还是"以胡化夏"的"华夷之辨"由此而生。针对农耕民族和游牧民族的对垒，孔子早就定下了"文化同化"的方针。他说："故远人不服，则修文德以来之。既来之，则安之。"(《论语·季氏》)按照这个方针，在中国古代，除匈奴和突厥被打败而西迁①，其余鲜卑、乌桓、回鹘、契丹、党项、夫余、靺

---

① 匈奴西迁先在乌拉尔停留，后分两支为当今匈牙利和芬兰，这是拉兹洛告诉笔者的。拉氏是匈牙利人，太太是芬兰人，两人的母语相通，其言可信。待笔者问："你们的历史书怎么写？"均答："我们的祖先在乌拉尔山。"突厥西迁为当今土耳其，则大抵都知道。

鞨、女真等都先后被"汉化"了，即被汉族文化同化后融合到中华民族当中了。一方面说明，民族文化是民族的生命和灵魂，文化被完全同化了，则民族也就消失了；另一方面说明，先进文化有同化后进文化的功能。

中国传统文化是多元文化，儒、道、释三教并立，这是历经千年的交流和融合造就的。在先秦时代，出现了《易经·系辞》，儒家取道家学说填补自身形而上学（本体论）的缺失。佛教在汉代传入，渐次征服华夏，推动道家进化为道教。魏晋时代，道家吸收式微的两汉儒家经学，吸收佛教成分，进化出玄学；与此同时，佛教禅学吸收儒家孟子心性学，进化出中国本土化的佛教禅宗。盛唐时代，儒学复兴，儒家学者集儒家、道家、玄学、禅宗之大成，将儒学推至鼎盛时代之理学。理学借科举制度成为社会意识形态的中流砥柱，同时也发育成完备的儒教体系。道教讲出世，儒教讲入世，佛教讲修来世，原本旨趣相异；可是，由于都是农业社会的同质文化，以儒教为核心三教在一定程度上有所融合。此后虽然三教并立，合而不同，但却共同支撑元、明、清三朝皇权官僚专制主义社会的超稳定结构。由此可见，作为文化系统核心的宗教和哲学，是可以杂交成功，并可呈多元状态的。

正如雅斯贝斯文化发展轴心期理论所言，中国文化起源和发达于黄河和长江流域，发达之后就从核心区向外辐射。在秦汉时代通过征战、册封、移民、接纳留学生和接受朝贡等形式，中国文化向东传入朝鲜，向南传入越南。在唐朝鼎盛时期，日本有万名留学生在长安学习，又先后派遣18批遣唐使者来华汲取中国文化，终于促成"大化革新"，全面采纳唐朝的文化和制度。从唐朝到清朝，通过征战与和亲政策，中国文化远播新疆和西藏。一个以中国为核心的汉字文化圈或儒教文化圈就这样形成了。这说明，一个社会系统的文化，可以通过转录和翻译传入其他社会系统，被传入的社会系统发生同化性质的改变。

在中国内部，元明清三朝都是文化落后的游牧民族或社会集团夺得政权，为巩固自己的统治均实行社会封闭和文化专制主义，结果造成社会和文化僵化，中国社会600年停滞，以致后来因落后而挨打。到19世纪中期，西方列强的坚船利炮打破中国封闭的大门；中国出现了空前的社会危机、民族危机和文化危机。这场空前的"大变局"在引发民族救亡运动的同时，在学术界引发"东西文化论争",大大加深了中国人对文化的认识。

最初中国以世界的中心和老大自居,视西方为蛮夷,只承认西方的船坚炮利,故提出"师夷之长技以制夷"的政策,继而发展成洋务运动。学界则有"体用之争",出现影响深远的口号"中学为体,西学为用"。待到中国被通过明治维新"脱亚入欧"的日本打败,这才催生出中国的"戊戌变法"。变法失败后,在美国革命的影响下,孙中山领导国民党发动辛亥革命。政治革命后,清朝统治虽然被推翻,但中国仍然贫穷衰弱;在俄国十月革命爆发,以及传入的马克思列宁主义的影响下,中国爆发五四新文化运动。中国人这才认识到自己国家、社会、民族的根本问题是文化问题。五四前后,中国学术界有长达十几年的东西文化论争,这场讨论的最大成果是当时的先进者开始明白,中国不是要"西化",而是要"现代化"。胡适曾写道:"新文化运动的根本意义是承认中国旧文化不适宜于现代的环境,而提倡充分接受世界的新文明。"① 冯友兰写道:"从前人常说,我们要西洋化,现在人常说我们要近代化或现代化。"② 1933 年 7 月,《申报月刊》发行特大号"中国现代化问题号"特辑,目前被视为"现代化"这个名词被学界正式采用的开端。③这告诉我们,同地球上的生物一样,地球上的文化也不仅在空间中分布,更在时间中进化;许多文化问题,要放到时间维度中才讲得清楚。

五四新文化运动的另一条战线是对"国民性"或"民族劣根性"的思考和批判。在这条战线上,被毛泽东称为"中国文化革命的主将"的鲁迅认识得最深刻,做得最持久。他早年留日,弃医学文,就是因为认识到中国人的"病"不是在身体上,而是在精神上;决心用文学医治中国人精神上的病,"改变他们的精神"。(《呐喊·自序》)被认为是打响新文化运动第一枪的《狂人日记》,用"吃人"二字宣判儒家文化的死刑。《阿 Q 正传》则将中国传统文化造成的民族劣根性压缩到一个身体、精神和灵魂都被扭曲的农民、游民身上,以此来惊醒世人。后期大量杂文则对中国人的保守、麻木、自欺、

---

① 胡适:《新文化运动与国民党》,《新月》1929 年第 9 期。
② 冯友兰:《新事论》,《三松堂全集》第四卷。
③ 罗荣渠主编:《从"西化"到现代化:五四以来有关中国的文化趋向和发展道路论争文选》,北京大学出版社 1990 年版,第 13 页。

盲目自大、自私、衰惫、敷衍、爱面子等，以及专制统治者的伪善和残忍，进行了鞭辟入里的揭露和批判。鲁迅通过作品告诉我们，社会的改变在改变文化，而文化的变革最终在改变人心。

从学理上看，中国历来弱于理性思考，正如系动词"to be"（是）的缺失令古人很少下定义；相应的动名词"being"（存在）的缺失，又令国人不爱深究底里。新文化运动兴起后，中国学者开始用"文化"这两个字来翻译西文的"culture"这个词，从此开始"东西文化的论争"。可是，中国学者给"文化"下的定义却平平。如梁启超所言，"文化者，人类心能所能开积出来之有价值的共业也"；[1] 梁漱溟所言，"文化并非别的，乃是人类生活的样法"；[2] 陈立夫所言，"所谓文化，以过去言，即一民族因应付其环境，以求生存而所得之进化之总成绩；以现在言，即一民族为求适合目前之时代及环境所得之生存之方式；以将来言，即一民族为求将来之继续生存所从事之准备工作"；[3] 等等。这些定义显然都是在接受了西方学者的某些文化定义之后才得出来的，并无更深刻的蕴意和推进。

文化定义研究

以上我们考察了古今中外哲学家、学者、文人对文化的认识，他们论及了"文化"的方方面面，可是，始终没有一个人抓住"文化"的本质给出一个深刻、全面的生态智慧，给出大家都能接受的定义。当查阅《简明不列颠百科全书》（全卷）和《西方大观念》（第一、二卷）之类从英文翻译过来的大型工具书，居然都没有"文化"和"文明"的单列词条。这是为什么？显然是众说纷纭，尚无定论。在这种情况下，我们何不尝试来做这个工作——在 20 世纪人类科学成就的基础上，特别是在生物遗传基因（DNA）学说的启发下，重新尝试这个工作？

---

① 梁启超：《什么是文化》，《时事新报》副刊《学灯》1922 年 12 月 7 日。
② 梁漱溟：《东西文化及其哲学》，商务印书馆 1922 年版。
③ 陈立夫：《文化建设之前夜》，《华侨半月刊》1935 年第 46 期。

前面我们讲到，有欧美学者收集到 160 多个文化定义，进行了分类研究，结果也没有得出一个定论。笔者只列出几个有代表性的文化定义，目的仅在于说明问题的症结所在。

法国人利特雷于 1878 年编撰的《法语词典》中把"文化"（culture）定义为"文学、科学和艺术的修养"。① 可见，一开始法国人赋予"文化"的内涵是很窄的。

人类学之父、英国著名的人类学家泰勒（1832—1917），在他 1871 年出版的著作《原始文化》一书中，将"文化"与"文明"两个概念共用，并定义说："文化或文明，就其广泛的民族学意义来说，乃是包括知识、信仰、艺术、道德、法律、习俗和任何人作为一名社会成员而获得的能力和习惯在内的复杂整体。"②

文化人类学家 L. 本尼迪克特在《文化模式》一书中将文化定义为"通过某个民族的活动而表现出来的一种思维和行动方式，一种使这个民族不同于其他任何民族的方式"。③

文化人类学家马林诺夫斯基写道："我们发现文化含有两个主要成分——物质的和精神的。"④ 在苏联的马克思主义哲学家罗森塔尔、尤金所编的《哲学小辞典》中，我们找到他们下的文化定义："文化是人类在社会历史实践过程中创造的物质财富和精神财富的总和。"

1952 年，美国文化学家克罗伯和克拉克洪发表《文化：概念和定义的批评考察》一文，对西方自 1871 年至 1951 年关于文化的 160 多种定义作了清理与评析，并在此基础上给文化下了一个综合定义："文化由外显的和内隐的行为模式构成；这种行为模式通过象征符号而获致和传递；文化代表了人类群体的显著成就，包括他们在人造器物中的体现；文化的核心部分是传统的（即历史地获得和选择的）观念，尤其是它们所带来的价值；文化体系一

---

① ［法］维克多·埃尔：《文化概念》，康新文、晓文译，上海人民出版社 1988 年版，第 3 页。
② 庄锡昌、顾晓鸣、顾云深等编：《多维视野中的文化理论》，浙江人民出版社 1987 年版，第 99 页。
③ ［法］维克多·埃尔：《文化概念》，康新文、晓文译，上海人民出版社 1988 年版，第 5 页。
④ ［英］马林诺夫斯基：《文化论》，费孝通等译，中国民间文艺出版社 1987 年版，第 95 页。

方面可以看作活动的产物，另一方面则是进一步活动的决定因素。"① 这一文化的综合定义基本为现代东西方的学术界所认可，有着广泛的影响。

联合国教科文组织在制定"1988—1997 世界文化发展十年"的基本文件时，采用了一个包容更宽的文化概念："在不否认表现在艺术和智力活动中的创造性的重要性的同时，他们认为拓宽对文化的认识是重要的，要把行为模式，个人对他或她自身的看法，对社会的看法，对外部世界的看法都包括进来。从这一透视出发，一个社会的文化生活可以看成是它通过它的生活和存在方式，通过它的感觉和自我感觉，它的行为模式、价值观念和信仰的自我表现。"②

以上是几个最有代表性和最有影响的文化定义，它们可以分为两大类。

第一类是描述性定义。由于抓不住"文化"的本质，不能从"文化"的内涵下定义，就只能从外延下定义，于是就罗列文化外延包含的子项目：知识、信仰、科学、艺术、道德、法律、政治、习俗、语言、文字、饮食、婚姻、服饰、娱乐、丧葬……总之，凡是人造的，凡是社会中有的，不管是精神的还是物质的，都可以列进来。罗列最多的是日本学者水野佑，他列举了十大类，55 个子项目。这种做法可以说"文化"是个筐，什么都可以往里装。这显然不是逻辑学上下定义的方法。

第二类是笼统的平行界定。"文化"本身是一个笼统和抽象的概念，有关学者则用同样笼统、同样抽象、同样缺乏严格定义的平行概念来界定"文化"。试把这类定义的修饰语去掉，只剩下主语和表语的中心词，我们得到的紧缩定义就是："文化是修养""文化是模式""文化是方式""文化是样法""文化是整体""文化是总和"。这显然也是在说"文化"是个"大筐"，这筐可以叫"模式""整体""总和"等。这肯定也不是逻辑学上的标准定义，而且按这些定义我们仍然不知道"文化"究竟是什么。

逻辑学上标准的定义是属加种差定义。据此，我们就要尖锐地提出问题："文化"这个概念广泛使用了几百年，中外学者已经描述出了文化的所有属

---

① 冯天瑜、何晓明、周积明：《中华文化史》，上海人民出版社 1990 年版，第 22 页。

② Unesco, *Practical Guide to the World Decade on Cultural Development 1988 – 97*, Unesco, Paris, 1987，p. 16.

性，列举出了文化的所有子项目，可是为什么就是不能给"文化"下一个标准的属加种差定义？

从逻辑学角度来说，直到 20 世纪末期以前，人们既不知道"文化"概念的上位"属概念"是什么，也不知道"文化"概念的同位"种概念"是什么，当然更不知道"种差"是什么。在这种情况下，怎么可能给出"文化"概念的属加种差定义呢？

从人类知识体系的角度来说，直到 20 世纪末期以前，人类知识体系有多方面的缺失，这种情况决定人们不可能给"文化"下一个属加种差定义。概括地说，这些缺失包括缺少本体论的相当范畴，缺少社会的系统模型，缺少社会系统内部的通信系统模型，缺少对文化的结构和功能的科学认识，缺少对"文化"和"文明"的联系和区别的科学认识，这就决定了人们不可能对"文化"下一个科学的定义。

然而，20 世纪科学革命的成就和科学哲学的发展帮助我们解决了这些问题，帮助我们弥补了上述缺失，使我们能够给"文化"下一个科学的属加种差定义。

文化的本体论归属

首先来谈本体论的缺失，它决定我们原先不可能认识文化的本质。

哲学创生于人类文化进化的轴心时代。在轴心时代，无论是在希腊、中国，还是印度，哲学家都把对世界本原的追问放在第一位，即本体论研究是哲学的第一重镇。可是，自法国哲学家笛卡儿在 17 世纪讲了那句"我思故我在"（Cogito ergo sum）之后，整个西方哲学就来了一个"认识论转向"；本体论研究不是被根本否定，就是被撇在一边。然而，实际上人类知识体系是不能没有本体论承诺的。后来，也有一些哲学家讨论本体论问题，可是错误地借用笛卡儿讨论认识论的"主体—客体"二元论框架来讨论本体论问题，结果得出"存在"和"意识"，或"物质"和"精神"的二元论本体论；或者进而又发展出更偏执的物质一元论，或精神一元论。在这种一元或二元的哲学本体论框架中，哪里会有"文化"的位置？哪里会有"文化"的上位概念呢？

20世纪科学革命的成就，相对论、量子力学、生物遗传基因（DNA）理论、大爆炸宇宙论和系统科学，改变了人类科学认识的图景，现在，我们可以跳出笛卡儿的"主体—客体"二元论框架，站到当代科学的宇宙广义进化的客观立场上，拉开科学认识必须要有同被认识对象的距离，透视宇宙进化、太阳系进化、地球进化、生物进化和人类社会进化，得出"进化的多元论"的本体论新框架："建立在20世纪科学伟大成就基础之上的新型的形而上学是一种进化的多元论：场、能量、物质、信息和意识是迄今为止我们所知道的构成宇宙的五种元素，它们是自大爆炸的那一刻起相继进化出来的，地球上的人类就生活在这样一个多元的世界上。"①

需要补充说明的是，场、物质、能量、信息和意识，是从当代科学的知识体系中涌现出来的五个本体论范畴，或者说它们是当代科学的知识体系必须要有的五个基本范畴。在当代科学的高度，你进行科学的思考、研究和表述，不可能只用其中的一个或两个范畴，必须用五个范畴。

把文化放到这个进化的多元论的哲学本体论框架中，原来一直缺失的"上位概念"立刻就找到了："文化"的上位概念是"信息"，或者说"文化"属于"信息"，属于当代科学哲学的五个本体论范畴当中的"信息"范畴。

文化在社会系统中的位置

古希腊一位哲人说过："社会在最好的情况下，不过是一个马马虎虎的垃圾堆。"确实，社会太乱了，也太大了，太复杂了；身在社会一隅的个人，很难看到社会的全貌，也很难凭想象给社会建立一个模型。

---

① 闵家胤：《进化的多元论——系统哲学的新体系》，中国社会科学出版社1999年版，第171页。

　　社会系统的第一个模型，同时也是最著名和影响最大的模型，是马克思在 1858 年建立的；尽管当时他本人没有意识到，也没有称之为"社会系统模型"，但从今天来看，它事实上就是一个社会系统模型。这个模型就是马克思在《〈政治经济学批判〉序言》一文中阐述历史唯物论原理时讲的那一大段话。可惜，在马克思的历史唯物论社会模型中，根本没有提到"文化"这个概念，只提到要与"经济基础"相适应的"政治的和法律的上层建筑"，以及"法律的、政治的、宗教的、艺术的或哲学的""思想形式"。于是，长期以来人们习惯地把文化归属于社会的上层建筑，它受经济基础决定，反映经济基础，又反过来作用于经济基础。后人就是这样，一直以这种力学方式来思考"文化"在社会系统中的位置和功能。

　　20 世纪 80 年代，系统哲学家 E. 拉兹洛在《进化——广义综合理论》一书中，画了一张很复杂的被他称为"社会系统中的自催化和交叉催化环"的示意图，① 而实际上那可以看作是他建构的一个社会系统模型。拉兹洛社会系统模型清楚地标明，人类社会系统的中心是"文化信息库"（culture - information pool），这是人类世世代代不断创造和保存下来的文化信息的总汇，包括知识、技术、蓝图、法律、准则等。人们不断地从这个信息库提取信息去从事各种生产、交换和消费活动；当然，又不断把自己在各种社会活动中创造的新的文化信息存入原有的文化信息库，丰富文化信息库。拉兹洛显然已经不再是用力学范式思考"文化"，而是用分子生物学范式思考。面对的不是早期工业社会，而是现代科技文化已占主导地位的信息社会。在当代社会条件下，谁都无法否认，军事实力、经济实力、文化实力的重要性。"文化信息库"放在社会系统新模型的中央是理所当然的。

　　此外，在魏宏森、曾国屏合著的《系统论：系统科学哲学》一书中，我们发现了他们转述钱学森设想的一个社会系统模型；两位作者还把它做成了一张图，称为"钱学森的社会结构体系设想"②。同样是在 20 世纪 80 年代

---

　　① ［美］E. 拉兹洛：《进化——广义综合理论》，闵家胤译，社会科学文献出版社 1988 年版，第 103 页。

　　② 魏宏森、曾国屏：《系统论：系统科学哲学》，清华大学出版社 1995 年版，第 182 页。

构想出来的钱学森社会系统模型，其优点和可取之处在于把"人"放在社会系统的核心位置，这是完全正确的，也是非常重要的。在当代科学看来，人是迄今所知的宇宙进化过程的最高产物，是地球上自然系统进化——生物进化的终点，又是人工系统进化——社会进化的起点。人的心灵是最复杂的系统，是唯一有意识从而有精神文化信息创造力的系统，是社会系统内部的唯一负熵源，是社会系统内部的文化原始变异点，社会系统内部的一切追根溯源都是人的心灵创造的。所以，"人"理应放在社会系统新模型的核心位置。

　　以马克思历史唯物论社会系统模型为基础，吸收拉兹洛社会系统模型和钱学森社会系统模型合理的成分。21 世纪初，笔者建立的一个社会系统的新模型（见图1）。①

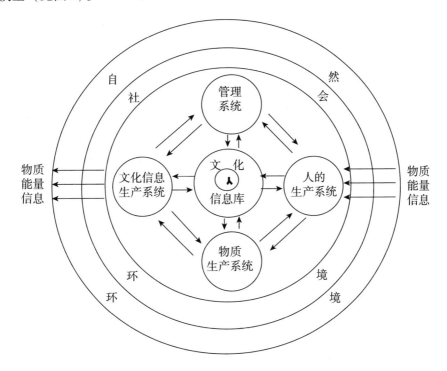

图1　社会系统的新模型

---

① 闵家胤：《社会系统的新模型》，《系统科学学报》2006 年第 1 期。

按照这个新模型，笔者把社会系统定义为在自然生态系统基础上进化出来的由人组成的自复制、自创新系统，并由人不断地从文化信息库中提取信息进行人的、文化信息的和物质的生产和创新，从而实现系统的自复制－自创新。在这个社会系统的新模型上，我们可以清楚地看到，社会"文化信息库"中的"文化"，被安放在社会系统的中心位置；而文化的创造者"人"又被安放在中心的中心。

文化和文明的联系与区分

古今中外众多学者，都说不清"文化"和"文明"的差别，而大多数是把它们视为同一。不管是过去还是现在，在众多的人文社科学术著作中，这两个概念更是经常被混用。这也是前人无法给"文化"下一个准确定义的原因。如果继续把"文化"和"文明"合二为一，任何人也永远只能给出一个笼统含糊的界定，如"总和""整体"之类。所以，我们有必要将它们进行严格的区分。

弗洛伊德讲："我不同意把文化和文明加以区分——在观察家看来具有两重性。"把"文化"和"文明"看成同一事物的两个方面是高明的，"不同意区分"则拘泥于时代的局限。胡适于 1926 年发表在《东方杂志》上的文章《我们对于西洋近代文明的态度》中写道，第一，文明（civilization）是一个民族应付他的环境的总成绩。第二，文化（culture）是一种文明所形成的生活的方式。第三，凡一种文明的造成，必有两个因子：一是物质的（material），包括自然界的势力与质料；一是精神的（spiritual），包括一个民族的聪明才智，感情和理想。凡文明都是人的心思智力运用自然界的质与力的作品；没有一种文明是精神的，也没有一种文明单是物质的。①

从这段引文中可以看出，胡适是主张把"文化"与"文明"区分开的，

---

① 罗荣渠主编：《从"西化"到现代化：五四以来有关中国的文化趋向和发展道路论争文选》，北京大学出版社 1990 年版，第 158 页。

也进行了区分性的界说。在"物质"和"精神"二元论的本体论框架中，他能区分到这地步也就到头了。特别是，他把"文明"界定为人类精神和自然界物质及能量结合造成的作品，实在是独具慧眼。

张申府博士在《东方杂志》发表文章《文明或文化》，引用了不少相关论述，明确反对胡适的区分。可喜的是，张申府说了一句保留性的话"或则顶多说，文化是活动，文明是结果"。① 这就对了！如前面我们所考证的，中文"文化"一词确实是个主谓结构的合成词，是"文而化之"的意思。对外文"culture"，荷兰文化学者 C. A. 冯·皮尔森也明确地说，"culture"（文化）不是名词，而是动词。② 相反，"文明"（civilization）则无论如何也仅仅是个名词，是人类文化物化后的结果。

对此，笔者进行了词源学的考证。英文"civilization"来自法文，法文来自拉丁文"Civis"，拉丁文又来自希腊文"πολιτηs"，指生活在古希腊"城邦"中的"希腊族"人（"citizen"，公民），以别于生活在城邦之外的"蛮族"（barbarians）。亚里士多德的《政治学》和英国希腊学专家基托的《希腊人》这两本书告诉我们："城邦"的希腊文原生词（πολιs）英语译为"city-state"是不太好的译法，汉语随英语亦然；因为这个译法让人误以为"城邦"是个地理概念，而其实"城邦"是个社会学概念，城邦是当时的社会组织。亚里士多德的名言"人是政治的动物"也是误译，正确译法应当是"人是生活在城邦中的动物"。

"城邦"是古希腊时代进化出来的基于血缘关系而又超出血缘关系的，进化到由语言与文化关系构成的社会组织——社会系统。生活在这个社会组织中的是希腊族人，讲希腊语，有"共同的社会生活——婚姻关系、氏族祠坛、宗教仪式、社会文化生活"。③ 最后这一项很重要，包括政治、军事、道德、讲演、辩论、戏剧、体育和经济生活。总之，生活在城邦中的 Citizen

---

① 罗荣渠主编：《从"西化"到现代化：五四以来有关中国的文化趋向和发展道路论争文选》，北京大学出版社 1990 年版，第 187 页。

② ［荷兰］C. A. 冯·皮尔森：《文化战略》，刘利圭、蒋国田、李维善译，中国社会科学出版社 1992 年版，第 3 页。

③ ［古希腊］亚里士多德：《政治学》，吴寿彭译，商务印书馆 1997 年版，第 140 页。

（公民）是接受希腊文化的文明人，生活在城邦之外的是没有接受希腊文化的 Barbarians（蛮族）。他们或是奴隶——俘虏来是外族人，或是移民——迁徙来的外族人；他们不会讲希腊话，只会像野兽一样 bar bar（巴巴）地叫——至少希腊人听来如是，故名 barbarians①。当时也有特许入籍（归化）的公民（ποιητοι πολιται），直译为"制造成的公民"②。怎么制造呢？当然是用希腊文化制造。

在有了以上词源学知识之后，我们再来看"文明"。"文明"一词在英语、德语、法语、西班牙语中皆为"Civilization"。这个词是法国大革命的产物。它是由法文 Civil（英文 civis）一词发展而来的，"Civil"一词原意是指在城邦中享有合法权利的公民。文艺复兴时期，人们把当时由封建习俗向着资产阶级化的演变称为"Civilizer"，它的原意为"公民化过程"。到法国大革命时代，人们把体现资产阶级大革命的新的文化气象称为"Civilization"，即"公民化"的文化。它是西方公民社会中民主政治文化的一种新的气象和新的趋势。

1953 年，当克里克同沃森一道构造 DNA 双螺旋结构模型时，他们实验室墙上挂着的那张纸写着"DNA→RNA→蛋白质"。"文化"正是社会系统内部的遗传基因 DNA！"文明"则是文化经过生产过程物化出来的"蛋白质"，或者说是各种各样"文化蛋白质"组成的"文化表型"。"文化"同"文明"的关系恰好就是基因型（genotype）同基因表现型（phenotype）的关系。看来，还是罗马皇帝奥勒留说得对，太阳底下真的没有什么新鲜事物！③ 自认为是地球上万物之灵的人类，盲目地进化了几十万年，自以为有什么了不起，原来一直还是在大自然的手心里面翻跟斗。

这样，我们就得到了"文化"和"文明"的标准的属加种差型定义：文化是社会系统内的遗传信息（社会文化－遗传基因），文明则是文化的社会表型。

---

① ［英］基托：《希腊人》，徐卫翔、黄韬译，上海人民出版社 1998 年版，第 1 页。
② ［古希腊］亚里士多德：《政治学》，吴寿彭译，商务印书馆 1997 年版，第 110 页。
③ ［古罗马］玛克斯·奥勒留：《沉思录》，梁实秋译，凤凰出版传媒集团，江苏文艺出版社 2008 年版，第 105 页。

二者的区别，可以直观地说：从人的头脑中出来，还可以回到自己或他人头脑中的属于文化；也是从人的头脑中出来的，不过是通过手加工做成物品了，因此再也不可能回到自己或他人的头脑中去了，则属于文明。文化是信息产品，由语言和文字编码，可以转录和翻译，并由文化遗传而永存；文明则是物质产品，不能转录和翻译，只能随时间衰败和瓦解。已经消失了的文明，其尚未完全瓦解的遗存，有时会被考古学家们挖出来研究，推断其中隐藏的文化。

社会文化－遗传基因（SC－DNA）流向的中心法则

这样，我们就找到了社会文化遗传信息流向的中心法则：文化→生产→文明。我们称之为"中心法则"，从我们建立的社会系统新模型来看，尽管社会系统内有各个方向的信息流，并且都是双向互动的，可是"文化→生产→文明"是主导的、最强大的和持续不断的信息流，它维系着文化的传承和社会的存在。

继续推进我们的研究，就须把这个"中心法则"扩展开、具体化，建立它的通信系统模型。首先，我们尝试把社会文化－遗传基因（SC－DNA）的英文拼写 Social Culture DNA 缩写成 SC－DNA。这时立刻会出现一个问题：SC－DNA 是从哪里来的？答案很清楚，只能是从上一代文明与文化积累当中遗传下来的。更具体地说，上一代文明消亡之后，它创造的文化，凭借语音和文字符号编码，用口口相授、石刻、铜铸、手写、印刷等方法，被保留和传递下来了。

由此可知，最初，在采集狩猎社会的早期阶段，文明肯定走在文化的前面，完全符合经典马克思主义"实践第一"的观点。采集狩猎社会长达几十万年，社会进化非常缓慢，原因就是当时人类全都在盲目摸索。其社会获得性的遗传——如果也称为"文化遗传"的话，只能依靠肢体演示、口头传授和吟唱，或许还有岩画之类。进入农业游牧社会之后，逐步发明出文字、纸张和印刷术，才有了真正意义上的文化积累和文化信息库，社会由此加快了进化的速度。然而，即便是在农业游牧社会，在物质生产领域，恐怕仍然是文明走在文化的前面——生产实践走在经验积累和技艺传授的前面。

到近代工业社会，情况就颠倒过来了；在多数情况下，文化走在文明的前面——实验科学走在生产技术的前面，生产技术走在大规模工业生产的前面。肯定是伽利略先发现单摆的等时性，然后才有人制造出钟表。肯定是瓦特先发现蒸汽中的热量是动力，然后才制造蒸汽机。进入 20 世纪，在现代工业和信息社会里情况就更是这样了。肯定是先有爱因斯坦的相对论，后有原子弹；先有沃森和克里克模型，后有克隆羊多莉。唯此，我们才说"科学技术是第一生产力"。在当代社会，文化与信息生产已经发展成文化产业；按目前的发展趋势，在后工业社会或信息社会，它正在壮大成最大的产业。

按照我们的社会系统模型，社会系统中有三类生产。除了上面讲的文化与信息生产外，先已有之的是"人的生产"。人的生产分生育和教育，这是两种遗传过程，相互区分而又相互衔接。人类的生育是跟动物一样的自然遗传过程，依靠生物遗传基因（DNA）；教育则是人类超出动物的社会遗传过程，依靠社会文化 - 遗传基因（SC - DNA）。在采集狩猎社会只有家庭教育，或者说亲子教育。在农业游牧社会，进化出来学校教育，还有行业中的师徒传授。在现代工业社会，广义的教育包括家庭教育、学校教育和社会教育。就社会教育而言，书籍、报纸、杂志、广播、电视、电影、博物馆、展览会、演出、私下交谈和互联网等媒体，是其主要的工具。总的来说，教育是从文化信息库中内存的 SC - DNA 信息中选择信息，然后转录到社会新一代成员的头脑中。教育相当于是生物遗传中心法则当中的 mRNA（信使 RNA）。我们可以尝试把"社会 - 教育 - 信使遗传基因"的英文拼写 Social Culture education - RNA 缩写成 SCe - RNA.

在我们的社会系统模型中，第三类生产是物质产品的生产。在当代工业社会中，担任生产的社会成员都是接受完学校教育的生产者，他们要运用转录在头脑中的 SCe - RNA 知识和技能，分工完成产品的研发、设计和制造。物质产品的生产是把符号文化信息翻译为物质文化信息的过程，相当于生物遗传中心法则当中的 tRNA（转运 RNA）发挥的功能。在当代工业社会中，"科学技术是第一生产力"，我们可以把科学看作一类社会遗传基因，并按其英文拼写"Sociel Culture Science－RNA"规定为 SCS－RNA。科学不能直接生产出物质产品，要发展出应用技术才能制造出产品，而技术的英文"technology"恰巧也是用"t"这个字母开头，所以我们就决定保持不变，把最后这个"Social－transport RNA"或"Social Culture technology RNA"缩写成 SCt－RNA。不过，为简便起见，在我们下图中 SCS－DNA 和 SCt－RNA 并不出现。

在这些问题都搞清楚之后，我们就可以制作出社会文化遗传的通信系统的示意图：

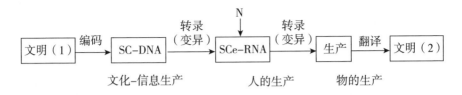

这个示意图解告诉我们，在初期漫长的历史阶段中，人类创造出作为信源的"文明（1）"，待文字和书写工具出现之后，"文明"被编码为文字记录，产生了"文化"。然后就有了相对独立的"文化－信息生产"和积累，出现了社会文化－遗传基因（SC－DNA），其总和就是社会系统的文化信息库。作为社会－文化遗传主要手段的教育进化出来了，它从 SC－DNA 选取最基本和最有用的文化信息（功能基因）"转录"到下一代的头脑中，这就是社会遗传，或生产"社会人"的"人的生产"。这个转录过程由于受到来自自然环境和社会环境的噪声"N"的干扰，还有这个示意图没有显示的个人的自创造，会出现文化"变异"（失真、遗忘与创新和突变）。作为下一代的被教育者，都要投入"生产"活动。他们要把学到的文化知识"转录"为生产知识，然后再在"物的生产"过程中将文化信息"翻译"为"物质文明"产品。当然，在后面的"转录"和"翻译"过程中，仍然会受到"N"的干扰和发生"变异"，特别是"创新和突变"性的变异。最后，作为信宿的"文明（2）"被复制出来了，它同"文明（1）"可能非常相像（封闭、静态社会），也可能大不一样（开放、动态社会）。一代人的文明传承，过去只需三五十年，现在需要七八十年。这个通信过程就是社会的生命，SC－DNA 的

则是社会的灵魂，这个过程停止了，社会就死亡了。

如上图所示，社会文化－遗传的通信系统模型是普适性的，适用于各个时代的社会。我们也可以加上 S－SDN 和 S－tRNA，把它扩展成只适用于近现代社会的"工业社会－文化遗传的通信系统模型"，如下图所示：

这样一来，"科学技术是第一生产力"就显现得更清楚了。同时也直观地显示，在现代工业社会里，社会文化遗传过程要复杂得多了。

社会文化－遗传基因（SC－DNA）的结构、功能和调控

文化的结构，我们曾经形象地比喻为一棵大树："神话、宗教、哲学是它的根，其中包含着要转录到每个成员头脑中去的世界观念、价值体系和行为准则，其最稳定，变化最慢，是个体心态结构和群体组织结构的成序参量；科学和技术是它的干和枝，在现代社会里科学的基础部分也要转录到每一个受过教育的有文化的成员的头脑中，但是科技的门类繁多，每个成员一般只掌握其中的某一小部分；文学和艺术作品，各种各样的物质产品是它的叶、花和果，它们品种和样式最多，变化最快，一时枝繁叶茂，一时又花果飘零。"[1] 1990 年，笔者曾把这段话翻译成英文，提供给当时正在主持联合国"文化十年"研究项目的加拿大学者谢弗（笔者是他小组的成员）。他欣赏这个比喻，借用到自己的著作里了；后来，这段话又被笔者的同事萧俊明转译引用到自己的著作《文化转向的由来》中了。[2]

进一步，我们可以把文化的整体想象为一个圆。任何一个现代民族的文

---

[1]　闵家胤：《进化的多元论——系统哲学的新体系》，中国社会科学出版社 1999 年版，第382 页。

[2]　萧俊明：《文化转向的由来》，社会科学文献出版社 2004 年版，第 5 页。

化，都是历史地累积起来的，所以圆心是采集狩猎时代形成的图腾，如中国文化的龙，还有神话、传说、巫术、史诗。核心部分则是农耕游牧时代形成的宗教和哲学，它们奠定了民族文化的世界观念、哲学范畴、思维方式、价值体系，以及由伦理道德规定的行为准则。中间部分则是近代形成的科学技术，还有历史地累积起来的史学、文学、艺术、生活的常识和技艺。在这个文化圆的基础上，耸立着文化的上层建筑部分，即被选择作为统治工具的意识形态、政治理论和法律体系。在这个文化圆的下面是下层文化，它由风俗习惯、民间文学、民间艺术、谚语、格言、俗话、政治笑话等组成，是社会底层广大民众赖以生存的文化。

生物学家在讲 DNA 的功能时常说："生物遗传基因为生物个体和群体的结构、性状和行为编码。"当我们讲 SC－DNA 的功能时，我们照样可以说："社会文化－遗传基因为社会系统的个体和整体的结构、性状和行为编码。"尽管人类几万种语言的语音和书写符号各不相同，可是人类元语言却是相同的：句子成分和句子类别是相同的，词汇类别也是相同的。词汇类别的相同，笔者是指所有人类语言都有实词和虚词两大类，而实词只有名词、形容词和动词三种。这三种实词的功能正是为"个体和整体的结构、性状和行为编码"。

具体来说，通过广义的教育，SC－DNA 被灌输到社会成员的头脑中，为每个个体的心灵结构（文化心态）——信仰、世界观、认知图像（cognitive map）、思维定式、价值系统和知识体系编码，还为个体心灵的无意识领域编码，从而从内部决定个体的精神面貌、生活态度和社会行为。同时，SC－DNA也为社会系统的整体结构，它的管理系统的结构，它的生产活动，它同环境的相互作用编码，当然还要为社会的集体无意识——国情、传统和习俗编码，从而决定社会的整体面貌和整体行为。

更一般地说，我们可以尖锐地提问：已经有了 DNA，为什么还要进化出 SC－DNA？SC－DNA 的整体功能究竟是什么？对于这个问题，我们可以明确地回答：社会文化－遗传基因（SC－DNA）的整体功能是提升境界，提升人类及其社会的境界，超越由 DNA 编码和规定的生物体和生物界，升华到人和人类社会的高度。这有三个方面的意义。

第一个是提升由 DNA 编码的人性中原有的欲望和本能，将其升华到人和人类社会的高度。人有动物性的食欲，SC－DNA 将食欲提升为饮食文化。人有动物性的性欲，SC－DNA 将性欲提升为爱情。人天生有口会喊叫，SC－DNA将喊叫提升为语言，进而发展出文字和文学。人天生有耳朵会听，SC－DNA 将听提升为音乐、广播、电话和手机。人天生有一双会看的眼睛，SC－DNA 将看提升为美术、戏剧、电影、电视。人天生有灵活的上肢，SC－DNA 将上肢提升为做工的双手，进而发展出工具、机器、生产线。人天生有强壮的下肢，SC－DNA 将下肢提升为直立行走的双腿，进而发展出各种代步的车船。人天生需要保暖的皮毛和保安全的巢穴，SC－DNA 将皮毛和巢穴提升为服饰和民居。人天生对大自然心存敬畏，SC－DNA 将这种敬畏提升为图腾崇拜和宗教信仰。人天生会打斗，SC－DNA 将打斗能力提升为军事，进而发展出庞大的战争机器。

第二个是对抗和抑制由 DNA 编码的人性中的某些成分，以利于社会整体的存在和发展。按生物 DNA，人是乱交和群婚的物种，可是社会 SC－DNA 却进化出伦理、禁忌和忠贞，将男女维系在对偶婚家庭中。按生物 DNA，人是利己的，社会 SC－DNA 则向人灌输利他主义。按生物 DNA 来看，人的本性是恶，而大多数文化产品都是劝善的。人天生是粗野的，但 SC－DNA 教人文明礼貌。人天生只爱自己，可是 SC－DNA 教人慈孝和"爱邻人如爱自己"。人天生是贪生怕死的，可是 SC－DNA 教人为更高的价值视死如归。人和人类社会都是处于非平衡态的耗散结构，是靠吸收负熵和输出熵来维持的，是污染和破坏环境的，可是 SC－DNA 却进化出环保意识，进而发展生态文明。人类的许多文学和影视作品，都是描写个人内心两套遗传基因 DNA 和 SC－DNA 的搏斗，以及自我的挣扎和无奈的选择。最后，SC－DNA 还进化出法律和专政机关，以惩罚生物 DNA 引发的某些恶行和维护社会正义。

第三个是社会 SC－DNA 最重要的功能在生物 DNA 引导下，生物进化达到顶点的地方继续引导人类向上推进到智能进化，再推进到人工智能进化，创造出人工物品和人造系统。人作为最高级的灵长类，有原始的智能，但仅足以保证他在自然环境中维持最低级的生活。在人组织起来进行生存斗争的过程中，在生产实践中，人类的智能不断发展，被称为经验的社会获得性不

断积累，进化出包括手工技能、象数、历算、炼金术、数学、逻辑学、哲学
和现代科学技术的知识体系。利用 SC－DNA 中的知识体系，人类不但利用自
然，改造自然，还创造出自然界没有的工厂、电站、学校、医院、飞机、电
子计算机、金融系统、超市、互联网、机器人、人造卫星、宇宙飞船、宇宙
空间站，使人类生活在舒适、安全、便捷的人造社会环境中，并且还要不断
创新、攀升和扩展。这种由 SC－DNA 引导的人类的创新活动是没有止境的。

　　这样，我们就得到一个展开了的文化定义：文化是社会系统内社会－文
化遗传信息（SC－DNA）的总和，是历代社会成员在生存和生产过程中心灵
创造的积累，是社会的灵魂。其核心是所有成员共同的图腾、信仰、世界观、
思维方式、价值和行为准则，其外围则是科学技术、生活常识和生活技能。
文化为社会系统个体的心灵结构和行为编码，为社会系统的结构和行为编码，
以确保他们能在自然和社会环境中生存，并且通过生产不断复制和创造相应
的文明表型。文化是社会系统内的最终决定因素，它最终决定社会系统的存
在、停滞、变革和进化。

　　社会系统的管理系统或者说权力机构，可以（实际上也不断在）通过自
己的文化政策和其他统治手段对文化进行调控，从而决定社会的命运。具体
来说，有内开放、内封闭、外开放、外封闭四种调控手段。

　　内封闭是信仰时代的文化政策，与政治专制主义相辅而行实行文化专制
主义，封闭社会成员心灵的创新能力。具体做法是选择一种宗教或学说作为
强意识形态统治工具，将它宣布为真理和真理标准，将它的教宗或创始人奉
为神人或圣人，对其教义或学说只许复述和注释，不许怀疑、批判否定和创
新。建立意识形态的话语霸权，剥夺大多数人的话语权。对任何 SC－DNA 突
变体，均宣布为异端，并从精神和肉体两方面加以消灭。

　　内开放是理性时代的文化政策，与政治民主主义相辅而行实行政治对文
化不干预的政策，开放社会成员心灵的创新能力。具体做法是政教分离，放
弃意识形态统治或至少是没有强意识形态统治。将以前树立的神人或圣人从
神坛上拉下来，宣布人人在真理面前平等，人人享有平等的话语权。任何理
论或学说都要接受逻辑、事实和实践的检验。鼓励社会成员的怀疑、否定和
创新精神。对任何 SC－DNA 突变体，均允许它发表和参与竞争，并用民主的

方法进行优胜劣汰的选择。

外封闭是自己妄自尊大，实行闭关自守或闭关锁国，拒绝任何形式的文化交流，将所有外来文化都宣布为落后、腐朽和反动，将其拒于国门之外。禁止国人接触、转录、翻译和传播，力图保持社会系统内部意识形态和文化的纯洁性。任何外来文化的传入都被说成是文化渗透或文化侵略，并立刻加以阻止和镇压。总之，是让社会成员只能听见社会系统内部的一个声音，听不到任何外部的声音。

外开放首先要有大度、宽容和包容的文化心态，承认文化的多元性和多样性。实行对外开放，欢迎和积极推进对外文化交流，虚心汲取任何外来文化的优秀成分。在维护和发扬民族文化的前提下，鼓励国人接触、转录、翻译和传播外域的先进文化，在比较中汲取，在批判中继承，做到和而不同。总之是让社会成员不但能听到社会系统内部的声音，而且还能听到外部的声音。

一般来说，实行内外都开放的文化政策的社会发展和进化最快。实行内开放而外封闭，或者内封闭而外开放的社会能够发展和进化，实行内封闭和外封闭的社会则陷于停滞。

DNA 和 SC – DNA 的比较研究

我们的研究发现，生物遗传基因 DNA 和社会文化 – 遗传基因（SC – DNA）的本质是相同的：都是遗传信息，都遵守中心法则，都有自复制（转录和翻译）功能，都有类似的结构，都有突变和进化的能力。

在此前提下，我们还能继续寻找出 DNA 语言和 SC – DNA 语言的许多相同或相似属性：从语法上看，都有实词和虚词的区别，都有标点符号——起始号（英语每句话开头字母大写）、逗号、句号和惊叹号。从编码的数量上看，最多只有总量的 5% 是发挥功能的有效基因，其余 95% 都是不发挥功能的无效基因——沉默基因或冗余码。最有趣的是，从传播功能上看，前面讲过的病毒（噬菌体）对细菌的入侵——病毒的蛋白质留在细胞壁外面，只把

DNA 注入里面，细菌自己原来的 DNA 就停止工作了，而病毒的 DNA 则在细菌内部复制出一群新病毒，最终结果是细菌死亡，一群新病毒出来了——这跟地球上古今中外到处都在发生的"文化入侵"是一模一样的。从克隆角度看，利用体细胞进行繁殖的生物克隆技术，在过去短短 20 年里，已经从异端变成了被普遍接受的做法，与之相似的"文化克隆"——抄袭、变相抄袭和仿制，不但古已有之，而且在当今电脑普及的时代变得更简单、更常见了。在国家层次上，不遵守知识产权法的"文化克隆"和"技术克隆"也在暗中进行着。

　　DNA 和 SC-DNA 属性的相似点还表现在遗传性疾病上。在本文前半部分我们讲道，"人的 DNA 先天带有微小差错，降生后就会有后天不可避免和难以根治的疾病"。同样的问题也发生在文化上。一种民族的 SC-DNA 如果有先天的缺陷，在它的文化和文明表型上也会出现相应的病态。例如，古汉语没有与印欧语言相应的判断系词"To be"（是）及其动名词"Being"（存在），这一基因缺失导致中国古代哲学在形而上学和逻辑学方面的缺陷，乃至哲学思维方式与西方哲学不同。中国社会科学院哲学研究所尚杰写道，透过西方文字的"Being"，可以追溯到亚里士多德形而上学的"本体"和附属于本体的属性或形式的学说。化为形式逻辑，则是以同一律为基础的三大逻辑规则。Being 不但是哲学与逻辑统一的基础，也是宗教、科学的基础，又是以主体—客体或文化—自然为代表的各种范畴——对立的基础，总之，Being 标志着一种"垂直的逻辑"思维模式；汉语中的"是"从传统使用中就没有严格的形式逻辑意义上的系词词性，而是一种横向的类比思维，也就是把不一样的事物，说成是一样的。在文学传统上称之为"兴"，即所谓"象征"。在效果上，汉语思维传统属于一种"横向的逻辑"思维传统，它模糊西方意义上的学科界限。[①] 这造成的文化缺失和文明差异就大了去了！

　　DNA 和 SC-DNA 属性的相似点还突出表现在杂交能力和杂交优势上。人类在远古时代就开始进行动植物的有性杂交或无性杂交，以培养更优良的品种。我们现在知道，生物杂交都是供体和受体的 DNA 重组。譬如，2009

---

　　① 尚杰：《从中西语言的差异追溯中西哲学的差异》，《杭州师范大学学报》2008 年第 5 期。

年 5 月爆发的 A 型 H1N1 流感，就是人流感、猪流感和禽流感的三种 DNA 片段重组的突变体；它先在一个受体上完成，然后传染开来。文化也有相同的杂交能力和杂交优势。譬如，笔者在 1990 年为联合国教科文组织撰写《汉字文化圈》时，就发现日本文化是多国文化 SC - DNA 片段的嵌合体：A. 美国的科技和管理，B. 英国的议会，C. 中国的儒教文化，D. 丹麦的农业技术，E. 欧洲的基督教，F. 法国的艺术，G. 德国的君主立宪制，H. 荷兰的医学，I. 印度的佛教，J. 日本的原生文化，R. 俄国的文学和苏联的马列主义。① 另一个众所周知的先例就是马克思主义，列宁有专文论述，它有三个来源和三个组成部分。林语堂曾说，世界上最美好的生活是"住美国房子，娶日本老婆，开德国汽车，吃中国饭菜"。林先生的隽语同鲁迅的"拿来主义"是相通的，均道出了对待外来文化和文明的正确态度——只要好就学，就拿过来；管他东方还是西方，A 国还是 B 国！这是最正确的文化政策。

此外，DNA 和 SC - DNA 属性的相似点还表现在都有排异反应。排异反应是指人或高等动物在接受器官移植后出现的异常反应，严重时可致死亡。其原因是供体器官相对于受体是个入侵的异体，于是受体的免疫系统就动员起来，造成全身高烧等不良反应症状，竭力要把这个异体消灭或排挤出去。现代医学对付排异反应的办法是永远按时服用抗排异药物，而抗排异药物是可以慢慢减量的，可见受体对来自供体的异体器官，是可以慢慢接受甚至同化的。在进行文化移植时，经常会发生类似的"文化排异反应"。例如，中国自汉代输入印度佛教，直到唐代，一直有文化排异反应，出现过多次排佛和灭佛的高潮；可是，到宋代以后，这种排异反应就基本消失了——佛教被同化了。到现代，中国人则一般把佛教看作自己的传统文化。欧洲人接受犹太人的基督教就更是这样了。类似的情况发生在近代亚洲，在接受来自西方的现代科技文化的过程中，亚洲各国都经历过反反复复的排异和吸收。

怎样解释同生物排异反应非常相似的文化排异反应呢？从表面上看，这是文明表型的冲突，而实际上是 SC - DNA 基因型的冲突，是等位基因竞争造

① 闵家胤：《进化的多元论——系统哲学的新体系》，中国社会科学出版社 1999 年版，第 465 页。

成的。试看，人类器官移植，如果是在异卵双胞胎之间做的，由于 DNA 基因型非常接近，表型出现的排异反应就很小；而如果是在同卵双胞胎之间做的，由于基因型完全一样，就不会出现任何排异反应，当然就不用吃任何抗排异药。就文化而言，当代基督教文化和伊斯兰原教旨主义文化，一个信奉上帝，另一个信奉"真主"安拉；一个"三权分立"，另一个"政教合一"；一个实行"一夫一妻制"，另一个实行"一夫四妻制"；一个认可妇女穿超短裙和比基尼，另一个要求妇女裹黑色的伊斯兰服装，只露两只眼睛。这些不是两种 SC－DNA 当中不能兼容的等位基因吗？它们怎能不冲突！

当然，DNA 和 SC－DNA 的第一个不同点是：如前所述，生物获得性不遗传，而人类获得性遗传。例如，大家都知道，细菌对某种抗生素产生了耐药性，它们的后代会一直具有这种耐药性，于是人类只好研制新的抗生素。这很像是获得性遗传。然而，进一步分析发现，这不是拉马克意义上的获得性遗传，因为它既不是用进废退，也不是经验积累。这是达尔文进化论"物竞天择，适者生存"的自然选择机制造成的。也就是说，细菌有个体差异，原来占大多数的不耐药的个体减少了，而原来只占少数的有耐药性的个体繁殖成多数了。可是，我们在人类的近亲黑猩猩身上，确实可以看到获得性遗传的原始表现：电视纪录片曾经演示，非洲森林里有几只黑猩猩，它们在捡拾掉在地上的坚果。它们用牙咬不开，用前掌掰不开。有一只黑猩猩动了脑子，带领大家到河滩捡来鹅卵石；把坚果放在平坦的巨石上，然后用鹅卵石砸开。接下来，它们又教小猩猩也这么做。这段纪录片让我们活生生地看到了，为适应自然环境而生存，开动脑筋，运用试错法，行为创新，积累经验，通过演示和口授，将新行为和新经验传授给下一代——人类远祖的获得性遗传，SC－DNA 遗传，就是这么起步的。

DNA 和 SC－DNA 的第二个不同点是：DNA 是体内遗传，单一信道；而 SC－DNA 是体外遗传，多信道。生物遗传信息（DNA）单一地、等量地存在于单细胞生物的染色体中，生物遗传的通信系统模型这条单一信道，单向地传递。在多细胞生物的身体内，生物遗传信息（DNA）仍然单一地、等量地存在于每一个细胞内的染色体中，但只有生殖细胞染色体内的 DNA 参与遗传过程，实际跟单细胞生物的遗传过程是一样的。这都是悄悄地在体内完成的。

相反，社会遗传信息 SC－DNA 分散地、不等量地存在于个体的头脑中，最初通过模仿、口授、手写和表演等信道进行体外遗传，在人际和代际之间传递。从中世纪以来，书籍成为 SC－DNA 的主要载体，图书馆成为主要的文化信息库，学校成为主要信道。近代以来，报纸、杂志、邮政、电报、电话、留声机、广播、照片、幻灯、电影、电视、传真、光碟、手机、电脑、网络等媒体和信道相继进化出来，社会遗传真正成为多媒体—多信道的遗传过程。

特别是国际互联网的应用，把人类各民族用各自语言编码的 SC－DNA 统一地用只有两个字母（0 和 1）的电子数字语言编码储存，构成一个人类社会公用的文化信息库。每个拥有电脑或手机的个人，都变成一个终端（信宿），都开辟出一条信道。既可以便捷地从中提取信息和通过它与他人通信，又可以把自己生产的文化信息贡献给全人类。人类社会的数字化，整个社会的数字化，直至个人的数字化，都将是不可阻挡的趋势。人人都有必要终生学习，又都可以终生接受教育。这样一来，社会文化－遗传基因（SC－DNA）的遗传过程就无处不在和无时不有了。

SC－DNA 不仅有体外遗传，而且有社会系统之间的遗传，而生物群体之间是没有这种形式的 DNA 流动的。这种透过社会系统边界的文化遗传过程，如果是主动学习就被称为文化交流，如果是被动强加就被称为文化侵略。

DNA 和 SC－DNA 的第三个不同点是：DNA 的进化机制是随机突变，自然选择；SC－DNA 的进化机制是自创造突变，社会选择。DNA 随机突变—自然选择的进化机制前面已经讲过了，毋庸再述；那里面没有意识的参加，主要是偶然性在起作用。SC－DNA 自创造突变—社会选择的进化机制则是一个崭新的问题、复杂的问题，因为加入了一个新的元素——意识，而且增加了社会选择。

简单地说，作为复杂系统的生命系统的进化历程是：自组织→自稳定→自修复→自复制→自创造。由 DNA 控制的生物体，即便是最高级的灵长类，也只有自复制功能，没有自创造功能。由 SC－DNA 控制的人，则高出一个档次，进化出了自创造功能。自创造器官是人的大脑。人的大脑是社会－文化遗传信息的学习器、存储器和创新器，从此 SC－DNA 的进化就发生在这个专门的器官里了。在人的大脑最发达的新皮层、额叶涌现出意识。意识又称自我意识、主体意识和主体性；活动着的意识一般地称为精神。意识活动的特点是指向性、监控和目的性，文化创新就成了在个人意识监控之下的有目的的创造活动。

文化的自创造突变经常以灵感（顿悟）的形式首先出现，它们无中生有地从无意识深层结构涌现出来。来也匆匆，去也匆匆，无影无踪。当某一个灵感偶尔被意识捕捉住了，被意识加工成新的构思、新的概念、新的模型、新的命题、新的理论，就成为文化自创造突变体。文化自创造突变进化的基本原则是否定，新的突变体经常要通过同现存 SC－DNA 中的等位基因竞争，然后取而代之。怀疑、审问、批判、否定就成了它前进的步伐。这本来也是一个自由竞争和自然选择的过程，但是在社会系统中多了一个社会选择。

社会选择是社会的管理系统对文化自创造突变体的选择。社会管理系统有两种基本模式，一是民主政体；二是专制政体。相应地，也有两种文化选择机制，一种是保障人权的自由－民主的选择机制；另一种是践踏人权的奴役－专制的选择机制。民主政体政教分离，政权和教会都不干预文化创新，保证文化信息在全社会自由流动、自由竞争。自由是最好的文化创新机制，民主是最好的文化选择机制。这样一来，社会成员的创新能力就充分发挥出来了，文化创新成果就不断涌现和传播下去。相反，专制政体政教合一，实行文化专制主义。祭起某种教条或信仰，作为意识形态，作为真理标准，作为统治工具；不许怀疑，不许审问，不许批判，不许否定，不许创新。这样，社会成员的创新能力就被封闭了，文化创新成果就不会涌现出来，更不会传播下去。

DNA 和 SC－DNA 的第四个不同点是：DNA 的进化速度缓慢，顶多呈算术级数；SC－DNA 的进化速度可以非常快，最快可以达到指数级数。这方面至今尚无成熟的理论，更没有精确的计算。我们仅从宏观现象知道，DNA 代表的生物进化在地球上经历了大约 50 亿年，才从微生物进化到人类所属的灵长类脊椎动物，而 SC－DNA 代表着人类文化进化，在近现代 500 年内完全改变了世界。

SC－DNA 的进化增加了获得性遗传就增加了反馈机制，人类便可以不断地从自己行为的结果中学习，不断改进自己的 SC－DNA；而文字、纸张和印刷术的发明又为 SC－DNA 的积累和传播提供了新手段，提供了精确复制、长期储存和快速传播的手段。近代欧美社会，理性战胜了信仰，奉行自由主义，而自由是最好的文化创新机制。个人获得解放，文化－信息生产力得到解放，SC－DNA 的自创新突变率就呈指数增长。欧美社会同时奉行民主主义，而民主是最好的文化选择机制。优秀的文化自创造突变体能迅速地被选择出来，陈旧的、虚假的、恶劣的能够被迅速淘汰，SC－DNA 的进化速度当然就呈指数增长。最后，SC－DNA 的传播信道不断增加，机械的、电力的、电子的信息处理－传播工具一个比一个效率高、速度快。全球化其实就是近代欧美社会这 500 年创造的科技文化、工业生产、市场经济和民主政治利用多种信道逐渐传遍全球。

DNA 和 SC－DNA 的最后一个不同点是语言。地球自然界所有生物，从病毒到人类，都统一地使用单一的只有四个字母的 DNA 语言，而地球上大多数民族都有自己的民族语言，相应地，各自记录 SC－DNA 的符号文字也大不相同。对于这个现象，生命进化经历了几十亿年，生物界单一的 DNA 语言很可能是在这个漫长的时限内逐步进化出来的；而人类的文化进化，才几十万年，用文字符号记录的文化进化最多不过 5000 年——不到前者时限的万分之一。诚然，由于地域隔绝，地球上曾经有几万种语言，随着现代交通和通信技术突飞猛进地发展，各民族的地域界限不断被打破，地球上语言的数量正在迅速减少。20 世纪初，人类共有约 5 万种语言，20 世纪末只剩下 3 万种了，而且以每年大约 200 种的速度继续减少。2009 年 2 月 19 日，联合国教科文组织发布新的《全球濒危语言地图》，其上标明 2511 种语言处在灭绝的边缘。照这个统计规律，人类社会自然语言进化的极限肯定是 1。此外，人类的元语言是相同的——元词类、元句型和元语法是相同的，所以各种语言之间是可以互译的。最令人欣慰的是，在 20 世纪已经进化出了单一的计算机人工语言；它只有 0 和 1 两个字母，可是能为所有民族的 SC－DNA 编码。

从以上比较研究，我们可以得出结论，DNA 和 SC－DNA 的本质和功能是相同的，多方面的属性也是相同的，不同仅在于 SC－DNA 的存储和进化方式要高级、先进和快捷得多。

SC－DNA 在社会系统中的最终决定作用

要讨论这个问题，首先要搞清楚"文化""文明""社会系统"三者的关系。在前面，我们已经把"文化"定义为"社会系统内的遗传信息""文明则是文化的社会表型"。由此，在现代社会中，文化决定文明是不言而喻的。我们又把社会系统定义为，在自然生态系统基础上进化出来的，由人组成的，并由人从文化信息库中提取信息进行人的、文化信息的和物质的生产的自复制－自创造系统。按照这个定义，社会系统内的三种生产（人的生产、文化信息的生产和物质产品的生产）的过程和产物是社会系统的主体，既构成了文明，也构成了社会；既是文明的自复制自创造，又是社会系统的自复制自创造。换句话说，文明是社会系统的全部内涵，社会系统则是全部文明的外延，它们所指是同一社会存在。在这个意义上，我们把"文明"等同于"社会"或"社会系统"。由此可以得出结论说：既然文化决定文明，那么文化就决定社会；或者说，最终是文化在社会系统中起决定作用。

在本文中所创建的社会文化－遗传基因（SC－DNA）学说理论框架中，我们可以像上面这样用演绎推理证明"SC－DNA 在社会系统中的最终决定作用"。我们还可以像下面这样用类比法论证这个命题。

文化是社会系统内的遗传信息，文明则是文化的社会表型。SC－DNA 在社会系统中起最终决定作用。对这两个命题，我们还可以用排除法证明，就是说用事实证明曾被认为是社会历史的决定因素的强权政治、强大武力、强人意志在同先进文化的较量过程中，最终都是先进文化取得胜利；即便是经济决定论、人心决定论，分析到最后不过是文化最终决定论的次生表现形式。把曾经和可能被视为社会系统中的决定因素的这四个因素都排除之后，剩下的"SC－DNA 在社会系统中起最终决定作用"的判断却是不可能被排除和推翻的。

古希腊的雅典实行"民主政治"，为文化发展提供良好的社会条件，是文化的"百花园"。斯巴达实行贵族寡头政治，缺少文化事业，只搞军事训练，是一个军纪严明的大兵营。公元前431年，伯罗奔尼撒战争爆发，以雅典为首的提洛同盟和以斯巴达为首的伯罗奔尼撒联盟展开决斗。公元前404年，雅典战败，走向衰落，斯巴达成为希腊不可一世的霸主。然而，最终的胜利者是雅典，因为它辉煌的古典文化决定性地塑造后世欧洲，远播全球，而斯巴达呢？早已消失得无影无踪。

继承古希腊文明的罗马，把欧洲古典文化推向新的高度。罗马三次被蛮族打败。公元前390年高卢人，公元378年西哥特人，公元455年汪达尔人，先后攻陷罗马。罗马遭到三次洗劫，帝国走向分裂和衰亡。然而，罗马依然是最终的胜利者，因为它的文化"充当从蝴蝶到蝴蝶之间的卵、幼虫和蛹体"①，在后世重放光芒，而那三个武力强大的蛮族呢？还是消失得无影无踪。

同样的故事发生在中国。中国古代文化在宋朝达到高峰，可是宋朝在军事上却非常软弱，被史家称为"无兵的文化"。在同强大的辽金和蒙元的长期对垒中，节节败北。最后，宋朝是灭亡了，中国遭受蒙元铁蹄的践踏，汉人遭受蒙古人100年的奴役。然而，汉人是最后的胜利者，因为汉文化延续至今，而且还会继续发扬光大，而蒙古人呢？正如柏杨在《中国人史纲》中所说，由于蒙元实行民族分治，拒绝接受汉族文化，结果他们来的时候是什么样子，100年后被赶回草原还是什么样子。

倘若接受汉文化又会怎么样呢？那就会被同化掉，清朝即为一例。满族原本是山海关外半农耕半游牧的少数民族。他们人数不多，可是武力强大。入关后，八旗兵横扫中原，所向披靡；满族凭借武力建立起最严酷的政治专制主义和文化专制主义政权。可能是接受了蒙元的教训，满族上层全面接受汉族文化，他们的统治延续了250年。可是，满族和满文化基本上是被同化掉了。现在，没人知道八旗兵去哪了，只是在北京还留下几个地名，如蓝旗营、镶黄旗之类。满族人又在哪儿呢？只剩若干老北京，自称"旗人"。在北京后海沿街，每天提着鸟笼子哼几句京戏唱腔，他们反倒成了汉族京味文化的保存者。

---

① ［英］A. J. 汤因比：《文明经受着考验》，浙江人民出版社1988年版。

强大武力斗不过文化，强权政治斗不过文化，强人意志又怎么样呢？还是斗不过文化！让我们举倒子说明吧。

古代虎狼之秦席卷天下，包举宇内，囊括四海，并吞八荒，[①] 秦始皇的个人意志可以说是扩展到极点了。他可以逞个人的意志调集全国主要劳力修长城，他做到了，留下千古伟业；可是，他凭一己之私意焚书坑儒，彻底清除前朝六国文化，只留下千古骂名。如杜甫诗歌名句"尔曹身与名俱灭，不废江河万古流"。这万古流的江河，就是文化。

关于经济决定论，尽管马克思从来没说过自己是经济决定论者，可是他仍然被大多数思想史家认作经济决定论者。本文承认和继承马克思历史唯物论关于经济基础和上层建筑的学说。在我们建立的社会系统新模型中，"物质生产系统"仍然放在基础的位置，而包括生产、分配和消费的物质生产全过程就是经济。在社会－文化遗传的通信系统模型中，"生产"决定和制约整个"文明"，而"文明"即"社会"。本文所进行的补充只是说，在社会的"物质生产"之前总得有"人的生产"和"文化的生产"。如马克思自己所说，"最蹩脚的建筑师从一开始就比最灵巧的蜜蜂高明"，因为"他在用蜂蜡建筑蜂房之前，已经在自己的头脑中把它建成了"。[②] 在工业社会－文化遗传的通信系统模型中，本文所进行补充的是，"生产"要有"技术"（S－tRNA），而"技术"来自"科学"（S－sRNA）。在工业和信息社会，科学技术成为第一生产力，科学技术决定"生产"，科学技术决定"经济"，当然现代科学技术文化就最终决定现代社会。

关于人心决定论。中国的史家向来有"得人心者得天下，失人心者失天下"的口头禅。毛泽东也说过："在世间一切事物中，人是最宝贵的因素。"那么，是否"人心"是社会系统的最终决定因素呢？首先，我们承认，"人"或者说"人心"，是社会系统中的原始变异点；人心变了，人心丧尽，一个政权肯定会灭亡。中国史家的断语是不错的。贾谊的《过秦论》就立论在这个信条里。可是，那毕竟只是决定政权的更迭，也就是说，

---

① 《过秦论》。
② 《马克思恩格斯全集》第二十三卷，人民出版社1972年版。

只决定社会系统的一个方面，只决定一时一事。其次，"人心"是什么？这里谈论的"人心"，决不是一团团的血肉，而是文化信息的接受器。对绝大多数人来说，要么接受传统文化，要么接受外来文化，要么接受新出现的流行文化——某种社会思潮。结果，具有共同文化取向的"人心"占到社会的大多数，就会形成维持、破坏或推动社会的力量，然而，"人心"毕竟只是文化的工具，而且经常是盲目的工具，外国有十字军、党卫军、塔利班，他们都曾充当某种文化、社会思潮的盲目工具。所以，最终还是社会文化－遗传基因（SC－DNA）在背后决定社会。

在这篇文章中得出"SC－DNA 在社会系统中起最终决定作用"的结论为什么加"最终"二字。在社会系统中，帝王的强人意志，专制的强权政治，蛮族的强大军力，都可以杀害文化人，都可以毁灭文化，都可以一时决定社会的兴衰存亡，可是好景不长。长久来看，最终还是文化决定社会，文化决定社会的命运和社会的进化。经济固然是社会的基础，可是现代社会有比经济更基础的基础，那就是教育和文化。如果没有具有原创能力和自主创新能力的教育和文化做基础的经济，多是来料加工和组装，大不了做世界工厂。人心向背固然可以决定政权的存亡更迭，可是人心不过是社会－文化思潮发挥最终决定作用的工具。

当代在全球范围内，我们首先看到的是大国之间军事力量的竞争，可是，一位思虑深刻的观察者应该在军事后面看到政治，在政治后面看到经济，在经济后面看到科技，在科技后面看到教育，在教育后面看到文明，在文明后面看到文化。在人类社会中最终是社会文化－遗传基因（SC－DNA）的竞争，一如在生物界最终是生物遗传基因（DNA）的竞争。

除以上用演绎法、类比法和排除法证明外，下面我们还可以用归纳法证明，就是说我们可以列举无数的历史和社会事实，证明在人类的任何一个社会系统内，其文化对其社会的起源、形成、上升、发达、停滞、变革都起决定作用。尽管文化和社会始终是互动的，但是社会文化－遗传基因（SC－DNA）经常是自变量（X），社会是应变量（Y）。我们有：

文化发展和社会发展的函数关系式 $Y = f(a, b, c, d, e, f) X$

其中：a 是文化发展的自然环境（a——低于平均值的负值）；

b 是文化发展的社会环境（b——低于平均值的负值）；

c 是社会成员的文化创造能力（c——低于平均值的负值）；

d 是社会的文化政策（d——低于平均值的负值）；

e 文化创新自由度（e——低于平均值的负值）；

f 是外来文化信息流（f——低于平均值的负值）。

在这个关系式中 f（a，b，c，d，e，f）肯定是个非线性函数，可是 Y 确实同 X 有接近于是线性函数的发展关联性——注意这里 Y 不是任何经济指标，而是社会发展或社会系统发育。

以我们最熟悉的中国文化史和中国社会史的发展曲线来看，这种函数关系是非常清楚的。夏、商、西周三朝中国文化起源和社会起源。东周（春秋战国）诸侯割据，当时连年战乱，社会物质生活条件并不好（b），可是文化创新自由度高（e），出现文化发展的黄金时代，中国 SC－DNA 的主要基因形成。克服暴秦的短期破坏，两汉魏晋南北朝吸收周边游牧民族外来文化（f），吸收印度佛教文化（f），社会文化政策较为宽松（d），中国文化－社会上升。唐宋两朝文化政策更为宽松（d），融合外来文化完成（f），形成儒道释三元文化结构，中国文化－社会处在发达期。元明清三朝是文化落后的游牧民族或社会集团统治，用科举制度摧毁士人的文化创造能力（c），用文化专制主义（d）遏制文化发展自由度（e），用闭关自守阻挡外来文化（f），结果是 600 年文化发展停滞导致 600 年社会发展停滞。晚清民国时代，欧、美、日外来文化冲击中国传统文化（f），造成 5000 年从未有过的文化－社会大变局；终结帝制，走向共和。

从中国现代史来看，毛泽东名言："十月革命一声炮响，给我们送来了马克思列宁主义"（f），中国社会立刻开始了翻天覆地的大变化。1919 年五四新文化运动实为文化革命，它为中国现代史上的武装革命、政治革命、经济改革和社会进步拉开序幕。伴随着清王朝瓦解，又一次礼崩乐坏，军阀混战。中国再次出现短暂的"春秋战国"时代，社会物质生活条件并不好（b），可是社会文化政策较为宽松（d），文化创新自由度高（e），来自欧、美、日和苏联的外来文化信息流强劲（f），于是出现文化发展的短暂的黄金时代和高峰，出现一批至今仍令后人叹服的大师。那20年的文化成果，到今天仍然对中国社会有积极的影响。

从中国的当代史来看，总体来说，后30年比前30年发展得好，文化－社会发展迅速。20世纪50年代文化－社会发展较快，多得力于来自苏联、东欧的文化信息流强劲；"文化大革命"十年运动不断，(b)，(c)，(d)，(e)，(f) 四项均为负值，文化－社会又停滞了10年。打破停滞状态依然是思想解放运动开路，然后才有其他各项改革。后30年文化－社会发展之所以快，原因是 (b) (c) (d) (e) 四个变量都比前30年好得多，特别是中国出现了历史上从未有过的全方位开放，各个方向的外来信息流 (f) 都非常强劲。当然，从2008年10月开始的全球性金融危机给中国很大冲击，加深了我们对自己的认识不足。严重依赖外国的外向型经济——出口顺差，和同样严重依赖外国的外向型文化——文化逆差，均不利于中国在国际竞争中立于不败之地。英国前首相撒切尔夫人曾说，中国不会成为超级大国，因为中国没有那种可用来推进自己的权力而削弱我们西方国家的具有国际传染性的学说。今天中国出口的是电视机而不是思想观念。这话至少值得深思。至于要解决中国的"文化软实力"问题，增强"发展后劲"，像毛泽东说的"中国应当对于人类有较大的贡献"，就必须造成有利于文化发展的社会环境。

我们再来看欧洲。从古代到20世纪初，为什么欧洲的文化－社会进化实际比中国发展速度快好几百年？带着这个问题，近年来，笔者重新研读欧洲史，并得出了答案。

笔者曾在欧洲多个国家居住或旅游过，发现欧亚大陆西端的西欧，其自然条件要比东端的中国好得多 (a)。全年气温适中，雨量均匀，绿茵遍布，中国可能只有昆明一地的气候可以同西欧相当。欧洲三面环海，有开放的地理环境；中国则被雪原、沙漠、大洋和热带丛林包围，陷于封闭的自然环境。

另外一个发现是，在公元前221年，秦始皇吞并六国，统一天下，结束了春秋战国几百年以来的分裂局面。21世纪，欧洲才在欧盟的名义下，以国家联盟的形式逐步实现松散的统一。所以，欧洲过去3000年的时间都相当于中国的"春秋战国"，分裂的十几个中小国家总是打来打去，然而相对于文化发展却是个有利的条件。由于保有十几个"文化发展的变异畴"，文化人优游其间如鱼得水（b）。总之，近代 400 年，欧洲文化各个领域做出创新成果的大师，大部分都受到过某种形式的迫害，可是他们能在各国躲来躲去。同一个问题，可以在不同的国度同时研究，互相竞争，又互相交流。如一本书在 A 国不能出版，可以到 B 国出版；一种学说在这几个国家被禁止，却可以在另外几个国家大行其道（e）。更有利的是，近代西欧国家多是皇权贵族专制主义，许多贵族不仅物质生活富有，而且精神生活也富有；他们像我们战国时代的孟尝君、春申君、信陵君、平原君那样养士。俗话说，每个成功男人的背后都有一个强大的女人。笔者在此套用这句话，近代欧洲每一个成功的文化人，身后都有一个或两个，甚至几个贵族。更重要的是，宗教改革后，基督教新教倡导以宽容（tolerance）对待异端，甚至有时自己就是异端的孵化器（d）。

假定大自然或上帝是公平的，它最初在欧亚大陆两边降下的具有创造力的人才是一样多的。再让我们假定，这些有创造力的人才都同样生于苦难，都同样遭受社会摧残，最终能做出文化创新成果的均为少数。可是，欧洲历史上迫害异端一般都是只杀本人，而中国古代却多一个灭门九族；不仅消灭你的社会文化－遗传基因（SC－DNA），连你的生物遗传基因（DNA）都清除得干干净净。再加上中国比欧洲多一个读死书、写八股文、考科举和做官的仕途，将文化人身上最后一点创新的灵性都早早消磨掉了。一年复一年，一代复一代，几千年过去了，在中国人当中，世故、圆滑、守旧的乡愿越来越多，具有文化创造力和敢于直言的人越来越少。

当然，文化创新最重要的社会条件是自由。换句话说，社会文化空间的自由度决定文化发展的速度，进而决定社会发展的速度。哪个社会有自由，哪个社会就有文化的繁荣和发展；同一个社会，哪个时期有自由，那个时期文化就进化得快；同一个国度，它的哪个领域有自由，哪个领域的文化就发达。随着中国改革开放的进程不断向前推进，文化创新的自由度肯定会逐渐提高，中国人潜在的文化创新能力一定会逐渐焕发出来。

再看最后一个因子——外来文化信息流。欧洲一直开放，且多次成为多种文化的交会点。古希腊文化就是古埃及文化、古巴比伦文化、古波斯文化、腓尼基文化，同米诺斯文化和迈锡尼文化，在希腊半岛交汇的高峰值。继承希腊文化的罗马文化，又同基督教《圣经》代表的希伯来文化交汇，奠定欧洲文化的两条主根。文艺复兴造成的文化高峰，则是古希腊罗马文化同阿拉伯文化，以及印度文化、中国文化（科技实学）的某些成分交汇的结果。随后，欧洲文化进步的动力主要来自北方日耳曼文化的冲击，特别是他们带来分权的社会模式。所以，近代欧洲出现的现代科学技术文化，实际是欧亚非十几种文化的优秀成分层层融会叠加出来的，当然加上了欧洲十几个国家（十几种文化进化）在自由民主的社会环境中的文化创造。

综上所述，从 15 世纪到 20 世纪，欧洲的 f（a，b，c，d，e，f）中的 6 个变量都是正值，相比之下中国的 f（$\underline{a}$，$\underline{b}$，$\underline{c}$，$\underline{d}$，$\underline{e}$，$\underline{f}$）6 个变量都是负值。在这 600 年里，欧洲焕发青春活力，快速奔跑；中国老态龙钟，原地昏睡。欧洲进化出高于一个时代的近代和现代科学技术文化就完全可以理解了。

然而，同样是欧洲，从公元 313 年基督教成为罗马国教到 14 世纪左右的文艺复兴，也经历过大约 1000 年的中世纪"黑暗时代"。基督教信仰压倒了古希腊罗马的理性和人文精神，罗马教廷和拜占庭教廷在各地建立政教合一、军政合一的神权统治，天主教教会用宗教裁判所消灭异端，再加上接连不断地有文化落后的蛮族入侵。这样一来，由于欧洲文化发展系数 f（a，b，$\underline{c}$，$\underline{d}$，$\underline{e}$，$\underline{f}$）中有四个变量是负值，照样是文化发展停滞导致社会停滞，跟中国的元明清三朝相似。

在欧洲，改变这种停滞状态，依然是文化革命开路——文艺复兴、宗教改革和启蒙运动，然后才有科学革命、技术革命和工业革命，然后建立市场经济体制。在市场经济发达和资产阶级壮大之后，才发生政治革命，建立三权分立和议会民主制国家。两相对比，文化发展推动社会发展，可以看得很清楚。同样，文化进化自由度对文化发展起决定性作用，也可以看得清楚。

经过这么多论证之后，对"SC－DNA 在社会系统中起最终决定作用"这个命题仍旧有疑虑，那么可以用完全归纳法"Sn＋1"进行最后的证明。如果笔者已经对地球上现有 n 个社会进行考察，证明上述命题对 n 个社会为真命题，那么下面笔者就要证明它对 n＋1 个社会仍然是真命题。

美欧已经发射"伽利略"探测器（Galileo probe）寻找地外文明。设想在今后的某个时候，人类在遥远的宇宙空间找到了一颗类地行星，按其自然条件的基本数据，适合复制地球生物、人类和人类社会。可惜的是，那颗类地行星太远了，宇宙飞船要飞 300 年才能到达。因此，只能靠智能机器人携带克隆设备，携带地球动植物主要物种的 DNA，携带地球四个人种的 DNA，到那里去克隆。怎么复制第 n + 1 个社会呢？显然，只需智能机器人携带一张芯片——五维光记录，信息量是现有芯片的一万倍。上面转录有占人类社会文化 - 遗传基因（SC - DNA）中 5% 的功能基因。待新人类克隆出来之后，由智能机器人用 5% 的 SC - DNA 功能基因教育他们，向他们讲述地球人的故事，同他们一起学习、设计、建造和生产，地球 Sn + 1 社会肯定就在遥远的类地行星上复制（翻译）出来了。

有迹象表明，党和国家领导人对此有深刻认识。在 2014 年一年内，根据笔者的不完全统计，习近平总书记在公开讲话中采用"文化遗传基因"这一概念就有多次，譬如：

2014 年 3 月，习近平主席到德国访问，在一所孔子学院，他说，这些都是中国文化的基因。

2014 年 7 月 15 日，在巴西出席金砖国家领导人会议期间，中国国家主席习近平答拉丁美洲国家记者提问时说，中国人民爱好和平，中华民族的血液中没有侵略他人、称霸世界的基因。

2014 年 9 月，习近平总书记出席纪念孔子诞辰 2565 周年国际学术研讨会并发表讲话，"对人类社会创造的各种文明，都应该采取学习借鉴的态度，都应该积极吸纳其中的有益成分，使人类创造的一切文明中的优秀文化基因与当代文化相适应、与现代社会相协调，把跨越时空、超越国度、富有永恒魅力、具有当代价值的优秀文化精神弘扬起来"。

2014 年 10 月，在中共中央政治局就我国历史上的国家治理进行第十八次集体学习会上，习近平总书记指出："中华传统文化源远流长、博大精深，中华民族形成和发展过程中产生的各种思想文化，记载了中华民族在长期奋斗中开展的精神活动、进行的理性思维、创造的文化成果，反映了中华民族的精神追求，其中最核心的内容已经成为中华民族最基本的文化基因。"

2014 年 11 月 11 日晚，国家主席习近平在中南海同美国总统奥巴马举行会晤时，习近平指出，要了解今天的中国、预测明天的中国，必须了解中国的过去，了解中国的文化。当代中国人的思维，中国政府的治国方略，浸透着中国传统文化的基因。

2014年12月14日，习近平总书记视察南京军区机关并发表重要讲话，叮嘱军区领导要把红色资源利用好、把红色传统发扬好、把红色基因传承好。

此外，另据2014年10月26日《北京晚报》报道，中央政治局常委、中央纪委书记王岐山在中国共产党第十八届中央纪律检查委员会第四次全体会议上讲话时说："中华传统文化的核心就是'八德'：孝悌忠信礼义廉耻。这些就是中华文化的DNA，渗透到中华民族每一个子孙的骨髓里。"

党和国家领导人对文化哲学创新概念"社会文化－遗传基因"的重视和采用，极大鼓舞了笔者的研究热情。笔者一定要把这项研究进行下去，深入下去，以期在文化哲学和中外文化比较研究方面作出更加出色的成绩，为中国社会主义新文化建设作出新贡献。

第十二章
价值和价值系统

　　中国知识界最初接触"价值"（value），应当是马克思在《政治经济学批判》和《资本论》两本书中所讨论的"使用价值""交换价值""一般价值"。相对于我们的论题，问题就产生了：政治经济学讨论的这三种"价值"同社会学和哲学讨论的"价值"是一回事吗？如果不是，彼此之间的关系会怎样？

　　在英文哲学书里讨论"价值"（value）多用复数形式"values"，为什么？用中文究竟应当怎么翻译？每个译者都会碰到的难题，就是中文的普通名词一般都没有复数词尾，只有称呼人的名词和人称代词有，如"同志们""老师们"，"你们""他们"，可是这里的"价值"不是人，肯定不能译成"价值们"，译成"诸价值""若干价值""多种价值"放到具体的语境中又显得唐突。所以，译者就只好根据自己对"values"的理解意译（猜译）为"价值观念"或"价值标准"。可是，这样的理解正确吗？这两种译法恰当吗？

政治经济学讲的价值

　　马克思在《资本论》中写道，"商品首先是一个外界的对象，一个靠自己的属性来满足人的某种需要的物""物的有用性使物成为使用价值""使用价值只是在使用或消费中得到实现""使用价值同时又是交换价值的物质承担者"。① 其实，使用价值没有什么好研究的，正如：米饭吃了饱肚，钢笔用来写字，电灯用来照明。那么，哲学价值论是不是要研究这些价值呢？肯定不是。因为，马克思说，"交换价值首先表现为一种使用价值同另一种使用价值相交换的量的关系或比例，这个比例随着时间和地点的不同而不断改变""作为使用价值，商品首先有质的差别；作为交换价值，商品只能有量的差别，因而不包含任何一个使用价值的原子"。② 因此，这种交换价值及其波动是由经济学中的市场学和价格学来研究。在现代市场上，各种商品的交换价值都以货币形式明码标出了，还需要哲学来研究吗？最后，哲学也不是要研究作为"使用价值"和"交换价值"合题的"一般价值"，即由"抽象的人类劳动"构成的"无差别的人类劳动的单纯凝结"，因为这个问题早就有了现成的答案："作为价值""一切商品都只是一定量的凝固的劳动时间"，更明确地说就是"生产使用价值的社会必要劳动时间"。③

哲学讲的价值

马克思阐明的这三个概念——"使用价值""交换价值""价值"。虽然均不是哲学研究的对象，可是恰恰给理解哲学研究的"价值"提供了线索。第一，哲学研究的"价值"的承担者必须具有使用价值，即它要对人有用，能满足人的需要；第二，必须要有交换价值，即它的使用价值须能够同其他的使用价值相交换；第三，不能有价格，因为有价格的东西都属于经济学所研究的商品的范畴。

按照以上三条标准来寻找答案，任何一个神智健全的人都会发现，哲学要研究的"价值"的承担者就是"人"。但是，这里所说的"人"不是作为有形的存在的肉体的人，因为肉体的人虽然肯定既有使用价值又有交换价值，

---

① ［德］马克思：《资本论》第一卷，人民出版社 1975 年版，第 47—48 页。
② ［德］马克思：《资本论》第一卷，人民出版社 1975 年版，第 47—48 页。
③ ［德］马克思：《资本论》第一卷，人民出版社 1975 年版，第 47—48 页。

但同时他是有价格的：既可明码标价在古代的奴隶市场上出售，又可以换取工资的形式在现代劳动力市场上变相地出售。

　　作为哲学研究的"价值"的承担者的"人"是指精神性的人，即"自我"。作为生物遗传和社会文化遗传两种生产过程产物的自我，被赋予了各种潜在的能力，这些能力无疑既有使用价值，又有交换价值，却没有价格价值。作为即时存在的自我是他的精神世界，即心灵，其中的每种组分都是有使用价值的，如知觉使自我获得外部表象，知性帮助自我进行创造性的思维和完成各种任务，理性起监控和指导的作用，情欲推动人进取，意志保证自我采取行动并坚持到底。同时，心灵又是有交换价值的，如俗语所说："人心换人心，四两换半斤。"可是，人的精神世界——心灵却没有价格。最后，作为历时存在的自我就是生命，其使用价值是完成多种业绩和任务，其交换价值是与他人的生命一命抵一命，但生命定不出价格——人是无价之宝。

　　这样，我们就找到了哲学上讲的"价值"的本初含义，"自我价值意识"的含义：个人对自我的能力、精神和生命的意义的意识叫自我价值意识，它是价值和价值系统的基础。自我价值意识是一种内在存在，是潜在的价值意识，必须通过各种实践活动才能外化、对象化，实现为真实的价值。我们平常说的"自我实现"实际上就是"自我价值的实现"的紧缩语。在人一生的成长过程中，自我价值意识是发生和成熟较晚的一种意识，相应地，在人类思想史上或哲学史上，它也是晚近才出现的一个观念。

　　哲学家们在讨论"价值"（价值观念）时，往往忘记了一个基本事实，价值仅存在于交换关系中。什么交换关系？从系统论的观点来看，那就是人同环境的交换关系。接下来，拿什么去进行交换？对于一个成年人，他能拿出去同环境交换的是他对环境改变的能力，是他的精力和生命。一个对自己潜在的能力、精力和生命有自我价值意识的人，当然会考虑，他把自己一生的能力、精力和生命拿到环境中去交换什么是最值得的。那就是他一生刻意要追求的，也就是他所要做出的"价值选择"，选定的就是他的"价值目标"。不同时代里不同的人，做出了差别很大的选择。

　　就人生价值选择而言，笔者就可以举出这样一些实例：有的人最高的价值选择是性，如小说《金瓶梅》中的西门庆。有的人最高的价值选择是食，笔者曾遇一男士，平生有钱就用来吃、喝、抽，他笑言："死后可留一副好下水。"有的人最高的价值选择是钱，如莫里哀名剧《悭吝人》中的主人公。有的人最高的价值选择是名，那些到处给自己制造名人效应，拼命往名人堆里挤的人可以作为典范。

当然，在人类社会里还有更高的价值目标，个人还有更高的价值选择。如基督徒选择上帝，和尚选择涅槃，道士选择顺应自然，儒生选择道德完美。在现代社会中，我们还看到许多科学家为科学真理献身，艺术家为美呕心沥血，革命志士为人民献身，教师为学生耗尽毕生心血，当然还有很多人为金钱、食色劳碌一生。

不同的人对最高价值目标所做的相去甚远的价值选择，清楚地告诉我们，他们对自我价值和人生意义确实有大不相同的理解，他们各人的脑子里确实有自己关于价值的独特的抽象概念在起作用。所以，把英文"values"意译为"价值观念"似乎有一定的道理。美中不足的是"价值观念"按字面意思可能被理解成"关于价值的观念"，英文词"values"可没有这层意思。顺着这个译法和思路，正确的理解似乎应当是："价值观念"就是"被赋予价值的那些观念"。

事实上，个人对人生意义的理解和价值的追求通常不是一个，而是两个、三个、多个，这就是英文"values"加复数词尾"s"的原因。于是，进一步的问题就产生了：如果诸价值发生冲突，不能得兼，那就必然使个人陷入两难，甚至多难的困境；个人就只能忍痛割爱，并被迫做出单一的选择。在那种情况下，决定取舍就得有个标准——孰轻孰重、孰前孰后。这可能就是"价值标准"的含义和用途。

《论语·卫灵公》中讲："志士仁人，无求生以害仁，有杀身以成仁。"《孟子·告子》里讲："鱼，我所欲也，熊掌亦我所欲也；二者不可得兼，舍鱼而取熊掌者也。生，亦我所欲也；义，亦我所欲也。二者不可得兼，舍生而取义者也。"这两段话为后世儒生立下了"杀身成仁"和"舍生取义"的价值标准。

《三国演义》中的徐庶，他忠于代表汉室的刘皇叔，憎恨"挟天子以令诸侯"的曹操。可是，当他接到被曹操软禁在许都的老母的手书之后，就陷入了忠孝不能两全的困境，经过激烈的思想斗争，他被迫做出了以"孝"为先的价值选择，忍痛揖别刘备，去了曹营。然而，他仍然忠于自己的价值观念，来了个"徐庶进曹营，一言不发"——至死不给曹操贡献攻打刘备的计策。

关于价值判断还有一个著名的例子，是柔石翻译裴多菲的那首小诗："生命诚可贵，爱情价更高；若为自由故，二者皆可抛。"它清楚地告诉我们，在那位年轻的革命诗人的心灵里，有这样的价值标准："爱情的价值高于生命的价值，自由的价值高于爱情的价值。"这样看来，把"values"译成"价值标准"似乎也有道理。如果人们能正确地将"价值标准"扩展地理解为"价值判断所依据的标准"，那就更好了。

然而，英文"values"毕竟只有一个"value"（价值）加上名词复数词尾"s"，字面上既无"观念"的意思，又无"标准"的意思。若将这两个词语按照分析稍作展开，明确地表述为"被赋予价值的观念"和"价值判断所依据的标准"，再译回英文，应当是"ideas to be endowed with value"和"standards for value judgments"。可是，在笔者阅读和翻译过的英文论著里，从来没有遇到过这样两个词组。根据《韦伯斯特国际大辞典》（第三版）和《牛津大辞典》编译的收词和词组最丰富的《英汉辞海》，也没有这样两个词组或类似的词组。同"value"词条并列的词组词条只是"value system"和"value judgment"。

那么，什么是"value"（价值）呢？在该词条下给出的几条词义解释里，与我们讨论的问题有关的有两条："8：某种本质上有价值的或吸引人的东西（原则、性质或实体）——常用复数形式。""3a：相对的价值效应或重要性：优越的程度——优先阶梯中的一种状况。"这里有"价值的东西"是"原则、性质或实体"，总之偏向于抽象的东西，而不是具体的实物。

但是，在这个世界上还有很多东西，也是我们生活所必需的，更是吸引我们去追求的，却不是可以用金钱来衡量和购买的，因而没有价格。举例来说，自然环境值多少钱？事业值多少钱？人格值多少钱？道德值多少钱？名誉值多少钱？良心值多少钱？友谊值多少钱？自由值多少钱？民主值多少钱？人权值多少钱？我们回答不出来。我们确实知道它们对人有非常重要的意义，也很值钱，甚至比一切能用钱买到的商品都值钱，但就是说不出一个价格来。它们正是"某种本质上有价值的或吸引人的"对人生有重要意义的"原则、性质或实体"——没有价格，但构成了"价值"。

这并不是说人不追求那些有价格的东西。人们可以去追求那些有价格的商品。任何有价格的商品需被抽象成无价格的概念，才能跻身"价值"的殿堂，成为人生追求的目标，获得与其他价值平起平坐的地位。

所以一般来说，哲学研究的"价值"都是对人有重要意义而又不可能定出价格的抽象概念或理念，它们是自我发现和认定的生命的意义，并成为自我实现所刻意追求的目标，甚至不惜为之付出生命。因此，我们可以说生命有目标就有意义，有意义就有价值；反之，生命失去目标就失去意义，失去意义就失去价值。

价值系统和价值判断

20世纪80年代末，笔者同《哲学译丛》的编审孟庆时先生一起复校一篇译文。他提出，为什么一定要把英文词"values"译作"价值观念"或"价值标准"呢？或许可直译为"价值"？对此笔者有同感，但是缺乏深入研究的可靠依据，因此不便给出肯定的回答。现在，笔者有把握地答复：应该将英文"values"准确地按字面意思直译为"价值"；既便于理解意思，又便于对它进行理论研究。

至于"value"为什么"常用复数形式"。如前所述，无论在个人头脑里，还是在每一种文化中，"value"经常是以"复数形式"存在——人们总是追求多种价值，而这些"价值"处在一种相互比较后形成的高低次第中，各自拥有相对的重要性。正如我们前面引的《英汉辞海》对"value"的"3a"条解释所言："价值"还表示"相对的价值效用或重要性：优越的程度——优先阶梯中的一种状况"。

既然"价值"一般都以复数形式存在，并且按"相对的价值效用或重要性"处在一种"阶梯中"，那么这些"价值"之间就有"A比B重要""B

比 C 重要""A 比 B 优先""B 比 C 优先"的关系。根据综合国内外诸家对"系统"下的普适定义"系统是我们在对象上发现的具有某种属性的关系",由此可以断言,不管是在人的精神世界中,还是在每一种文化中,都存在着价值系统。

如前所引,恰巧在英语中就有"价值系统"(value system)这个词条,在《英汉辞海》里是这样解释的:"value system:社会上已经确立了的价值、准则或目标。"这就启发我们,在每一个社会系统里,具体来说是在它的文化里,都有一套"已经确立了的"所有成员共有的价值。这正是西方的社会学家们在 20 世纪初研究"文化"的重大发现,他们以此对文化下了社会学的定义。我们还可以补充说,价值系统是由一个社会或一种文化的那些获得公认的价值组成,这些价值按其相对的重要性,或者说按价值赋值的高低构成等级结构。到此,我们就明白了,英文"values"和"value system"的所指是相同的,我们可以把"values"看作"value system"的缩略表达方式,因而,我们除了应该把"values"直译为"价值"外,还可以把"values"扩展译为"价值系统"。采用这两种译法可能要比译作"价值观念"或"价值标准"好些。

现在让我们尝试用"价值系统"这个概念来分析一些问题。需要说明的是,要把一个社会或一种文化的价值系统全部搞得很清楚,那会是很大的一个研究课题,非笔者在此稍加思索便能做出,但将其主要部分的大致序列讲清楚却不难。

在儒家文化及其占统治地位的社会系统里,其价值系统内的等级序列大致是这样的:第一层是"天"和"天理";第二层是"天下"(国家、民族)和"天子"(君、皇帝);第三层是"父"和"家";第四层是"个人"和"情欲"。在一级结构之下还有二级结构,试以"天理"为例,在儒家的"天理"里面,"道德"被赋予了最高一级的价值,而儒家道德的主要范畴又有高低不等的价值赋值。原始儒家有五德的价值等差序列为"仁、义、礼、智、信";新儒家(理学)有四德的价值等差序列为"忠、孝、节、义"。

儒家文化的价值系统是具有 A 型结构的农业 - 自然经济社会适用的价值系统。近代西方文化的价值系统则是进化出 M 型结构的工业社会 - 市场经济适用的价值系统。两者的结构在许多地方是互相反对的。例如，在儒家文化的价值系统里被排在最低等级的"个人""情欲""利益"的价值，在西方文化的价值系统里被排在最高等级。所以，当两种文化在中国相遇自然会发生激烈的冲撞，并引起中国社会发生周期性的振荡。这就是为什么现在还有"亚洲价值观"同"西方价值观"的争辩。

当前，中美两国总是在"人权问题"上发生分歧。笔者认为，与其说双方的价值观念不同，不如说双方具有不同的价值系统。美国现在采用的价值系统把"自由、民主、人权和法治"的价值摆在最高一级。在目前情况下，如果中国换用美国文化的价值系统，优先使全体公民获得完全的人权保障，享有充分的民主自由并实行法治，那就会危及国家稳定和发展。随着社会进步、经济发展、生活水平和文化水平的提高，中国人一定会不断追求赢得这些价值，跟其他发达国家一样。

价值和价值系统的作用是什么？笔者认为，心灵的价值系统有两个作用：一是确定个人的人生态度和为个人行为导向；二是在发生价值冲突时充当价值判断的依据。社会系统的基本关系是利益关系，在现代商品社会里尤其是这样。中国古语说："天下熙熙，皆为利来；天下攘攘，皆为利往。"价值判断是利益判断，具体来说，价值判断是权衡相对于个人的利益的轻重得失而决定取舍的判断。但笔者认为，即便是西方哲学界，也没有把价值判断界定得很恰当。

在《英汉辞海》里对"value judgment"（价值判断）的解释是，对事物、行为或一个实体价值（如善的、恶的、美的、合意的）的评判。这里显然把评判善恶的道德判断和评判美丑的美学判断都混同为价值判断了。

美国大学的哲学教科书里，作者正确区分了事实判断和价值判断，但仍然是错误地将价值判断与道德判断混在一起。他写道，价值判断有"应当"，"好""坏"，"道德""不道德"，"正确""错误"这样的词语。① 笔者认为在作者列举的句式中，只有"应当"句式属于价值判断，况且"应当"句式

---

① ［美］J. P. 蒂洛：《哲学——理论与实践》，吉平、肖峰等译，中国人民大学出版社1989年版，第192页。

中尚有相当大一部分属于道德义务判断。笔者认为，在中文词汇中，最典型的价值判断是采用"值得""宁……不……"句式的句子。除了前面列举的"杀身成仁""舍身取义"等价值判断的实例外，笔者还可以举出"宁饮建业水，不食武昌鱼""宁肯站着死，不愿跪着生"。

价值导向和价值多元

价值系统内每种文化的价值，无疑是文化遗传基因的重要组成部分，它们早已渗透到文化的各种形式当中——从宗教、哲学到文学、艺术，从教科书到低幼读物，真可谓无孔不入。每个社会的主导文化的价值系统都要通过社会的文化遗传过程，传输到每个社会成员的头脑中，代代相传。其结果就是每个社会系统的大多数成员都采用相同或相似的价值系统，这对保持文化的同一性和社会的凝聚力是非常重要的。

尽管这样，任何一个社会系统都不可能禁绝它的成员，接受非主流文化和外来文化的价值；也不可能阻止它的一些成员，根据自己独特的生活经历而形成新的价值；更不可能阻止个别成员头脑中的价值，同主流价值系统发生突变。具有变体价值系统的成员，将同他们所处的社会和文化格格不入。他们是特立独行者，是弥足珍贵的少数，肩负着造成变异和革新的使命。因此，宽容和保护具有独特价值系统的个体是社会进步和文化进步的必要条件。

系统科学为价值和价值系统提供了一种科学的解释。由贝塔朗菲和拉波波特等人阐述的一般系统论把"目标定向"看作开放的动态系统的基本特征之一。拉波波特进一步明确指出，"我们可以把系统的'目标'看作是一种由动态过程达到的稳态"。[①] 贝塔朗菲则注意到低等生物，如水螅或涡虫的发育过程"从不同的初始条件出发和沿着不同的路线进行却可以达同一终态、

---

① ［加］A. 拉波波特：《一般系统论：基本概念和应用》，钱兆华译，闵家胤校，福建人民出版社1993年版，第214页。

同一'目标'"。①

我们还可以补充说，生物都有向自然搜寻对自己生命有价值的目标来满足需要的本能。人不但有这种本能，而且在成为创造主体之后，更能接受那些较高的、抽象的、尚未成为实存的未来目标的导引。拉兹洛认为，那些为个人行为定向的目标即价值。笔者补充说，人和人组成的社会系统是由价值定向的，那些为人和人组成的社会系统定向的价值就是社会价值系统，又称为社会核心价值。它们是自然形成的，系统自己进化出来的，既不随某些人的个人意志而改变，也不接受他们随心所欲的强加。

这里，笔者特别指出，按照"广义进化原理"所说的"对称性破缺原理"，社会价值系统也是朝对称性破缺即多样性增加的方向前进。因此，任何社会，除主流价值即核心价值外，总有另类个体奉行另类价值，追求别样的人生和奇特的目标。表面上看，他们是一般人难以理解的奇人、怪人、狂人或隐士，其实是弥足珍贵的"变异体"，内中不乏有罕见的天才。所以，笔者要提出这样一个观点：价值多元和多样是社会进步的表现。因此，保护追求另类价值的别样个体是社会的责任——即使不能鼓励也切莫伤害，他们往往是各方面继续进化的希望。

在中国皇权专制主义社会里，知识分子绝大多数都奉行儒家"修齐治平"的核心价值，终生走读书、考科举、做官这条正道。价值单一极大地阻碍了中国文化的繁荣、社会的发展和海外开拓，更谈不上发展出科学和近代技术。反倒是叛离这条正道的罗贯中、施耐庵、吴承恩和曹雪芹创作出了《三国演义》《水浒传》《西游记》《红楼梦》四大文学名著。在其他领域，如哲学、实学、史学、医学、绘画、书法，真正作出杰出贡献的，也大多数是奉行另类价值的边缘人物，并且往往是在科场和官场失意的人物。

---

① ［美］冯·贝塔朗菲：《一般系统论：基础、发展和应用》，林康义、魏宏森等译，清华大学出版社1987年版，第123页。

为 X 而 X 是一种崇高境界

笔者要提出一个新的价值哲学命题：为 X 而 X 是一种崇高境界。为这个命题的合理性举如下具体事例进行说明。

英国的牛顿（1643—1727）是"为科学而科学"的科学家。2005 年，英国皇家学会进行了一场"谁是科学史上最有影响力的人"的民意调查，牛顿被认为是比爱因斯坦更具影响力的科学巨匠。在评选有史以来最伟大英国人的活动中，他也拔得头筹。牛顿在力学、光学、天文学、数学诸领域都作出多项具有划时代意义的成就。

牛顿是一个智力平平的孩子，可是醉心于阅读、观察、实验和小发明。1665 年，他在乡下家中躲避瘟疫，独自完成了力学、微积分和光学的主要发现。由于纯粹的脑力劳动，牛顿不到 30 岁头发全白。因全部身心都投入科研，他虽活到 84 岁，可终身未娶。牛顿对于科学研究专心到痴迷的地步。据说，有一次牛顿煮鸡蛋，一边看书一边煮，稀里糊涂地把一块怀表扔进了锅里；煮了一阵，揭盖一看，才知道错把怀表当鸡蛋煮了。还有一次，牛顿请朋友吃饭，准备好饭菜后，自己却钻进了研究室，朋友见状吃完后便不辞而别了；牛顿出来发现桌上只剩下残羹冷饭，便说了一句"原来已经吃过饭了，我还以为自己没吃"，就回去继续进行研究实验。由这两则故事，可知牛顿用心之专注。话又说回来，倘若牛顿没有达到这么专心致志的精神境界，他能同上帝对话吗？他能取得那么多项伟大成就吗？

荷兰的梵高（1853—1890）是"为绘画而绘画"的印象派大师。梵高出生于荷兰乡村的一个新教牧师家庭。早年做过职员和商行经纪人，还当过矿区传教士，但都屡屡受挫；有过几次求爱和求婚，但均以遭受冷落告终。1880 年，他爱上了绘画并决心用绘画表现自我，表现自己眼中的世界和内心的感情。他写道："在大多数人的眼中我是什么呢？一个无用的人，一个反常与讨厌的人，一个没有社会地位，而且永远也不会有社会地位的人。""在寒碜的小屋里，在最肮脏的角落里，我发现了图画。"

就这样，梵高得到画商弟弟提奥的生活资助，27岁的梵高到布鲁塞尔学院学画，练习画素描和油画，模仿伦勃朗、米勒等人的画法。后来，他又到法国，同印象派画家们交往，学习运用色彩和斑点表现光感的技巧，又学习日本浮世绘版画的构图，梵高逐渐形成自己独特的艺术风格。这个世界上最孤独的灵魂，患有癫痫和梅毒，后期他还患有精神失常。在贫病交加、身心痛苦、不被人理解的境况中，由于渴望生活，心中燃烧着同命运搏斗和自我表现的火焰，他成了疯狂作画的怪才。他说："为了绘画，我拿自己的生命去冒险；由于它，我的理智有一半崩溃了；不过这都没关系。"他唯一深爱的东西就是色彩，辉煌的、未经调和的色彩。他说："为了更有力地表现自我，我在色彩的运用上更为随心所欲。"

早期梵高为创作油画《吃土豆的人》，画了50幅农民头像。在法国南部阳光明媚的阿尔勒，他创作了《向日葵》，这幅画燃烧的是生命的火焰。1888年，在同印象派画家高更猛烈争吵后，梵高割下了自己的耳朵。1890年，在画完象征死亡的《麦田上的乌鸦》后，在疾病发作和内心极度痛苦的状况下，他走进画过的那片麦田，开枪自杀，年仅37岁。梵高在他短暂生命的最后10年，总共画了900幅绘画和1100幅素描。可是，这个可怜的人啊，生前只卖出一幅画，仅获得29个荷兰盾的收入。然而，1987年11月11日，梵高的《鸢尾花》以5390万美元的天价卖出。1990年5月15日，在纽约克里斯蒂拍卖行3分钟内以8250万美元的高价，将这幅《加歇医生的肖像》卖出。这两幅画先后均创造了人类绘画拍卖的最高纪录。

对这样一位以绘画为生命的天才，在震惊之余，我们只能是永远怀着最真诚的敬意和依依不舍的眷恋。

中国的陈景润（1933—1996）是"为数学而数学"的数学家。陈景润是福建人，从小就是一个数学谜。1947年，陈景润在福州英华书院上学，清华大学航空工程系主任留英博士沈元教授回福建奔丧。由于他是英华的校友，为了报答母校，他应邀来到这所中学为同学们讲授数学课。沈元教授在课上给同学们讲了一个数学故事："大约在200年前，一位名叫哥德巴赫的德国数学家提出了'任何一个偶数均可表示为两个素数之和'，简称'1+1'。他一生没有证明出来，便给正在俄国圣彼得堡的瑞士数学家欧拉写信，请他帮助证明这道难题。欧拉接到信后，就着手计算。他费尽了脑筋，直到后来离开人世，也没有证明出来。之后，哥德巴赫带着一生的遗憾也离开了人世，却留下了这道数学难题。200多年来，这个哥德巴赫猜想之谜吸引了众多的数学家，但始终没有结果，成为世界数学界一大悬案。"老师讲到这里还打个形象的比喻："数学是自然科学的皇后，'哥德巴赫猜想'则是皇后皇冠上的宝石。"

从那时起，"哥德巴赫猜想"像磁石一般吸引着陈景润，他开始了摘取这颗数学皇冠上宝石的艰辛历程。厦门大学数学系毕业后，陈景润于1953年至1954年在北京四中任教，因口齿不清，被学校停止上讲台授课，只可批改作业。1955年，经厦门大学校长王亚南推荐，陈景润回母校厦门大学数学系任助教。1957年，他被调入中国科学院数学研究所。从此，这位"痴人"和"怪人"，屈居于6平方米小屋的数学家，借一盏昏暗的煤油灯，伏在床板上，用一支笔，耗去了几麻袋的草稿纸，攻克了世界著名数学难题"哥德巴赫猜想"中的"1+2"，创造了距摘取这颗数论皇冠上的宝石"1+1"只有一步之遥的辉煌。

1965年5月，陈景润发表了他的论文《大偶数表为一个素数及一个不超过二个素数的乘积之和》（简称"1+2"），成为哥德巴赫猜想研究上的里程碑。论文发表后，受到世界数学界和著名数学家的高度重视与称赞。英国数学家哈伯斯坦和德国数学家黎希特把陈景润的论文写进数学书中，称为"陈氏定理"。1978年和1982年，陈景润两次受到国际数学家大会作45分钟报告的最高规格的邀请。这项工作还使他与王元、潘承洞在1978年共同获得中国自然科学奖一等奖。中国紫金山天文台将新发现的一颗小行星命名为"陈景润星"。

因为长期刻苦钻研，陈景润身体比较羸弱。据说因为走在路上思考数学题，他曾撞上电线杆。还有一次，陈景润在图书馆看书忘了时间，管理员下班也没注意到他，结果误把他锁在馆内了。1984年4月27日，陈景润在横穿马路时，被一辆疾驶而来的自行车撞倒，后脑勺着地，酿成意外的重伤。不久，终于诱发了帕金森综合征，经过12年的精心治疗未能恢复健康，于1996年去世。

对陈景润这样一生痴迷于解开一道数学难题的数学家，你能否认他的生命价值达到崇高境界了吗？社会不应当宽容和爱护他吗？

我们还可以做进一步的思考和追问：21 世纪，人类智力的创造几乎在各个领域都达到高精尖的水平，后来者不像牛顿、梵高和陈景润这样达到"为 X 而 X"的价值境界，专心致志，物我两忘，他（她）能超越前人作出超一流的创新成果吗？恐怕很难，甚至根本不可能！

关于共同价值

如前所述，价值首先是个人价值，即个人理解的生命的意义，或人生的目标。其次是共同价值，是社会群体分享的同一价值，即群体成员理解的群体意义，或群体的共同目标，其作用是增加凝聚力和提高成员行为的一致性。一位经济学家曾说过："要是有人要我们从对出色企业的研究中提炼出一条真理，来作为我们奉劝企业的管理者们的一条忠告的话，我们会乐于这样来回答：'先确定你们的价值系统吧。'"大部分公司之所以能够成功，在于员工能够分辨、接受和执行组织的价值观。例如，日本松下电器公司以"工业报国、光明正大、团结一致、奋发向上、礼貌谦让，适应形势、感恩报德"为松下精神。

党的十八大报告指出，要大力加强社会主义核心价值体系建设，"倡导富强、民主、文明、和谐，倡导自由、平等、公正、法治，倡导爱国、敬业、诚信、友善，积极培养和践行社会主义核心价值观"。其中，富强、民主、文明、和谐是国家的价值目标，自由、平等、公正、法治是社会的价值取向，爱国、敬业、诚信、友善是公民个人的价值准则。中国国家主席习近平在联合国大会发言时指出："和平、发展、公平、正义、民主、自由，是全人类的共同价值，也是联合国的崇高目标。目标远未完成，我们仍须努力。"习近平主席提出的"和平、发展、公平、正义、民主、自由"是全人类的共同价值。

按照经典的马克思主义社会理论，社会价值系统当然属于上层建筑，属于社会意识形态。社会价值系统是进化的，随社会经济基础进化而进化，具体来说，随生产方式、社会结构的进化而进化。在近代欧洲，为什么新的"自由、民主、人权"价值系统兴起，取代旧的"专制、独裁、神权"价值系统。原因很简单，科学发明、技术创新、工业生产、市场经济取代农耕自然经济成为社会主导生产方式，企业家阶级（资产阶级）登上历史舞台，民主革命粉碎了 A 型社会结构且代之以 M 型社会结构。

以"自由"为例。植物在固定地点生长，没有运动的自由，也不要求自由；相反，动物在较大的空间范围内生长，有运动自由，也要求自由。鱼在水里游动，鸟在天空飞翔，野兽在森林中奔跑，都享受着各自的自由。人不是植物而是动物，当然天性喜欢自由，要求自由。如果有人连这点都不承认，把人看得连鱼、鸟和野兽都不如，那很简单，把他捆绑在一棵大树上，除阳光和空气外，按时供应他食物和水，把他和大树固定在一起或者改判个无期徒刑，关进牢笼，终身监禁。他肯定不干，肯定会要求自由，并且认输，承认自由之于人，同阳光、空气、食物和水一样重要。

当然，我们有必要补充说，人不是一般动物，而是高等智能动物，因此人在社会生活中要求的自由，主要是思想自由、言论自由、出版自由、结社自由、创造自由和创业自由。可以说，自由是社会留给个人创新和发展的空间，哪里有自由，哪里就有创新，有发展；哪里没有自由，哪里就没有创新，没有发展。不信你看，中国社会历来在饮食领域给人留下完全的自由，结果中国人在饮食方面最有创造力——中国美食世界第一。中国自从实行改革开放政策以来，经济领域有了自由，国民经济就迅速发展，人民生活水平就提高了。

既然人天性热爱自由，那么在漫长的农业自然经济社会里，为什么"自由"一直没有成为一种社会价值呢？道理很简单，农业经济是靠天吃饭的自然经济，农业人口被大自然紧紧地束缚着。在农业社会里，农民或农户都被固定在一片土地上，日出而作，日落而息。春耕、夏耘、秋获、冬藏。一年365 天，一生几十年，永远周而复始地过着这种"驴拉磨"的日子，怎么会有自由和对自由的要求呢？怎么会把自由当作一种社会价值来追求呢？

因此，农民追求的社会价值只有一个，那就是"平等"。原因非常简单，农民生活在社会的底层，只要搞平等自己就获益；并且，农民追求的平等，不是起点平等和规则平等，而是终点平等或结果平等。伟大的征服者成吉思汗曾言，所有的城市必须铲平，这样世界会再次变成一个大草原，蒙古的母亲们将养育自由而快乐的儿童。① 革命领袖毛泽东，在《念奴娇·昆仑》一词中写道："安得倚天抽宝剑，把汝裁为三截？一截遗欧，一截赠美，一截还东国。太平世界，环球同此凉热。"——这透露出他所理解的平均共产主义。

工业与市场经济是人工经济、自由经济。人超越大自然自由创造、自由生产、自由贩运、自由交易。在这种生产方式和社会环境中，人们当然会普遍要求自由，自由当然成为首要的社会价值。比如，科学家要求思维、表达和创立新说的自由，发明家要求技术发明和技术革新的自由，企业家要求建厂和开办公司的自由，商家要求进货、定价和交易的自由，甚至顾客都要求挑选和讨价还价的自由。此外，不管是科学家和发明家，还是企业家和商家，全都不可避免地要与同行做自由竞争。在这种新的生产方式和社会环境中，"自由"当然逐渐上升为人们普遍追求的社会价值，一切阻碍自由的专制制度、独裁统治者和清规戒律当然都会受到冲击，并且最后被摧毁。

古希腊文"demokratia"（民主）原本指一种政体。这个词是古希腊雅典政治家克里斯提尼（Cleisthenesis）创造的，意思是"主权在民"。公元前508年，克里斯提尼担任执政官，提出新的政改方案，受到民众拥护。雅典民众反对奴隶主贵族政治长达100多年的斗争取得了胜利，开启了奴隶主民主政治。克里斯提尼政治改革的内容包括重划行政区，破除氏族贵族血缘关系，定期召开公民大会（每年40次），抽签选举、轮流执政，采用陶片（或贝壳）放逐法防止僭主政治再起，设立议事会（500人会议）和陪审法庭。由于每个公民都以平等身份参与、讲话、选举、被选举，担任公职和参加审判，所以古希腊人创造的这种政体叫参与式民主，直接民主。这种民主制后来是被马其顿人用军事手段摧毁的。

拉丁文"respublic"（共和）是同一历史时期，在东边的亚平宁半岛罗马

① ［英］弗朗西斯·鲁宾逊主编：《剑桥插图伊斯兰世界史》，安维华、钱雪梅译，世界知识出版社2005年版，第49页。

人开创的另外一种政体。这个拉丁词的本义是"政务属公众"，实际上是指由公众选举产生有任期的元首代替世袭的君王。公元前 510 年，罗马人驱逐国王，结束了罗马王政时代，建立了罗马共和国（前 509 至前 27）。国家由元老院、执政官和部族会议三权分立。行使最高行政权力的执政官由百人队长会议从贵族中选举产生。公元前 451 年制定《十二铜表法》，实现法治。公元前 494 年，罗马共和国设立平民保民官，从平民选出，维护平民利益。这种结合了君主、议会、共和三种政体基本特点的体制为罗马称霸地中海提供了制度保障。古罗马的共和政体尽管含有民主的元素，可是很难说它是完全的民主制。古罗马的共和制在公元前 27 年让位于罗马帝国的君主制。

意大利是希腊人对亚平宁半岛的称谓。从 11 世纪末到 16 世纪，在北部的佛罗伦萨、比萨、米兰、热那亚、博洛尼亚等地先后出现的意大利城市共和国是市民自治政体，既是古罗马共和制的复兴，又同古希腊雅典的民主制遥相呼应。这些城市自治体藐视梵蒂冈教皇的权威和罗马帝国的宗主权，意大利北部一些市镇已经自行任命它们自己的"执政官"，并赋予他最高的司法权力。后来，又发展成由民选的统治委员会及其最高执政官管理政务。他们摒弃世袭君主制，维护自由的生活方式，为人的解放和文艺复兴运动奠定政治基础和社会条件。

然而，事情的真相是，在很长一段时间，意大利城市共和国的居民根本不知道"民主"这个词。13 世纪中叶，摩尔贝克的威廉首次把亚里士多德的《政治学》译成拉丁文，他选用"demokratia"一词来翻译（更准确地说，是照字面直译）亚里士多德在第三卷中所提到的"人民的统治"这一概念，自此以后，"民主"才成为欧洲政治学说的中心。①

近代英美法三国率先实行的民主政体被称为代议制民主（representative democracy），又称间接民主制。其总的特点是公民选举代表间接掌握国家权力，公民的民主权利主要体现在选举权上。具体包括这样一些内容：政教分离，确立宪法的最高权威，立法权、司法权和行政权三权分立，多党制，议会两院制，议会选举首相组阁，或全民选举总统组织政府，内阁或政府实行

---

① ［英］约翰·邓恩编：《民主的历程》，林猛等译，吉林人民出版社 1999 年版，第 72 页。

任期制。代议制民主的合理性在于：近代社会是复杂系统，有多种族、多经济、多阶级、多利益集团、多文化、多宗教和多党派存在，各有各的观点和主张，没有绝对真理和单一信仰，只好实行定期举行竞选、公开辩论、全民投票和少数服从多数这条民主原则，用理性取代信仰。代议制民主是最佳选择机制，它能把最佳人选选到最恰当位置上。代议制民主最具包容性，它用选票出政权代替枪杆子里面出政权，把持不同政见人士转变成合法共存的反对派或在野党，从而避免了社会内部的自相残杀。

宗教改革运动为代议制民主开辟道路，近代科技、工业文明和市场经济为它奠定社会基础，然后启蒙思想家为它作出论证，在 1642 年开始的英国民主革命过程中代议制民主终于逐步得到实现。这种新型政体，又越过大西洋，由 1776 年领导美国独立战争的开国元勋们对它进行了新的设计，再由 1789 年爆发的法国民主革命进行了激进的推进。历史证明，代议制民主政体能保证个人自由，保持社会动态稳定，促进科技不断进步，推进经济繁荣和生活水平提高。特别是在 20 世纪，这种民主制度经受住了法西斯主义和布尔什维克主义的严重挑战，民主国家的数目由世纪初的十几个增加到世纪末的一百多个，这样一来，"民主"就从一种政治制度变成人们普遍追求的价值。

人权（human rights）概念源于欧洲文化源远流长的"自然法"及衍生的"自然权利"。1776 年美国《独立宣言》第一次对"人权"作了正式界定："人人生而平等，造物者赋予他们若干不可剥夺的权利，其中包括生命权、自由权和追求幸福的权利。"1789 年法国大革命时期颁布的《人权和公民权宣言》以美国的《独立宣言》为蓝本，采用 18 世纪的启蒙学说和自然权利论，丰富了"人权"的内涵，"在权利方面，人们生来是而且始终是自由平等的""任何政治结合的目的都在于保存人的自然的和不可动摇的权利。这些权利就是自由、财产、安全和反抗压迫""在法律面前，所有的公民都是平等的""任何人都不得因其意见、甚至信教的意见而遭受干涉""各个公民都有言论、著述和出版的自由""私人财产神圣不可侵犯"。

1945 年联合国成立，在各成员国签署共同遵守的《联合国宪章》中，把"对全体人类之人权及基本自由之尊重"列为联合国的宗旨。鉴于人类在两次世界大战中遭受的浩劫，特别是德意日法西斯践踏人权对个人的残害，

1948 年联合国大会集体讨论并通过了《世界人权宣言》，以宣言的形式展示世界各国对人权这一重大问题的共识。《世界人权宣言》明文规定，"人人生而自由，在尊严和权利上一律平等""人人有权享有生命、自由和人身安全""法律面前人人平等""任何人不得加以任意逮捕、拘禁或放逐""人人有思想、良心和宗教自由的权利""人人有权享有主张和发表意见的自由；此项权利包括持有主张而不受干涉的自由，和通过任何媒介和不论国界寻求、接受和传递消息和思想的自由"。随后，又通过了两份具有强制性的联合国人权公约：《公民权利和政治权利国际公约》和《经济、社会及文化权利国际公约》。从那以后，有许多学者、律师和法庭判决书经常引述《世界人权宣言》中的一些条款来佐证自己的立场，使《世界人权宣言》接近于一部习惯法。

通过历史回顾和对相关权威文件的引述，我们清楚地认识到，"人权"原本是人之为人的自然权利，高出动物应当享有的权利。经启蒙思想家们论述变得清晰，作为反殖民主义战争和民主革命的成果凝聚下来，经过第二次世界大战反法西斯战火洗礼，从少数民主国家承认的价值上升为联合国所有成员国都签字确认的人类共同价值。"人权"的进步体现人类精神的提升和文明的进步，作为现代文明的标志，它使那些践踏人权的国家、政党和暴君与法西斯并列并遭到来自世界各国的谴责。

至此我们可以得出结论："民主、自由和人权"是科学技术文化的价值系统，是工业市场经济的价值系统，是现代民主国家的价值系统。自由是前提，民主是政体，人权是法律保证。重要的是一定要认识到，"民主、自由和人权"这个价值系统是否被承认、接受和保护，是判断一个国家是否已经完成现代化和进入现代文明社会的标准。

总　结

现在可以尝试就我们对"价值和价值系统"的理论探索作一些结论。

（1）英文"values"可直译为"价值"和扩译为"价值系统"，这样翻译要比以往猜译为"价值观念"或"价值标准"更贴近原文的意思且便于理解和进行理论研究。

（2）如果我们继续沿用"价值观念"这个已用惯了的词语，其含义不是"关于价值的观念"，而是"被赋予价值的那些观念"。

（3）哲学和社会学中研究的"价值"是个人刻意追求的人生目标，是自我发现的生命的意义。价值的实现就是自我实现，因此，价值观在很大程度上就是人生观。

（4）人是符号动物、理性动物。价值的语言形式是没有价格的抽象概念，它们被自我赋予高低不等的价值，并以此在个人的心灵里构成一个层级系统——个人的价值系统。

（5）在上述意义上人是价值动物。追求超出个体切身物质需要的价值是人与动物的又一区别。价值系统为行为和人生定向，在发生价值冲突时为价值判断和价值选择提供标准。价值判断是权衡利弊得失的取舍判断，其典型的句法结构是"宁愿……，不愿……"。它既不同于事实判断，也不同于道德判断和美学判断，尽管"道德"和"美"均可构成价值。

（6）每个人心灵中的价值系统支撑着他精神境界的质空间，乃是个体人格的骨架并决定人格的高低。因此，教育的一项重要任务，就是在受教育者心灵中培植高尚的价值系统。

（7）每种文化都包含一套价值系统，通过文化遗传过程代代相传。价值不仅为个人的行为定向，还为社会系统的进化定向。价值系统对保持文化同一性，对增加社会系统凝聚力，具有最重要的意义。

（8）虽然接受了文化遗传输入的价值系统，但个人总是根据自己独特的经历、教育和人生体验作出选择和改变，进而构建出自己特有的价值系统。无论是个人的价值系统还是社会的价值系统，都是不断改变和不断进化的动态系统。

（9）作为社会意识形态的社会价值系统是进化的，随生产方式和社会系统的进化而进化。每种生产方式及相应的社会系统都有自己的主流价值或核心价值，但同时又有各种非核心价值或边缘价值。

（10）"民主、自由和人权"是科学技术文化的价值系统，是工业市场经济的价值系统，是现代民主国家的价值系统。这个价值系统是否被承认、接受和保护，是判断一个国家是否已经完成现代化和进入现代文明社会的标准。

（11）社会价值系统也是朝对称性破缺即多样性增加的方向进化。价值多元和多样是社会进步的表现。因此，保护追求另类价值的别样个体是社会的责任——即使不能鼓励也切莫伤害，他们往往是各方面继续进化的希望。

（12）人类既然具有多元文化，当然就有多元的价值系统。随着人类文化进化的整合过程，随着社会系统的整合过程，人类的价值系统也会走向整合，当然，同时保持多样性。

既然我们已经知道每一种文化的核心是一套特定的价值，文化冲突的本质是价值冲突，那么研究文化问题，特别是世界文化的进化、融合和整合，非常重要的一步就是把每种文化的价值系统先分析出来，然后比较它们之间的异同，然后冲突的关键便可一目了然。更进一步可对每种文化的价值系统进行研究，从中可以发现文化进化的规律，以及文化进化同社会进化的关系。

系统哲学既然提倡发展多元复合文化，自然就提倡发展多元复合的价值系统。如果一个社会倡导的价值非常单调，而单调的价值层次又相当低，譬如只讲"食色""穿戴""玩乐"，那就把国民降到比较低的层次。试看在一些国度，其国民豢养的宠物的"食色""穿戴""玩乐"也是非常讲究的呢！相反，它们的主人多半根本不把"食色""穿戴""玩乐"当作价值。这样的社会文明程度高，究其根本，实有一大批追求崇高价值的人士，他们决不把自己降低到仅满足"食色""穿戴""玩乐"的价值层次。

据媒体报道，澳大利亚发生离奇事件，有上百头鲸鱼冲上海滩集体"自杀"，对这种奇异的现象无人能作出科学的解释。以此类推，就像我们想象一个外星人，他观察到，目前人类集体的行为，也在以很快的速度越来越严重地毁坏自己赖以生存的自然环境，换句话说，就是人类也在集体"自杀"。这不是也无法解释吗？可是，我们作为人类群体中的一分子，从内部透视能够清楚地知道这是为什么？是单一的"物质主义"的价值导引的结果，是单纯追求"国内生产总值"的结果。因此，要避免集体"自杀"，人类就需要用"人文指数"和"生态文明"的价值来取代"国内生产总值"和"物质主义"的价值。

如前所述，人是一种价值动物。价值是生命的意义，同时也是生活的意义，在英文中"生命"和"生活"原本就是一个词"life"。追求价值就是追求生活得有意义。这意义包括两方面：作为创造主体自我对世界的意义和作为消费主体世界对自我的意义。如果这两种意义（两类价值）其中有一种完全丧失了，或两种都完全丧失了，自我和生命就失去了存在的意义，于是个体就会表现出种种病态，直至自杀。救治的方法是广义的社会教育要帮助每一个社会成员在心灵中建构起多元的——物质的和精神的、现实的和未来的、创造的和消费的——价值系统，同时还要帮助那些病态的和想自杀的人重新找到生活的意义和自我的价值。

第十三章
社会系统内的三种生产

在第五章"社会系统的新模型"中，我们明确提出"在社会系统内部有三种生产——人的生产、物质生产和文化－信息生产"。在第十章"人性的系统模型"中，笔者才恍然大悟人和社会的关系：原子是物质的最小单位，物质的全部秘密都潜藏在原子里面，只有把原子研究透了，人类才真正懂得物质；细胞是生物的最小单位，生命的全部秘密都潜藏在生物细胞里面，只有把细胞——特别是细胞染色体里面的生物遗传基因（DNA）研究透了，人类才真正懂得生命。同理，人是社会的最小单位，是社会的原子，是社会的细胞，社会的全部秘密都潜藏在人身上和人心里，只有未来把人研究透了，把人性和人心研究透了，人类才会真正懂得社会及其历史。这是一个非常重要的道理。在本章中，笔者将具体揭示在作为社会系统"原子"和"细胞"的人身上潜藏着"社会系统内的三种生产"的秘密，也即演示用微观解释宏观。

社会系统内到底有几种生产

社会系统内到底有几种生产？人的哪些活动是生产，哪些活动不是生产？这是一个长久以来的问题，不同时代和不同国度的人有不同的回答。在中国，由于对社会系统偏颇的认识，认为只有物质生产这一种生产，结果造成的损失巨大，教训极为惨痛。

18 世纪欧洲重农主义学派的主要代表、法国经济学家魁奈（1694—1774）在《农业国经济统治的一般准则》一书中写道："君子和人民绝不能忘记土地是财富的唯一源泉，只有农业能够增加财富。"他认为，工商业者是不生产阶级，在《人口论》中写道："那些用自己的双手制造货物的人们并不创造财富，因为他们的劳动只是使这种货物的价值加上支付给他们的工资数，而这些工资是从土地的产品中取得的。"可见，18 世纪法国重农主义经济学家魁奈是坚称农业是唯一创造财富的社会生产的代表人物。

英国经济学家亚当·斯密（1723—1790）从劳动价值论的立场出发，认为精神生产是一种非生产性劳动。他写道："有些社会上等阶级人士的劳动，和家仆的劳动一样，不生产价值，既不固定或实现在耐久物品或可出卖的商品上，亦不能保藏起来供日后雇用等量劳动之用。…… 在这一类中，当然包含着各种职业，有些是很尊贵很重要的，有些却可以说是最不重要的。前者如牧师、律师、医生、文人；后者如演员、歌手、舞蹈家。"[1]

19 世纪，法国经济学家让·巴蒂斯特·萨伊（1767—1832）批评亚当·斯密"把财富一语狭隘地限定在有形物质所具有或所体现的价值上"，在萨伊看来，"创造有任何效用的物品就等于创造财富"。因此，精神劳动生产精神产品满足人们的精神需要自然也属于生产性劳动，如医生生产了健康，教授和作家生产了文化，音乐家和演员给人以愉快，都是生产性劳动。[2]

在人类思想史上，德国经济学家李斯特（1789—1846）是第一个提出"精神生产"的思想家。他写道："一国之中最重要的工作划分是精神工作与物质工作之间的划分。两方面是互相依存的。""精神生产者的任务在于促进道德、宗教、文化和知识，在于扩大自由权，提高政治制度的完善程度，在于对内巩固人身和财产安全，对外巩固国家的独立主权；他们在这方面的成就愈大，物质财富的产量愈大。反过来也是一样，物质生产者生产的物资愈

① ［英］亚当·斯密：《国民财富的性质和原因的研究》，郭大力、王亚南译，商务印书馆 1972 年版，第 304 页。
② ［法］萨伊：《政治经济学概论》，陈福生、陈振骅译，商务印书馆 1963 年版，第 59 页。

多，精神生产就愈加能够获得推进。"① 针对亚当·斯密，李斯特愤怒地写道："按照这个学派的说法，一个养猪的是社会中具有生产能力的成员，一个教育家却反而不是生产者。供出售的风笛或口琴的制造者是生产者，而大作曲家或音乐名家，却由于他表演的东西不能具体地摆在市场，就属于非生产性质。……像牛顿、瓦特或刻普勒这样一种人的生产性，却不及一匹马、一头驴或一头拖重的牛。"② 对于教育的重要性，李斯特还写道："一国最大部分消耗，是应该用于后一代的教育，应该用于国家未来生产力的促进和培养。"③

俄国经济学家昂利·施托尔希（1766—1835）把物质生产称为"财富"的生产，把精神生产称为"内在财富即文明要素"的生产。精神产品是无形的，不会被磨损的，重复使用的次数越多其价值越高。他写道："原始的内在财富决不会因为它们被使用而消灭，它们会由于不断运用而增加并扩大起来，所以，它们的消费本身会增加它们的价值。"④

18 世纪后期，提出劳动价值论的英国经济学家亚当·斯密，是只承认物质生产而否定精神生产的理论代表。然而，他立刻遭到同时代的法国经济学家让·巴蒂斯特·萨伊、德国经济学家李斯特，以及俄国经济学家昂利·施托尔希的有力驳斥，后面这三位是承认体脑分工和强调精神生产和物质生产同样重要的主要人物。

德意志是擅长抽象思维的民族，德国古典哲学有注重精神和精神过程的传统。康德提出"人为自然立法"，费希特提出"自我设定非我"，谢林把精神活动的三阶段看作"绝对同一"，黑格尔哲学则是"绝对精神"的历程，他提出了"依照思想，建筑现实"的命题。⑤ 作为黑格尔的学生，马克思继

---

① ［德］弗里德里希·李斯特：《政治经济学的国民体系》，陈万煦译，商务印书馆 1961 年版，第 140—141 页。

② ［德］弗里德里希·李斯特：《政治经济学的国民体系》，陈万煦译，商务印书馆 1961 年版，第 123—124 页。

③ ［德］弗里德里希·李斯特：《政治经济学的国民体系》，陈万煦译，商务印书馆 1961 年版，第 123 页。

④ 《马克思恩格斯全集》第二十六卷，人民出版社 1972 年版，第 297 页。

⑤ ［德］黑格尔：《历史哲学》，王造时译，生活·读书·新知三联书店 1956 年版，第 493 页。

承德国古典哲学传统，在早期著作《1844 年经济学哲学手稿》中赞扬黑格尔
《精神现象学》关于精神生产的理论："黑格尔惟一知道并承认的劳动是抽象
的精神的劳动。"①

在这部手稿中，马克思把生产劳动看作人的"类特征""类生活""类本
质"。他承认某些动物也进行生产，但是"动物只生产它自己或它的幼崽所
直接需要的东西；动物的生产是片面的，而人的生产是全面的"。人所进行
的生产是"自由的有意识的活动"，是超出肉体需要的"真正的生产"，并且
"人也按照美的规律来构造"。② 从连缀起来的马克思的这些早期话语中，人
类特有的超出动物的"精神生产"已然隐现其中了。接下来，马克思又进一
步明确指出："宗教、家庭、国家、法、道德、科学、艺术等等，都只不过
是生产的一些特殊的方式，并且受生产的普遍规律的支配。"③ 当然就是说，
这些特殊方式的生产——精神生产也服从价值规律。在马克思和恩格斯共同
完成的《神圣家族》一书中，他们明确使用"精神生产"概念，并写道：
"甚至精神生产的领域也是如此。如果想合理地行动，难道在确定精神生产
作品的规模、结构和布局时就不需要考虑生产该作品必需的时间吗？"④

1846 年，马克思和恩格斯在共同创作的《德意志意识形态》一书中，更
为成熟的观点认为"表现在某一民族的政治、法律、道德、宗教、形而上学
等的语言中的精神生产"最初直接同物质生产交织在一起，"分工只是从物
质劳动和精神劳动分离的时候起才开始成为真正的分工。…… 从这时起，意
识才能摆脱世界而去构造'纯粹的'理论、神学、哲学、道德等等。"⑤ 同
时，马克思还把物质生产、德意志民族承认的那种精神生产和人类的繁衍看
作社会活动的三个方面："不应把社会活动的这三个方面看作是三个不同阶
段，而只应看作是三个方面，或者为了使德国人能够了解，把它们看作是
'三个因素'。从历史的最初时期起，从第一批人出现时，这三个方面就同时

① ［德］马克思：《1844 年经济学哲学手稿》第 3 版，人民出版社 2008 年版，第 101 页。
② ［德］马克思：《1844 年经济学哲学手稿》第 3 版，人民出版社 2008 年版，第 57—58 页。
③ ［德］马克思：《1844 年经济学哲学手稿》第 3 版，人民出版社 2008 年版，第 80 页。
④ 《马克思恩格斯全集》第二卷，人民出版社 1957 年版，第 62 页。
⑤ 《马克思恩格斯全集》第一卷，人民出版社 1995 年版，第 82 页。

存在着，而且现在也还在历史上起着作用。"①

在中年和晚年的著作中，马克思对精神生产的注意力完全集中到"科学"上了。他写道："资本主义生产第一次在相当大的程度上为自然科学创造了进行研究、观察、实验的物质手段。"②"生产过程成了科学的应用，而科学反过来成了生产过程的因素即所谓职能。""随着大工业的发展，现实财富的创造较少地取决于在劳动时间内所运用的动因的力量……相反地却取决于一般的科学水平和技术进步，或者说取决于科学在生产上的应用。"③最终，马克思得出了"生产力中也包括科学""劳动生产力是随着科学和技术的不断进步而不断发展的"的论断。④

遗憾的是，包含有马克思早年论述精神生产重要思想的两部手稿，在作者生前身后未曾发表，《1844 年经济学哲学手稿》于 1927 年部分俄译面世，1956 年全文俄译面世。1932 年，《德意志意识形态》第一次在苏联用德文出版，并且是一个很不完整的版本。1917 年，俄国十月革命胜利后，马克思早期论述精神生产的那些重要思想无人知晓。即便后来苏联理论界读到上述两本书了，马克思论精神生产的那些话也还是不受重视，还被贬低为"那是马克思早期不成熟的思想""还没有完全摆脱黑格尔唯心主义哲学的影响"。

相反，马克思在《政治经济学批判》一书的序言中对历史唯物主义的表述成了经典话语，特别是"物质生活的生产方式制约着整个社会生活、政治生活和精神生活的过程。不是人们的意识决定人们的存在，相反，是人们的社会存在决定人们的意识"成了客观真理和制定政策的指导思想。同时，还应当承认，中年的马克思也确实推进了自己的思想，譬如，一方面，他承认在资本主义社会里有"自由的精神生产者"和"脑力无产阶级"——自然是像他本人这样的人；另一方面，又认为统治阶级豢养的"御用文人"不是生产者，而是纯粹的消费者，是"靠真正的生产者养活的食客、寄生者"。⑤显

---

① 《马克思恩格斯全集》第一卷，人民出版社 1995 年版，第 80 页。
② 《马克思恩格斯全集》第四十七卷，人民出版社 1979 年版，第 572 页。
③ 《马克思恩格斯全集》第四十六卷（下），人民出版社 1980 年版，第 217 页。
④ 《马克思恩格斯全集》第二十三卷，人民出版社 1972 年版，第 664 页。
⑤ 《马克思恩格斯全集》第二十六卷（第一册），人民出版社 1972 年版，第 169 页。

然，坚定的无产阶级立场取代了客观的科学精神。

在早期著作《1844 年经济学哲学手稿》和《德意志意识形态》这两本书中，马克思和恩格斯继承德国古典哲学重视精神生产的传统，主张社会有三种生产：物质生产、精神生产和人的繁衍。在《共产党宣言》和《政治经济学批判》等书中，他们只强调物质生产对社会意识形态和上层建筑的决定作用；不再提精神生产，很少提人的生产。面对科学技术突飞猛进的进步和带来的社会效益，他们又正确地提出了"科学是生产力"的新论断。

沙皇贵族专制主义的俄国有迫害知识分子的传统，它是从流放"十二月党人"开始的，而俄罗斯知识分子当中一直不乏心怀弥赛亚情结肩扛东正教十字架的圣徒。所以，十月革命胜利后实行无产阶级专政的苏维埃政权，很自然地继承了这种传统。我们看到，一方面，列宁说，"资本主义给我们留下了巨大的遗产，给我们留下了最大的专家，我们一定要利用他们，广泛地大量地利用他们，使他们都参加工作"；可是另一方面，他又导演了著名的"哲学船事件"。

事件的经过是这样的。沙俄从 18 世纪初开始实行严格的书报检查。1917年 11 月 8 日，十月革命胜利的第二天，彼得格勒革命军事委员会就发布命令，查禁八种"资产阶级报刊"。1922 年，布尔什维克颁布正式的书报检查制度章程，并先后查封了《经济学家》《经济复兴》《文学之家年鉴》《思想》等一大批被认为具有自由主义倾向的杂志。与此同时，还将那些"与共产主义格格不入"的教授和学生清除出高校，抓捕持异议的学者和科学家。列宁在写给斯大林的便条中说："我们要彻底净化俄罗斯。"在给后者的信中，他强烈批评这些"资产阶级及其帮凶，那些知识分子和资本家的走狗，他们自以为是国家的大脑，实际上，不是大脑而是臭狗屎。"在写给捷尔任斯基的信中，列宁要求后者有计划地抓捕反苏知识分子，并把他们驱逐出境。结果，后者领导的契卡先后用两条船将大约 300 名俄国知识精英流放到西欧。由于第一条船是以别尔嘉耶夫为代表的哲学家居多，故称"哲学船事件"。

1938 年，斯大林亲自撰写《联共（布）党史简明教程》第四章第二节"辩证唯物主义和历史唯物主义"，马克思主义哲学有了钦定标准文本。在这个文本中，"唯物论"成了"唯物质生产论"，"社会生产"成了"物质生产"的同义语。马克思讲过的"人的生产"和"精神生产"一个字都没有。斯大林还认为，"苏联社会是由两个阶级，即工人和农民组成的"这样极端片面性的结论。然后他设问"也许有人会问，那么，劳动知识分子呢？要知道，知识分子从来不是一个阶级，而且也不能是一个阶级。——它过去是，而且现在还是由社会各阶级出身的人组成的一个阶层。从前，知识分子是出身贵族和资产阶级的，有一部分是农民出身，而工人出身的是极少数。而在我们苏维埃时代，知识分子主要是工农出身的。可是，不管它的出身如何，不管它的性质怎样，它还是一个阶层，而不是阶级。"① 他还讲过"知识分子是最难管的"。

在这种思想指导下，为巩固个人地位和权威，斯大林在 20 世纪 30 年代发动的"大清洗"就是从整肃知识分子开始的。在经济建设部门，大批专家、工程技术人员和企业管理干部被清洗。物理学方面的院士以及几乎所有的学科带头人都被诬陷为"敌对思想的走私犯"而被监禁和处决。列宁格勒农学院院长被枪毙，棉花、畜牧、农业化学、植物保护等研究所的领导人也相继遭到同样下场。苏联中央气体液体力学研究所几乎所有的研究人员都被逮捕入狱。为了使这些人正在从事的新飞机的研制工作不至于中断，内务部不得不建立了一座代号为"中央设计局第 29 号"的特别监狱，让这些科学家一面接受审讯，一面进行科学研究。

斯大林并不满足于党政军大权独揽，他还要把自己树立为各个学科的绝对权威，为此他亲自发动或从上面积极干预了几十场"意识形态领域"的批判运动，涉及学科包括哲学、哲学史、政治经济学、经济学、历史、法学、遗传学、语言学、文学、歌剧、电影等。大批著名的科学家、学者、作家和艺术家被批判，有些人被开除公职、流放，以至判刑。斯大林后期整人劣迹昭彰的打手，在自然科学界是李森科，在学术界是日丹诺夫，在党政军界是贝利亚。这样做的结果不但助长教条主义和思想僵化，而且使苏联在众多科技领域落后于欧美，本可以领先的都落后了。

苏共向来较少接受知识分子入党，多在工人、农民、干部和军人中发展

---

① ［苏］斯大林：《列宁主义问题》，人民出版社 1964 年版，第 602—619 页。

党员。

苏联还长期搞"体脑倒挂",譬如,1971 年勃列日涅夫在苏共二十四大报告中,还在强调"工人阶级过去是,现在仍然是社会的主要生产力",却把从事科学技术工作的知识分子排除在外。在这种思想指导下,从 20 世纪 70 年代到 80 年代,科技人员和科学家的劳动报酬竟然继续落后于工人。知识分子在精神上又没有公开表达的渠道,于是越来越多的人成了"持异见人士";地下出版物泛滥,"持不同政见者运动"壮大,直至"苏联的知识分子最后走向了苏共的对立面,抛弃了苏共"。[①] 这是苏联解体的主要原因之一。

总之,俄罗斯的沙皇贵族专制主义有迫害知识分子的传统,苏维埃政权继承了这种传统,建立之初就开始了对知识分子的驱逐。后来,斯大林将马克思主义哲学简单化和教条化,开启唯物质生产论,只承认工人和农民两个劳动阶级,在"大清洗"和后来的几十次批判运动中,对知识分子系统地进行迫害,结果导致苏联知识分子同苏共的对立和反叛,这是苏联走向解体的主要原因之一。

1951 年出版《毛泽东选集》时,毛泽东亲自把《中国社会各阶级的分析》定为开卷篇——这是他的思想基础和成名之作。该文原载 1925 年 12 月出版的《革命》半月刊,1926 年 2 月和 3 月由《中国农民》和《中国青年》先后转载了这篇文章,随后又在广州和汕头出版了单行本。原文把中国社会各阶级划分为五大类:大资产阶级、中产阶级、小资产阶级、半无产阶级和无产阶级。第一类"大资产阶级",包括买办阶级、大地主、官僚、军阀和反动派知识阶级,而以"反动派知识阶级"为重点。原文如下:"反动派知识阶级——上列四种人附属物,如买办性质的银行工商业高等员司,军阀政府之高等事务员,政客,一部分东西洋留学生,一部分大学校专门学校教授、学生,大律师等都是这一类。这一个阶级与民族革命之目的完全不相容,始终站在帝国主义一边,乃极端的反革命派。"

1976 年毛泽东去世,"四人帮"被彻底粉碎,邓小平复出,拨乱反正,

---

① 刘克明:《苏联共产党与苏联知识分子》,《东欧中亚研究》2002 年第 5 期。

中国开始走上改革开放的正确道路。这就是说，在走了很长的弯路，遭受了难以估量的损失之后，中国才开始逐渐正确认识知识和知识分子。

1977 年，邓小平在《尊重知识，尊重人才》一文中写道："不论脑力劳动，体力劳动，都是劳动。从事脑力劳动的人也是劳动者。""我们国家要赶上世界先进水平，从何着手呢？我想，要从科学和教育着手。"①

1978 年，中国相继召开全国科学大会和全国教育大会，邓小平在全国科学大会开幕式上讲话指出："四个现代化，关键是科学技术的现代化。没有现代科学技术，就不可能建设现代农业、现代工业、现代国防。没有科学技术的高速度发展，也就不可能有国民经济的高速度发展。""科学技术人才的培养，基础在教育。"② 1988 年，邓小平再次强调："我们要千方百计，在别的方面忍耐一些，甚至于牺牲一点速度，把教育问题解决好。"③

1988 年在全国科学大会上，邓小平提出了"科学技术是生产力"以及中国的知识分子"已经是工人阶级自己的一部分"④ 的观点。1988 年，邓小平进一步指出："马克思说过，科学技术是生产力，事实证明这话讲得很对。依我看，科学技术是第一生产力。"⑤

1995 年 5 月 6 日，中共中央、国务院颁布的《关于加速科学技术进步的决定》，首次提出在全国实施科教兴国的战略。江泽民在会上指出："科教兴国，是指全面落实科学技术是第一生产力的思想，坚持教育为本，把科技和教育摆在经济、社会发展的重要位置，增强国家的科技实力及向现实生产力转化的能力，提高全民族的科技文化素质。"⑥

从秦始皇"焚书坑儒"开始，皇权官僚专制主义的中国有制造"文字狱"迫害知识分子的传统，在元明清三朝愈演愈烈。直到邓小平复出，拨乱反正，提出"科学技术是第一生产力""知识分子是工人阶级的一部分"这两个正确的观点，中国知识分子的命运才得到改变。

① 《邓小平文选》第二卷，人民出版社 1994 年版，第 41 页。
② 《邓小平文选》第二卷，人民出版社 1994 年版，第 86、95 页。
③ 《邓小平文选》第三卷，人民出版社 1994 年版，第 275 页。
④ 《邓小平文选》第二卷，人民出版社 1994 年版，第 88、89 页。
⑤ 《邓小平文选》第三卷，人民出版社 1994 年版，第 274 页。
⑥ 《江泽民文选》第三卷，人民出版社 2006 年版，第 428 页。

之后，尽管中国在发展经济和科教兴国两方面都取得了举世瞩目的伟大成就，然而，唯物质生产论仍然流行，对文化和教育仍然重视不够。目前，中国文化软实力薄弱，创新能力不足。当然，在党的十八大之后，以习近平同志为核心的党中央，提出了一系列治国理政新理念新思想新战略。文化软实力和创新能力还在逐步提高。

然而，从哲学上讲清楚社会系统内到底有几种生产，这几种生产之间是什么关系，已然是一个真实的哲学问题，有现实意义的哲学问题。

社会系统内的第一种生产：人的生产

社会系统内的第一种生产无疑是男女结合共同完成的人的生产。这是动物性的自然生产过程，俗话说"十月怀胎，一朝分娩"，说的就是这种生产。在采集－狩猎社会，物质生产全靠大自然的丰富恩赐，类人猿只需径直向自然索取，顶多再加一点石器、长矛、弓箭、陶器的制作，以及兽皮布衣加工。精神生产或文化－信息生产仅限于口头创作——图腾崇拜，泛神信仰，神话和巫术。鉴于20世纪前期，中国人的平均寿命是35岁，印度人的平均寿命是33岁，我们可以推断在采集－狩猎社会人类的平均寿命肯定低于30岁，那时婴儿死亡率肯定非常高。可以想象当时要维持种群的繁衍和氏族的延续，女人普遍要生十胎以上；生儿育女一定是氏族社会的第一生产，女人一定是第一生产力。于是，老祖母自然成为氏族最有权势的首领，血缘关系自然是形成母系氏族社会结构的关系。

我们有必要指出，晚年的恩格斯在《家庭、私有制和国家的起源》中承认"生产本身又有两种"，他写道："根据唯物主义的观点，历史中的决定性因素，归根结蒂是直接生活的生产和再生产。但是，生产本身又有两种。一方面是生活资料即食物、衣服、住房以及为此所必需的工具的生产；另一方面是人自身的生产，即种的繁衍。"① 我们还可以接着说，人的生产有既相互

① 《马克思恩格斯选集》第四卷，人民出版社1995年版，第2页。

联系又相互区别的两个过程：一个是生物遗传过程；另一个是社会遗传过程。前者是精卵合子 DNA 外化成表型的生育过程，后者是社会文化－遗传基因（SC－DNA）传输给下一代的教育过程，尽管最初是以口头传递为主。

广义的教育最初只是幼崽从长辈那里学习生存技能和融入群体的社会化过程，我们现在不可能复制和直接观察到我们的祖先类人猿是怎么做的。可是，我们可以从现存的人类近亲黑猩猩身上看到这个过程，而黑猩猩不仅外形同人类接近，而且生物遗传基因 DNA 中有 98% 同人类是一样的。有动物学家在南非热带雨林中长期观察和研究黑猩猩，他们发现年幼的小猩猩从父母身上学习各种各样的生存技能的过程竟长达 9 年；换句话说，每只小猩猩都正好要接受"九年制义务教育"，然后才算发育成熟，成为群体内的一个合格成员。

那么，在长达 9 年的社会化教育过程中，主要通过双亲的身教，小猩猩要学习哪些生存技能呢？

动物学家的研究成果告诉我们，它们要学会辨认大约 200 种植物的果实和根茎叶花，学会采集可食的和避免误食有毒的。要学会用石头砸坚果，围捕、撕咬食草动物和逃避凶猛的食肉动物。要掌握攀爬树木和在林间悠荡游走的本领，会辨识哪些树杈经得起自己沉重的身躯。还要学会给自己搭建遮风挡雨的巢穴以及生儿育女的全套本领。最令人惊奇的是，它们还要学会观察天象，知道什么时候出发朝海边走去，就能恰好赶上退潮，并且在海滩上捡食到潮水留下的海鲜。

人类先民肯定全都经历过黑猩猩现在还停留在的这样一个阶段，可是，中国的史前传说又告诉我们，他们慢慢地继续朝前进化。那些传说讲，有巢氏教人在树上搭巢，有陶氏教人制作陶器，神农氏教人稼穑，神农又尝百草教人治病，嫘祖教人纺织，直到仓颉造字中国人才真正进化成人，开始采用用文字记录的文化教育后代。

社会系统内的第二种生产：物质生产

采集－狩猎时代可以简称原始社会、古代文明，而农耕－畜牧时代可以简称农业社会、中世纪文明。人类何时及怎样从采集－狩猎时代进化到农耕－畜牧时代我们不得而知，因为没有可靠的史料记载。不过，我们从以色列人流传下来的宗教经典《圣经·创世记》中可以透过神话故事获得些许准确的消息。

《圣经·创世记》开篇，人类始祖亚当和夏娃在伊甸园里同花草树木和飞禽走兽相伴，过着无忧无虑的生活，大致相当于初民在采集－狩猎时代的生活。待始祖犯罪，偷食善恶树上的智慧果，被上帝逐出伊甸园，到地上开始耕种，则相当于农耕时代的到来，人类成了自食其力的劳动者。接下来诺亚方舟的故事则告诉我们，人类之所以要进化到农耕－畜牧时代，是为了抵御水旱自然灾害，保证稳定的食物供应，满足日益增长的人口的需要，从此开始了农业和畜牧业为代表的生产物质产品的时代。

在农牧时代，人类一半靠天吃饭，一半靠人力吃饭。农夫春种夏锄秋获冬藏，一年365天几乎天天都是面朝黄土背朝天，豆大的汗珠不停地从脸上往下落；一分耕耘一分收获，他们成了第一生产力。在牧区，牧民也是一半依靠天时，一半依靠自己勤劳的劳动；起早摸黑，放牧饮水起粪挤奶，没有一天空闲，他们也成了第一生产力。农夫和牧民占劳动力的大多数，整个社会建立在农牧业的收成和相应的实物地租、劳役地租和缴纳的赋税之上，物质生产成了社会系统内的第一生产。农牧社会相当稳固，进化缓慢，延续几千年。18世纪的法国仍然是一个农业社会，所以法国重农主义经济学家魁奈才竭力主张农业是唯一增加财富的生产。

在农牧时代，人类进化出一夫一妻制的对偶婚家庭；在家庭内部有丈夫同妻子的分工——男主外，女主内，在中国叫男耕女织。父系血缘关系代替母系血缘关系成为家族系统关系，整个社会则逐渐进化成按地域划分的国家，以及按经济关系、阶级关系和行政关系维系的层级结构社会。土地是第一生产资料，攻城略地的战争是男人的事业，胜利者成为坐拥天下的统治者。女性历史性地败北，成为男性统治和压迫的对象，她们不但要担负生儿育女的重任，而且要承担几乎全部的家务劳动，纺织和做衣服，有时还要下地干活。

重男轻女也体现在子女受教育的权利上。在农业社会一夫一妻制家庭中，父母自然是子女的第一任教师。可是，当时已经进化出专门从事文化教育的机构学校和专门做教育工作的最早的知识分子教师，而上学接受教师教育又几乎仅限于男性。无论在欧洲还是中国，教育都有"学在官府"和"学在民间"的区分，有世俗教育和宗教教育两类，以及培养官吏和培养武士两个主要的方向，而医农工商各行各业的技艺传承则靠师徒相授的方法。

在农耕－畜牧社会已经有体力劳动和脑力劳动的分工，当然，从事体力劳动的农夫、牧民和手工业工匠占劳动力的多数，从事脑力劳动的教师、教士、哲学家、医生、术士和官吏占劳动力的少数。知识分子人数少、分散，往往还要寄食贵族和富人门下，故确实只算得上是一个阶层——知识阶层。中国古代哲学家孟轲已经正确地认识到体脑分工是社会的合理分工，他在《孟子·滕文公（上）》中写道："劳心者治人，劳力者治于人；治于人者食人，治人者食于人，天下之通义也。"

人类社会出现体脑分工的必然性和合理性在哪里呢？首先，人类是符号动物，可是创造数字符号和文字符号最初是何等艰难！要在泥土、龟壳、兽骨、莎草、青铜、竹简上书写是何其困难！总结经验、记录知识、创制经典谈何容易！传授、学习这样记录下来的知识和经典多么耗时费力！因此，必须有人用毕生精力专门从事。其次，体力劳动和脑力劳动都是劳动，可是脑力劳动确实是更高级和更具创造性的劳动，需要最聪明和最有天才的人静心钻研才可能有新的发现和新的创造。最后，随着社会不断进步和扩张，劳动组织和国家结构日益复杂，各种事务越来越多种多样，必得有人脱离生产做脑力劳动为主的管理工作。所以，体脑分工不但是必然的，而且是社会进步必需的。

在农业社会出现体脑分工和最初的知识分子之后，真正意义上的文化－信息生产和用文字记录的文化遗传就开始了。接受德国哲学家卡尔·雅斯贝斯提出的人类文化和哲学发展的轴心时代（Axial Age）理论，然后对照史实加以校正，我们可以把这个过程简要地讲述成以下这样。

从公元前 5000 年开始的几千年间，农业文明及人类精神的发展都非常缓慢。最初农业文明最发达的地区都在北温带的大河流域，突出的代表是尼罗河流域的古埃及文明、两河流域的巴比伦文明、恒河流域的古印度文明和黄河流域的中国文明，这四大文明奠定了人类农业文明的基础。

从公元前 600 年到公元 600 年，以北半球北纬 30° 为轴心——在北纬 25° 至 35° 区间，在北温带人类文明的中心区域，在相互基本隔绝的环境下，在若干个国度大致同时出现了人类精神的重大突破和提升，涌现出伟大的精神导师。如在古希腊出现了苏格拉底、柏拉图、亚里士多德；在巴勒斯坦出现了耶稣；在印度出现了释迦牟尼；在中国出现了老子、孔子；在阿拉伯出现了穆罕默德。他们是同时代人类精神成长最突出的代表，对后世影响最为深远和广阔。他们的共同特点是对原始文化的突破和超越，发生了"终极关怀的觉醒"——对宇宙、生命和人生的追问并用理性命题、道德范畴和宗教戒律回答，把人从利己和自私的生物本性中救赎出来并引向"利他为公"的大我。换句话说，就是这些堪称人类导师的先知们，生产出了用文字记载的决定受众精神和长久遗传的社会文化 – 遗传基因的基因组（genomes），或所在国度的文化干细胞。

轴心时代人类精神导师们生产出来的文化信息的典型形式是一神教，包括现在的世界三大宗教：基督教、佛教和伊斯兰教，而标志理性成长的哲学思想则散见于三大宗教的经典当中。欧洲的古希腊人和东亚的古代中国人是早熟的儿童，因为他们的精神导师们最早生产出来的就是哲学——纯粹理性产品。然而，公元 313 年罗马皇帝君士坦丁颁布《米兰敕令》承认基督教的合法地位并且宣布其为国教之后，古希腊哲学就逐步沦为"神学的婢女"；基督教从此占据欧洲文化的主导地位，罗马天主教教廷树立至高无上的权威，欧洲思想界进入长达 1000 年的黑暗时期。从公元前 134 年汉武帝采纳董仲舒献策"罢黜百家，独尊儒术"开始，儒学代表的中国古代哲学逐步蜕化成僵化的儒教，在随后的时间里，一直是中国历代实行文化专制主义和钳制思想的工具。随着佛教在中国传播开来，道家也逐步演变成道教。最后，在唐宋两朝中国社会和文化定型之后，元明清三朝形成以儒教为正统、儒释道三教鼎立的稳固局面，造成了文化和社会发展的停滞。

所以，概括地说，农业社会是信仰时代，即便某些民族表现出理性的早熟，不久信仰还是会压倒理性。信仰就是盲从地相信，不怀疑、不思考、不追问、不批判、不否定，当然更不创新，也不允许创新。狭义的信仰特指宗教信仰，因而农业社会是宗教信仰社会，创教和传教、念经和解经、护教和抗拒异教是文化生活的主要内容，世世代代，一脉相传。当然，在主流文化之外，天文、地理、医学、史学、法学、文学、艺术和各种手工技艺都出现了，可是远未形成产业，而从业的知识分子人数稀少且分散，大多数还得依附皇室、贵族和豪门。

总之，在漫长的传统农业社会，以农业和畜牧业为主的物质生产始终是第一位的生产，土地和牲畜是第一位的生产资料，农民和牧民是第一生产力。

社会系统内的第三种生产：文化 – 信息生产

英国历史学家汤因比在《历史研究》一书中得出这样的结论，"迄今为止共有二十一个文明诞生了而且长到成年，其中有十三个已经死了而且埋葬了；在剩下来的八个文明中的七个都已经明显地在衰落中，仅有第八个，也就是我们自己的这一个"，[①] 进化出了科学。地球上现存的另外 7 个文化圈中人，如果不服气的话，可以扪心自问：在科学现有的大约几百个学科，大约 10000 个概念、10000 条定理、10000 个数学公式以及相应的 10000 项技术发明当中，你所在的文化圈人究竟贡献几何？

汤因比说的"我们自己的这一个"指的是"欧洲的基督教文化圈"，更准确是"欧洲的基督教新教文化圈"。我们首先要问，在这个文化圈里究竟发生了什么促使它进化出了科学？

从 13 世纪末到 18 世纪中期，欧洲相继出现的三场思想解放运动——文艺复兴、宗教改革和启蒙运动，促使它进化出了科学。经过这三场运动，古

---

① ［英］汤因比：《历史研究》中册，曹未风等译，上海人民出版社1981年版，第40页。

希腊文化恢复生命压倒了犹太基督教文化，理性超越信仰，逻辑战胜臆断，罗马天主教教廷的权威受到打击，欧洲多数国家实现了政教分离，多数大学独立办学。若套用马克思的话来说，束缚文化－信息生产力发展的桎梏被粉粹了，人和人的精神获得解放，于是出现了一种新型知识分子叫发明家和科学家，他们创造出了近代技术和科学。在近代和现代科技文化的推动下，西欧和美国率先从信仰社会进入理性社会，从农业社会进入工业社会。

第一次工业革命最先开始于英国，人们最早看到的是技术发明获得资本投入催生手工工场。后来，蒸汽机推动机器大规模生产，手工工场成长为工厂，工厂大量雇用工人，工人劳动使用机器生产出物质产品并创造价值，兼有使用价值和交换价值的物质产品进入市场，市场出售商品实现价值赚得利润，利润使资本增值，资本增值分配给资本家们。资本家们反过来加大资本投入扩大再生产，生产不断扩大资本就不断增值，于是出现了持续的经济繁荣。这样一条包括工业生产、商品流通和市场经济三大环节的循环圈，这样一个全新的产业链，最早在英国进化出来，其中，煤炭、钢铁、机械制造和纺织业也最先发达起来。可见，在工业社会前期，物质生产仍然是第一位的生产，工人阶级是第一生产力。

正是在这个时代，英国诞生了古典政治经济学。亚当·斯密提出劳动价值论，只承认在工厂里工人的物质生产创造价值，不承认"社会上等阶级人士的劳动"创造价值。马克思中年定居英国，他继承英国古典政治经济学的成果，用率先完成第一次工业革命的英国做样板，继续自己的理论研究，很自然地就接受了亚当·斯密的劳动价值论，并且也发表过同亚当·斯密类似的至少是部分地否定精神生产的观点。受亚当·斯密和大卫·李嘉图等经济学家影响，在工业物质生产的诸要素中，马克思认为"资本"是决定性的第一要素，所以后半生他一直在撰写《资本论》。

究竟是什么促使马克思在晚年思想发生变化，提升了自己的观点，讲出了"生产力里面也包括科学""劳动生产力是随着科学和技术的不断进步而不断发展的"这样的论断？笔者相信应当是第二次工业革命。

第一次工业革命的关键是蒸汽机的发明和不断改进，这个过程长达百年，与理论科学无涉，完全是经验摸索。待蒸汽机在英国和欧洲大陆都普遍应用很久之后，热力学才由卡诺、迈尔、焦尔、赫尔姆赫兹、开尔文创生出来。第二次工业革命的关键是电的发明，情况恰恰相反，是伏打、奥斯特、安培、欧姆、法拉第、麦克斯韦、赫兹先通过做试验发展出电学，特别是电磁学，然后电的技术应用才逐步出现。在马克思的有生之年，他先后看到一项又一项发明出现，如电池（1800）、电动机（1838）、电报（1845）、发电机（1870）、电话（1875）、电灯（1879）、电梯（1880）。他也看到工厂用上电力之后生产效率大幅提高。更具刺激性的是，他曾亲眼目睹了1851年由伦敦举办的第一届世界博览会：有10万余件展品，在全世界引起了巨大轰动。这时，他才得出"生产力中也包括科学""生产过程成了科学的应用"的新观点。

马克思和恩格斯在19世纪末相继离世，历史刚翻开新的篇章。20世纪初，一场科学革命就悄然爆发了。此后，科学万花筒出现井喷式发展，新科学、新发明、新技术、新能源、新材料、新机器、新生产线、新产品如雨后春笋般在欧美发达国家不断涌现，后又向发展中国家迅速传播；现代科学技术文化推动的全球化浪潮一浪高过一浪。尽管遭遇两场世界大战的破坏，但人类在20世纪取得的进步可能超越了以往20个世纪的总和。美国社会学家丹尼尔·贝尔将20世纪后半期称为"后工业社会"，未来学家约翰·奈斯比特称为"信息社会"，阿尔温·托夫勒称为"第三次浪潮"，联合国经济合作与发展组织称为"知识经济社会"。20世纪90年代，美国阿斯奔研究所在《技术在信息时代的地位：把信号转为行动》一文中指出："信息和知识正在取代资本和能源而成为能创造财富的主要资产，正如资本和能源在300年前取代土地和劳动力一样。"① 纵观新世纪的新发展，邓小平在20世纪末推进了马克思的观点，提出"科学技术是第一生产力"，这是对新时代的概括。

这个新时代最恰当的称谓应当是"信息社会"，其经济是"知识经济"，其第一生产者是"知识阶级"，其推动力是"第三次工业革命"，其关键因素是"信息"。

第三次工业革命推动信息社会的到来。正是以计算机为核心的数字化信

---

① 景中强：《马克思精神生产理论研究》，中国社会科学出版社2004年版，第10页。

息技术改变了全球范围内的文化信息的创新、生产、通信、存储和检索的模式；推动工业生产的信息化，包括自动化生产、数字化制造、人工智能、机器人应用和3D打印；使基因工程、细胞工程和靶向治疗得以实现；创造出新的金融模式、物流模式和营销模式；互联网正逐渐将全球和全人类连成一个整体，连成一个人人可以瞬间实现无障碍通信的"全球脑"，而每个人，凡是要运用智力完成的事，几乎都可以借助这个"全球脑"。

"知识经济"是高科技知识密集型产业超过农业经济、工业经济成为支柱产业的经济。研究开发、知识创新和教育培训是知识经济最主要的部门，掌握知识的高素质人力资源是最为重要的资源，首要资产是被称为无形资产的知识产权。知识经济的一个重要标志是以美国微软公司总裁比尔·盖茨为代表的软件知识产业的兴起，它的主要产品是软盘及软盘中包含的知识，正是这些知识的广泛应用打开了计算机应用的大门，并且使微软公司的产值超过美国三大汽车公司产值的总和。美国经济增长的主要源泉就是5000家软件公司，它们对世界经济的贡献不亚于名列前茅的世界500强企业。由此可见，文化－信息生产已经上升为占第一位的生产。

第一次工业革命是英国推动的，第二次工业革命是西欧和美国共同推动的，第三次工业革命是美国推动的。从人口和产业的构成来看，美国农业人口只占全国总人口的2%，农业产值仅占GDP的1.7%。在美国，被称为蓝领的从事体力劳动的工人所占人口比例，已经从大约30%下降到目前的不足5%，而同期从事脑力劳动的白领从15%上升到目前的超过80%。文化－信息生产发展成文化产业，人的社会化生产上升为教育产业，它们是引领社会发展的占据首位的产业。工厂、企业和公司的白领，政府部门的雇员，文化产业和教育产业的从业人员，再加上从事脑力劳动的自由职业者，他们共同构成在美国社会占统治地位的知识阶级。换句话说，美国社会的上层大都是拥有博士学位的知识分子，中层大都是拥有硕士和学士学位的知识分子。

社会系统内三种生产的关系

我们论证了人类社会内有三种生产：人的生产、物质生产和文化 - 信息生产。人类社会是有机体，是一个复杂的系统，是按照系统发育方式在进化。因而，这三种生产从始至终都是同时存在的，只不过相继在系统发育的不同阶段占据首要地位。人的生产在采集 - 狩猎社会占据首要地位，物质生产在农耕 - 畜牧社会和工业 - 信息社会前期占据首要地位，而文化 - 信息生产则是在工业社会后期的信息社会阶段才上升到首要地位。

我们要讨论这三种生产在社会系统内，特别是在当前信息社会内的地位和关系究竟怎样？笔者认为提出以下三种观点。

第一种观点是物质决定论，物质生产是社会的基础。任何社会首要保障社会成员衣食住行的物质需要，然后才谈得上教育和文化。物质生产的生产方式决定政治和法律的上层建筑，以及与之相适应的意识形态；不是社会意识决定社会存在，而是社会存在决定社会意识。教育和文化属于上层建筑和意识形态，反映基础，并为基础服务，又反作用于基础，或促进物质生产的发展，或拖累物质生产的发展。物质生产是社会的决定因素，物质生产的生产方式包含生产力和生产关系。生产力决定生产关系，生产关系要适应生产力的发展；当生产关系从生产力发展的形式变成了生产力发展的桎梏，社会革命的时代就到来了。革命就是要改变生产关系，解放生产力，促进生产发展，而一旦经济基础发生改变，包括教育和文化在内的上层建筑和意识形态就都会或慢或快地发生改变。

第二种观点是人决定论，人的生产是社会的基础。社会是由人组成的，有人才有社会，没有人就没有社会。人是社会系统的元素和唯一的负熵源，是生产力的首要因素，一切物质产品和文化产品都是人生产的。解放生产力就是要解放人，压制人就是压制生产力。人是社会系统的决定因素，只要有了人，什么人间奇迹都可以创造出来。人心的创造力推动社会发展，封闭人心就造成内封闭的社会，任何内外封闭的社会都会停滞。人的生产包括自然生育过程和社会教育过程；前一过程随机诞生优秀变体，后一过程可以培养出杰出人物，而历史正是由杰出人物决定的。纵观人类历史或一个民族的历史，总能发现正是精神领袖的思想、杰出人物的创造发明和英雄的丰功伟绩决定历史的轨迹。教育是立国之基，教育救国是可行之道。人心向背决定社会发展——得人心者得天下，失人心者失天下。有什么样的国民就有什么样的政体，有什么样的政体，就有什么样的国民。愚民只配专制，专制制造愚民；究竟是愚民供奉暴君，还是暴君奴役愚民，这是很难说清楚的。打破这种恶性循环只能靠启蒙。一旦国人都觉醒了，任何专制政体都会轰然塌陷，任何暴君都会人头落地。

第三种观点是文化决定论，文化－信息生产是社会的基础。社会是在地球生态系统基础上进化出来的由人组成的自复制－自创新系统。文化是社会系统内社会文化－遗传基因（SC－DNA）的总和，是历代社会成员在生存和生产过程中心灵创造的积累，是社会的灵魂。文化为社会系统个体的心灵结构和行为编码，为社会系统的结构和行为编码，以确保他们能在自然和社会环境中生存，通过物质生产和人的生产不断复制和创造相应的文明表型。因此，文化是社会系统内的慢弛豫参量，是最终决定因素，它最终决定社会系统的存在、停滞、变革和进化。文化或由社会系统内部成员生产，或由外部输入；文化变则社会变，文化不变则社会不变。所以，在人类历史上，文化革命总是走在社会革命的前面。如马克思说，"批判的武器当然不能代替武器的批判，物质力量只能用物质力量来摧毁；但是，理论一经掌握群众，也会变成物质力量"①，又如毛泽东说，"十月革命一声炮响，给我们送来了马克思列宁主义"②，中国社会很快发生了翻天覆地的变化。

经过一番论证，我们看到三种观点均能自圆其说。这样一来，就产生了两个问题。第一个问题，在三种生产当中究竟哪种生产是社会的基础？第二个问题，究竟什么是社会系统的决定因素？

对于第一个问题，基于以上论述，我们可以作出理论创新，给出一个崭

① 《马克思恩格斯选集》第一卷，人民出版社 1995 年版，第 9 页。
② 《毛泽东选集》（合订本）。

新的回答。在作为社会系统元素的人的身上有三套生产器官，或者说有三套生产系统，相应地，在由人组成的社会内就始终有三种生产：人的生产、物质生产和文化－信息生产，它们在社会发展的不同阶段相继占据社会生产的首要地位。人的生产自成系统，一代又一代人都按出生、成长、教育、事业、婚嫁、养育、衰老和死亡的次序循环。物质生产自成系统，每种产品都按生产、流通、交换和消费的次序循环。每种文化都按创造、传播、兴盛、衰退、过时和被取代的次序循环。如果我们继续采用社会是由基础和上层建筑两部分构成的力学模型，那我们就可以说，在现代社会中，人的生产是一个循环圈，物质生产是一个循环圈，文化－信息生产是一个循环圈，这三个循环圈耦合在一起构成一个超循环圈，共同构成社会基础，共同支撑着政治、法律、军事和意识形态的上层建筑。

譬如，对于美国这样一个发达国家来说，我们可以看到它的教育、科研和经济三方面是紧密联系在一起的，共同支撑着这个超级大国。教育为科研和经济部门培养和输送人才，科研部门用创新成果推动经济，并促使学校的教材内容更新，经济部门生产产品供应教育和科研部门。很难找到哪是起点哪是终点；很难说谁更重要、更基础。美国的强大绝不仅仅是军事实力远超其他国家，也绝不只是国内生产总值（GDP）高踞首位，有比这更重要的，那就是它的科研能力超强，高等教育极其发达。20 世纪中期以来，新思想、新理论、新技术和新发明大都来自美国，然后再流向其他国家。比科研更重要的是教育。美国有 4000 所大学，每年吸纳来自世界各国的留学生 50 万，毕业后最优秀的大部分留学生选择留在美国，美国就成了人力资源最雄厚的国家。由此可见，追赶美国的国家如果光追赶国内生产总值（GDP），那就想得太简单了。

第二个问题，关于社会文化－遗传基因（SC－DNA）学说中的"文化在社会系统中的位置"已经进行了解答。当我们讲"社会文化－遗传基因（SC－DNA）在社会系统中起最终决定作用"这句话时，必须强调"最终"二字。在社会系统中，帝王的意志、专制的强权和蛮族的军力，都可以杀害文化人，都可以毁灭文化，都可以一时决定社会的兴衰成败。在现代工业－信息社会，有比经济更重要的是教育和文化；没有具有原创能力的教育和文化做基础的经济，毫无核心技术可言。人心向背固然可以决定政权的兴衰存亡，可是人心不过是社会－文化思潮发挥最终决定作用的工具，而且往往是盲目的工具。在工业和信息社会，科学技术成为第一生产力，科学技术决定生产，也决定经济，当然最终决定社会。

从系统科学的理论来看，文化是社会系统中的序参量，或命令参量，而其他变量，包括人的生产、物质产品生产、文化－信息生产和社会管理系统，都是快变量。众多快变量提供信息形成文化慢变量即序参量，而作为序参量的文化又反过来支配和役使众多快变量，并且在空间中无限传播，在时间上不断复制，所以文化就成为社会系统中的最终决定因素。在人类社会中，最终是文化遗传基因的竞争，一如在生物界最终是生物遗传基因（DNA）的竞争，特别是等位基因的竞争。

第十四章
全球问题研究的新思维

　　全球问题是一个真实问题，是关乎每一个人、关乎子孙后代的真实问题。全球问题是一个重大问题，是关乎全人类命运的重大问题。

　　1953年，笔者定居北京。关于气候的切身体验是，50年以后北京变暖了，寒流减弱了。2015年，空气质量的恶化，雾霾天气现象出现增多，危害加重。最长的一次有40天没有见到太阳，这是过去几十年没有过的。由于西伯利亚永久冻土地带在开化，北极冰面在缩小，当然产生不出那么多和那么强大的寒流，不能及时吹散我国华北和江淮的雾霾。

　　我们在电视上可以看到：现在泰国1/3的国土泡在水里，大面积稻田被摧毁。美国东海岸遭遇罕见十月大雪，学校被迫停课。美国得克萨斯州遭遇高温和干旱。美国多个地区的高温达到创纪录的高位，而这是新疆吐鲁番盆地的极值温度。我国贵州、云南、湖南、广西连续大旱，稻田干裂的画面也令我们震惊。全球海平面上升，图瓦卢、马尔代夫等46个太平洋岛国已经发出要被海水淹没的呼救。更可怕的图像来自非洲东北部肯尼亚和索马里，严重干旱，1000万人面临粮食危机，数百万人饮水困难。总之，这几年创纪录的极端气象灾害越来越频繁，越来越多发，而气象专家预测这种趋势会继续攀升；并且多发生在北纬最适宜人居的温带——欧洲、中国和北美洲。

　　据美国《国家气候报告》称，对主要气候指标的全面评估证实，世界正在变暖。英国《自然》杂志 2011 年 10 月刊登气象专家的研究报告认为，全球气温升幅或很快超过 2 ℃安全阈值。一个国际专家小组得出结论，全球变暖趋势已不可逆转。《地球物理研究通讯》发表报告称，全球浮冰持续消融，2050 年北极夏天无冰。外电报道，陆沉海升威胁所有三角洲。处于最危险级别的 11 个三角洲中有 3 个在中国，在被称为世界"第三极"的青藏高原，冰川退缩震惊中国。科学家预测，到 2050 年阿尔卑斯山冰川将会消融 3/4。澳大利亚专家预测，照目前的趋势发展，到 2100 年，地球的大部分地区将不再适宜人类居住。

当然，也有不同的声音，例如，地球温室效应被夸大了，地球的自我调节能力被低估了，甚至还有预言说，按照地球轨道变化的 10 万年周期，不久就会进入新的冰川期，全球气候渐趋寒冷。

不过，笔者是相信全球温室效应的。这种宁信其有的心态，是建立在普利高津奠定的非平衡态热力学基础上：太阳系平均温度 0 ℃以下，地球平均表面温度 $T = 287k$（14 ℃），地球自然系统依靠耗散太阳辐射能量保持远离平衡态势。太阳对地辐射能量是一个稳定的数值，而现在，建立在地球自然系统基础上的人类社会系统，把地球几十亿年积累下来的固态太阳能煤炭、液态太阳能石油、气态太阳能天然气不断开采出来，要在短短几百年内耗散掉，地球平均温度肯定上升。至于环境污染，我们坐火车或自驾出游都看到了，大部分城市都被垃圾包围，有些河湖沟塘都污染成黑色或深绿色了。

2001 年，笔者曾在"广义进化研究丛书"序言中发出预言式的警告："正像 20 世纪由两次世界大战和冷战贯穿那样，21 世纪会由几次全球性生态灾难贯穿，在这之后，人类才会从物质主义的迷梦中完全惊醒。"

现在，笔者以科学、客观、冷静、负责任的态度回顾全球问题研究，提供一个新的哲学框架，在此基础上讨论如何缓解，即缓和和减少其造成的破坏，类似于经济学上讲的"软着陆"。

罗马俱乐部和全球问题研究

　　"全球问题研究"是由著名的国际学术组织罗马俱乐部在20世纪70年代催生的，逐步发展成当今显学。

　　1968年，意大利企业家、经济学家奥莱里欧·佩切伊博士，在英国科学家亚历山大·金协助下，邀请来自10个国家的30位（后来增加到100位）科学家、教育家、人类学家、实业家聚会罗马，讨论人类的困境，包括：富足中的贫困、环境的退化、就业无保障、青年的异化、传统价值的遗弃、通货膨胀，以及金融和经济混乱。他们把这些称为"世界性问题"。

　　因为罗马俱乐部没有实体机构，所以它推动全球问题研究的做法是在世界范围内遴选和邀请学者或科学家，请他们就某个问题撰写研究报告。它审议、接受报告，并以罗马俱乐部名义发表。在20世纪70年代及随后几年，它发表了11份研究全球性问题的报告。其中6份报告都是以某种方法建立一种世界系统的模型，通过演算或分析，对世界系统的发展作出某种预测，并提出某些忠告和建议。在以罗马俱乐部名义发表的头11份报告中，影响比较大的有：《增长的极限》（1972）、《人类处于转折点：给罗马俱乐部的第二个报告》（1974）、《重建国际秩序》（1976）、《超越浪费的时代》（1978）、《人类的目标》（1978）、《学无止境》（1979）、《微电子学和社会》（1982）等。

　　这些报告中，既有悲观的观点，也有乐观的观点。不过传播最广、影响最深的还是第一份报告《增长的极限》，它得出的悲观结论是，如果目前世界人口、工业化、污染、粮食生产和资源消耗的增长趋势继续不变的话，那么在下一个100年的某个时候就会达到我们这颗行星上的增长极限。最可能出现的后果将是人口同工业生产能力出现相当突然的和不可控制的衰退。意思就是出现全球范围内的灾变。报告接着就提出了为避免出现这种情况的政策建议。

　　由于第一份报告采用的是美国麻省理工学院福雷斯特教授提出的系统动力学方法，由他的学生丹尼斯·米都斯领导的小组完成，使用当时最先进的 MIT 电子计算机，从世界系统中选择变量建模运算——这一切都是非常新鲜的。因此，计算机模拟得出的这条悲观结论立刻产生轰动效应，在全世界挑起了一场持续至今的辩论。《增长的极限》很快被翻译成 30 多种语言出版，在全球销售 3000 多万册。可以说，正是罗马俱乐部的第一份报告《增长的极限》惊醒了人类，催生出"全球问题研究"这门新学问。

在广泛的讨论过程中，逐渐出现了质疑的声音：《增长的极限》建立的世界系统模型是否是过于简单的一种透视？罗马俱乐部的两个成员，美籍南斯拉夫系统科学家 M. 梅萨罗维克（M. Mesarovic）和德国科学家 E. 佩斯特尔（E. Pestel）一起接受委托应对这一挑战。他们在世界范围内联络 50 位科学家和学者，广泛和大量收集数据，建立"世界整合模型"（the World Integrated Model），得出了大不相同的结论。经维也纳国际系统分析研究所邀请来自全球的 100 位科学家集体讨论之后，这份成果于 1976 年以罗马俱乐部第二份报告名义发表，题为《人类处于转折点：给罗马俱乐部的第二个报告》。这份报告很快被翻译成 19 种文字出版，在全球发行 50 万册，也产生了很大的影响。

在重新仔细研读了这两份报告之后，笔者认为，不能人云亦云继续简单地说，第一份报告是悲观主义的，第二份报告是乐观主义的，而应当承认这两份报告都确认全球问题严重威胁人类未来，世界各国应及早协调一致地采取行动，以减轻灾变和减少损失。可是，由于对世界系统的看法不同，建立的模型不同，预言世界系统未来演进的结论有很大的不同。

具体来说，《人类处于转折点：给罗马俱乐部的第二个报告》认为，模型决定结论。第一份报告把世界看作均质系统，而第二份报告把世界看作非均质的系统，划分为北美、西欧、日本、澳大利亚和新西兰、苏联和东欧、拉丁美洲、北非和中东、主体非洲、南亚和中国这样 10 个发展不平衡的地区。第一份报告建立的计算机模型只包含几百种关系，而第二份报告由下向上分析每个区域的生态、农艺、经济、人口、社会、政治和个人，建立"世界系统的多层次模型"，包含 10 万种关系。经计算机演算和整合，第二份报告《人类处于转折点：给罗马俱乐部的第二个报告》得出的结论是，世界系统不会崩溃，但可能在地区一级发生灾难或崩溃，而且也许要远远早于下世纪中叶。虽然将在不同的地区，由于不同的原因，在不同的时间发生，可是，由于世界是一个系统，这些灾难将使全世界深受影响。必须在全球范围内，全世界都采取适当的行动，才有可能解决世界系统的这些灾难。拖延制定这种全球战略，不仅将是有害的、代价高昂的，而且将会是致命的。有必要采取有机增长，即不同地区有差别的协调增长，继续无差别地恶性增长是非常有害的。

不难看出，第二份报告《人类处于转折点：给罗马俱乐部的第二个报告》对世界系统的看法，建立的模型，得出的结论和提出的发展建议，都更科学、更理性。可是，人类能一致服从理性、共同按科学采取协调一致的行动吗？显然还远远不能。

在罗马俱乐部成员中，美籍匈牙利系统哲学家拉兹洛对全球问题研究的贡献很大，因为只有他从那时至今一直致力于全球问题研究，并且先后提供了3份罗马俱乐部报告，还成立了布达佩斯俱乐部继续罗马俱乐部的事业。

20世纪70年代中期，受罗马俱乐部的邀请，拉兹洛组织分布在全球的120位学者，完成罗马俱乐部的第六份报告《人类的目标》。它提供了当代目标的世界全景图像，包括各主要国家的目标、各区域共同体的目标、联合国的目标、跨国公司的目标、主要宗教组织的目标。然后它告诉人们，为了从当代社会和重要组织的那些现行的、短期的和狭隘的目标，转向一个相互依存的世界所追求的全球目标，需要有一场造成突破的"全球团结革命"。

《人类的目标》正确地预见了世界系统的进化方向：从200多个民族国家进化出多极世界，从多极世界进化出世界系统。美国、苏联、中国、印度、巴西、加拿大、澳大利亚等占据大陆或次大陆的大国，具有足够的人口、资源和比较完整的经济体系，可以保持和发展为相对独立的一极。其余100多个中小国家，许多小国仅靠一种或几种产品维持，需要进化成多个区域共同体，各自成为世界的一极；然后，多个大国和若干区域共同体再向上整合出世界系统。应当承认，时至今日，世界系统进化的轨迹验证了拉兹洛的预言。欧盟、东盟、非盟、阿盟、美洲国家组织、加勒比共同体等区域共同体都进化出来了，成长壮大了，各自构成一极，多极世界业已初步形成。这就是全球治理系统的结构进化，或人类社会朝全球系统逐渐整合。

在完成罗马俱乐部第六份报告《人类的目标》的过程中，拉兹洛意识到，罗马俱乐部第一份报告《增长的极限》所讲的地球的外在极限，都是些自然界的常数，不可能改变。现在人类社会工业化和人口增长造成的环境破坏即将达到这些极限并引发灾变，罪过不在地球而在人类自己，在于人类的意识和文化的局限，而这是可以，也应当改变的。于是，他写了《人类的内在限度：对当今价值、文化和政治的异端的反思》一书，转向"对当今价值、文化和政治的异端的反思"。这份罗马俱乐部新报告向内"反求诸己"的转向，加深了该组织批判的力度，开辟了全球问题研究的新维度。

1992 年，罗马俱乐部一反迄今为止只接受外界研究报告的惯例，第一次经过全体成员努力完成和出版了一本署名为罗马俱乐部的研究报告《第一次全球革命》。在这份报告中，罗马俱乐部明确指出，环境、能源、人口、粮食和经济发展形成互相联系、互相渗透、互相推动的复杂的世界困局，有很大的不确定性和危险性，而这又不是任何一个国家能单独解决的。全球危机的解决有赖于第一次全球革命：每个人的觉醒，所有国家出于合作共赢的意愿采取统一行动。

1997 年，拉兹洛推出了他独自撰写的一份新的罗马俱乐部报告《决定命运的选择》。在这本由联合国教科文组织总干事 F. 马约尔作序的书中，拉兹洛指出，人类在 20 世纪经历了布尔什维克浪潮、法西斯主义浪潮、非殖民化浪潮和公开性浪潮。21 世纪，将经历第五次浪潮——全球生态灾难浪潮。人类"生活在一个拥挤的和脆弱地平衡的经济、社会和生态系统中，我们不得不互相依赖，同时也依赖我们所居住的地球"。摆在人类和全球社会面前的是决定命运的选择："要么向上大突破，要么向下大瓦解（Break through or Breakdown）。"（见图 1）

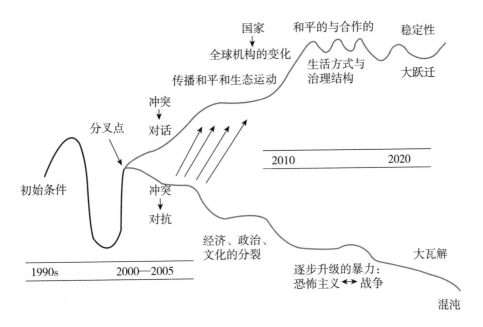

图1 当前的分叉点和大瓦解

布达佩斯俱乐部和全球问题研究

为研究和寻求全球问题的解决方案，拉兹洛在 20 世纪 80 年代成立国际性的、跨学科的广义进化研究小组（The General Evolution Research Group），编辑出版"广义进化研究丛书"（The Series of General Evolution Studies），主编学术期刊《世界未来》（World Futures），力图"从进化意识中产生有意识的进化"（索克尔）。"进化不是命运而是机遇，未来不是被预见而是被创造"（拉兹洛）。

20 世纪 90 年代，匈牙利成为多党议会制民主国家，拉兹洛的系统哲学和全球问题研究成果受到国人重视。同匈牙利的文化研究机构和文化精英合作，拉兹洛于 1995 年成立布达佩斯俱乐部，立志继承罗马俱乐部的工作。新成立的布达佩斯俱乐部从全球范围选择 100 位成员，他们都是不同文化、宗教、哲学、政治、文学、科学和艺术领域的有代表性的人物，希望通过这些精神领袖改变人类的精神。

1996 年，布达佩斯俱乐部发表《行星意识宣言》（Manifesto on Planetary Consciousness）。宣言提出，意识和认知图像（the evolution of cognitive maps）引领人类社会进化。在决定世界未来和人类命运问题上，世界观、价值观、未来观，以及个人的意识状态，要比技术和金钱更有力量。今天的经济、社会、科技、环境都是我们一手创造的，因而只有我们大脑的创造力——文化、精神、意识，才能约束它们。提升人类的精神和意识是整个人类大家庭中每个成员都应当参与的头等大事。我们只有将自己的意识提升到全球的高度，才能承担起引导社会改革和变革的重任。

2001 年，布达佩斯俱乐部发表第一份报告《第三个 1000 年：挑战和前景》。除进一步呼吁意识革命和提升行星意识之外，这份报告中还提出了一项新的任务——文化转型，具体来说，就是从"逻各斯文化"（Logos）转向"霍逻斯文化"（Holos）。

"逻各斯文化"是古希腊人开创的崇尚理性、逻辑推理和数学计算的文化。文艺复兴运动之后，希腊文化逐步上升为欧洲的正统主流文化，采用分析的还原论方法，发展出近代和现代的科学技术文化及工业文明，同时也造成威胁到人类的全球问题。逻各斯文化基于人同自然对立，相信人类理性无所不能。人的使命就是认识自然，向自然索取，征服自然，命令自然，改造自然。社会则是一切人反对一切人的战场，丛林法则和达尔文适者生存法则全部适用。一方所赢，必是另一方所失；财富越多越好，享受越高级越幸福。

作为英语词根，"Holo－"意为"整体"。"霍逻斯文化"是当代科学家和学者发展出来的新型文化，认为人类理性是有限度的，逻辑和数学并非万能。面对复杂系统，我们只能采用整体论－系统论思维方式，运用综合方法。霍逻斯文化相信，大到宇宙、小至细胞都是一个相互关联的整体。地球恰如古希腊神话中的大地母亲盖娅（Gaia），是由地圈、水圈、大气圈、生物圈和意识圈（noosphere）构成的一个生命体，人类及其社会只是其中的一部分。这个神秘的生命体有抗拒干扰保持稳定的自我控制能力，可是，超过一定限度地球进行自我调控之后生成的新世界，就不一定还有人类的位置了。因此，人类一定要自我约束，同大自然和睦相处，保护生态环境。人类社会新的生存法则是合作共处，共建双赢。

2008 年，拉兹洛出版新书《全球脑的量子跃迁》。拉兹洛自己对书名的解释是：全球脑是地球 – 行星上 65 亿人形成的拟似 – 神经网络的能量的和信息的处理网络，在私人和公共的多线路上，在局部和全球的多层次上相互作用。全球脑的量子跃迁是突然的和根本性的转变，发生在 65 亿人相互关系，以及他们同自然相互关系这个意义深远的方面，因而是社会巨变；同时，又是一次科学范式的跃迁，同样是突然的和根本性的转变，在这之后，人类对实在的本质属性会产生截然不同的认识。

这些年，在致力全球问题研究的同时，拉兹洛还从事物理学最前沿隐能量场的研究。早在 20 世纪 80 年代，他提出了"具有全息记忆能力的隐能量场——Ψ 场"假说。1989 年拉兹洛访华时，他到清华大学物理系做过关于这个题目的演讲。当时清华的师生都觉得他太前沿了。接下来，拉兹洛在这个领域接连出版了好几本书，有代表性的是《微漪之塘——宇宙进化的新图景》。随后，笔者编写和翻译出版了：《全息隐能量场和新宇宙观》和《意识革命》。笔者自己还写了一篇论文《Ψ 场（道场）研究的哲学意义》。在这本《全球脑的量子跃迁》中，我们读到，拉兹洛把宇宙隐能量场最后命名为阿克塞场（The Akashic Field），这是基于印度古代哲学进行的命名。古代印度人认为，各种场、力、能、粒子和物都是从阿克塞场生发出来的，将来都会回到阿克塞场中去。甚至人的意识在死后也会回到阿克塞场当中去。它是宇宙统一性和各部分相互关联的基础，是宇宙创造力的基础。

作者在这本书中把上述两方面的研究成果结合在一起了。人脑神经元的平均总数是 1×10^{10}，它们相互联系形成人脑的通信网络，因此人脑涌现出整体意识。目前地球这颗行星上人类总数是 0.65×10^{10}，由于通信技术的飞速发展和全球信息化，他们也相互联系形成全球的通信网络。个人成了"神经元"，地球就变成一个"全球脑"，当然也涌现出整体意识。拉兹洛把解决全球问题的希望寄托在促成地球脑整体发生量子跃迁式的突变。人类的集体理性上升到一个更高的境界：万物相互关联的"整体论"的科学范式，取代万物相互割裂的"机械论"的科学范式；从今天的渴望权力和征服的逻各斯文明（Logos – civilization）进化到以人类社会和生物圈的可持续发展为中心的霍逻斯（Holos – civilization）文明；还要从制定"生态伦理"开始逐步制定出"地球伦理"——从最低要求"你生存，别人也能生存"，推进到最高要求"促进对人类有利的动态平衡的进化"。

《礼记·中庸》上有一句话"择善而固执之"，它被北京师范大学历史学家何兹全先生奉为圭臬。拉兹洛不遗余力地推动人类意识进化，也有"择善而固执之"的精神。

拉兹洛认为，全球问题是人类在 21 世纪面临的最大、最紧迫的问题。他对历届全球 G20 首脑峰会不满，认为这 20 个大国首脑每次聚到一起，不讨论全球问题，专门讨论经济问题，或者只讨论金融问题，就像是"20 国财政部长会议"。于是，2010 年，全球 G20 首尔峰会前夕，拉兹洛以布达佩斯俱乐部名义，从全球范围邀请 20 位有代表性的人物，组成"民间版"的 G20，建立"世界跃迁 20 人参议会"网站，撰写出民间版的《世界意识跃迁 20 人委员会宣言》。之后，拉兹洛亲赴首尔，将这份宣言提交全球 20 国集团首尔峰会（G20），并向学术界和国际媒体公开发布。

这份宣言可以被看作是国际知识界对"G20 首尔峰会"的一种进谏。较之 2009 年提交 G20 多伦多峰会的类似进谏《在泰坦尼克号甲板上争抢一块安全的地方》（*Fighting for a Safe Spot on the Deck of the Titanic*），这份宣言是委婉和积极的进谏。宣言敦促各国领导人：提高对全球问题紧迫性的悟性，提升全球意识。同时，也尖锐地指出，2009 年 12 月的哥本哈根会议的失败，表明了政府间的组织没有能力超越国家和集团的利益从而客观地应对紧迫的全球问题。这一不幸的失败，根源就在于我们没有真正认识到全球危机实际上是人类精神整个系统的危机。忽视人类现实生活的精神维度，并继续把一切事情都简化为经济问题，结果世界将螺旋式地越来越接近毁灭。宣言规劝世界领袖们在决策过程中应当把精神原则放在金钱政治之上，充分认识到地球是一个有机整体，因而所有为了世界更美好的决策都应当基于避免人类失去未来家园。最后，宣言提出了一系列可操作的建议，包括落实"千年发展目标"，构建"社会和谐指数"评价标准，把全球金融重新组成共享资本，以及向"全球环境经济"过渡。

2011 年，G20 首脑峰会于 11 月 3 日至 4 日在法国戛纳举行。布达佩斯俱乐部提前两个月就对"民间版"G20 峰会参会人士发出邀请，请他们在 10 月 15 日以前对全球问题新发展写出新的见解，同时出资邀请这 20 位人士提前飞赴戛纳，紧盯新一届 G20 峰会进展，随时建言献策。待 20 国首脑通过的《二十国集团戛纳峰会宣言》在闭幕式上一公布，民间新版的《世界意识跃迁 20 人委员会宣言》随即跟进，并在第二天，趁各国记者尚未散去，就向媒体公开发布。

这份新版的《世界意识跃迁 20 人委员会宣言》最大的特点，用中国的成语描述，就是"越俎代庖"和"分庭抗礼"。直白地说就是：你不讲全球问题我替你讲，你不提供全球问题的化解办法我替你提供；咱们把两种版本的宣言都公布出来，请各国人民评判，哪个是全面的真相，哪个是局部的假象；哪个是积极治本，哪个是消极治标。

新版的《世界意识跃迁 20 人委员会宣言》更尖锐地批评《二十集团戛纳峰会宣言》之后，将金融动荡、气候变化、核武器威胁、污染加重、人口增长、经济危机这些全球问题及其最新发展进行综述，指出这些综合到一起是全球性的精神危机、文化危机和治理结构危机，而金融和财政危机只是局部表象；要真正解决不断冒出来的金融和财政危机，须要有一场人类精神、文化和全球治理结构全面而深刻的革命性的进化。接下来，这份新版的《世界意识跃迁 20 人委员会宣言》进一步列举需要各国从全人类利益出发在全球层次上做的事情，包括公共事务的重新定向、全球金融系统改革、全球治理结构改革和经济改革。最后，它指出关键是要有全球意识的领导层。

以上就是全球问题的来龙去脉和最新动向。下面，笔者将尝试提供一个观察和缓解全球问题的新的哲学框架，一个建立在 20 世纪科学革命成果基础上的哲学框架，并在此基础上评价罗马俱乐部和布达佩斯俱乐部的工作，寻找缓解全球问题的路径和方法。

全球问题研究的新思维

笔者从 16 岁开始阅读马克思主义哲学经典著作，直到 36 岁才考上中国社会科学院哲学研究所辩证唯物主义专业研究生。

笔者非常幸运地选择了一个新的研究方向——从 20 世纪科学革命成就，特别是系统科学成就推动马克思主义哲学创新。后来，笔者出版第一本哲学著作《进化的多元论——系统哲学的新体系》①，提出了一个解释世界的哲学公式"1 分为 N（$1 \leq N < \infty$）"。2009 年，中国辩证唯物主义研究会召开"马克思主义哲学创新成果大会"，笔者将这本书中潜在的一个马克思主义哲学理论创新体系勾勒出来，写成 5 篇哲学短篇论文并提交大会随后被收录到大会论文集《马克思主义哲学的新探索（1978—2009）》②。具体来说，笔者已经尝试把马克思主义哲学的五个部分呈现如下：（1）把唯物论发展成进化的多元论；（2）把唯物辩证法的发展观发展成广义进化论；（3）把反映论发展成透视论；（4）把历史唯物主义发展成社会系统论；（5）把共产主义理论发展成全球问题研究。

以下，笔者将采用在本书中得到进一步发展的"进化的多元论"的哲学框架，全面地、客观地评价罗马俱乐部和布达佩斯俱乐部的工作，进而提出对全球问题的一些新的思考。

首先，让我们一起简要地回顾一下这个新的哲学体系中同全球问题研究有关的内容。

按照当代科学的新形而上学，场→能量→物质→信息→意识是依次进化出来的宇宙的五种元素，地球人生活在一个五元的世界上。当代先进的科学思维和先进的哲学思维必得采用这五个本体论范畴。你既不可能用"奥卡姆剃刀"消掉任何一个，也不可能归并任何两个。当代思想先进的哲学家，站在前沿的科学家，真正有作为的领导者，在讨论、研究和处理任何一个复杂问题的时候，譬如，人的问题、社会系统的结构问题、社会发展问题、管理问题等，要做到全面地、客观地看待问题，必须从五个角度透视，运用五个本体论范畴思考。研究全球问题，当然也是这样。

采用进化的多元论作为本体论框架，用场、能量、物质、信息和意识五

---

① 闵家胤：《进化的多元论——系统哲学的新体系》，中国社会科学出版社 1999 年版。
② 中国辩证唯物主义研究会编：《马克思主义哲学的新探索（1978—2009）》，北京师范大学出版社 2010 年版。

个本体论范畴思维，从五个视角透视社会，我们就能构建出一个"社会系统的新模型"：社会系统是在太阳辐射能量推动下，在地球自然－生态系统基础上进化出来的由生物智能人组成的远离平衡的自复制－自创造系统。社会系统拥有自然环境和社会环境，以人为基本元素，以文化信息库为核心，包含人的生产、文化信息的生产、物质产品的生产和作为上层建筑的管理系统这四个下层子系统，是处于非平衡态并具有非线性的复杂系统。

"人"是社会的最小单位、社会的原子、社会的细胞。社会系统以人为起点，以人性为尺度。人是社会系统内唯一的负熵源，社会系统是靠人的大脑生产和输出的智能信息流来推动的。"物质"的秘密是靠深入研究原子揭开的，生物的秘密是靠深入研究细胞揭开的；同理，社会的秘密肯定要靠深入研究人、人心和人性才能揭开。《庄子·田子方》篇批评儒者"明于礼义而陋于知人心"，真可谓一剑封喉，切中各种乌托邦社会理论之要害。

在"人性的系统模型"一章中，我们已经得出结论：人的利己性潜藏在普利高津提出的描述非平衡态热力学系统耗散结构行为的 $ds = d_i s + d_e s$ 这个微分方程式中。从环境吸收负熵而把熵排泄给环境，损坏各处以建造一处，在环境不断衰败的同时自己不断新生，这就是耗散结构物理属性决定的最深刻、最稳定、最本质的人性——利己性；而当"利己"越过一定的限度，即人或组织有能力，也应当履行伦理的、道德的或社会的义务而不履行时，"利己"就转化为作为道德评价的"自私"，而"自私"是万恶之源。

遗憾的是，从近代欧洲开始的工业社会正是逐利的社会、无限追逐利润的社会，而这种社会正在全球化。个人逐利，家庭逐利，家族逐利，企业逐利，公司逐利，国家逐利，全球社会逐利。大家都像《论语》中孔子批评的那样"见利忘义"（义者，宜也），结果潜藏在人性中的"利己性"就这样经过逐级转化、逐级放大，无限制地损害环境，终于酿成今天威胁人类生存的全球问题，人类正在遭受大自然的惩罚。

在信息论中，通信系统的最简模型为：信源→信道→信宿。分子遗传学揭示出生物遗传信息流向的中心法则：DNA→RNA→表型。比照这个模型，我们得到社会系统内社会文化遗传信息流向的中心法则："文化→生产→文明"。

"文化"同"文明"的关系恰好就是"基因型"（genotype）同"基因表现型"（phenotype）的关系。这样，我们就得到了"文化"和"文明"的标准的属加种差型定义：文化是社会系统内的遗传信息（社会文化－遗传基因），而文明则是文化的社会表型。

至此，我们可以得到展开的文化定义：文化是社会系统内社会文化－遗传基因（SC－DNA）的总和，是历代社会成员在生存和生产过程中心灵创造的积累，是社会的灵魂。其核心是所有成员共同的图腾、信仰、世界观、思维方式、价值和行为准则，其外围则是科学技术、生活常识和生活技能。文化为社会系统个体的心灵结构和行为编码，为社会系统的结构和行为编码，以确保他们能在自然和社会环境中生存，并且通过生产不断复制和创造相应的文明表型。文化是社会系统内的最终决定因素，它最终决定社会系统的存在、停滞、变革和进化，决定历史。

我们观察当代全球社会，首先看到的是大国之间军事力量的竞争，可是，一位深刻的观察者应该在军事后面看到政治，在政治后面看到经济，在经济后面看到科技，在科技后面看到教育，在教育后面看到文明，在文明后面看到文化。在人类社会中，最终是文化遗传基因的竞争，一如在生物界最终是生物遗传基因（DNA）的竞争，特别是等位基因的竞争。在当今世界上，我们到处看到的是"人权"同"神权"、"自由"同"专制"、"民主"同"独裁"的斗争，而这些斗争的结局将决定世界系统的未来和全人类的命运。

罗马俱乐部和布达佩斯俱乐部工作评价

用上述新的哲学框架作为透视器，我们可以回过头来评价在研究全球问题上发挥带头作用的罗马俱乐部和布达佩斯俱乐部的工作。

首先，让我们放弃历来惯用的在空间维度评价文化的方法，改而研究在时间维度中的文化，于是，我们可以把负熵→DNA→SC－DNA 看作既有区别又有联系的三阶段连续过程。按照社会文化－遗传基因（SC－DNA）进化引领的社会进化过程，人类社会经历了神话－巫术社会、宗教－信仰社会、科技－理性社会三个阶段。现在，世界发达国家已经进入第三阶段，准发达国家、欠发达国家和不发达国家正陆续向这个阶段推进，这个总过程现在有一个名称，叫"全球化"。"全球化"是被什么文化所化，笔者主张是被现代科学技术文化所化。

现代科技文化不是某一国或某一地区的文化，不是某一民族或某一种族的文化，而是全人类的文化，因为它经历了几万年的进化过程，吸收了全球几十种重要文化的成果。举其大端，它从非洲出发，融合成埃及文化；吸收腓尼基文化、迦太基文化、米诺斯文化，进化成希腊－罗马文化；同希伯来－犹太文化汇合，吸收阿拉伯文化、波斯文化、印度文化、中国文化（有李约瑟著多卷本《中国科学技术史》为证）、日本文化的积极成果，融合日耳曼文化，吸收拉丁文化、北欧文化、斯拉夫文化的成果，发展成以盎格鲁－撒克逊、法兰西、德意志为核心的欧洲几十个民族国家的共同文化；再越过大西洋吸收印第安文化，在20世纪进化成执牛耳的美国文化；如实地说，在20世纪它也吸收了苏联－东欧文化的某些积极成果。

现代科技文化引领的工业文明在西欧发达起来的初期，马克思在肯定它用短短一二百年造成的进步超过了以往几千年的同时，并预言它会通过经济危机和无产阶级革命而灭亡，进化到更高级的生产方式和更高级的社会。尽管马克思预言的西欧资本主义发达国家的无产阶级革命没有大规模爆发，资本主义代表的工业文明至今没有灭亡。可是，马克思的历史功绩不容抹杀，因为他的揭露促进了资本主义和工业文明的自我完善。

20世纪中期，罗马俱乐部异军突起，揭露工业文明的外在矛盾，同地球自然环境和有限资源的矛盾，论证它是不可持续的，会引发灾变、倒退，威胁人类在地球上的生存。罗马俱乐部的工作惊醒了世人，催生出全球问题研究，它推动了工业文明的自我完善——当然还很不够，必将继续推动工业文明的自我完善。

遗憾的是，中国对罗马俱乐部的工作给予的重视是不够的。譬如，罗马俱乐部最初的11份报告至今还有好几份没有中译本，已经有中译本的报告，也是零散地在不同的出版社翻译出版的。笔者愿借此机会呼吁，全球问题是关乎人类命运的重大问题，是真正需要认真研究的文化问题，也是同中国的文化和社会发展密切相关的问题。因此，有志推动中国做文化强国和引领世界文化潮流的机构、基金会和实力派企业家，应该积极投身于"全球问题研究"。2008 年，第一届国际全球学大会在美国芝加哥举行，标志全球学（Globalology）学科的发展成熟。目前，全球有约 100 所大学开设了全球学本科专业，40 所大学设立有全球学硕士学位，5 所大学有博士学位。中国理应在这方面奋起直追。

再看拉兹洛和他创立的布达佩斯俱乐部的工作。它继承罗马俱乐部开创的工作，把对工业文明内在矛盾和局限性的揭露、反思和批判，从有形的物质文明层面深入无形的文化遗传基因层面，批判科技文化过时的实体主义的、原子论的、还原论的、线性的思维方式，提倡关系论的、系统论的、整体论的、非线性的思维方式，批判物质主义价值观和倡导生态价值观，推动意识革命和文化转型，推动全球治理和管理系统的进化，促使大国领袖和精神领袖重视全球问题，这些就是拉兹洛和布达佩斯俱乐部的贡献。

然而，他们工作的实际效果并非像预期的那么强大，笔者也不认为他们真能短期促成"全球脑量子跃迁"式的"意识革命"和"文化转型"。换句话说，只凭先知先觉者写书、写文章、发宣言和搞宣传不可能解决或化解全球问题。肯定能够缓解，但作用有限。

为什么？笔者愿意从三个方面谈自己的看法。

首先，"系统目的乃其自为"。这是控制论第三位创始人比尔的名言。我们知道，国际公认控制论是由三位科学家创立的：美国数学家维纳、英国精神病学家艾什比和英国运筹学 - 管理学家比尔。前两位的主要著作我们都早有中译本了，可惜比尔在 20 世纪 70 年代至 90 年代发表的管理控制论方面重要的著作，在中国没有翻译出版。2001 年，笔者在加拿大曾有机会拜访过他。他送给我两本书，其中一本的封底就印着："The purpose of a system is what it does."这句英文笔者试译为："系统目的乃其自为。"实际含义笔者体会是承认对任何复杂系统，人的认识、愿望、道义、预期、计划、管理、控制所起的作用是相当有限的，系统演化的路径和终态不是任何人能准确预见和完全控制的。包含人类工业文明在内的地球生态系统正是这种复杂大系统，它有自为的演化路径和目的点，甚至还有它的演化惯性，像拉兹洛这样活动能力很强的个人，像布达佩斯俱乐部这样的团体，对其认识和施加影响仍然是相当有限的。

其次，我们说，"文化是社会系统的最终决定因素"，是从社会系统的长期演化来说的。从短期来看，杰出人物，偶然事件，直至一时得逞的阴谋诡计，都像是在决定着社会变迁和历史进程；可是从历史的长河看，唯有文化在隐秘地发挥决定作用。文化变则社会变，文化不变则社会不变。理论上讲，文化是哈肯在协同学中讲的"慢弛豫参量"或"慢变量"，因而是决定系统结构、行为和演化的序参量。然而，正因为文化是慢变量，个人或团体促使它在短期内发生飞跃性的变化肯定是做不到的。举例来说，价值是文化的核心，增长和利润一直是工业文明的核心价值。现在要让"生态价值"深入进去，不但成为核心价值，而且超过增长和利润成为首要价值，试想短短十几年、几十年内怎能做到？

最后，人的利己本性。关于这一点，拉兹洛在著作中触及了，可是没有深入和展开。从新的哲学框架出发，我们很容易明白，个人的行为，企业的行为，国家的行为，人类社会的整体行为，实际上都受两套遗传信息编码的控制：一套是 DNA，另一套是 SC－DNA。两套编码经常是冲突的：DNA 教人只知道利己→自私→恶，SC－DNA 最健康的部分则是教人利他→为公→善。具体到全球问题，拉兹洛团队只想着通过让 SC－DNA 突变来化解全球问题，忽视了 DNA 在更深层次上起着难以逾越，甚至是不可逾越的阻碍作用。

举例来说，1992 年在巴西里约热内卢举行的联合国环境与发展大会（地球首脑会议）通过了《联合国气候变化框架公约》，这是第一个为控制二氧化碳等温室气体排放的国际公约，也是应对全球气候变化国际合作的基本框架。客观地说，这绝对是人类集体理性的伟大进步，是"意识革命"和"文化转型"的重大步骤。然而，1997 年《联合国气候变化框架公约》第三次缔约方大会通过《京都议定书》规定，在 2008 年至 2012 年，全球主要工业国家的二氧化碳排放量比 1990 年的排放量平均要低 5.2%，其中，第一排放大国美国削减 7% 的二氧化碳废气排放量。会后美国拒绝执行，结果《京都议定书》成为废纸一张。2009 年在丹麦召开哥本哈根世界气候大会，商讨 2012 年至 2020 年的全球减排协议。尽管这次会议被喻为"拯救人类的最后一次机会"，可是，像中国、印度这样的主要发展中国家应如何控制温室气体的排放，是哥本哈根会议要讨论的主要问题之一。究其原因，美国也好，中国也好，印度也好，尽管各自都找了一些理由，可实际上都是把保全各自国家财富增长和保 GDP 增幅的私利放在第一位。

总之，在人类全球社会系统中有几条曲线在赛跑：第一条是物质生产和人口增长的曲线；第二条是环境恶化并发生灾变的曲线；第三条是人类意识发生革命性变化的曲线；第四条是工业文明转型的曲线；第五条是人类集体智慧和集体理性成长的曲线；第六条是全球社会治理结构进化的曲线。笔者期望和相信，后面四条曲线会增长得快一些，抑制第一条曲线的速度，缓减第二条曲线的坡度，让它变得平缓绵长，从而减少和减轻生态灾难的破坏，使人类较为平稳地度过 21 世纪。笔者相信"人类集体智慧和集体理性成长的曲线""全球社会治理结构进化的曲线"最终会跑赢，可那是在经历很多曲折和苦难之后。

生态文明是工业文明的自我完善

太阳系是银河系边缘的一个中等大小的恒星系。人类生活的地球是太阳系中位置、大小和温度都适中的一颗行星。地球上极其罕见和宝贵的条件组合孕育出生命的进化。生命的进化已有 35 亿多年的历史，可分为生物进化和人类文明进化两个大阶段。生物进化速度极其缓慢，要以亿年为时间单位；人类文明的进化经历了狩猎采集文明、农耕畜牧文明和工业信息文明三个阶段，它有一个越来越大的加速度——原始文明以万年、农业文明以千年、工业文明以百年为单位。人类文明进化的曲线，起初一直是平缓的，但最近300 年陡然上升。

我们论述"人类文明的可持续进化"，最首要的一点就是要搞清楚，目前人类文明的许多成分高速增长的上升趋势是否能持续下去？以及在什么条件下它就能持续下去？在什么条件下它就不能持续下去？首先要给"人类文明的可持续进化"制定一个标准，应当是在保持目前进化势头的同时，不发生人口大批量地非自然死亡，不发生生活水平大幅度地降低，不发生人类文明大幅度地倒退。

笔者相信，按人类文明来说，就是工业文明的现状，可持续进化的上升趋势保持几年或十几年，甚至几十年是可能的，超过这个时限是不可能的；人类文明要在一百年，甚至几百年内持续进化，就一定要发生文明的转型，一定要进化出工业文明的新阶段——生态文明。

一、"持续进化为什么"会成问题

地球上生命进化过程的出现和维持需要有一定的自然环境，包括来自太阳的持续的能量流，以及大气圈、水圈、表土圈和岩石圈。在自然环境的基础上进化出了生物圈，又叫生物生态系统，它有植物、动物和微生物三元结构。植物是生产者（A），动物是消费者（B），微生物是分解者（C）。它们相互耦合，形成生产、消费和分解三环节构成的无废弃物的物质循环。这可能就是莱布尼茨讲的"前定和谐"。因此，生物生态系统可以几百年、几千年、几万年维持下去，一直是可持续进化的（见图2）。

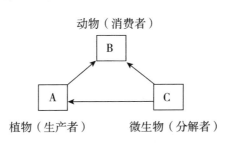

图2　生物生态系统

可是，在自然环境和生态系统基础上进化出来的意识圈或者说人类生态系统，到目前为止却只有二元结构：人类是超级生产者、超级消费者，但不是超级分解者，特别是到工业社会阶段；人类文明可持续进化成为一个全球问题的根源即在于此。

科技和经济的发展提高了生活水平，医疗和保健事业的发达大幅度地降低了死亡率并延长了平均寿命，但没有大幅度降低出生率。于是，人类就成了人的超级生产者，造成全球人口膨胀。为了养活急剧膨胀的人口，还要不断提高他们的生活水平，人类不得不成为超级农业生产者。人类无疑已成为超级工业生产者，而这类生产使用的是在漫长历史时期内固化、液化和气化的太阳能——煤、石油和天然气。它们在短时期内大量耗散，迅速推动了人类文明的跃升，但产生的大量废物、废水和废气严重污染了自然环境。此外，工业生产因不断消耗各种非再生性矿产资源而难以为继，排出的氟、硫、铅、汞等元素的有毒化合物又损害人类的健康。

遗憾的是人类至今还没有进化成一个超级的分解者。人类指望微生物（细菌和霉菌）来替他们分解那些有害物质，但它们分解不了那么多，分解不了那么快，像塑料这样的化学污染物是很难分解的。结果生物生态圈原有的平衡就被严重破坏了。最终的结果是人类文明迅速上升的进化反过来破坏了它自己赖以存在和进化的两个基础——自然环境和生物生态系统，人口、生产和消费的增长越快，这种自毁根基的破坏就越严重。这种恶性循环迟早会使人类文明的可持续进化成问题，或者说变得不可能了。

二、生态文明是可持续进化的必由之路

那么，为什么工业文明到现在才300多年，就变成不可持续的了呢？这纯粹是人类自己造成的，是工业文明发展发育不完整造成的。因此，从理论上讲，它肯定会在工业文明继续发育和向前进化的过程中自愈。如果人类想在地球上继续生存的话，必须自愈。

20世纪中期以后，人们开始谈论"后工业社会"，末期人们达成共识，人类进入"信息社会"。"信息社会"是工业社会或工业文明的一个阶段。在这之后，笔者大胆预言，人类文明的进化将推进到一个崭新的阶段，在一个相当长的阶段内，它是"生态文明"或"生态社会"。

生态文明具有如下特征：生态环境价值上升为最高的价值。环境科学和环保技术是最发达的科技。环保业是规模最大的行业，吸收的失业人员最多。环保税是最大宗税收，按企业和事业单位对自然环境和生态系统造成的损害大小来收取。工业文明主要依赖的能源煤、石油、天然气是肮脏能源，是污染环境和破坏生态系统的罪魁祸首，它们或者消耗殆尽，或者被课征重税。生态文明主要依赖较为清洁的能源：太阳能、地热能、水力发电、风力发电、

潮汐发电、核电和冷核聚变发电等。生态农业建设以户、村、乡和县为发展单位，农林牧副渔五业综合发展，实现物质的循环使用。生态工业又称废弃物"零排放工业"，或"无污染工业"。物质在其生产流程中多级使用、循环使用。生态消费要做到所有垃圾都分类投放，然后一部分回收作为工业原料，一部分加工成建材，一部分加工成有机肥料。由于进化出了生态农业、生态工业和生态消费，人类终于成为超级分解者；仿照生物生态系统，人类生态系统有了可长期持续下去的完整结构，它对生物生态系统和自然环境的破坏和污染大大减少了（见图3）。

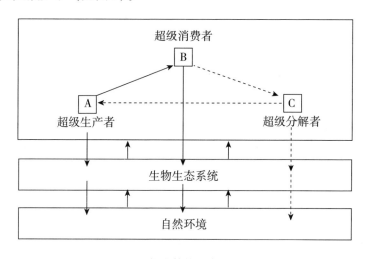

图3　进化完整的人类生态系统

只有进化到生态文明阶段，工业文明才是可持续的。

笔者认为，全球问题的缓解主要依靠三个方面的工作：一是全球问题的研究和研究成果的普及宣传；二是科学技术进步促进工业文明的发育和完善；三是全球社会的结构进化和监管机制及相关法规的健全。

科技进步是缓解全球问题的主要手段

中国有句颇具哲理的谚语"解铃还须系铃人"，意思是说，要解下老虎项下的铃铛，还得请那位系上铃铛的人才行。比喻问题是由谁引起，还得让谁去解决。所以，既然全球问题是现代科技文化推动的工业文明造成的，那么缓解全球问题也只能依靠科技进步推动工业文明继续进化和自我完善。

在这方面，科学家和技术发明家是大有可为的。

一、开发新能源

为减少石油和煤炭的依赖性使用，开发对环境污染较小的氢燃料、核能发电；扩大清洁能源所占比例，包括太阳能利用、风能发电、水力发电、潮汐发电、地热发电；扩大可再生能源的利用，主要是开发生物能源。

二、开创新型经济

不断开创和扩大包括循环经济、绿色经济、低碳经济的生态经济园区。

三、改进清污技术

包括改进废水处理技术、垃圾处理技术、空气净化技术、河湖清污技术、海洋清污技术，以及培养和使用清污能力强的新微生物。

四、提高农作物产量

无论怎样宣传和推广节制生育，世界人口在一段时期肯定还会继续增长，为此必须不断培育新品种和改良耕作技术，以期农产品产量的增长速度高于人口增长速度。

全球治理结构的进化是缓解全球问题的根本保证

全球问题须全球治理，像目前这样 224 个国家和地区互相观望、比拼和扯皮是不行的。全球社会结构进化和全球治理体制的进化并非易事，然而，不断发生和不断加剧的生态灾难和社会危机是一把"双刃剑"，在造成死亡和破坏的同时会加大环境压力，进而会促进全球社会结构进化和全球治理体制的进化。

我们这样推断有依据，英国科学家们公布的最新研究成果说，过去 200万年里的气候变化推动了人类的进化，除了促使人类迁徙到新的适合生存的环境，还迫使人类学会合作，从野蛮走向文明。大约在距今 200 万年前，可能是由于超新星爆炸造成地球上由雷电引起的森林火灾频发，结果地球上森林减少，草原裸露，从而导致直立人出现。他们是早期人类，双脚直立之后更适合在草原上奔跑猎食。大约在距今 6 万年前，在一个漫长的温暖时期，生活在非洲大陆的直立人进化为现代人类并开始向北迁徙。大约在距今 1.4万年至 1 万年前，地球出现气候急剧波动时期，迫使人类发展农业技术以保证稳定的食物供给。

据此我们可以推断，发生在 21 世纪的气候变化和环境灾难，除了引起较小规模的迁徙（如太平洋岛国迁往大陆）之外，一定会迫使现有的 200 多个民族国家逐步捐弃前嫌，逐步淡化民族主义，逐步趋向合作以应对生态危机。可以预见，21 世纪，人类一定会进化出对全球环境统一监管和集中治理的有足够权威的机构，一如在 20 世纪为防止新的世界大战进化出的联合国安全理事会。

在目前阶段的当务之急，是尽快制定和推广"社会综合评价标准"，以取代目前普遍采用的衡量社会财富和经济增速的 GDP 标准，因为它扭曲社会发展，不断加速生态环境破坏。

复杂系统应当有复杂的评价标准。为了说明这个问题，让我们先看一下人体健康标准。人体是个复杂系统，人体健康标准是包括十几项，甚至几十项的综合评价标准，如身高、体重、血压、低密度蛋白、高密度蛋白、血糖、心跳、心率、肌酐、尿素氮、转氨酶等。如果人体健康标准只有体重一项，人跟人只比体重，个个都拼命吃，拼命增加体重，行吗？肯定不行，只能是越比越不健康。同理，社会也是复杂系统，现在却只比 GDP，造成某些国家拼命生产，拼命建设，全然不计自己国家环境破坏的代价和对全人类生存环境的损害。

鉴于此，新制定和推广的"社会综合评价标准"一定要包括生态环境标准、居民健康水平标准、教育水平标准、社会道德标准、生活水平标准、人权标准、信息自由流动标准、民主程度标准等。各国政府对地方官员的考绩和升迁，一定要按"社会综合评价标准"评定其政绩，特别是要把"生态环境标准"放在重要地位。

如前所述，全球问题的起因是现代科学技术推动的工业生产方式或工业文明的内在缺陷，又深深植根于人的利己本性，因此不可能单靠制定"生态伦理"和"全球伦理"解决。要缓解全球问题造成的破坏，一定要靠有强制力的法律和法治手段。譬如，普遍征收排污税就很有必要，可将收上来的税款用于环境治理。例如，澳大利亚通过并开始实行征收"排碳税"，就带了一个好头。可是，这还远远不够。

然而，如前所述，以制定减少二氧化碳排放量有强制力的法规为目标的国际会议召开许多次了，相应的法规要么制定不出来，要么制定出来了有关当事国不签字，民族国家的利益和国际竞争的利益难以逾越。由此逼迫出来的一个无奈的结论就是一直拖下去，拖到地球生态环境恶化引发的灾害发生得越来越频繁和严重，逐年增大的环境压力超过社会系统的内在阻力，国际社会才会形成统一意志，才会得以实施有强制力的环保法规。

化解全球问题的中国方案

中国自古就有"天人合一""天下为公""四海之内皆兄弟""和为贵""和而不同"这样一些宝贵的哲学命题，它们是中国文化的遗传基因。随着经济的大幅进步和国家综合实力的不断提升，中国日益走近世界舞台中央，开始更多地考虑自身的大国责任，并积极参与全球治理体系改革和建设。在21世纪开始不久，中国提出了化解全球问题的中国方案——"构建人类命运共同体"和共建"一带一路"倡议，使我们看到了解决人类面临的这个重大问题的新希望。

党的十八大提出"加快生态文明体制改革，建设美丽中国"的国策，并且强调，为此要推进绿色发展，着力解决突出环境问题，加大生态系统保护力度，改革生态环境监管体制。全会明确提出"坚持和平发展道路，推动构建人类命运共同体""要倡导人类命运共同体意识，在追求本国利益时兼顾他国合理关切"。这是"构建人类命运共同体"的理念第一次出现。

2015年9月，中国国家主席习近平在纽约联合国总部出席第七十届联合国大会一般性辩论上提出，当今世界，各国相互依存、休戚与共。我们要继承和弘扬联合国宪章的宗旨和原则，构建以合作共赢为核心的新型国际关系，打造人类命运共同体。这是习近平主席第一次面向全世界发出"构建人类命运共同体"的倡议，推出了化解全球问题的中国方案，获得许多国家的响应。

2017年10月，习近平总书记在中共十九大报告中指出，我们呼吁，各国人民同心协力，构建人类命运共同体，建设持久和平、普遍安全、共同繁荣、开放包容、清洁美丽的世界。要相互尊重、平等协商，坚决摒弃冷战思维和强权政治，走对话而不对抗、结伴而不结盟的国与国交往新路。要坚持以对话解决争端、以协商化解分歧，统筹应对传统和非传统安全威胁，反对一切形式的恐怖主义。要同舟共济，促进贸易和投资自由化、便利化，推动经济全球化朝着更加开放、包容、普惠、平衡、共赢的方向发展。要尊重世界文明多样性，以文明交流超越文明隔阂，文明互鉴超越文明冲突，文明共存超越文明优越。人类生活在同一个地球村，各国相互联系、相互依存、相互合作、相互促进的程度空前加深，国际社会日益成为一个你中有我，我中有你的命运共同体。要坚持环境友好，合作应对气候变化，保护好人类赖以生存的地球家园。

至此，"构建人类命运共同体"的理念已形成完整的思想体系。它是中国共产党治国理政和处理全球问题的重要战略思想，是习近平总书记着眼人类发展和世界前途提出的中国理念、中国方案，符合世界历史发展规律，受到国际社会的广泛赞誉和热烈响应。这以后，习近平总书记又在几十个国际论坛和外事活动场合阐述这一理念。例如，2018年4月10日，习近平主席在博鳌亚洲论坛2018年年会开幕式上的主旨演讲中指出，从顺应历史潮流、增进人类福祉出发，提出推动构建人类命运共同体的倡议，并同有关各方多次深入交换意见。很高兴地看到，这一倡议得到越来越多国家和人民欢迎和认同，并被写进了联合国重要文件。希望各国人民同心协力、携手前行，努力构建人类命运共同体，共创和平、安宁、繁荣、开放、美丽的亚洲和世界。

中国作为世界大国和全球第二大经济体，在21世纪带头肩负起化解全球问题的责任；不仅坐而论道，而且起而行之。在提出"构建人类命运共同体"中国方案的同时，还提出"一带一路"实施方案和具体路径，并且在短短十几年内取得了许多重大的成就。

"一带一路"是"丝绸之路经济带"和"21世纪海上丝绸之路"的简称，是中国国家主席习近平在2013年秋天首倡的合作倡议。"一带一路"倡议旨在借用古代"丝绸之路"的历史符号，高举和平发展的旗帜，依靠中国与有关国家既有的双多边机制，借助既有的、行之有效的区域合作平台，积极发展与沿线国家的经济合作伙伴关系，共同打造政治互信、经济融合、文化包容的利益共同体、责任共同体和命运共同体。2015年3月28日，国家发展改革委、外交部、商务部联合发布了《推动共建丝绸之路经济带和21世纪海上丝绸之路的愿景与行动》，正式启动了这一伟大征程。

"一带一路"贯穿亚欧非大陆，一头是活跃的东亚经济圈，一头是发达的欧洲经济圈，中亚广大腹地国家经济发展潜力巨大。"丝绸之路经济带"重点畅通中国经中亚、俄罗斯至东欧和北欧的通路；中国经中亚、西亚至波斯湾、地中海和南欧的通道；中国至东南亚、南亚、印度和巴基斯坦通往中东和非洲的路径。"21世纪海上丝绸之路"是从中国沿海港口经过南海到达印度洋，以及通过中巴、中马、中孟、中印、中缅各个经济走廊延伸至印度洋的海上通道，然后经过苏伊士运河通往欧洲、非洲和美洲。

"一带一路"倡议是务实合作平台，而非中国的地缘政治工具。"和平合作、开放包容、互学互鉴、互利共赢"的丝路精神将成为人类共有的精神财富。在这一机制中，各国是平等的参与者、贡献者、受益者。实际上，"一带一路"建设已经与俄罗斯欧亚经济联盟建设、印尼全球海洋支点发展规划、哈萨克斯坦光明之路经济发展战略、蒙古国草原之路倡议、欧盟欧洲投资计划、埃及苏伊士运河走廊开发计划等实现了对接与合作，形成了一批国际合作平台。中哈（连云港）物流合作基地建成与中欧班列的开通，创造了物流场站的无缝对接。2014年，习近平主席提议建立亚洲基础设施投资银行和设立丝路基金。2014年，中国倡议各国响应，在北京创立亚洲基础设施投资银行（亚投行），到2018年底已经有93个成员国。2015年金砖国家"新开发银行"开业，旨在帮助发展中国家减少对美元和欧元的依赖，避免金融危机。2014年丝路基金开业，大部分资金投到了太阳能、风能、小型水电、绿色能源传输等可持续发展项目。2016年10月开通的非洲第一条电气化铁路——亚吉铁路（亚的斯亚贝巴至吉布提）和2017年5月开通的蒙内铁路（蒙巴萨至内罗毕），成为中国在非洲大陆承建的两大极具影响力的世纪工程，受到许多非洲国家的好评，被誉为"友谊合作之路"和"繁荣发展之路"。

"一带一路"倡议的理念和方向，同联合国《2030年可持续发展议程》高度契合，完全能够加强对接，实现相互促进。联合国秘书长古特雷斯表示，"一带一路"倡议与《2030年可持续发展议程》都以可持续发展为目标，都试图提供机会、全球公共产品和双赢合作，都致力于深化国家和区域间的联系。英国历史学家彼得·弗兰科潘说："丝绸之路曾经塑造了过去的世界，甚至塑造了当今的世界，也将塑造未来的世界。"作为和平、繁荣、开放、创新、文明之路，"一带一路"必将会行稳致远，惠及天下。

2019年4月，在反全球化、贸易保护主义、单边主义逆流抬头的形势之下，中国勇立潮头，坚持继续推动全球化，坚定支持多边主义和扩大对外开放，成功举办第二届"一带一路"国际合作高峰论坛。论坛共有37个国家的元首、政府首脑等国家领导人出席论坛圆桌峰会。论坛召开企业家大会，有来自88个国家和地区的600位企业家与会，共签署64项重要协议，涉及金额达640亿美元。更为重要的是，在本届论坛上，各方发出了支持多边主义，建设开放型世界经济的共同声音，表达出共同努力解决和化解全球问题的意愿，充分体现了"构建人类命运共同体"的中国方案的强大生命力。

第十五章
系统科学和系统哲学在中国的传播和发展

1978 年，中国社会科学院研究生院建院，第一批招收 400 名硕士研究生，俗称"黄埔一期"，笔者有幸成为其中一员，师从赵凤岐先生研读辩证唯物主义。第二学年开学后，赵老师到宿舍同我们几个人商定每个人的具体研究方向，提到一个崭新的论文题目"从马克思主义哲学出发，对系统论进行哲学考察"。笔者因掌握俄、英两门外语，就初步答应下来了。

那时，"系统论"刚有贾泽林、王炳文、王兴成等人发表几篇介绍性的文章，根据这几篇短文，笔者怎么可能写出一篇硕士论文呢？可是笔者有幸在哲学所图书馆查到系统论创造人冯·贝塔朗菲英文版的《一般系统论：基础、应用和发展》、苏联哲学家瓦·尼·萨多夫斯基俄文版的《一般系统论原理》和 А. И. 乌约莫夫的《系统方式和一般系统论》。于是笔者就把这个研究方向确定了下来。

当时，系统论、控制论、信息论"三论"已在国内热起来了，各地大学图书馆和研究机构纷纷到中国社会科学院哲学研究所复印贝塔朗菲的书。哲学研究所图书馆的工作人员告诉笔者，清华大学魏宏森等人复印走了贝塔朗菲的书，目前正在翻译；哲学研究所贾泽林和王炳文也在翻译萨多夫斯基的书；笔者只好翻译 А. И. 乌约莫夫的书——此书后来于 1983 年由吉林人民出版社出版。

1981 年，笔者被分配到中国社会科学院信息情报研究院工作，发现该所

图书室里有几十本系统论原版图书，大喜过望而又大惑不解，便向工作人员
打听。笔者被告知，这些书是执行院领导的指示刚购买进来的。事情原来是
这样的：1979 年，在美国总统尼克松第二次访华期间，他的科学顾问访问中
国社会科学院时，同胡乔木等院领导谈起跟马克思主义哲学很相近的新型学
科系统论和系统哲学。这之后胡院长指示情报院去进口一批书，再从哲学研
究所找个研究生来研究这门新学问。笔者就是那个研究生，毕业之后又恰巧
分配到情报所碰上这批书，这岂不是天意吗？

　　笔者首先翻译的是 E. 拉兹洛系统哲学普及读物《用系统论的观点看世
界》，这本书由中国社会科学出版社于 1985 年出版，又再版，共卖出几万册。
同年，中国政法大学研究生院请笔者做系统论和系统哲学系列讲座，时间是
每周四晚上。有一次，笔者在四楼讲系统哲学，盛中国在一楼拉小提琴，学
生们说："今天晚上是闵家胤大战盛中国。"结果，我的教室里听课的照样有
四五十个学生，可见当时系统论有多热！之后，该校一直由熊继宁教授带头
开展"中国法制系统工程"学术活动。

　　1972 年贝塔朗菲不幸谢世，他创办的一般系统研究会的期刊《行为科
学》（*Science of Behavior*）继续出版，编委有 E. 拉兹洛等人；为了同他取得
联系，1985 年，笔者写信请《行为科学》编辑部转给他。不久，笔者就收到
回信，从信中得知他现在常住意大利海边一幢别墅，于是笔者照地址寄给他
一本中文版的《用系统论的观点看世界》，并按所领导授意请他来中国访问。
1986 年，笔者被公派到荷兰留学一年。1987 年夏天，笔者到意大利游学，顺
便到拉兹洛的别墅小住，求教和策划了翌年到中国访问的安排。拉兹洛把他
历年在世界各地做学术讲演的讲稿几十份都抱给笔者；笔者选出包含系统哲
学的各个主题的讲稿，以供他第二年来访时使用。

　　1988 年，拉兹洛访问中国社会科学院哲学研究所，然后笔者陪他走了十
几所大学作学术报告。值得一提的是，中国自然辩证法学会在刚落成的北京
图书馆新馆举办面向全国招生的研究班，拉兹洛共讲了三讲。现尚存学会领
导龚育之、李宝恒和学会秘书长丘亮辉等人同拉兹洛的合影。

　　华中理工大学在武汉体育馆，邀请拉兹洛给全市的党政干部和大学教师
讲授"罗马俱乐部和全球问题研究"。浙江大学在刚落成的邵逸夫学术报告
厅也举办从全国招生的讲习班，请拉兹洛作了 7 次学术报告。笔者将所有讲

前排左起丘亮辉、龚育之、拉兹洛、李宝恒等（1988 年于北京）

稿结集出版为《系统哲学讲演集》。1989 年，拉兹洛应邀第二次访华，中国社会科学院哲学研究所、文献情报中心和社会科学文献出版社联合举办面向全国招生的研讨班，将讨论的内容收录出版为《世界系统面临的分叉和对策》。在这段时间里，笔者还主持翻译出版了拉兹洛的代表作《进化——广义综合理论》和《系统哲学引论：一种当代思想的新范式》。

1989 年，笔者应邀到意大利参加拉兹洛组织的国际广义进化研究小组的研讨活动，并被接纳为正式成员，还同时成为该组织的学术刊物《世界未来》的咨询编委。此后这些年，笔者多次提交英文论文参与研讨，同时尽力组织翻译出版，将小组的研究成果介绍进来。2004 年，笔者翻译出版了"广义进化研究丛书"，两辑共 10 本。笔者还应邀为中信出版社出版的拉兹洛著作《巨变》和金城出版社出版的《全球脑的量子跃迁》作序，以扩大影响。这些出版物对马克思主义哲学的现代化和国内的全球问题研究提供了非常有益的借鉴。

与此同时，20 世纪八九十年代，国内许多人都在积极做引进和译介的工

1989 年，意大利博洛尼亚大学 900 周年校庆活动框架内国际广义进化研究小组学术研讨会会场，左起瑞士总统、冰岛总统、拉兹洛、列支敦士登公国亲王和闵家胤

作。世界性的系统运动蓬勃发展，在系统科学这个科学新维度上创新出十几门新学科，在欧美和苏东各出版了上千本书。在引进和译介方面，具有代表性的作品如下。

控制论的奠基著作是美国维纳在 1949 年出版的《控制论——或关于在动物和机器中控制和通信的科学》，此书由龚育之、侯德彭、罗劲柏、陈步翻译，笔名是"郝季仁"（谐音"好几人"），以"数学名著"的名义在科学出版社出版。控制论另一位创始人英国 W. R. 艾什比的《控制论导论》由张理京翻译，科学出版社于 1965 年出版。后来，陈步翻译维纳的《人有人的用处：控制论和社会》，梁志学翻译东德 G. 克劳斯的《从哲学看控制论》先后出版，亦一时之盛，几令洛阳纸贵。

信息论是美国数学家 C. E. 申农在 1948 年创立的，其代表作《通信的数学理论》由沈永朝翻译，收录在《信息论理论基础》这本书中，于 1965 年由上海市科学技术出版社出版。1965 年，北京邮电学院信息论专业研究生钟义信，他一直致力于这个领域，并有集大成著作《信息科学原理》。

耗散结构理论最初是作为非平衡态物理学介绍进来。1979 年诺贝尔化学奖获得者普利高津应邀来华讲学，参加西安会议并作学术报告《从存在到演化》，起到了很大的推动作用。随后，湛垦华、沈小峰等编译《普利高津与耗散结构理论》，曾庆宏等翻译《从存在到演化》，曾庆宏、沈小峰翻译《从混沌到有序》，将这一自组织理论全面引入中国。

协同学的引入以郭治安翻译的著作最多，他先后翻译了 H. 哈肯的《信息与自组织》《高等协同学》等书，又同沈小峰合作编写《协同论》，使国际上公认的另一自组织理论在我国得到普及。

超循环理论是诺贝尔化学奖获得者 M. 艾根创立的一种自组织理论，其主要成果汇集在 M. 艾根同彼·舒斯特尔合著的《超循环：自然界的自组织原理》一书中。此书由曾国屏、沈小峰翻译，由上海译文出版社 1990 年出版。

突变论的引入先有凌复华翻译桑博德的《突变理论入门》，然后周仲良又将这一理论的创始人勒内·托姆的主要著作《突变论：思想和应用》翻译完成。这是研究非连续变化（突变或质变）的数学理论，其核心是突变的七种基本形式。混沌理论揭示了在确定系统内部存在的对初始条件敏感的随机性。其创始人洛伦兹在 1963 年发表的第一篇论文曾受到 12 年的冷落。E. N. 洛伦兹的专著《混沌的本质》由刘式达等人翻译完成中译本。在此之前，《纽约时报》科技部主任詹姆斯·格雷克的畅销书《混沌：开创新科学》由张淑誉译出，早已将这一理论在中国宣传得沸沸扬扬。后又有刘华杰以更广阔的视野写作了一本介绍性的书《浑沌之旅》。

分形理论是由美籍法国数学家曼德布罗特创立的，它是通过李后强、程光钺编的《分形与分维：探索复杂性的新方法》，汪富泉、李后强著的《分形几何与动力系统》，李后强、张国祺、汪富泉等著的《分形理论的哲学发轫》等书介绍进来的。它是描述大自然和混沌动力系统中的复杂构型的非欧几何学。分形结构是由连续却又不光滑的曲线构成的，其维数不是整数（0、1、2、3……）而是分数，所以称为分维。它揭示了在非线性变换中存在着自相似嵌套结构的不变性。

21 世纪，美国圣菲研究所倡导研究"复杂性""复杂性科学""复杂自适应系统"，在中国也获得积极响应。由陈玲翻译的美国米歇尔·沃尔德罗普的《复杂：诞生于秩序与混沌边缘的科学》，曾国屏、苏俊斌翻译的德国克劳斯·迈因策尔的《复杂性思维：物质、精神和人类的计算动力学》是这一领域最早的中文出版物。随后，人民大学的苗东升，清华大学的吴彤、黄欣荣，北京师范大学的董春雨，都积极投入到这个新的研究方向，并成为带头学者。

随着系统科学和系统哲学最重要的著作大部分陆续中译出版，系统科学和系统哲学在中国传播开来。它吸引了越来越多的中青年学子和研究人员学习和研究，逐渐地形成了中国的系统科学和系统哲学群体。内中成员大部分原来是搞马克思主义哲学原理、自然辩证法或物理学的。他们频繁地举办了多种形式和规模的会议交流研究成果，渐渐地缩小了同国际同行的差距。在这方面，我国老一辈著名科学家钱学森发挥了重要作用。

钱学森在美国就曾撰著《工程控制论》，1954年出版了英文版，1957年出版了中文版，1958年获国家自然科学奖一等奖。从那时起，他就率宋健、顾基发、许国志、于景元、戴汝为等人致力于将工程控制论和系统工程用于国防建设，特别是导弹卫星发射。钱学森有广阔的科学视野，平易近人，深入实际，联系群众。从1986年到1992年他一直定期举行对社会开放的系统学讨论班，每期就一两个问题展开讨论，以奖掖后学，培养新人。钱学森在系统科学方面的工作大体可分为三个阶段：第一个阶段从20世纪50年代至70年代末，这一阶段的思想内涵集中体现于《工程控制论》和《组织管理的技术——系统工程》；第二个阶段的创新发展于1990年发表在《一个科学新领域——开放的复杂巨系统及其方法论》；第三个阶段的深化研究，标志是2001年发表的《以人为主发展大成智慧工程》。

与此同时，在整个20世纪80年代和90年代初，中国系统运动常常被说成是处在"四校"阶段。事情是这样的：西安交通大学副校长汪应洛是管理工程和系统工程专家，在他的倡导和支持下，由清华大学、西安交通大学、华中理工大学和大连理工大学四所大学的自然辩证法教研室的负责人魏宏森、黄麟雏、邹珊刚、林康义和刘则渊具体操办学术会议，共操办了12次全国性的学术会议，他们四校轮流坐庄，每年暑假在全国著名城市或风景区举行"系统科学和哲学"为题的大型研讨会，在普及和宣传系统科学、系统思维方式和新的哲学观点方面发挥了重要的历史作用，使中国的系统运动搞得轰轰烈烈。第一届研讨会在北京举行，由清华大学主办，钱学森应邀为大会作主题学术报告并同与会人员合影。

前排右三钱学森，右二汪应洛，右一魏宏森，左二黄麟雏，左一邹珊刚；后排左三林康义（照片由魏宏森提供）

从 20 世纪 90 年代初开始，推进中国系统运动的领军人物是乌杰，他创立的中国系统研究会将中国的系统科学与系统哲学的研究和传播推到新的高度。

乌杰曾在苏联列宁格勒化工学院工程物理系留学，20 世纪 80 年代，他在从政之余不断学习并掌握系统科学，将这种新的思维方式同马克思主义哲学结合，发展出"系统辩证论"。1987 年，四校轮流坐庄的年会轮到在大连召开，时任内蒙古自治区包头市市长的乌杰第一次与会。他看到会议开得有点拮据——据说是在一处停办的疗养院，学者们都躺到原先的病床上，就主动邀请大家第二年到包头去开。

1988 年，由中国系统研究会主办的第一届主题为"系统科学与系统辩证论"的研讨会在包头召开。乌杰作主题报告并介绍他刚出版的著作《系统辩证论》的主要思想。1989 年乌杰调任山西省副省长，他与同样曾经在苏联留学的太原理工大学校长杨桂通合作，由冯宁昌教授具体操持，以该校为基地继续推进这项工作。1993 年经乌杰努力，中国系统科学研究会通过审批正式成立，这个一级学会的学术期刊《系统辩证学学报》开始发行，中国从事研究系统科学与哲学的学者有了固定的理论阵地。同年，乌杰调任国家经济体制改革委员会副主任，这使他得以在更广阔的舞台上继续推进系统科学与哲学的研究和应用。

　　乌杰任会长的中国系统研究会有一个特点，那就是在充分尊重学者和科学家的同时吸收了许多党政干部参加。这样做有一个好处就是理论研究和实际应用紧密结合。2003 年，学会的期刊更名为《系统科学学报》（全国中文核心期刊）。迄今为止，这份学报已经发行近 20 年；每期大约 1/3 的版面是理论文章，2/3 是应用案例。系统科学研究会的年会几乎每年召开，1996 年由四川大学李后强教授负责操办的年会规模最大，与会代表达到 400 人。会议精装大开本论文集的书名是《系统科学理论与应用：第四届全国系统科学学术研讨会论文集》，收录两方面的论文达 131 篇。

左起拉兹洛、杨珍云（乌杰夫人）、乌杰、哈肯（2000 年，深圳）

2000 年，同深圳市委合办的那届年会，由笔者协助邀请来了美国的拉兹洛；由大连理工大学的郭治安协助请来了协同学的创始人、德国物理学家哈肯，乌杰同两位外国著名学者就哲学、系统科学、经济、管理、进化和全球问题做了几次长时间对话，后由人民出版社出版了《跨世纪洲际对话——世纪焦点的系统观照》一书。2012 年 4 月，在江苏南通召开中国系统科学研究会第十五届年会，这次年会是与江苏熔盛重工有限公司合办的。

中国系统科学研究会副会长杨桂通正在主持会议（2012 年，南通）

2001 年，乌杰会长到加拿大多伦多参加国际系统科学学会（ISSS）第 45 届年会。由于得到中国社会科学院科研局资助，笔者也得以与会，并协助乌杰会长将下一届年会争取到中国来开。2002 年 8 月 2 日至 5 日，由国际系统科学学会和中国系统科学研究会主办，中国系统工程学会、中国软科学研究会和上海交通大学联合协办的"国际系统科学学会第 46 届年会"在上海国际新闻中心举行。本届年会由成思危、宋健任名誉主席。会议主题是"新世纪、新思维——系统思维管理复杂性与变革"，旨在用系统思维方式讨论当代社会经济和管理问题。这是发展中国家首次承办国际系统科学大会，标志着中国系统科学研究同国际系统科学界接轨。

中国系统运动主要分为三个部分：第一部分是本文着重介绍的"系统科学与哲学"，它现在有中国系统科学研究会，学会会刊《系统科学学报》；第二部分是中国系统工程学会，有会刊《系统工程理论与实践》等6种刊物，其中一种是对外发行的英文刊物；第三部分是中国科学院数学与系统科学研究院，下辖6个研究所和9个国家或中国科学院重点实验室和研究中心，其期刊将近10种，有代表性的是《系统科学与数学》。不得不说，中国系统运动有一个缺点就是这三部分缺少交流。譬如，中国科学院系统科学所的人员几乎从不参加我们的学术会议，原因可能是系统科学所专搞数学和计算机模拟，而我们这边数学和计算机模拟都用得很少。这种缺乏共同语言的情况有更深的根源，那就是大学招生文理分科，以及中国科学院与中国社会科学院两院分立。这种不良的状况只能随中国教育和科研体制改革才能逐步解决。

除此之外，在中国有一些大学也形成了研究中心，建立系统科学系。譬如，颜泽贤在担任华南师范大学校长期间，联络中山大学张华夏、华南师范大学范冬萍，在广州形成一个小型研究集体。1992年，他们从全国邀请十几位研究水平较高的学者，举行小型研讨会，用几天时间深入讨论"系统演化"问题，并出版著作《复杂系统演化论》。前不久，这个小型研究集体又撰著《系统科学导论——复杂性探索》。譬如，北京师范大学的方福康曾随普利高津学习和做研究，并于1979年成立了非平衡系统研究所，1985年建立全国首个系统理论专业，2002年建立全国第一个系统科学系，由姜璐任系主任。现在，北京师范大学的系统科学学科已经形成了从本科到博士后的完整人才培养体系。

应当如实承认，在过去几十年蓬勃开展的系统运动中，中国学者翻译引进的著作不少，真正高水平的创新性的论著罕见，但并不是没有。现仅就"系统科学与哲学"，我们就可以介绍几种。

金观涛、刘青峰两位青年学者在20世纪80年代中期认真钻研控制论创始人之一英国W. R.艾什比的《控制论导论》一书，用书中的"超稳定"概念研究中国古代历史规律，开启用控制论研究历史哲学问题之先河。继而又加深拓展成《兴盛与危机：论中国社会超稳定结构》，再联系当代写成《开放中的变迁：再论中国社会超稳定结构》，最后结集成《中国现代思想的起源：超稳定结构和中国政治文化的演变》（第一卷）。

20 世纪 70 年代，中国社会科学院哲学研究所刘长林就起步研究中医哲学，发现中医哲学运用的阴阳、虚实、五行、八卦等观念同现代系统科学的整体、结构、反馈、调节、平衡、信息等概念是相通的。继而他又将自己的研究拓宽到中国古代美学、兵学、农学、管理学和政治学，得出结论"系统思维乃是中国传统思维方式的主干"。基于这个认识，以"文化基因探视"为副题，他于 1988 年完成并出版《中国系统思维》一书，对中国系统运动作出独特的贡献。

大约在同一时期，张颖清在从事针灸医学过程中发现"生物全息律"。20 世纪 80 年代中期，他首创全息生物学理论，著有《全息生物学》《生物全息诊疗法》《全息胚及其医学应用》《新生物观》等多部专著，在国际上被翻译成多种文字广为传播和应用。1990 年，张颖清在山东大学创建了世界上第一个全息生物学研究所。同年，在新加坡召开的第一届国际全息生物学大会上，张颖清被选为国际全息生物学会终身主席。可是，他同时又不断遭到国内学术官僚假权威用"伪科学"捧杀，年仅 57 岁的张颖清含冤离世，致使这一研究方向夭折。

20 世纪 80 年代初，华中科技大学邓聚龙首创"灰色系统理论"，他的第一篇论文《灰色系统的控制问题》于 1982 年发表在北荷兰出版公司的英文期刊《系统与控制通信》，引起国际重视。3 年后，他出版了相关著作，为介于"白箱"和"黑箱"之间的"灰箱"，建立可进行演算和预测的模型。邓聚龙的"灰色系统理论"概念定义准确，数学推理严密，结论有较高的科学性，其后又获得富有成果的应用，是唯一获得国际承认的中国学者独创的系统理论。

魏宏森、曾国屏合著的《系统论：系统科学哲学》一书中主要立足系统科学理论，考察宇宙、生命、精神、生态、社会五大系统的基本特征，概括出八条系统论原理和五条系统论规律，提出了完备的系统科学哲学体系。这本书代表一大批中国学者的研究态度，他们把系统科学普遍采用的概念当作新的哲学范畴，把系统科学诸学科发现的原理和规律当作具有普遍性的，对自然、社会和人都适用的哲学原理和规律。

乌杰研读了马克思主义哲学和黑格尔哲学，后在从政之余学习系统科学，接受整体论和系统思维方式，创立了"系统辩证学"，建立了从一分为二和合二为一到一分为多和合多为一的系统辩证哲学体系。在《系统辩证论》一书中，他采用黑格尔"正题—反题—合题"的辩证法模式构建"系统辩证学的范畴"体系，例如"存在范畴：系统—结构—要素；结构—涨落—功能；状态—过程—变换"。乌杰还主编了《马列主义系统思想》。又将系统思维用于管理，他撰写出版《整体管理论》和《城市管理论》。最后，乌杰出版了他的收官之作《系统哲学》。

笔者则致力于在 20 世纪具有划时代意义的科学革命成就基础上，用系统科学的概念、模型和原理研究哲学基本问题，特别是马克思主义哲学的基本问题，主要的研究成果集中在《进化的多元论——系统哲学的新体系》一书中。这本专著虽然以"系统哲学的新体系"为副题，而实际上是尝试构建马克思主义哲学的创新体系：把唯物论发展成进化的多元论，把辩证法发展成广义进化论，把反映论发展成透视论，把历史唯物论发展成社会系统论，把共产主义理论发展成全球问题研究。中国社会科学院原副院长李慎之为本书作序，说"系统哲学明确地预示着人们久已盼望的'种学的哲学'的出现"。"这是一种最有希望的哲学"。老一辈马克思主义哲学家陶德麟、韩树英对这本书也有较高的评价。中国科学院系统科学研究所所长郭雷曾写信给笔者祝贺这本书的出版。网上"民间评选""最近十年对中国影响最大的十本书"将这本书列入第五位。在 2009 年 12 月举行的"全国马克思主义哲学创新成果交流会"上，笔者将上述创新体系纲要提交大会，获得某些与会同行好评。这以后，笔者又集中精力花了几年时间终于写作完成了体系完整、体例一致和表达准确的新书《系统科学和系统哲学》。

系统科学和系统哲学过去 30 多年的研究活动和成果，确立了系统思维方式在我国知识界的地位，在促进我国知识界思维方式现代化方面发挥了重要作用。最能说明这一点的情况是，目前在理论性的书籍和刊物中频繁使用的一批新词，如多元、系统、环境、结构、层次、功能、开放、封闭、信息、信息流、熵、负熵、反馈、正反馈、负反馈、控制、宏观调控、结构改革、优化组合、自组、自稳、协同、非平衡、非线性、随机性、分叉、转轨、超循环、混沌、蝴蝶效应、透视、视角、整合、复杂性和社会文化－遗传基因等，都是从系统科学和系统哲学中诞生的。

最后，笔者还要就系统科学和系统方法的普及和教育问题阐述一些前瞻性的意见。

20世纪，国际公认科学革命有五项具有划时代意义的伟大成就：相对论、量子力学、大爆炸宇宙学、生物遗传基因学说和系统科学。现在的情况是，前四项早就进入中国大学本科教育，有的甚至进入高中教育，唯有系统科学还游离在外。这是一个缺陷、一个遗憾。有感于此，在"钱学森百年诞辰系统科学研讨会"和"中国系统科学研究会第十五届年会"上，笔者写文章呼吁：系统科学应当成为大学基础学科。可喜的是，中国系统科学研究会决定让其辖的两个研究中心编写了相关读本。此外，作为"新世纪高等学校教材·大学公共课系列教材"之一，谭璐、姜璐编写的《系统科学导论》早在2009年就由北京师范大学出版社出版，此书已基本适合作为研究生或本科生教材。在这本"导论"的基础上，若再组织恰当人选编写一本更完备和更通俗的《系统科学基础》，作为大学本科生通用教材，那就更好了。

笔者认为，大学文科特别需要重视系统科学和引入系统科学教学，因为大多数文科学生和文科学者面临和研究的对象是人、社会、生态、经济、金融、管理、政治、国际关系这类复杂系统，倘若让他们在21世纪继续采用18—19世纪的思维方式和不可靠的论证方法，譬如，三段论演绎方法（"引语法"）、简单枚举法、因果关系方法、线性思维方法、思辨方法等，要得出创新学说和可靠的结论以应对21世纪国内外的种种挑战，恐怕难以做到。

此外，我国大学文科近年来已经普遍开设"文科高等数学"作为本科生的必修课，这是打破文理分科和推行通才教育的进步。可是，"文科学生学了高等数学有什么用"的质疑声音也很强烈。笔者认为，消除质疑的最好办法就是继续向前迈进，再引入《系统科学基础》这样一门必修课，让学生不仅掌握系统科学的基本概念和基本原理，还要学会系统建模、数学建模、计算机建模和计算机模拟，以后他学会的高等数学就能在学习、研究和教学中用上了；否则，拿高度抽象的高等数学直接面对感性直观的人和社会，确实难以应用。

后记

结缘"系统科学和系统哲学",起于1979年美国总统尼克松的科学顾问访问中国社会科学院,他同几位院领导谈起在美国出版的L.冯·贝塔朗菲的《一般系统论:基础、发展和应用》和E.拉兹洛的《系统哲学引论:一种当代思想的新范式》。这之后,胡乔木院长指示哲学研究所找一个研究生研究这门新学问。辩证唯物主义研究室主任恩师赵凤岐先生接到这个任务后,在我们几个研究生当中征询;我到所图书馆查找,发现馆藏有英文和俄文3本原著,就把这个任务接下来了。

这项研究工作至今,我已经做了42年了,经我译著、校译著、编著和主编的论文集已超过30本,而真正是个人创作的哲学专著只有一本《进化的多元论——系统哲学的新体系》(1999)、《进化的多元论——系统哲学的新体系(增订版)》(2012)和现在出版的这本《系统科学和系统哲学》(2022)。在前后20多年里三次出版的这本书,可以看作是蚕蛹化蝶三次蜕变的成长完善过程,至于是否能真正化蝶飞起来,那就交给未来吧。

这本书的缘起,首先要感谢哲学研究所老同事王维研究员,2010年,他把我推荐给超星公司网上图书馆,使我得以同公司的名师堂签约讲一套"系统科学和系统哲学"。其时我正在完成一项国家社科基金项目"系统科学和社会发展",于是便结合起来,毕其功于一役。我请名师堂不要催我,我将原来的专著重写,每完成一章就讲一章,他们派人到我家录像,这个工作做了4年,共计完成16章,恰好是一部新书稿。

感谢上海的陈明先生,是他在2021年把这部书稿推荐给中国民主法制出版社。感谢出版社刘海涛社长、石松副总编辑两位领导，他们慧眼识珠，接纳了这部书稿。感谢出版社编辑姜华，在签约合同和编辑出版流程中付出了辛勤的劳动。感谢上海森永工程设备有限公司魏明利先生，隆泰迪管道科技有限公司王欢先生，他们在受新冠肺炎疫情影响公司经营困难的情况下慷慨出资支持本书的出版。感谢我的老伴张亚娟女士，悉心照料我的生活，还积极联络寻找出版资助。

最后，此书的出版是我42年研究的总结和学术的结晶，是向已经作古的胡乔木院长和赵凤岐室主任交出的答卷。值得向读者提示的是，新增加的内容第一章和第二章，是对20世纪科学革命的四项伟大成就，特别是系统科学的十几个新学科，做了较为详尽的介绍；先读懂和掌握这些科学新知，对阅读后面十几章的哲学新说，肯定大有帮助。我之所以这么安排，是因为我有两位亲友，他们大学理工学科很棒，都是高级工程师，可是在阅读我的前两本书后，对我说"有些地方读不懂"，我这才恍然大悟：系统科学十几门新学科，至今还没有纳入大学本科教育，所以笔者有必要在这本新书中先介绍这十几门新学科。

读者诸君在阅读我新写的这本书后，有什么批评意见，请通过电子邮箱与我联系（E-mail：m13601263243@vip.163.com）。有必要说明的是，本书初稿完成于2010—2013年，现在付印的第四次修订稿完成于2019年。

中国社会科学院哲学研究所

闵家胤　研究员、博士生导师

2022年9月5日于北京回龙观